铁质资源绿色加工前沿技术丛书

镍铁渣材料化基础与技术

彭志伟　李光辉　古佛全　姜涛　著

扫码看彩图

北　京
冶 金 工 业 出 版 社
2024

内容提要

本书全面系统地介绍了镍铁渣资源化利用的基础理论与技术应用，系统阐述了镍铁渣的产生、综合利用现状、面临的挑战及发展前景，重点介绍了镍铁渣直接材料化研究成果，提出了以微波为热源，强化镍铁渣制备耐火材料、隔热材料和微晶玻璃的方案。

本书可供从事固废资源化利用的管理、生产、设计、科研人员及高等院校相关专业师生阅读参考。

图书在版编目（CIP）数据

镍铁渣材料化基础与技术 / 彭志伟等著. -- 北京 : 冶金工业出版社，2024. 10. --（铁质资源绿色加工前沿技术丛书）. -- ISBN 978-7-5024-9896-2

Ⅰ. TF524

中国国家版本馆 CIP 数据核字第 2024Q9C506 号

镍铁渣材料化基础与技术

出版发行	冶金工业出版社	**电　话**	(010)64027926
地　址	北京市东城区嵩祝院北巷 39 号	**邮　编**	100009
网　址	www.mip1953.com	**电子信箱**	service@mip1953.com

责任编辑　曾　媛　赵缘园　美术编辑　彭子赫　版式设计　郑小利

责任校对　郑　娟　责任印制　禹　蕊

北京捷迅佳彩印刷有限公司印刷

2024 年 10 月第 1 版，2024 年 10 月第 1 次印刷

710mm×1000mm　1/16；18.5 印张；360 千字；284 页

定价 120.00 元

投稿电话　(010)64027932　投稿信箱　tougao@cnmip.com.cn

营销中心电话　(010)64044283

冶金工业出版社天猫旗舰店　yjgycbs.tmall.com

（本书如有印装质量问题，本社营销中心负责退换）

序

不锈钢是一种性能优良的金属材料，广泛应用于电子和自动化设备、机械制造、建筑材料以及日常生活中，其中镍基不锈钢占据市场份额的一半以上。作为生产镍基不锈钢的重要中间产品，镍铁合金近年来的需求量迅猛增长。由于红土镍矿中镍品位低、脉石含量高，在镍铁冶炼过程中产生大量的镍铁渣，已成为继高炉渣、钢渣和赤泥之后的第四大冶金固废。

镍铁渣具有镁、硅含量高、通常含铬等特点，导致其在常规材料中应用的安全性和稳定性差，极大地限制了其使用。在渣中有价金属元素回收方面，存在流程复杂、成本高、污染严重等问题。目前，仅少量镍铁渣用于建筑材料生产、功能材料制备及金属回收，占比仅约12%，全国镍铁渣累计堆存超过 2 亿吨。镍铁渣的大量堆存给环境带来了严重的危害，其无害化和资源化处理迫在眉睫，对“绿水青山”的建设意义重大。

近十年来，中南大学姜涛院士团队在镍铁渣资源化综合利用领域持续开展科学研究和技术攻关，在深入解析镍铁渣的物理化学性质的基础上，围绕镍铁渣材料化问题进行了系统的理论与技术创新，为解决我国镍铁渣堆存量大、利用率低、产品附加值小等问题提供了新的可行方案。

团队从镍铁渣产出特点和物相组成特性出发，揭示了添加剂诱导镍铁渣物相转变机制，建立了添加剂协同调控烧结温度与材料性能理论基础，开发出镁砂/漂珠/粉煤灰等联合调控温度与材料性能新技术、原料级配调控膨胀新技术、微波强化烧结/结晶制备材料新技术，形成了镍铁渣制备镁橄榄石型定形耐火材料、$MgO\text{-}Al_2O_3\text{-}SiO_2$ 不定形浇注料、硕火辉石-堇青石复相隔热材料、硕火辉石-尖晶石复相微晶玻璃材料系列新方法。

该书是作者系统总结以上研究成果而提炼出的学术专著。该书从理论基础研究逐步展开至技术开发和应用，层层深入，循序渐进，是镍铁渣处理利用领域内容最新颖、体系完善、基础研究深入的原创性著作。对于从事镍铁渣处理的管理者、技术人员及研究人员，具有较大的参考价值。相信该书的出版必将对我国镍铁渣的资源化利用起到显著的推动作用。

中国工程院院士

2024 年 10 月

前　言

不锈钢是国民经济中最重要的高端金属材料之一，目前主要由红土镍矿还原熔炼获得镍铁合金并进一步精炼获得。随着世界经济的快速发展，人类社会对不锈钢的使用需求不断增加，镍铁生产规模近年来也随之快速增长。

在镍铁生产过程中，需要经过高温熔炼将镍铁合金与杂质通过造渣分离。由于红土镍矿镍品位低，杂质含量高，造成镍铁冶炼渣比高，而镍铁渣具有镁硅高、金属组分含量低、通常含铬等成分特点，不仅限制了其在水泥、地质聚合物等常规建筑领域中的应用，同时使其在高值化利用和回收有价金属方面存在难度大、能耗高、污染重等诸多挑战。过去十年，镍铁渣堆存量迅猛增长，亟待开发针对镍铁渣规模化增值利用的新方法和新技术。

围绕镍铁渣的利用问题，本书作者及所在团队以镍铁渣的材料化为主要目标，持续开展研究，全面剖析了镍铁渣的物理化学特征，阐明了材料化过程中镍铁渣与添加剂的主要作用机理，发明了镍铁渣材料化系列新技术，构建了镍铁渣二次资源开发利用的新范式，本书即以此作为基础总结精练而成。

全书共分为 6 章，从原料性能、基础研究到技术开发逐层展开。第 1 章系统介绍了镍铁渣的产生、综合利用现状、面临的挑战及发展前景，在了解镍铁渣基本物化性能的基础上，确定了镍铁渣材料化利用的基本思路，提出了镍铁渣材料化新技术开发的基本要求，为镍铁渣材料化利用指明了方向。第 2 章分析了镍铁渣的主要物理化学性质，为镍铁渣材料化技术的开发奠定基础。第 3 章从镍铁渣主要化学和物相组成特性出发，系统研究了不同体系条件下镍铁渣材料化反应热力学行为，为镍铁渣材料化提供理论指导。第 4 章在系统分析镍铁渣物理化学性质和反应热力学的基础上，分别提出了镍铁渣制备耐火材料、隔热材料和微晶玻璃的设计方案以及技术路线，并通过实验验证，证明了方案与技术路线的可行性。同时，为进一步提升过程能效和材料性能，提出开发微波外场强化镍铁渣材料化技术。第 5 章在前文的基础上开展了镍铁渣材料化技术研究。针对镍铁渣镁硅含量高、活性低且含铬、利用难度大等特点，设计出以镁橄榄石为主晶相、尖晶石为强化相的耐火材料组分，通过调控烧结（烧成）工艺参数等强化了耐火材料产品的性能，开发了级配技术消除了产品在生产应用过程中产生的膨胀问题，对比了电炉镍铁渣与高炉镍铁渣材料化产品性能的差异，形成了完整的镍铁渣制备耐火材料技术；充分利用镍铁渣的粒度分布特征和成分特点，探讨了以其作为主体制备骨料和基体料的可行性，建立了低成本制备高品质浇注料的理论与技术；根据镍铁渣中主要物相可转变为低热导率相的优点，通过引入造孔剂进一步强化材料的隔热性能，对比了电炉镍铁渣与高炉镍铁渣制备所得隔热材料的特点，构建了低值造孔剂诱导镍铁渣制备轻质隔热材料的理论与技术基础；针对镍铁渣的产出及组成特点，提出了镍铁渣协同粉煤灰熔态改质制备微晶玻璃的技术思路，成功获得了高品质微晶玻璃，形成了完整的镍铁渣制备微晶玻璃理论与技术。第 6 章根据镍铁渣强吸波性能特点，提出了以微波为热源，强化镍铁渣制备耐火材料、隔热材料和微晶玻璃的方案，在微波热效应和非热效应的双重作用下，缩短了耐火材料的烧结时间，促进了尖晶石相的生成，制备获得了镁橄榄石型复相耐火材料。相比于常规烧结，微波烧结所获材料性能得到了明显的提升，创新了外场强化制备耐火材料理论与技术；发挥微波作用下镍铁渣与漂珠界面易形成热点，优先生成液相降低材料烧结温度的优势，制备得到了以顽火辉石和堇青石为主相的性能优良的隔热材料，形成了微波强化制备隔热材料的理论与技术；通过试验验证了镍铁渣微波一步结晶取代常规两步结晶制备微晶玻璃工艺路线的可行性，在降低加工能耗的同时，制备得到了以顽火辉石为主相，尖晶石为强化相的优质微晶玻璃，构建了镍铁渣短流程制备复相微晶玻璃的理论与技术。总体上，通过上述研究，为镍铁渣的材料化奠定了理论和技术基础，同时为类似冶金渣的资源化利用提供了借鉴，对于建设资源节约、环境友好的绿色发展体系具有重要意义。

本书相关研究工作先后获得了国家自然科学基金面上项目（52374294）、基础科学中心项目（72088101）等的资助。在技术开发和应用的过程中，先后得到广东广青金属科技有限公司、宝钢德盛不锈钢有限公司、印尼青山钢铁集团有限公司等国内外企业的大力支持，作者在此表示诚挚的谢意。

本书相关研究和资料收集整理过程中，唐慧敏、杨磊、尚文兴、朱广衍、俞景峰、范万龙、向朝军等研究生参与了相关工作，在此一并表示感谢。

最后，特别感谢干勇院士对作者团队工作的长期支持，并在百忙之中为本书作序。

书中不足之处，恳请广大读者和同行批评指正。

著　者

2024 年 10 月

目　录

1　镍铁渣资源化利用概述 …… 1

1.1　镍铁渣的产生 …… 1

1.2　镍铁渣资源化利用技术 …… 2

1.2.1　制备建筑材料 …… 2

1.2.2　制备功能材料 …… 5

1.2.3　回收有价金属 …… 8

1.3　镍铁渣资源化利用挑战与发展前景 …… 9

1.4　镍铁渣材料化利用的意义与要求 …… 10

1.5　本章总结 …… 11

参考文献 …… 12

2　镍铁渣物理化学性质 …… 16

2.1　化学成分与物相组成 …… 16

2.2　微观结构与元素分布 …… 17

2.3　粒度组成 …… 22

2.4　热稳定性 …… 24

2.5　吸波性能 …… 25

2.6　本章总结 …… 27

参考文献 …… 28

3　镍铁渣材料化反应热力学 …… 29

3.1　SiO_2-MgO（FeO、Al_2O_3、Cr_2O_3）体系 …… 29

3.2　SiO_2-MgO-Al_2O_3（FeO、CaO）体系 …… 42

3.3　SiO_2-MgO-FeO-Al_2O_3 体系 …… 50

3.4　本章总结 …… 54

参考文献 …… 55

4　镍铁渣材料化设计 …… 57

4.1　镍铁渣材料化设计方案 …… 57

4.1.1　耐火材料设计 …… 57
4.1.2　隔热材料设计 …… 61
4.1.3　微晶玻璃设计 …… 65
4.2　镍铁渣材料化技术路线 …… 67
4.3　本章总结 …… 69
参考文献 …… 69

5　镍铁渣材料化技术 …… 71

5.1　镍铁渣制备耐火材料 …… 71
5.1.1　原料性能 …… 71
5.1.2　研究方法 …… 76
5.1.3　制备镁橄榄石型定形耐火砖 …… 78
5.1.4　制备 $MgO-Al_2O_3-SiO_2$ 不定形浇注料 …… 127
5.2　镍铁渣与漂珠复合制备隔热材料 …… 137
5.2.1　原料性能 …… 137
5.2.2　研究方法 …… 141
5.2.3　制备顽火辉石-堇青石复相隔热材料 …… 142
5.3　镍铁渣与粉煤灰复合制备微晶玻璃 …… 170
5.3.1　原料性能 …… 170
5.3.2　研究方法 …… 171
5.3.3　制备顽火辉石-尖晶石复相微晶玻璃 …… 172
5.4　本章总结 …… 206
参考文献 …… 207

6　镍铁渣材料化的微波强化 …… 212

6.1　微波强化镍铁渣制备耐火材料 …… 212
6.1.1　原料性能 …… 212
6.1.2　研究方法 …… 212
6.1.3　微波强化制备镁橄榄石型定形耐火砖 …… 213
6.2　微波强化镍铁渣与漂珠复合制备隔热材料 …… 261
6.2.1　原料性能 …… 262
6.2.2　研究方法 …… 262
6.2.3　微波强化制备顽火辉石-堇青石复相隔热材料 …… 262

6.3 微波强化镍铁渣与粉煤灰复合制备微晶玻璃 …………………………… 274
6.3.1 原料性能 ………………………………………………………………… 274
6.3.2 研究方法 ………………………………………………………………… 274
6.3.3 微波强化制备顽火辉石-尖晶石复相微晶玻璃 ……………………… 275
6.4 本章总结 ……………………………………………………………………… 281
参考文献 …………………………………………………………………………… 281

1 镍铁渣资源化利用概述

1.1 镍铁渣的产生

镍铁渣是镍铁冶炼过程排出的固体废渣。目前，红土镍矿已成为火法冶炼镍铁的主要矿石来源，其冶炼工艺主要包括回转窑直接还原工艺（图 1-1（a））、高炉熔炼工艺（图 1-1（b））和回转窑预还原-电炉熔炼工艺（RKEF）（图 1-1（c））[1]。不同冶炼工艺所产出的镍铁渣的化学成分和物相组成存在明显差别。按照镍铁生产工艺大致可将镍铁渣分为回转窑直接还原镍铁渣、高炉镍铁渣和电炉镍铁渣。回转窑直接还原镍铁渣与电炉镍铁渣中氧化镁和二氧化硅含量高，二者含量之和均在 80wt.%左右，而高炉镍铁渣中氧化钙和氧化铝含量远高于回转

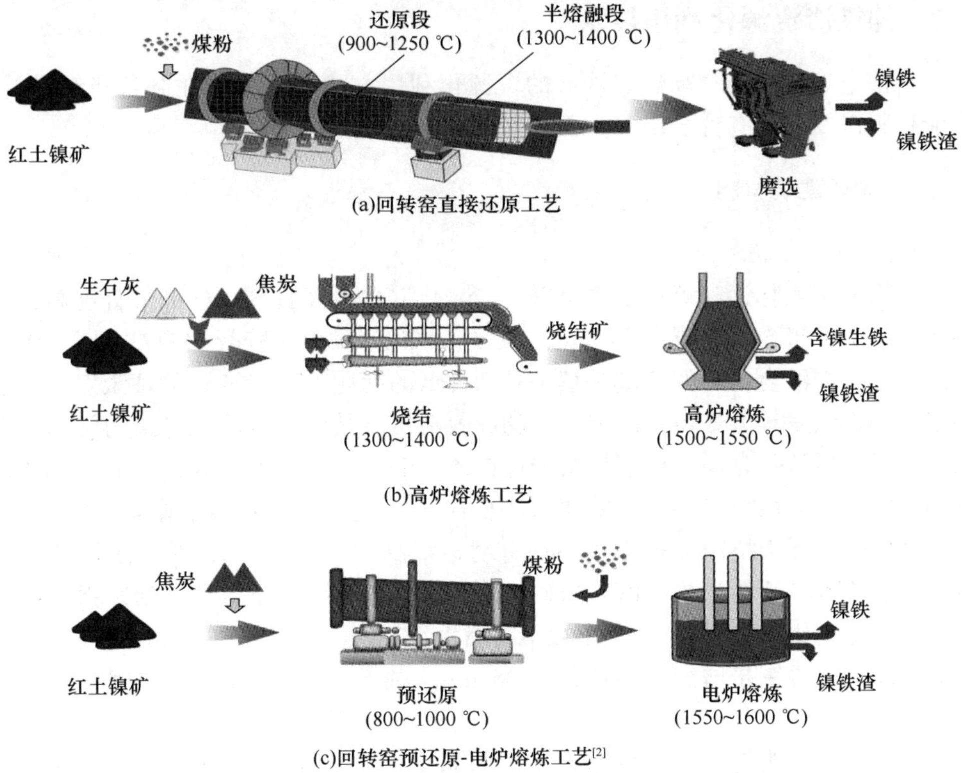

图 1-1 红土镍矿冶炼镍铁工艺流程图

窑直接还原镍铁渣与电炉镍铁渣。此外，三种渣中铁含量波动较大，氧化铬也是三种渣中的常见组分。回转窑直接还原镍铁渣中常见的物相组成为镁铁橄榄石、顽火辉石、硅酸钙和镁橄榄石，高炉镍铁渣中常见的物相组成为尖晶石、硅酸三钙、硅酸二钙和硅酸镁，电炉镍铁渣中常见的物相为镁铁橄榄石、顽火辉石和镁橄榄石。

近年来，RKEF 冶炼镍铁工艺飞速发展，已成为当今世界生产镍铁的主流工艺。目前，90%的镍铁由 RKEF 工艺生产，为镍铁不锈钢产业的快速发展提供了重要支撑[3]。红土镍矿的镍、铁品位低（平均：≤1.28wt.% Ni、≤25wt.% TFe），脉石成分含量高（平均：>25wt.% SiO_2、>15wt.% MgO），导致 RKEF 工艺排渣量大，每生产 1 t 镍铁将产生 4～6 t 炉渣[4-5]。据统计，我国镍铁渣年排放量已超 3000 万吨，成为我国继高炉渣、钢渣、赤泥之后的第四大冶金固体废弃物[5-7]。

由于镍铁渣成分复杂，利用难度大，现有技术难以实现其大规模利用，目前镍铁渣利用率仅约 12%[5-7]，累积堆存量超过 2 亿吨。镍铁渣的大量堆存占用土地、污染空气与水源，潜在的环境危害严重。因此，开发镍铁渣高效资源化利用技术十分迫切。

1.2　镍铁渣资源化利用技术

目前电炉镍铁渣和高炉镍铁渣的资源化利用方式主要集中在制备建筑材料、功能材料以及回收有价金属等方面。

1.2.1　制备建筑材料

1.2.1.1　水泥

镍铁渣中氧化钙和氧化铝含量低，二氧化硅含量高且 Si—O 键聚合度高，活性指数一般低于 50%，导致其水化反应慢、水化产物少、胶凝性能差，因而将镍铁渣用作水泥混合材料的关键是解决其活性低的问题[8-10]。通过物理激发、化学激发和高温激发等方式可提高镍铁渣的胶凝活性，其中机械活化是最为常用的手段。所谓机械活化是通过研磨设备将镍铁渣细磨，提高其细度和比表面积，从而提高其活性。有研究表明，随着镍铁渣粉比表面积由 350 m^2/kg 增至530 m^2/kg，水泥 28 天和 90 天抗压强度增进率均有明显提高[11]。然而，镍铁渣细度并非越细越好，在镍铁渣掺量为 10%～50%时，由镍铁渣平均粒径与水泥砂浆强度的关系可知，随着镍铁渣平均粒径由 12 μm 增大至 25 μm，试样 7 天和 28 天抗压强度急剧增大，进一步增加平均粒径至 38 μm，试样 7 天和 28 天抗压强度反而急剧下降[12]。

对以镍铁渣为混合材料的水泥胶凝材料水化机理研究发现，水泥-镍铁渣复合胶凝材料水化生成低钙硅比的 C—S—H 凝胶，随着龄期的延长，钙硅比下降。

此外，镍铁渣粉中的铝在水化过程中会与C—S—H凝胶结合，形成C—A—S—H凝胶。相比于纯水泥，掺入镍铁渣会降低水化放热速率以及放热总量，同时使得水化加速期放热峰的出现时间延后[13]。对以高炉镍铁渣和电炉镍铁渣作为混合材料制备水泥胶凝材料的研究发现，高炉镍铁渣中由于非晶相和活性组分含量高于电炉镍铁渣，其活性比电炉镍铁渣高，相同条件下胶凝反应程度也更高。但是，因为这两类镍铁渣的活性均低于水泥，早期这两类镍铁渣粉代替水泥掺入时都会降低复合胶凝材料的水化速率。而在后期，在化学作用的主导下，加之镍铁渣的成核、稀释作用，复合胶凝体系的水化程度能得到明显提高。

对比高炉镍铁渣和电炉镍铁渣混合材料的水泥水化过程发现，掺入电炉镍铁渣的浆体中C—S—H凝胶的钙硅比更低、硅氧四面体结构的聚合度更高；掺入电炉镍铁渣对浆体中C—S—H凝胶的铝硅比几乎无影响，而掺入高炉镍铁渣时C—S—H凝胶的铝硅比显著提高。此外，研究还发现，水泥中掺入电炉镍铁渣会导致硬化浆体的孔隙率和干燥收缩增大，抗压强度降低。然而，电炉镍铁渣的掺入有助于改善界面过渡区的微观结构，减少连通孔的形成，从而可降低混凝土的氯离子渗透性等级，而水泥中掺入高炉镍铁渣不仅不会增大浆体的孔隙率，甚至可改善其孔隙结构。在后期，掺入高炉镍铁渣与纯水泥的试样相比，砂浆和混凝土的抗压强度以及混凝土的干燥收缩相近。掺入高炉镍铁渣对于改善混凝土抗氯离子侵蚀的能力也优于掺入电炉镍铁渣[14]。

此外，镍铁渣中二氧化硅和氧化铁的含量较高，可替代部分黏土和铁粉用于生产水泥熟料[15]。以湿粉煤灰-镍铁渣替换原有的黏土-铁矿石配料，并用油母页岩渣作为矿物掺和料，成功生产出PC32.5R复合硅酸盐水泥、PO32.5R普通硅酸盐水泥及PO42.5以上品种的水泥。但是，由于镍铁渣中氧化镁含量高，会对水泥体系安定性产生不利影响，需要严格控制其掺合量。水泥生产配料中镍铁渣掺合量最多为10%。以镍铁渣代替铁粉配料，能提高立窑上煅烧的台时产量，改善水泥熟料质量[16]。

1.2.1.2 混凝土集料

镍铁渣中镁以镁铁橄榄石的形式存在，其体积不会发生膨胀，稳定性较好，能够用于混凝土集料的制备。研究表明，当镍铁渣代替天然砂用作混凝土细集料时，由于镍铁渣比表面积大、吸水量小，其掺入可改善颗粒级配。同时，镍铁渣中二氧化硅含量高，可促进水化反应，因此，镍铁渣的掺入有利于提高混凝土强度。然而，镍铁渣表面不规则，其流动性和保水性均不如天然砂，导致镍铁渣掺量过高（>30%）时，混凝土和易性差。将镍铁渣作为混凝土粗集料分别取代5~16 mm和16~31.5 mm碎石，发现镍铁渣取代量为100%时，得到的混凝土和易性仍较好，可满足C30强度等级要求[17]。对比将高炉镍铁渣和电炉镍铁渣分别用作混凝土细集料，发现两者适宜的掺量分别为75wt.%和25wt.%。高炉镍铁渣的掺入会显著降低混凝土的表观密度，而电炉镍铁渣的掺入可提高混凝土的表观密度；随着高炉镍铁渣掺量提高，混凝土机械强度逐渐提高，而随着电炉镍铁渣掺量提高，混凝土机械强度逐渐降低；高炉镍铁渣掺入可提高混凝土的抗氯离子侵蚀能力，电炉镍铁渣对混凝土的抗氯离子侵蚀能力没有影响[18]。有研究发现，将镍铁渣替代50%的天然砂子用作混凝土细集料时存在硅碱反应，使得混凝土产生溶胀，易导致其表面开裂，强度下降。同时用粉煤灰替代20%～30%的水泥，可以降低镍铁渣中硅碱反应带来的溶胀，改善混凝土强度[19]。此外，镍铁渣与粉煤灰的同时掺入可提高混凝土的抗硫酸盐侵蚀能力[20-21]。对镍铁渣细集料水泥砂浆的热性能及其在高温下的残余强度研究发现，镍铁渣代替砂的比例为0、50%和100%时，砂浆热导率分别为2.34 W/(m·K)、1.65 W/(m·K) 和1.16 W/(m·K)。热导率的降低使得采用镍铁渣替代后的水泥砂浆高温残余强度显著降低[15]。Lee等人也得到类似的研究结果，当用镍铁渣粉替代30%的水泥制备混凝土时，混凝土的热导率比用纯水泥的低31%[22]。此外，有研究发现，镍铁渣替代50%的天然砂子用作混凝土细集料时，可以抵消使用粉煤灰对混凝土抗碳化带来的不利影响[23]。

1.2.1.3　地质聚合物

地质聚合物是一种以［SiO_4］$^{4-}$和［AlO_4］$^{5-}$为主要结构单元的非晶态或半晶态新型无机胶凝材料[24]。由于其特殊的网络结构组成，该材料具备优异的物理、化学和机械性能。在过去的20多年里，研究者利用铅渣[25]、铜镍渣[26]、赤泥[27]等工业固体废弃物为原料制备地质聚合物。这些工业固体废弃物都有较高含量的SiO_2、Al_2O_3、Fe_2O_3、MgO和CaO，这一特征与镍铁渣极为相似。以镍铁渣为主要原料，通过碱激发制备地质聚合物，在水玻璃模数为2.4、碱性激发剂（水玻璃和NaOH）掺量为12%和水灰比为0.28时，制备的地质聚合物28天抗压强度高达97.62 MPa，并且具有良好的耐久性[28]。由于氢氧化钾中钾离子较大的离子半径有助于形成较大的硅酸盐聚合物，提供了更多的无机聚合物前驱体，与氢氧化钠相比，相同条件下，以氢氧化钾作为激发剂，制备的地质聚合物具有更高的强度[29]。有研究发现，将利用镍铁渣制备得到的地质聚合物在400 ℃焙烧后可得到更为致密的结构，其在水中或酸性溶液中浸泡30天后仍可保持良好的结构完整性[30]。此外，还可以利用镍铁渣与粉煤灰共同制备地质聚合物，当镍铁渣掺量为50%时，镍铁渣-粉煤灰地质聚合物的28天抗压强度为71.83 MPa，远高于最佳条件下以纯粉煤灰制备的地质聚合物。

1.2.1.4　建筑砌块

参考蒸压灰砂砖、粉煤灰蒸压砖生产经验，结合镍铁渣物理化学性能，用颗粒状镍铁渣替代炉渣等集料，掺入粉煤灰、电石渣、生石灰和石膏等生产蒸压砖。结果表明，产品强度可满足MU15-MU30等级要求[31]。适宜粒级镍铁渣的混配可改善蒸压砖的强度，采用45%的粒度小于3 mm粒状镍铁渣和37%的粒度小于0.18 mm粉状镍铁渣复配时，蒸压砖强度最高[32]。利用镍铁渣、粉煤灰、电石渣和皂化渣为原料，制备的蒸压镍铁渣标准砖（镍铁渣：粉煤灰：电石渣：皂化渣比例为42：35：7：16）和蒸压镍铁渣多孔砖（镍铁渣：粉煤灰：电石渣：皂化渣比例为45：32：7：16）强度分别为18.50 MPa和16.80 MPa，可分别满足蒸压粉煤灰砖标准（JC/T 239—2014）和蒸压粉煤灰多孔砖（GB/T 26541—2011）标准中MU15等级对应指标要求[33]。以镍铁渣为原料，掺入少量硅酸盐水泥，在适当激发剂作用下可制备免烧砖。研究表明，在镍铁渣与矿渣比例为1：1，水泥、激发剂（NS和CA）分别占镍铁渣与矿渣总质量的20%、2.5%，水胶比为0.5，胶砂比为1：3（其中河砂与镍铁渣比例为1：2）的条件下，浇筑成型，经常温养护可制成性能符合JC/T 422—2007标准中MU25等级要求的免烧砖[34]。

除此之外，希腊开展了以镍铁渣作掺和料生产公路路基材料研究。美国将质地坚硬（莫氏硬度为5~6）的风冷镍铁渣作为混凝土掺和料与沥青热混后用于铺设高速公路路面，结果表明将具有良好稳定性的风冷镍铁渣用作热拌沥青的粗、细骨料，可改善沥青对环境的适应性。我国也有采用环冷的方法将高温镍铁渣制备成石材的试验研究，所获得石材的密度约为2.8 g/cm^3，抗压强度达到200 MPa，接近于天然大理石，可用作公路建设中矿质集料和大块毛石（如护坡砌石、排水沟衬砌等）[35]。东北大学研究发现镍铁渣纤维作为道路沥青的纤维稳定剂可明显改善沥青的高温、低温以及感温性能。镍铁渣纤维对沥青的改性主要依靠其在搅拌下与沥青形成均匀的共混体系，且其掺入使得体系玻璃态转化温度明显降低[36]。

1.2.2 制备功能材料

1.2.2.1 隔热材料

基于镍铁渣物相组成主要为镁铁橄榄石的特点，以镍铁渣、轻烧镁砂细粉、碳酸镁细粉和硅微粉为原料，以二氧化钛微粉、氧化锆微粉和炭黑为添加剂，配料混合后在500~700 ℃条件下保温4~8 h，随后在1300~1550 ℃的条件下保温2~6 h，制备得到体积密度为1.55~1.75 g/cm^3、抗压强度为5.50~8.50 MPa、-20 μm孔径气孔率为77%~88%、1000 ℃时热导率为0.67~0.70 W/(m·K)的镁橄榄石型轻质隔热材料[37]。该方法较好地利用了镍铁渣的成分和物相特点，镍铁渣的配加量最大可达75%，为基于镍铁渣特性开展资源化高效利用提供了一条新思路。

1.2.2.2 无机矿物纤维

镍铁渣中含有大量的SiO_2，在高温下熔融后具有良好的黏性，具有制备矿棉等纤维材料的天然优势。为了充分利用高温炉渣的显热（炉渣温度为1500～1600 ℃），有部分学者开展了热态镍铁渣直接资源化利用的可行性研究。20世纪，苏联曾利用含60%～65%（SiO_2+ Al_2O_3）的镍铁渣高温时黏结性强以及在生产冶炼温度（1500～1600 ℃）范围内有良好成纤特性，采用垂直喷吹法和离心喷吹法直接利用高温熔融渣制取镍铁渣纤维[38]。该方法生产的纤维成本较低，耐火度可达700 ℃，比普通高炉渣纤维高100 ℃以上；在腐蚀介质中，镍铁渣纤维的化学稳定性也比普通的高炉渣纤维好，可作为工业炉砖壁膨胀缝填料。但是，镍铁渣纤维所需成分与电炉熔炼造渣成分间存在差异，同时需要在高温条件下操作，两个过程需要相互匹配、协调难度较大。近年来，国内也有利用高温镍铁渣制备无机矿物纤维的研究报道[39-40]，主要工艺过程是将高温炉渣流入小型电炉中调整成分，调整后的熔融渣再进入高速离心制纤机中，在高线速度（>120 m/s）和轴向高压风产生的组合外力作用下，制成超细无机矿物纤维（纤维直径3～6 μm，长度30～90 μm），超细无机纤维再经软化、改性、除杂等处理后，可替代植物纤维应用于造纸，生产保温材料和其他建筑材料等。在添加45%镍铁渣纤维时，制得的箱板纸和瓦楞纸均符合国家B类纸张标准。

矿棉是一种具有高隔热、隔音以及防火的建筑材料，常作为建筑墙体的内衬材料，提高建筑物的舒适度。Wang等人利用镍铁渣制备得到了一种性能优良的矿棉，通过向镍铁渣中添加B_2O_3，降低了镍铁渣的熔化温度，在1423～1471 ℃范围内制备得到了纤维的平均直径为5.6～3.4 μm、拉伸强度为1724～2114 MPa的优质矿棉[40]。

1.2.2.3　功能陶瓷

以镍铁渣和废玻璃为主要原料（镍铁渣：废玻璃比例为3：7），锯末或者炭粉为造孔剂（掺量为1%），在成型压力为5 MPa，烧结温度为1060 ℃，保温时间为45～60 min条件下，所得多孔陶瓷体积密度为740～830 kg/m^3，气孔率为71.7%～74.0%，抗压强度为3.01～4.48 MPa[41]。此外，以镍铁渣为主要原料，通过添加胶凝溶剂，经高温聚合成型，可制备出镍铁渣多孔聚合微粒吸声材料。结果表明，镍铁渣多孔聚合微粒吸声材料在250～1000 Hz区间，其吸声系数在0.6以上，对中低频噪声具有高效吸声性能，同时具有耐火、耐酸碱、不粉化沉降等优势，适用于公路交通噪声污染防治[42]。镍铁渣中含有大量的SiO_2和MgO，通过引入高钙的添加剂，能够制备以辉石为主晶相的功能陶瓷材料，如陶粒和Si-Ca陶瓷等。陶粒具有强度高、保温性能好和耐酸碱性能优良等优点，可作为良好的建筑骨料。Wu等人利用生活垃圾焚烧飞灰与镍铁渣烧结制备了高强度的陶粒。镍铁渣中镁铁橄榄石分解产生的镁橄榄石和顽火辉石会与飞灰分解产生的氧化钙发生反应，形成透辉石和镁硅钙石。此外，随着飞灰添加量的增加，主要物相从透辉石逐渐转变为镁硅钙石。加入20wt.%飞灰的镍铁渣经过800 ℃

预焙烧 15 min 和 1275 ℃焙烧 20 min 后，可获得抗压强度达 37.5 MPa 的高强度陶粒。Si-Ca 陶瓷具有优良的机械性能，其主晶相为辉石和钙长石，在建筑领域有着广泛的应用。Pei 等人通过向镍铁渣中引入调质剂，成功制备得到了高强度（抗折强度为 119.30 MPa）的 Si-Ca 陶瓷[43]。

1.2.2.4 微晶玻璃

微晶玻璃是将具有特定组成的基础玻璃，通过控制结晶过程而制得的一类含有大量微晶相以及玻璃相的多晶固体材料。利用冶金废渣制备微晶玻璃的一般流程如图 1-2 所示[44]。镍铁渣中二氧化硅和氧化镁组分含量高，粉煤灰具有二氧化硅、氧化铝和氧化钙组分含量高的特点，利用两者组分互补，可制备 CMAS 系微晶玻璃。研究发现，将镍铁渣（55wt.%）和粉煤灰（45wt.%）的混合物在 1550 ℃下熔融，保温 1 h 之后的熔渣水淬，将水淬渣细磨至小于 0.074 mm 后，获得 CMAS 系微晶玻璃基础料，再将基础料在 860 ℃下成核烧结 1 h、980 ℃下晶化 1.5 h，得到主晶相为钙长石和顽火辉石、辅晶相为尖晶石的微晶玻璃，产品抗折强度高（86.76 MPa）、吸水率低（0.09%）[45]。

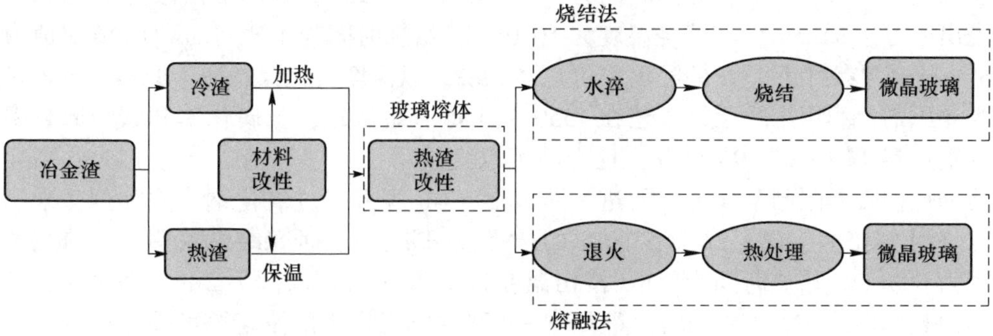

图 1-2 利用冶金废渣制备微晶玻璃流程

此外，有研究利用铁尾矿、粉煤灰、电石渣及镍铁渣制备 CMAS 系微晶玻璃，在铁尾矿添加量为 50wt.%，粉煤灰添加量为 20wt.%，电石渣添加量为 15wt.%，添加剂添加量为 10wt.%，镍铁渣添加量为 5wt.%，核化温度为755 ℃，核化时间为 90 min，晶化温度为 970 ℃，晶化时间为 120 min 的优化条件下，微晶玻璃抗折强度高达 223.31 MPa，在酸性溶液和碱性溶液中的质量损失率为 0.30wt.%和 0.31wt.%，具有优异的抗折强度和化学稳定性[46]。利用镍铁渣与碎玻璃制备微晶玻璃的研究表明，在熔融温度为 1400 ℃，保温时间为2 h，核化温度为 650 ℃，核化时间为 45～60 min，晶化温度为 750 ℃，晶化时间为 30～45 min 的条件下，所得微晶玻璃密度为 3.16 g/cm^3，热膨胀系数为 70.8×10^{-7}/ ℃，抗折强度 120 MPa，抗压强度为 250 MPa，杨氏模量为 40 GPa，硬度为 9 GPa，具有优异的热学性能和机械性能[47-48]。

1.2.3　回收有价金属

镍铁渣含有 Fe、Cr、Ni、Cu、Co 等有价金属，具有一定的回收价值。从镍铁渣中回收有价金属，主要有湿法、火法和联合法三种工艺。湿法工艺是采用酸浸的方法将镍铁渣中的 Ni、Co、Cr 等有价元素以离子形式溶解后，再从溶液中分离和提纯。火法工艺是通过高温焙烧实现镍铁渣中 Fe、Mg 等有价成分的选择性富集及回收。联合法工艺是通过焙烧-浸出的方法实现镍铁渣中 Ni、Cr 等有价元素的分离回收。酸浸法通常具有酸耗高，处理能力小，废弃物污染大等缺陷，应用较少。镍铁渣中的有价金属回收主要集中在火法工艺和联合法工艺。

利用碳质还原剂、硅质熔剂和钙质熔剂，在焙烧温度 1300 ℃，保温时间 30 min 条件下回收镍铁渣中 Ni、Cu、Pt、Pd、Au，金属回收率分别达 96.2%、96.9%、98.8%、95.3%和 98.4%[49]。但是，回收的金属以镍硫形式产出，需要进一步处理。在常压下利用 H_2SO_4 和 Na_2CO_3 分别对磁选后的镍铁渣磁性精矿和非磁性尾矿进行酸浸和碱浸，能够实现镍和铬的分离与富集[50]。研究结果表明，在酸浸温度为 110 ℃，酸浸时间为 2 h，酸浓度为 220 g/L 的酸浸条件下，Ni 的浸出率可达 91.5%。在焙烧温度为 1000 ℃，焙烧时间为 1 h，Na_2CO_3/渣比值为 65%的碱浸条件下，Cr 的浸出率可达 94.1%。以深度贫化镍铁渣为原料，石墨粉为还原剂，利用熔融还原工艺在 1550 ℃下回收金属铁，金属化率和铁的回收率分别达到 97.01%和 96.58%，且产品可以直接用于电炉炼钢[51-52]。但是，高耗能和低回收率限制了该工艺的进一步发展。Gu 等人以过氧化钠为添加剂，采用焙烧-水浸工艺实现了镍铁渣中 Cr 的选择性回收[53]。研究结果表明，在焙烧温度为 600 ℃，焙烧时间为 2 h，浸出温度为 50 ℃，浸出时间为 2 h 的条件下，Cr 的回收率可达 92.33%。Peng 等人进一步研究发现采用微波焙烧可强化镍铁渣中 Cr 的回收，在镍铁渣与过氧化钠比例为 1∶1，600 ℃下焙烧 20 min，50 ℃下浸出 60 min（液固比为 10 mL/g）的条件下，Cr 的回收率达 94.21%[54]。

镍铁渣中的 MgO 含量接近 30%，与白云石的 MgO 含量相当。运用皮江法的基本原理，以硅、硅铁、铝或者碳作为还原剂，采用真空热还原法可从镍铁渣中提取镁。热力学分析发现，在常压下，利用硅、硅铁、铝或者碳将氧化镁还原为气态镁需要很高的温度（>1400 ℃），降低体系压力可以显著降低还原开始温度；氧化钙的加入与镍铁渣中的二氧化硅反应生成硅酸钙等化合物，可消除真空还原过程中二氧化硅带来的不利影响[55]。皮江法从镍铁渣中提镁的工艺流程如图 1-3 所示。以铝-硅-铁合金为还原剂，在 CaF_2 添加量为 3%，真空度为 1~5 Pa，还原温度为 1200 ℃，还原时间为 5 h 的条件下，镍铁渣中氧化镁的还原率为 46.82%[56]。在硅添加量为 50%，氧化钙添加量为 30%，真空度为 10 Pa，还原温度为 1300 ℃，还原时间为 3 h 的条件下，镍铁渣中氧化镁回收率高达 97.74%[55]。

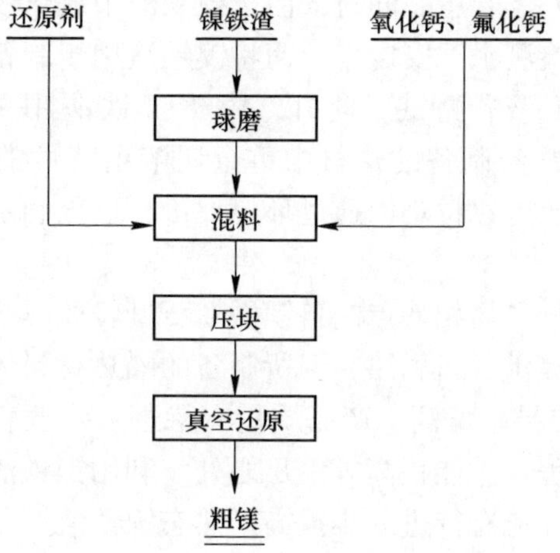

图 1-3 皮江法从镍铁渣中提镁的工艺流程

采用皮江法从镍铁渣中提取金属镁需要在高温和真空条件下进行，并且需要加入还原剂（硅或硅铁）和造渣剂（CaO），回收成本较高，难以大规模生产，使该工艺的应用受到了限制。有研究者开发了一条相对便捷的从镍铁渣中提取镁的方法。将镍铁渣粉与硫酸铵混合焙烧，再通过水浸过滤等方式获得高纯硫酸镁溶液。研究表明，在硫酸铵与镍铁渣比例为3.5∶1，焙烧温度为450 ℃，焙烧时间为120 min，50 ℃的水中恒温浸出60 min的条件下，Mg的回收率可达90%以上[57]。在此基础上，有研究者提出了使用硫酸铵与硫酸协同焙烧从镍铁渣中提取Mg的新方法。研究表明，硫酸铵与硫酸质量比为1∶1的混合焙烧可减少硫酸铵单独焙烧用量的2.5倍，有价金属Mg、Fe、Al、Cr的浸出率分别提高了17.46%、42.8%、26.06%和24.89%[58]。

1.3 镍铁渣资源化利用挑战与发展前景

虽然对于镍铁渣的资源化利用已经有了较多的研究，但是其综合利用率仍较低，镍铁渣堆存量大的局面依然未得到有效缓解。由于镍铁渣中氧化镁和二氧化硅含量高且Si—O键聚合度高，而潜在水硬性组分氧化钙和氧化铝的含量低，导致镍铁渣活性差（其活性指数在50%以下）、胶凝性差。当镍铁渣用作水泥混合材、混凝土掺和料以及制备地质聚合物时，需要对镍铁渣活性进行激发，提高镍铁渣活性的方法主要是机械活化和化学激发。机械活化一般要求磨矿至比表面积大于450 m^2/kg，且机械磨矿过程容易发生包球现象，致使活化效率低、能耗大、成本高，与传统水泥和混凝土等生产相比在成本上不具优势。化学激发常用石膏、水玻璃、碱石灰等作为激发剂来提高镍铁渣的活性，虽然激发剂能在一定程度上提高镍铁渣的活性，但是作为掺入建筑材料时存在碱骨料反应、稳定下降、与外加物料相容性变差等隐患。同时，由于镍铁渣中氧化镁含量高，当其用于生产水泥时，需要严格检测水泥安定性，而将镍铁渣用于制备混凝土时，也需要对混凝土的溶胀性进行严格测试。此外，由于镍铁渣中氧化铬含量较高（约2wt.%），因缺少对镍铁渣制备的建材中重金属溶出特性的跟踪调查，是否存在环境危害尚未可知，使得建材难以通过环保评价，这限制了镍铁渣在建材行业的大规模应用。

利用镍铁渣的成分和物相特点制备镁橄榄石型轻质隔热材料，为基于镍铁渣特性开展高值化利用提供了新思路，但所制备的隔热材料体积密度偏大（一般应小于1.3 g/cm^3）和热导率偏高，产品质量有待进一步改善。此外，还存在原料组分影响大、生产流程长、能耗高等不足之处。利用镍铁渣制备多孔陶瓷虽然工艺较简单，但是产品性能有待进一步提高。热态镍铁渣制备矿物纤维具有充分利用熔渣显热和能耗低的突出优点，但如何实现镍铁生产过程与热渣资源化利用过程的无缝衔接互不干扰的难题尚未解决；而采用离心喷吹法制备得到的矿物纤维常含有渣沫，纤维粗细及长短不一，质量和均匀性难以保证。现有利用镍铁渣制备微晶玻璃具有技术可行性，但传统的工艺存在过程长、晶化过程控制难度大、需多次高温处理和能耗大等问题。

镍铁渣中镍、铬等高价值金属含量低，整体回收价值较小，而镁、硅等含量高，致使采用酸浸出时酸耗大，且进入溶液中的离子组成复杂，给后续分离带来不利影响。同时，酸浸时生成的硅胶造成溶液黏度大，固液分离困难，容易夹带有价金属而降低其回收率。耗酸高、有价元素分离提纯困难等问题限制了该技术的发展，而以高温焙烧为特征的火法回收工艺，同样由于镍、铁等含量低，赋存关系复杂，导致还原分离过程有价元素富集比低，工艺能耗高，总体效率低、经济效益不佳。此外，联合法工艺虽然有价元素回收率较高，但是也存在添加剂（如碳酸钠、过氧化钠）添加量大和回收成本高等问题。

现有的技术方案在镍铁渣资源化利用上仍存在一定的缺陷，普遍存在处理能力小、工艺流程长和生产能耗高等问题。大量镍铁渣被用作井下填充物，其有价组分浪费严重。将镍铁渣转变为建筑功能材料或将是提高其利用率的关键举措。耐火材料、隔热材料以及微晶玻璃等近年来在建筑行业的应用越来越广泛，随着自然资源的大量开采，可利用的自然资源量急剧减少。因此，将镍铁渣作为二次资源，开展其材料化理论和技术研究对于镍铁行业可持续发展具有重要意义。

1.4　镍铁渣材料化利用的意义与要求

现有镍铁渣利用技术存在渣利用率低、处理能力小、产品附加值低、工艺能耗高、流程复杂等问题，难以缓解镍铁渣堆存量过大的现状。另外，镍铁渣中存在铬等重金属元素，处理不当将导致环境危害。革新现有镍铁渣利用方式，以镍铁渣的高效全量高值材料化为主要目的，开展镍铁渣利用的新理论与新技术研究，有望突破现有废渣利用的主要瓶颈，具有显著经济、社会和环境效益。总体上，镍铁渣材料化利用须围绕以下三个方面展开。

（1）提升镍铁渣的利用率。我国镍铁渣堆存量巨大，不仅占用了大量的土地资源，并且由于渣中含有重金属元素，长期露天堆存对周围环境会产生严重危害。此外，渣中含有大量有价金属元素，是一种宝贵的二次资源，将其合理开发利用能够有效缓解可利用自然资源短缺的现状。因此，亟需开发镍铁渣高效利用新技术，提高镍铁渣掺量，提升利用率。

（2）固化重金属元素。镍铁渣组成元素众多，其中铬是一种典型的具有潜在危害的重金属元素。三价铬无毒，不会对生物和环境产生影响，而六价铬具有较大的水溶性，可以侵入地下水，容易对生态系统产生影响。受铬污染的饮用水会通过食物链导致各种疾病，如动物贫血、肝功能障碍、智力下降、肾功能障碍、溶血、认知障碍、染色体畸变、抗氧化酶耗竭和 DNA 损伤[59]。因此，在镍铁渣材料化处理过程中，必须将铬进行固化。尖晶石通常具有较高的化学稳定性，如镁铬尖晶石、镁铁铬尖晶石等，都能对铬进行固化，且以三价铬的形式存在。因此，在镍铁渣材料化过程中，可考虑将铬转化为稳定的尖晶石，降低材料使用的安全风险。

（3）降低利用成本。生产成本是制约技术能否实现工业化应用的关键，因此，在开发新技术时必须考虑成本问题，尤其是原料价格以及生产工艺能耗。近年来，固体废弃物产生量巨大，尤其是在冶金、火电等工业。选择合适的工业固废作为添加剂/改质剂，配合镍铁渣生产相关材料将极大地降低生产成本，有望实现工业固废高值化利用。此外，合理的制备工艺制度对于降低生产成本和提升材料性能至关重要。降低加工温度，缩短加工时间以及工艺流程等对于降低生产成本具有重要作用。

1.5 本章总结

本章首先介绍了镍铁渣的产生情况，根据其产出形式不同，可分为电炉镍铁渣、高炉镍铁渣和回转窑直接还原镍铁渣，并以前两者为主。目前，镍铁渣的利用率低，渣的利用主要集中在制备建筑材料、功能材料、回收有价金属元素等方面。由于镍铁渣具有高镁含铬的特点，导致其在建筑材料中的应用受到限制。将其用于生产功能材料和回收有价金属，则存在成本高、工艺复杂、污染较大等问题。革新现有镍铁渣利用方式，以镍铁渣的高效全量高值材料化为主要目的，开展镍铁渣利用的新理论与新技术研究具有显著经济、社会和环境效益。

参考文献

[1] 罗骏. 红土镍矿还原/熔炼制备镍铁的渣系调控理论与技术研究 [D]. 长沙: 中南大学, 2017.

[2] 古佛全. 镍铁渣制备镁橄榄石型复相耐火材料的理论基础与工艺技术研究 [D]. 长沙: 中南大学, 2020.

[3] Liu P, Li B, Cheung S C P, et al. Material and energy flows in rotary kiln-electric furnace smelting of ferronickel alloy with energy saving [J]. Applied Thermal Engineering, 2016, 109: 542-559.

[4] Dourdounis E, Stivanakis V, Angelopoulos G N, et al. High-alumina cement production from FeNi-ERF slag, limestone and diasporic bauxite [J]. Cement and Concrete Research, 2004, 34 (6): 941-947.

[5] Gu F, Peng Z, Tang H, et al. Preparation of refractory materials from ferronickel slag [C] // Characterization of Minerals, Metals, and Materials 2018. Springer, 2018: 633-642.

[6] 孔令军, 赵祥麟, 刘广龙. 红土镍矿冶炼镍铁废渣综合利用研究综述 [J]. 铜业工程, 2014 (4): 42-44.

[7] Han F, Zhang H, Li H, et al. Recycling and comprehensive utilization of ferronickel slag in concrete [J]. Journal of Cleaner Production, 2023, 414: 137633.

[8] Kurniati E O, Pederson F, Kim H J. Application of steel slags, ferronickel slags, and copper mining waste as construction materials: A review [J]. Resources, Conservation and Recycling, 2023, 198: 107175.

[9] Han F, Zhang H, Pu S, et al. Hydration heat and kinetics of composite binder containing blast furnace ferronickel slag at different temperatures [J]. Thermochimica Acta, 2021, 702: 178985.

[10] Wu X, Gu F, Su C, et al. Preparing high-strength ceramsite from ferronickel slag and municipal solid waste incineration fly ash [J]. Ceramics International, 2022, 48 (23): 34265-34272.

[11] 王昕, 文寨军, 刘晨, 等. 电炉镍铁渣粉对水泥与混凝土性能影响的研究 [J]. 水泥, 2016, 9: 7-13.

[12] 付海峰, 李天翮, 秦文茜, 等. 电炉镍铁渣粉对水泥胶砂强度的影响试验研究 [J]. 化工矿物与加工, 2020, 49 (3): 51-55.

[13] 齐太山. 高炉镍铁渣粉在复合胶凝材料中的水化机理与性能研究 [D]. 长沙: 湖南大学, 2017.

[14] 石梦晓. 镍铁渣粉在水泥基复合胶凝材料中的作用机理 [D]. 北京: 清华大学, 2017.

[15] Saha A K, Sarker P K, Golovanevskiy V. Thermal properties and residual strength after high temperature exposure of cement mortar using ferronickel slag aggregate [J]. Construction and Building Materials, 2019, 199: 601-612.

[16] 刘玉峰, 朱小东. 利用湿粉煤灰、镍渣、铁矿石配料及用工业废渣做混合材双掺生产水泥的研究 [J]. 中国水泥, 2004 (4): 46-51.

[17] 施引珍, 钱忠伟. 镍铁冶炼废渣在混凝土中的应用研究 [J]. 广东建材, 2015, 31 (9):

31-34.

[18] Sun J, Feng J, Chen Z. Effect of ferronickel slag as fine aggregate on properties of concrete [J]. Construction and Building Materials, 2019, 206: 201-209.

[19] Saha A K, Sarker P K. Potential alkali silica reaction expansion mitigation of ferronickel slag aggregate by fly ash [J]. Structural Concrete, 2018, 19: 1376-1386.

[20] Saha A K, Sarker P K. Effect of sulphate exposure on mortar consisting of ferronickel slag aggregate and supplementary cementitious materials [J]. Journal of Building Engineering, 2020, 28: 101012.

[21] Liu X, Li T, Tian W, et al. Study on the durability of concrete with FNS fine aggregate [J]. Journal of Hazardous Materials, 2020, 381: 120936.

[22] Lee C H, Kim S C, Kim Y J, et al. Experimental study on thermal conductivity of concrete using ferronickel slag powder [J]. KSCE Journal of Civil Engineering, 2019, 24 (1): 219-227.

[23] Nguyen Q D, Khan M S H, Castel A, et al. Durability and microstructure properties of low-carbon concrete incorporating ferronickel slag sand and fly ash [J]. Journal of Materials in Civil Engineering, 2019, 31 (8): 04019152.

[24] 汪应玲，罗绍华，姜茂，等. 铁尾矿制备地质聚合物工艺条件 [J]. 矿产综合利用，2019，5: 121-126.

[25] Onisei S, Pontikes Y, Gerven T V, et al. Synthesis of geopolymers using fly ash and primary lead slag [J]. Journal of Hazardous Materials, 2012, 205 (206): 101-110.

[26] Kalinkin A M, Kumar S, Gurevich B I, et al. Geopolymerization behavior of Cu-Ni slag mechanically activated in air and in CO_2 atmosphere [J]. International Journal of Mineral Processing, 2012, 112: 101-106.

[27] Ye N, Yang J, Ke X, et al. Synthesis and characterization of geopolymer from bayer red mud with thermal pretreatment [J]. Journal of the American Ceramic Society, 2014, 97 (5): 1652-1660.

[28] 刘云，张康，冯恩娟，等. 镍铁渣地质聚合物的制备及其性能研究 [J]. 水泥工程，2017，2: 13-17.

[29] Komnitsas K, Zaharaki D, Perdikatsis V. Effect of synthesis parameters on the compressive strength of low-calcium ferronickel slag inorganic polymers [J]. Journal Hazardous Materials, 2008, 161 (2): 760-768.

[30] Komnitsas K, Bartzas G, Karmali V, et al. Assessment of alkali activation potential of a polish ferronickel slag [J]. Sustainability, 2019, 11 (7): 1863.

[31] 李忠文，刘冬，曹德生，等. 利用镍铁渣生产蒸压砖的可行性分析 [J]. 河南建材，2015，5: 33-35.

[32] 娄广辉，曹德生，姜卫国，等. 镍铁渣制备蒸压砖工艺技术研究 [J]. 硅酸盐通报，2018，37 (5): 1799-1803, 1812.

[33] 娄广辉，李银保，符晓，等. 镍铁渣的基本特性及其制备高强砖的研究 [J]. 新型建筑材料，2018，45 (6): 122-126.

［34］王亚军，华苏东，姚晓．镍渣矿渣免烧砖的试验研究［J］．新型建筑材料，2013，40（6）：23-25.
［35］张立敏，田泽峰，谷丹．红土镍矿冶炼废渣在公路工程中的应用研究［J］．北方交通，2017，12：33-38.
［36］刘杰，聂巧巧，韩跃新，等．镍铁矿渣纤维对道路沥青的改性机理［J］．东北大学学报（自然科学版），2018，39（6）：862-866，871.
［37］徐义彪，李亚伟，桑绍柏，一种基于镍铁渣的镁橄榄石轻质隔热砖及其制备方法：201510619761.X［P］．2017-09-22.
［38］尹雪．利用镍铁冶炼高温炉渣制备超细矿物无机纤维的研究［J］．有色矿冶，2013，29（5）：48-51.
［39］郑鹏．镍铁冶炼渣制备无机矿物纤维的研究［J］．有色矿冶，2015，31（6）：54-56.
［40］Wang W，Dai S，Zhou L，et al. Effect of B_2O_3 on the properties of ferronickel melt and mineral wool［J］. Ceramics International，2020，46（9）：13460-13465.
［41］完么东智．锰、镍冶金渣制备多孔陶瓷及性能研究［D］．绵阳：西南科技大学，2018.
［42］李云涛，郑双金，毛志刚，等．镍铁渣多孔聚合微粒吸声材料研究及应用［J］．噪声与振动控制，2018，38（3）：172-176.
［43］Pei D，Li Y，Hua S，et al. In situ XRD study on function mechanism of pyroxene and anorthite in Si-Ca ceramics from ferronickel slag［J］. Materials Letters，2021，305：130839.
［44］Shang W，Peng Z，Huang Y，et al. Production of glass-ceramics from metallurgical slags［J］. Journal of Cleaner Production，2021，317：128220.
［45］张文军，李宇，李宏，等．利用镍铁渣及粉煤灰制备 CMSA 系微晶玻璃的研究［J］．硅酸盐通报，2014，33（12）：3359-3365.
［46］李省伟．铁尾矿-粉煤灰-镍铁渣协同制备微晶玻璃研究［D］．济南：山东建筑大学，2019.
［47］Ljatifi E，Kamusheva A，Grozdanov A，et al. Optimal thermal cycle for production of glass-ceramic based on wastes from ferronickel manufacture［J］. Ceramics International，2015，41（9）：11379-11386.
［48］Karamanov A，Paunović P，Ranguelov B，et al. Vitrification of hazardous Fe-Ni wastes into glass-ceramic with fine crystalline structure and elevated exploitation characteristics［J］. Journal of Environmental Chemical Engineering，2017，5（1）：432-441.
［49］王玉芳．回收镍浸出渣中有价金属的工艺研究及应用［J］．铜业工程，2010（2）：44-47.
［50］张培育，郭强，宋云霞，等．从红土镍矿镍铁渣中分离浸取镍铬工艺［J］．过程工程学报，2013（4）：72-78.
［51］郭亚光，朱荣，王云，等．镍渣煤基熔融还原提铁工艺基础研究［J］．工业加热，2015，44（6）：40-43.
［52］郭亚光，朱荣，裴忠冶，等．镍渣熔融还原提铁动力学［J］．中国有色冶金，2017（5）：86-91.
［53］Gu F，Zhang Y，Peng Z，et al. Selective recovery of chromium from ferronickel slag via alkaline roasting followed by water leaching［J］. Journal of Hazardous Materials，2019，374：

83-91.

[54] Peng Z, Wang L, Gu F, et al. Recovery of chromium from ferronickel slag: A comparison of microwave roasting and conventional roasting strategies [J]. Powder Technology, 2020, 372: 578-584.

[55] Zhang X, Gu F, Peng Z, et al. Recovering magnesium from ferronickel slag by vacuum reduction: Thermodynamic analysis and experimental verification [J]. ACS Omega, 2019, 4 (14): 16062-16067.

[56] 王建磊，唐海燕，李京社，等. 红土镍矿尾渣提金属镁的工艺研究 [J]. 轻金属，2015，6: 40-45.

[57] 赵昌明，蔡永红，宁哲，等. 采用 $(NH_4)_2SO_4$ 烧结镍铁渣提取 MgO [J]. 中南大学学报（自然科学版），2017，48 (8): 1972-1978.

[58] Duan X, Lu S, Yang J, et al. Study on the synergistic mechanism of sulfuric acid and ammonium sulfate on the extraction of metals from ferronickel slag by roasting [J]. Minerals Engineering, 2023, 202: 108300.

[59] Krishnakumar T, Jayaprakash R, Pinna N, et al. Microwave-assisted synthesis and characterization of flower shaped zinc oxide nanostructures [J]. Materials Letters, 2009, 63 (2): 242-245.

2 镍铁渣物理化学性质

厘清镍铁渣的物理化学性能是实现其材料化利用的基础。目前，工业生产中电炉镍铁渣产生量最多，其次为高炉镍铁渣。由于生产工艺的差别，导致两种镍铁渣的物理化学性质存在着较大的差别[1]。本章以国内大型镍铁生产企业产出的典型电炉镍铁渣和高炉镍铁渣为对象，分别研究了其化学成分与物相组成、微观结构与元素分布、粒度组成、热稳定性以及吸波性能，为镍铁渣材料化研究奠定基础。

2.1 化学成分与物相组成

电炉镍铁渣和高炉镍铁渣主要化学成分如表 2-1 和表 2-2 所示。

表 2-1 电炉镍铁渣的主要化学成分 (wt.%)

成分	MgO	SiO_2	FeO	Al_2O_3	CaO	Cr_2O_3	NiO	烧损
含量	30.95	48.29	7.39	4.04	2.40	2.11	0.06	0.73

表 2-2 高炉镍铁渣的主要化学成分 (wt.%)

成分	MgO	SiO_2	FeO	Al_2O_3	CaO	Cr_2O_3	NiO	烧损
含量	11.23	25.39	1.99	25.58	28.22	0.54	0.01	-0.55

如表 2-1 所示，电炉镍铁渣的主要成分为 MgO 和 SiO_2，其中 MgO 含量为 30.95wt.%，SiO_2 含量为 48.29wt.%，MgO 与 SiO_2 质量比为 0.64，FeO 含量为 7.39wt.%，Al_2O_3 含量为 4.04wt.%，CaO 含量为 2.40wt.%，Cr_2O_3 含量为 2.11wt.%，NiO 含量低，仅为 0.06wt.%，烧损为 0.73wt.%。如表 2-2 所示，高炉镍铁渣的主要成分为 SiO_2、Al_2O_3、CaO，其中 SiO_2 含量为 25.39wt.%，Al_2O_3 含量为 25.58wt.%，CaO 含量为 28.22wt.%，FeO 含量为 1.99wt.%，Cr_2O_3 含量为 0.54wt.%，NiO 含量低，仅为 0.01wt.%。烧损为-0.55wt.%，因在升温过程渣中的 FeO 被氧化为 Fe_2O_3。

电炉镍铁渣和高炉镍铁渣的 XRD 分析如图 2-1 所示。如图 2-1（a）所示，电炉镍铁渣的主要物相为镁铁橄榄石($(Mg,Fe)_2SiO_4$)。研究表明，熔渣的熔化温度在 1205~1890 ℃之间可能有很大的变化，这取决于铁橄榄石和镁橄榄石的体积分数[2]。如图 2-1（b）所示，高炉镍铁渣的主要物相为镁铝尖晶石（$MgAl_2O_4$）[3]。此外，在 25°~35°范围内观察到低强度的宽衍射峰，表明其具有非晶态富硅玻璃化的特征[4]。

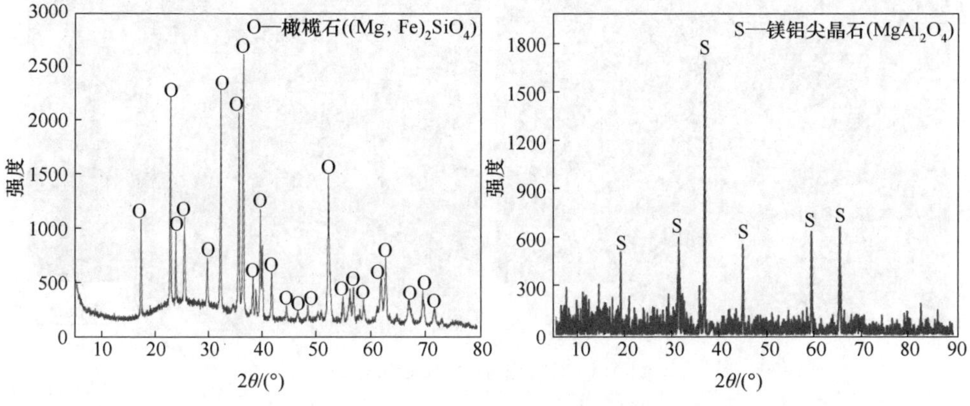

(a)电炉镍铁渣 (b) 高炉镍铁渣

图 2-1 电炉镍铁渣和高炉镍铁渣的 XRD 图谱

2.2 微观结构与元素分布

如图 2-2 所示，电炉镍铁渣主要以块状、片状形式存在，此外，还存在较多的微细颗粒。

图 2-2 电炉镍铁渣的微观结构

如图 2-3 所示，与电炉镍铁渣类似，高炉镍铁渣主要以块状、片状形式存在，同时也存在较多的微细颗粒。

图 2-3　高炉镍铁渣的微观结构

利用 SEM-EDS 对电炉镍铁渣和高炉镍铁渣的元素分布进行研究。电炉镍铁渣的 SEM-EDS 结果如图 2-4 所示。电炉镍铁渣中主要存在四种物相，相互嵌布

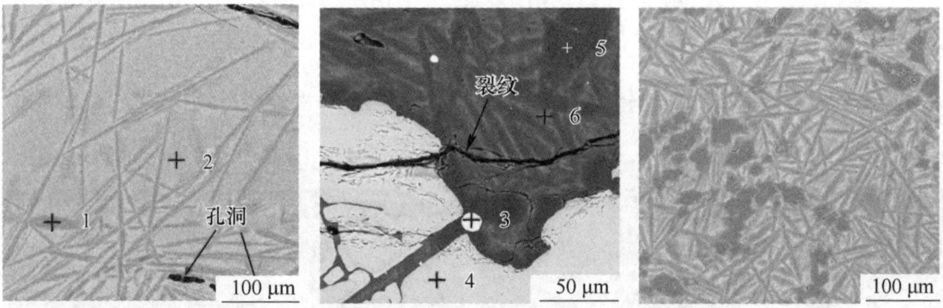

(a) SEM图

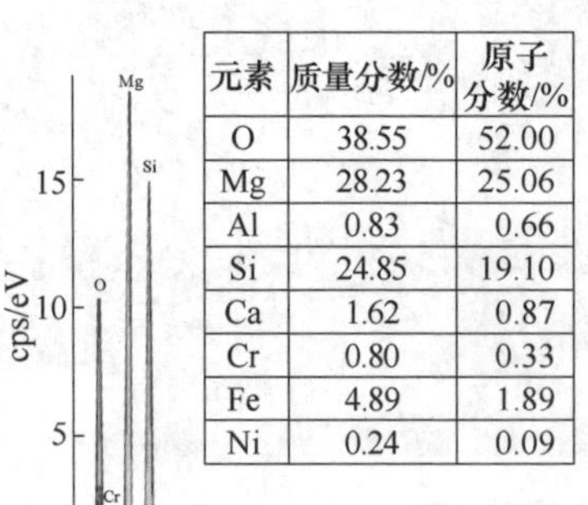

元素	质量分数/%	原子分数/%
O	38.55	52.00
Mg	28.23	25.06
Al	0.83	0.66
Si	24.85	19.10
Ca	1.62	0.87
Cr	0.80	0.33
Fe	4.89	1.89
Ni	0.24	0.09

(b) 点1

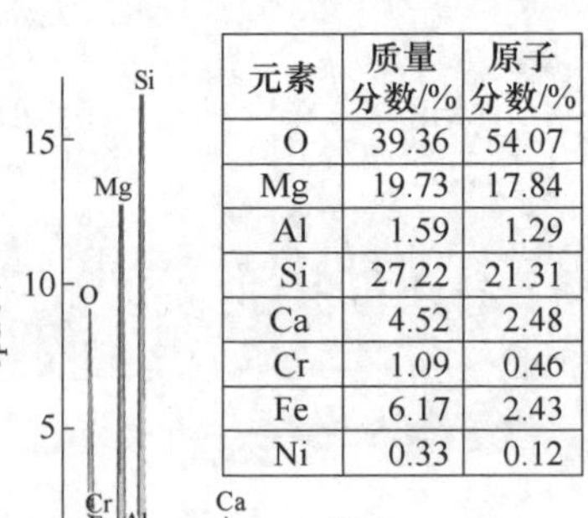

元素	质量分数/%	原子分数/%
O	39.36	54.07
Mg	19.73	17.84
Al	1.59	1.29
Si	27.22	21.31
Ca	4.52	2.48
Cr	1.09	0.46
Fe	6.17	2.43
Ni	0.33	0.12

(c) 点2

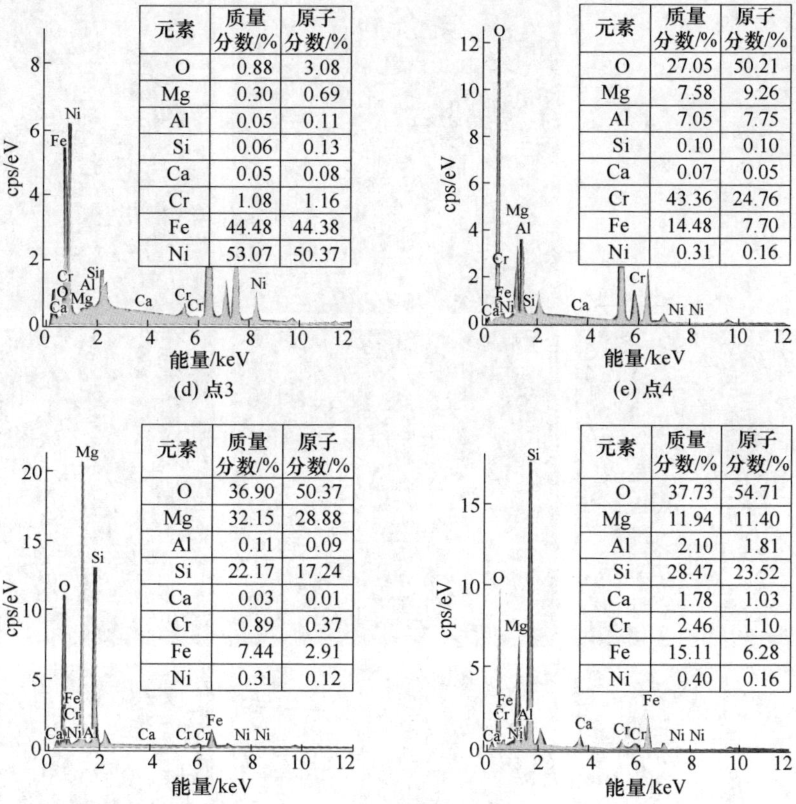

(d) 点3

元素	质量分数/%	原子分数/%
O	0.88	3.08
Mg	0.30	0.69
Al	0.05	0.11
Si	0.06	0.13
Ca	0.05	0.08
Cr	1.08	1.16
Fe	44.48	44.38
Ni	53.07	50.37

(e) 点4

元素	质量分数/%	原子分数/%
O	27.05	50.21
Mg	7.58	9.26
Al	7.05	7.75
Si	0.10	0.10
Ca	0.07	0.05
Cr	43.36	24.76
Fe	14.48	7.70
Ni	0.31	0.16

(f) 点5

元素	质量分数/%	原子分数/%
O	36.90	50.37
Mg	32.15	28.88
Al	0.11	0.09
Si	22.17	17.24
Ca	0.03	0.01
Cr	0.89	0.37
Fe	7.44	2.91
Ni	0.31	0.12

(g) 点6

元素	质量分数/%	原子分数/%
O	37.73	54.71
Mg	11.94	11.40
Al	2.10	1.81
Si	28.47	23.52
Ca	1.78	1.03
Cr	2.46	1.10
Fe	15.11	6.28
Ni	0.40	0.16

图 2-4 电炉镍铁渣的 SEM-EDS 分析

紧密，结构交织。其中点 1 和点 5 处 Mg/Si 原子摩尔比接近 2，表明该区域存在的主要物相为镁橄榄石。点 2 和点 6 处 Mg/Si 原子摩尔比接近 1，且 Fe 含量较高，表明该区域存在的主要物相为镁铁橄榄石。点 3 处 Ni 和 Fe 含量最高，且 O 含量低，表明该区域主要的物相为 Ni 和 Fe 的合金。点 4 处 Cr 和 O 元素含量最高，表明该区域的主要物相为 Cr_2O_3。

从图 2-5 中电炉镍铁渣的元素分布可以看出，氧元素含量高且分布于整个区域，表明电炉镍铁渣中的物相是以氧化物形式存在，黑色相中氧含量相对较高。硅元素主要分布于灰黑色及灰色相中，黑色相中硅含量相对较低，而镁元素的分布与硅元素的分布相反，镁元素主要分布于黑色相，灰黑色及灰色相中镁含量相对较低。铁、铝、钙、铬元素的分布与硅元素的分布类似，主要分布于灰黑色及灰色相中，黑色相中硅含量相对较低，其中铝、钙在黑色相中含量极低。

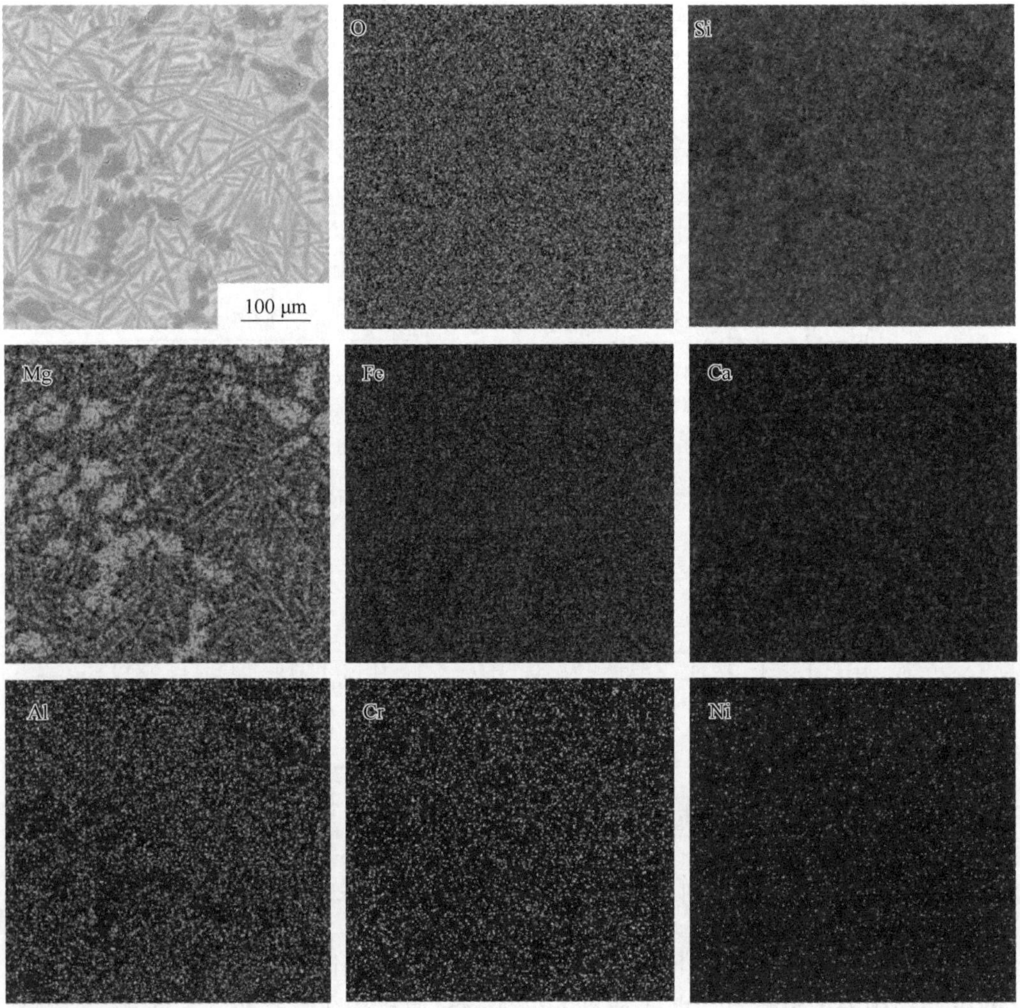

图 2-5　电炉镍铁渣的元素分布

高炉镍铁渣的 SEM-EDS 结果如图 2-6 所示。高炉镍铁渣主要由相对致密的不规则片状和块状尖晶石颗粒组成。点 2 和点 3 的 Al/Mg 原子摩尔比和 Ca/Si 原子摩尔比分别接近 2 和 1，表明高炉镍铁渣中可能同时存在 $MgAl_2O_4$ 和 $CaSiO_3$。对点 4 的 EDS 分析证实了 $Mg(Al,Fe)_2O_4$ 和 Ca_2SiO_4 的存在，对点 5 和点 6 的分析表明了 $MgAl_2O_4$ 和 $(Fe,Ca)_2SiO_4$ 的存在。

高炉镍铁渣中的元素分布如图 2-7 所示。氧元素含量高且分布于整个区域，表明高炉镍铁渣中的物相是以氧化物形式存在。氧、钙、硅、铝、镁、铁、铬、镍等元素均匀地分布在高炉镍铁渣颗粒中，且含量依次降低，其中氧、钙、硅、铝、镁元素的含量相对较高，铁、铬、镍元素含量较低。

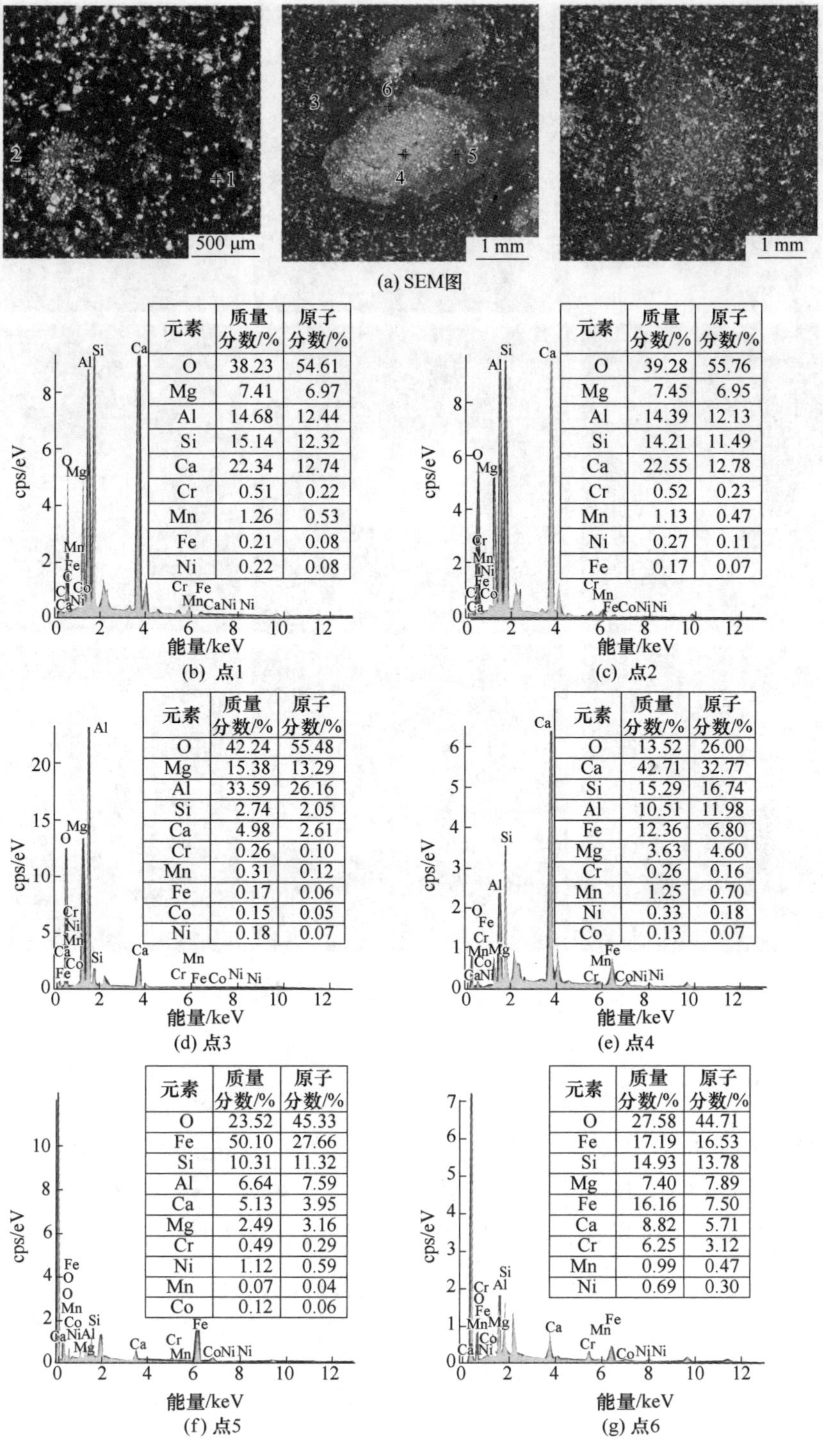

(b) 点1

元素	质量分数/%	原子分数/%
O	38.23	54.61
Mg	7.41	6.97
Al	14.68	12.44
Si	15.14	12.32
Ca	22.34	12.74
Cr	0.51	0.22
Mn	1.26	0.53
Fe	0.21	0.08
Ni	0.22	0.08

(c) 点2

元素	质量分数/%	原子分数/%
O	39.28	55.76
Mg	7.45	6.95
Al	14.39	12.13
Si	14.21	11.49
Ca	22.55	12.78
Cr	0.52	0.23
Mn	1.13	0.47
Ni	0.27	0.11
Fe	0.17	0.07

(d) 点3

元素	质量分数/%	原子分数/%
O	42.24	55.48
Mg	15.38	13.29
Al	33.59	26.16
Si	2.74	2.05
Ca	4.98	2.61
Cr	0.26	0.10
Mn	0.31	0.12
Fe	0.17	0.06
Co	0.15	0.05
Ni	0.18	0.07

(e) 点4

元素	质量分数/%	原子分数/%
O	13.52	26.00
Ca	42.71	32.77
Si	15.29	16.74
Al	10.51	11.98
Fe	12.36	6.80
Mg	3.63	4.60
Cr	0.26	0.16
Mn	1.25	0.70
Ni	0.33	0.18
Co	0.13	0.07

(f) 点5

元素	质量分数/%	原子分数/%
O	23.52	45.33
Fe	50.10	27.66
Si	10.31	11.32
Al	6.64	7.59
Ca	5.13	3.95
Mg	2.49	3.16
Cr	0.49	0.29
Ni	1.12	0.59
Mn	0.07	0.04
Co	0.12	0.06

(g) 点6

元素	质量分数/%	原子分数/%
O	27.58	44.71
Fe	17.19	16.53
Si	14.93	13.78
Mg	7.40	7.89
Fe	16.16	7.50
Ca	8.82	5.71
Cr	6.25	3.12
Mn	0.99	0.47
Ni	0.69	0.30

图 2-6 高炉镍铁渣的 SEM-EDS 分析

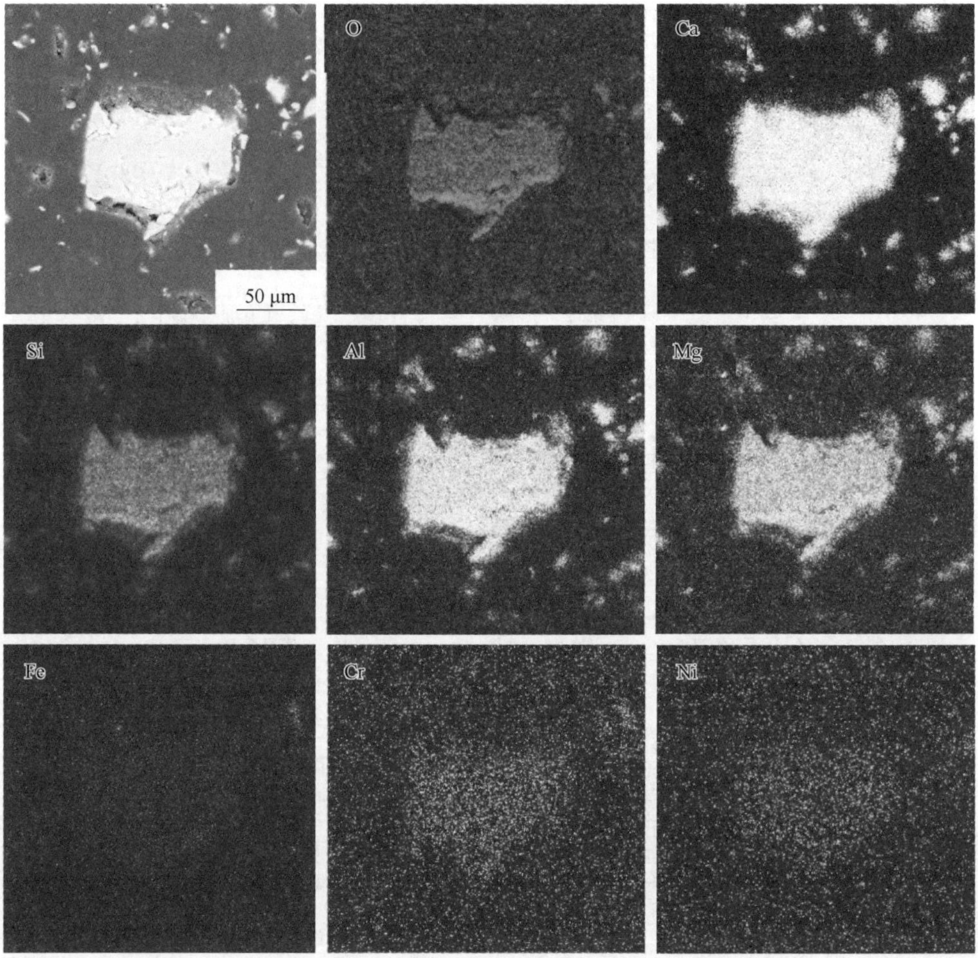

图 2-7　高炉镍铁渣的元素分布

2.3　粒度组成

电炉镍铁渣的粒度组成如表 2-3 所示。电炉镍铁渣的粒度主要分布在 5～3 mm和 3～1 mm 两个粒级[5]，其占比分别为 32. 39wt.%和 47. 87wt.%。+5 mm、1～0. 5 mm、-0. 5 mm 粒级占比分别为 12. 68wt.%、5. 39wt.%、1. 68wt.%。

表 2-3　电炉镍铁渣的粒度组成及分布

粒级/mm	+5	5～3	3～1	1～0. 5	-0. 5
占比/wt.%	12. 68	32. 39	47. 87	5. 39	1. 68

高炉镍铁渣的粒度组成如表 2-4 所示。高炉镍铁渣的粒度主要分布在 3～1 mm

和1~0.5 mm两个粒级，其占比分别为44.59wt.%和33.90wt.%。+5 mm、5~3 mm、-0.5 mm粒级占比分别为1.04wt.%、6.25wt.%、13.95wt.%。

表 2-4　高炉镍铁渣的粒度组成及分布

粒级/mm	+5	5~3	3~1	1~0.5	-0.5
占比/wt.%	1.04	6.52	44.59	33.90	13.95

经过球磨后的电炉镍铁渣和高炉镍铁渣粒度分布如图 2-8 所示。如图 2-8（a）所示，50%的电炉镍铁渣粉末粒径小于26.27 μm，90%的电炉镍铁渣粉末

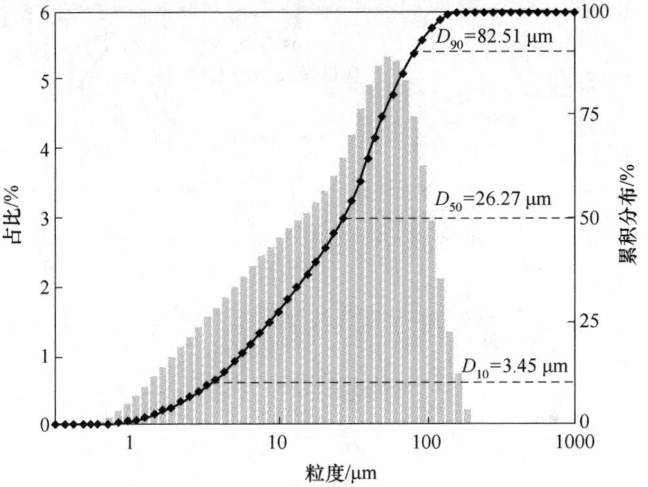

(a)电炉镍铁渣

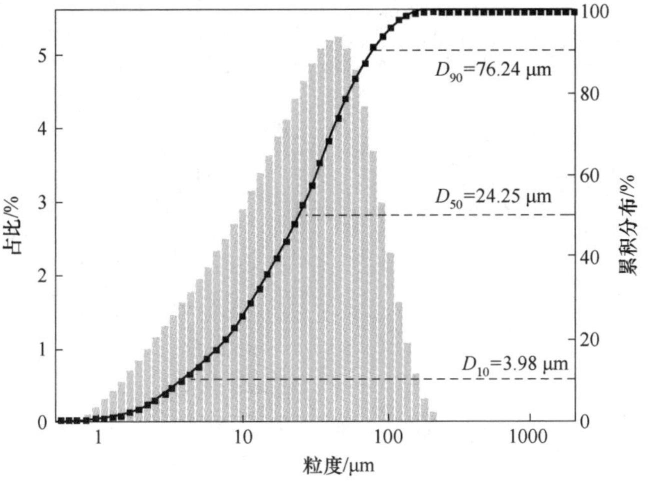

(b)高炉镍铁渣

图 2-8　球磨后电炉镍铁渣和高炉镍铁渣的粒度分布

粒度小于 82. 51 μm。高炉镍铁渣粉末的粒度分布如图 2-8（b）所示，50%的高炉镍铁渣粉末粒径小于 24. 25 μm，90%的高炉镍铁渣粉末粒度小于 76. 24 μm。总体来看，在同等条件下球磨处理后，高炉镍铁渣粉末比电炉镍铁渣粉末粒度更细。

2.4　热稳定性

在升温速度为 10 ℃/min 和空气气体流速为 50 mL/min 的条件下，电炉镍铁渣和高炉镍铁渣在室温至 1300 ℃温度范围内的 TG-DSC 结果如图 2-9 所示。电炉镍

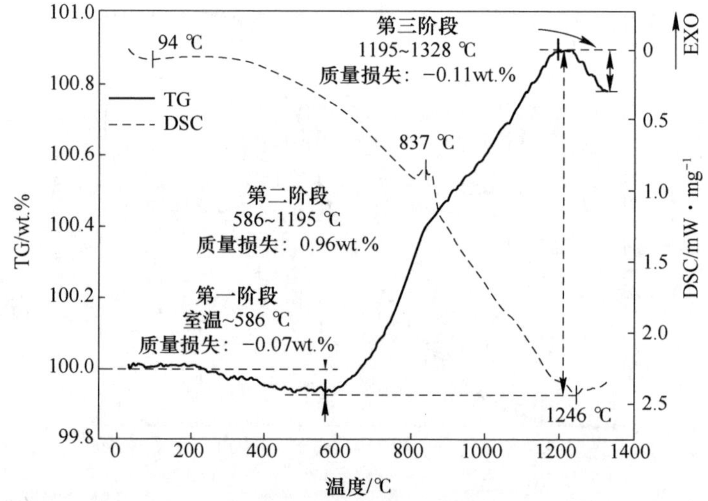

(a)电炉镍铁渣

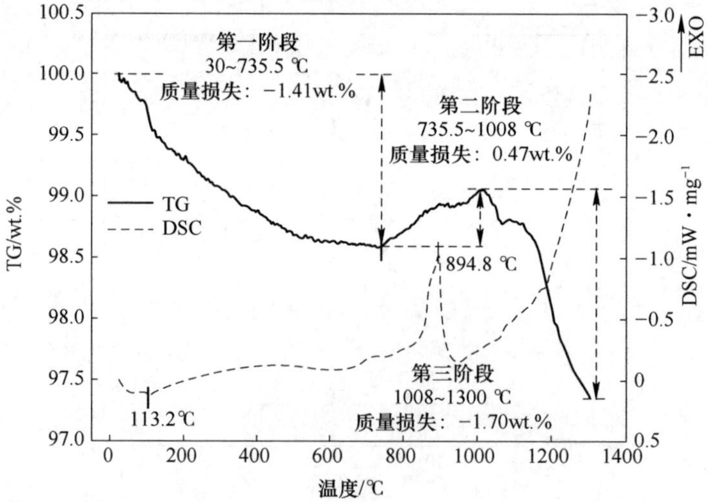

(b)高炉镍铁渣

图 2-9　电炉镍铁渣和高炉镍铁渣在空气气氛下的 TG-DSC 曲线

铁渣的 TG-DSC 结果如图 2-9（a）所示，电炉镍铁渣的质量损失发生在室温至 586 ℃，其中由于物理水的脱除，在约 94 ℃处形成了一个吸热峰[6]。在 586～1195 ℃的温度范围内增重，在 837 ℃处形成一个放热峰，这与电炉镍铁渣中的 FeO 氧化成 Fe_2O_3 有关[2,7]。当温度高于 1195 ℃时，在 1246 ℃处检测到一个明显的吸热峰，在此阶段出现质量损失，这与液相的生成有关[2]。

高炉镍铁渣的 TG-DSC 结果如图 2-9（b）所示，在 113.2 ℃存在一个吸热峰，这是由于物理吸附水的损失所致[2]，而 894.8 ℃处的强放热峰与尖晶石和黄长石的形成有关[8]。

2.5 吸波性能

为了明确镍铁渣对微波的吸收性能，在温度为 25 ℃，石蜡与原料比例为 7∶3 的条件下，测量微波频率 2～10 GHz 范围内电炉镍铁渣和高炉镍铁渣的介电参数，如图 2-10 所示。图 2-10（a）所示为电炉镍铁渣的常温相对介电常数（ε_r'）和相对介电损耗因子（ε_r''）随频率的变化趋势。在测试频率范围内，ε_r' 随频率增加而降低，ε_r'' 随频率增加呈现先下降后上升再下降的变化趋势。在 2.45 GHz 时，电炉镍铁渣的 ε' 值为 3.54，ε_r'' 值为 0.082。图 2-10（b）所示为高炉镍铁渣的常温相对介电常数（ε_r'）和相对介电损耗因子（ε_r''）随频率变化趋势。在测试频率范围内，ε_r' 随频率增加呈现先下降后上升再下降的变化趋势，ε'' 随频率变化的起伏较大。在 2.45 GHz 时，高炉镍铁渣的 ε_r' 值为 2.80，ε_r'' 值为 0.079。对比 2.45 GHz 下电炉镍铁渣和高炉镍铁渣的介电性能可知，电炉镍铁渣的相对介电损耗因子大于高炉镍铁渣，表明电炉镍铁渣的吸波性更好。

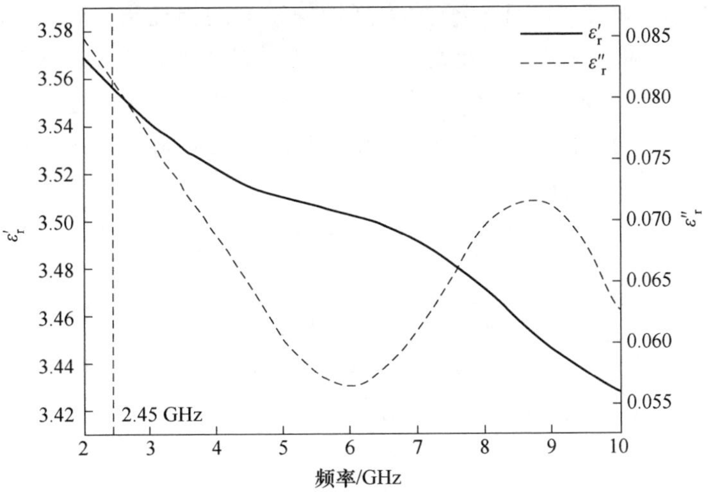

(a)电炉镍铁渣

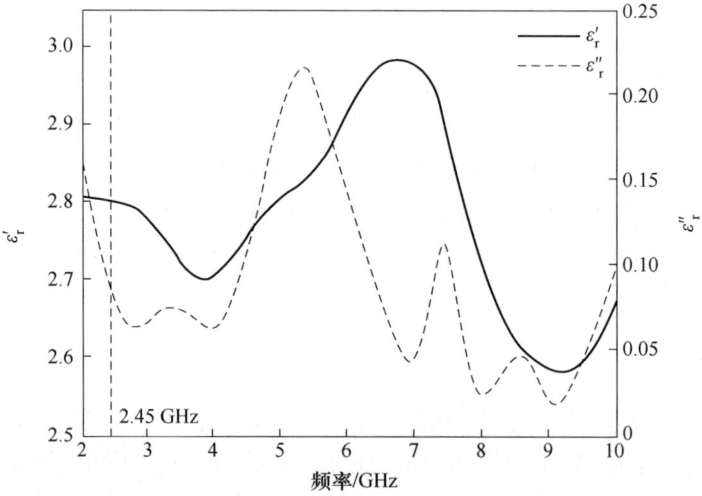

(b)高炉镍铁渣

图 2-10　电炉镍铁渣和高炉镍铁渣的相对介电常数和相对介电损耗因子

为了确定电炉镍铁渣和高炉镍铁渣的微波吸收性能，根据电炉镍铁渣和高炉镍铁渣的相对介电常数和相对介电损耗因子，利用式（2-1）和式（2-2），分别计算其损耗角正切（$\tan\delta$）和微波穿透深度（D_p）。图 2-11（a）所示为电炉镍铁渣在 2~10 GHz 范围内 $\tan\delta$ 和 D_p 的变化趋势。从图中可以看出，电炉镍铁渣的 $\tan\delta$ 和 D_p 的变化趋势相反，$\tan\delta$ 随着频率的增加呈先降低后升高再降低的趋势，而 D_p 的变化趋势正相反。在 2.45 GHz 时，电炉镍铁渣的 $\tan\delta$ 值为 0.023，D_p 值为 0.449 m。图 2-11（b）所示为高炉镍铁渣的损耗角正切（$\tan\delta$）和微波穿透深度（D_p）随频率的变化趋势，二者的变化趋势相反。在 2.45 GHz 时，高炉镍铁渣的 $\tan\delta$ 值为 0.027，D_p 值为 0.442 m。通过对比可以发现，在 2.45 GHz 时，电炉镍铁渣的 D_p 值小于高炉镍铁渣。上述结果表明室温下电炉镍铁渣的微波吸收性能优于高炉镍铁渣。

$$\tan\delta = \varepsilon''_r / \varepsilon'_r \tag{2-1}$$

$$D_p = \frac{\lambda_0}{2\pi(2\varepsilon'_r)^{1/2}} \left\{ \left[1 + \left(\frac{\varepsilon''_r}{\varepsilon'_r} \right)^2 \right]^{1/2} - 1 \right\}^{-1/2} \tag{2-2}$$

需要指出的是，以上吸波性能分析是基于镍铁渣和透波石蜡混合后的测试结果。一般来说，对以氧化物为主要成分的冶金渣而言，随着待测物料的表观密度（如压块后物料表观密度上升）和温度升高其吸波性能多呈现逐步增强的趋势[9]。因此，对于镍铁渣而言，其在造块或受热温度提高后将表现出更加优良的吸波性能。

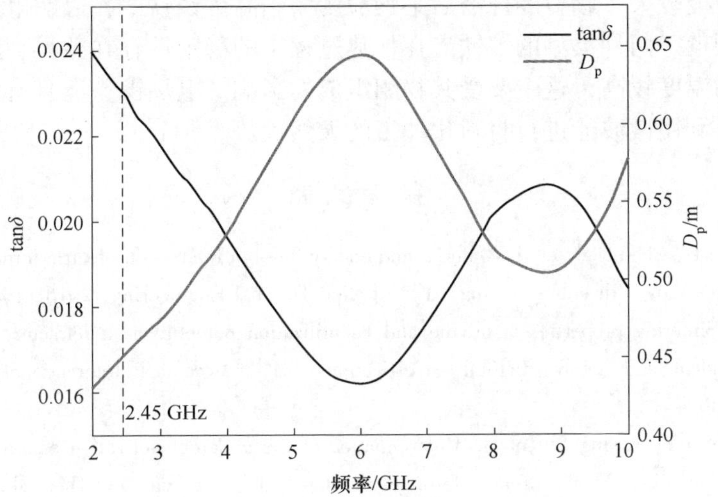

(a)电炉镍铁渣

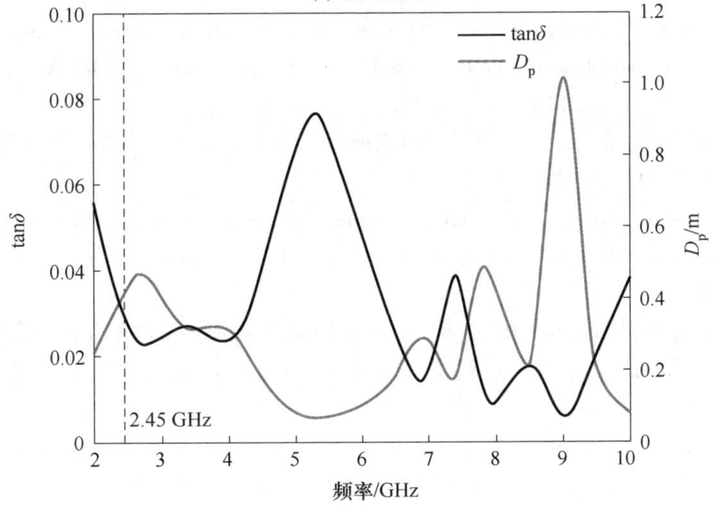

(b)高炉镍铁渣

图 2-11 电炉镍铁渣和高炉镍铁渣的损耗角正切和微波穿透深度

2.6 本章总结

本章系统研究了两种典型镍铁渣（电炉镍铁渣和高炉镍铁渣）的物理化学性能。研究发现，冶炼工艺对镍铁渣的化学成分和物相组成存在较大影响。电炉镍铁渣的化学成分主要为 SiO_2、MgO、FeO；高炉镍铁渣的主要化学成分为 SiO_2、Al_2O_3 和 CaO，此外两种类型的冶炼渣均包含少量的 Cr_2O_3。电炉镍铁渣的主要物相组成为镁铁橄榄石，高炉镍铁渣主要物相组成为镁铝尖晶石和硅酸钙。电炉镍铁渣的粒度较大，颗粒经球磨后平均粒度大于高炉镍铁渣，表明电炉镍铁渣具有更大的硬度。两种类型的镍铁渣在加热过程中的稳定性存在差异，电炉镍铁渣生成液相的温度较高，这主要受其物相组成的影响。电炉镍铁渣具有较好的吸波能力，具备利用微波能进行材料化加工的天然优势。

参考文献

[1] Liu P, Li B, Cheung S, et al. Material and energy flows in rotary kiln-electric furnace smelting of ferronickel alloy with energy saving [J]. Applied Thermal Engineering, 2016, 109: 542-559.

[2] Acar I. Sintering properties of olivine and its utilization potential as a refractory raw material: Mineralogical and microstructural investigations [J]. Ceramics International, 2020, 46: 28025-28034.

[3] Yan S, Sun Y, Kuang W, et al. Determination of the apparent activation energy for composite binder containing blast furnace ferronickel slag [J]. Journal of Thermal Analysis and Calorimetry, 2023, 148 (15): 1-14.

[4] Tang H, Peng Z, Shang W, et al. Preparation of refractory materials from electric furnace ferronickel slag and blast furnace ferronickel slag: A comparison [J]. Journal of Environmental Chemical Engineering, 2022, 10: 107929.

[5] 李保亮, 王月华, 潘东, 等. 电弧炉镍铁渣砂和镍铁渣粉的组成特性与适用性分析 [J]. 材料导报, 2019, 33 (22): 3752-3756.

[6] Tang H, Peng Z, Gu F, et al. Chromium-promoted preparation of forsterite refractory materials from ferronickel slag by microwave sintering [J]. Ceramics International, 2021, 47: 10809-10818.

[7] Peng Z, Tang H, Augustine R, et al. From ferronickel slag to value-added refractory materials: A microwave sintering strategy [J]. Resources, Conservation and Recycling, 2019, 149: 521-531.

[8] Tychanicz-Kwiecień M, Wilk J, Gil P. Review of high-temperature thermal insulation materials [J]. Journal of Thermophysics and Heat Transfer, 2019, 33: 271-284.

[9] Peng Z, Hwang J. Microwave-assisted metallurgy [J]. International Materials Reviews, 2015, 60: 30-63.

3 镍铁渣材料化反应热力学

镍铁渣化学成分复杂，在高温下涉及复杂的固液多相反应，各反应相互交织影响，因此在确定镍铁渣材料化方案之前，必须对其高温反应行为进行研究。通过热力学计算和分析有助于了解高温下多元反应体系中反应的方向和限度以及反应条件对物相转变的影响，进而指导镍铁渣材料化设计。SiO_2-MgO（FeO、Al_2O_3、Cr_2O_3）体系、SiO_2-MgO-Al_2O_3（FeO、CaO）体系和 SiO_2-MgO-Al_2O_3-FeO 体系是镍铁渣在高温反应过程中涉及的三个主要体系。因此，本章以热力学计算软件 FactSage 8.1 为主要工具，计算相关化学反应的标准吉布斯自由能变化，绘制并分析了相应的热力学相图，为镍铁渣材料化技术开发提供理论指导。

3.1 SiO_2-MgO（FeO、Al_2O_3、Cr_2O_3）体系

电炉镍铁渣中的主要组分为 SiO_2、MgO、FeO 以及少量的 Al_2O_3 和 Cr_2O_3 等。这些组分在高温下将发生复杂的化学反应，需要进行系统的研究，电炉镍铁渣在高温下可能所涉及的反应及计算所得各反应标准状态吉布斯自由能变化与温度的关系（$\Delta_r G_m^{\ominus}-T$）如表 3-1 和图 3-1 所示。

表 3-1　电炉镍铁渣在高温下可能发生反应的 $\Delta_r G_m^{\ominus}-T$ 方程式

No.	可能发生的反应	$\Delta_r G_m^{\ominus} = A + BT$/kJ · mol^{-1}
3-1	$2MgO + SiO_2 = Mg_2SiO_4$	$-57.70 + 0.00008T$
3-2	$MgO + SiO_2 = MgSiO_3$	$-8.64 + 0.0007T$
3-3	$MgSiO_3 + MgO = Mg_2SiO_4$	$-6.49 + 0.00011T$
3-4	$Mg_2SiO_4 + SiO_2 = 2MgSiO_3$	$-2.15 - 0.0018T$
3-5	$Mg_2SiO_4 + 2Al_2O_3 = MgO \cdot Al_2O_3 + MgSiO_3$	$15.01 - 0.029T$
3-6	$Mg_2SiO_4 + 2Fe_2O_3 = MgO \cdot Fe_2O_3 + MgSiO_3$	$-7.34 - 0.035T$
3-7	$Mg_2SiO_4 + 2Cr_2O_3 = MgO \cdot Cr_2O_3 + MgSiO_3$	$-4.02 - 0.0067T$
3-8	$MgO + Al_2O_3 = MgO \cdot Al_2O_3$	$-1.64 - 0.0013T$
3-9	$MgO + Cr_2O_3 = MgO \cdot Cr_2O_3$	$-43.86 + 0.011T$
3-10	$4FeO + O_2 = 2Fe_2O_3$	$-65.51 + 1.62T$
3-11	$MgO + Fe_2O_3 = MgO \cdot Fe_2O_3$	$-9.65 + 0.0048T$

续表 3-1

No.	可能发生的反应	$\Delta_r G_m^\ominus = A + BT$/kJ · mol^{-1}
3-12	$2FeO + SiO_2 = 2FeO \cdot SiO_2$	$-76.42 + 0.034T$
3-13	$FeO + SiO_2 = FeO \cdot SiO_2$	$-8.04 + 0.0041T$
3-14	$2FeO + Al_2O_3 = 2FeO \cdot Al_2O_3$	$-30.41 + 0.0096T$
3-15	$SiO_2 + Al_2O_3 = Al_2O_3 \cdot SiO_2$	$-24.72 - 0.0021T$
3-16	$CaO + SiO_2 = CaO \cdot SiO_2$	$-21.41 - 0.0002T$
3-17	$3CaO + Al_2O_3 = 3CaO \cdot Al_2O_3$	$-12.60 - 0.024T$
3-18	$CaO + Al_2O_3 = CaO \cdot Al_2O_3$	$-18.00 - 0.019T$
3-19	$Mg_2SiO_4 + 2Al_2O_3 + 4SiO_2 = 2MgO \cdot 2Al_2O_3 \cdot 5SiO_2$	$-1.82 - 0.0047T$

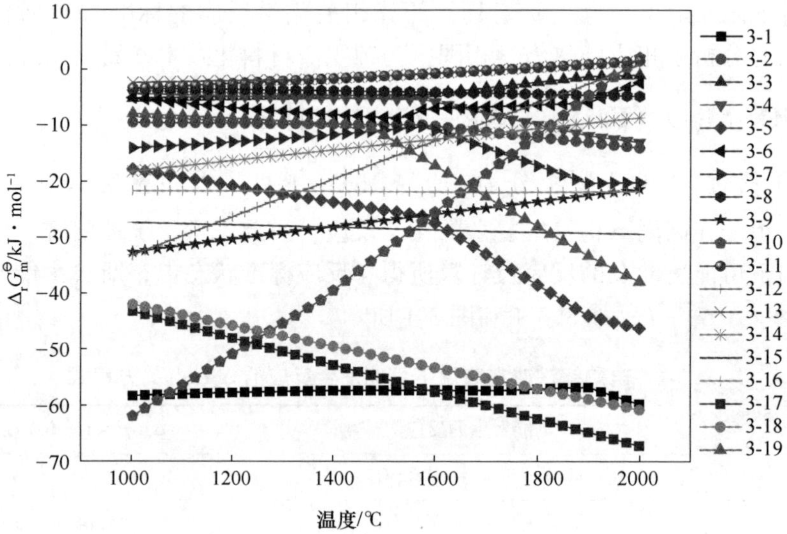

图 3-1　反应标准吉布斯自由能变化与温度的关系图

从表 3-1 和图 3-1 中可以看出，在 1000～2000 ℃时，体系中的 MgO 与 SiO_2 发生反应生成镁橄榄石的趋势大于生成顽火辉石的趋势，顽火辉石也可以与 MgO 发生反应生成镁橄榄石，但是当体系中 SiO_2 过量时，SiO_2 又可与生成的镁橄榄石发生反应生成顽火辉石。此外，镁橄榄石也会与 Al_2O_3、Fe_2O_3、Cr_2O_3 发生反应生成相应的尖晶石及顽火辉石。同时，MgO 还可与体系中的 Al_2O_3、Fe_2O_3、Cr_2O_3 发生反应生成镁铝尖晶石、镁铁尖晶石、镁铬尖晶石，尖晶石的生成可提高体系的熔点[1]。除此之外，体系中的 CaO 与 Al_2O_3 较易发生反应，生成的铝酸钙（$CaAl_2O_4$，1600 ℃）也为高熔点物质。研究表明，提高体系中 MgO 含量有助于高熔点物相的生成。

高炉镍铁渣的主要化学成分为 SiO_2、CaO、Al_2O_3，以及少量的 MgO、Fe_2O_3 和 Cr_2O_3 等。在高温下，各组分间的反应与电炉镍铁渣存在明显区别，因此需要对其在高温下涉及的相关反应进行研究。高炉镍铁渣在高温下可能涉及的反应及计算所得各反应标准状态吉布斯自由能变化与温度的关系如表 3-2 和图3-2 所示。

表 3-2 高炉镍铁渣在高温下可能发生反应的 $\Delta_r G_m^\ominus$-T 方程式

No.	可能发生的反应	$\Delta_r G_m^\ominus = A + BT$/kJ · mol^{-1}
3-20	$MgO + Al_2O_3 = MgAl_2O_4$	−24.844 − 0.0067T
3-21	$2MgO + SiO_2 = Mg_2SiO_4$	−64.25 + 0.0041T
3-22	$MgO + SiO_2 = MgSiO_3$	−32.571 + 0.0013T
3-23	$MgO + Fe_2O_3 = MgFe_2O_4$	−22.223 + 0.0282T
3-24	$MgO + Cr_2O_3 = MgCr_2O_4$	−38.532 − 0.0134T
3-25	$Mg_2SiO_4 + SiO_2 = 2MgSiO_3$	−0.0897 − 0.0015T
3-26	$MgO + MgSiO_3 = Mg_2SiO_4$	−31.668 + 0.0028T
3-27	$CaO + SiO_2 = CaSiO_3$	−89.547 + 0.0016T
3-28	$MgO + CaO + SiO_2 = CaMgSiO_4$	−109.131 + 0.0015T
3-29	$MgO + CaO + 2SiO_2 = CaMgSi_2O_6$	−141.519 + 0.0094T
3-30	$CaO + Al_2O_3 + 2SiO_2 = CaAl_2Si_2O_8$	−108.91 − 0.0226T
3-31	$MgO + 3CaO + 2SiO_2 = Ca_3MgSi_2O_8$	−252.12 − 0.0097T
3-32	$3CaO + Al_2O_3 + 3SiO_2 = Ca_3Al_2Si_3O_{12}$	−315.121 + 0.0427T
3-33	$MgO + 2CaO + 2SiO_2 = Ca_2MgSi_2O_7$	−183.215 − 0.0171T
3-34	$2CaO + Al_2O_3 + SiO_2 = Ca_2Al_2SiO_7$	−138.336 − 0.0259T
3-35	$2MgO + 2Al_2O_3 + 5SiO_2 = Mg_2Al_4Si_5O_{18}$	−80.511 − 0.034T
3-36	$Al_2O_3 + Mg_2SiO_4 = MgSiO_3 + MgAl_2O_4$	6.827 − 0.0096T
3-37	$2MgO + 2Al_2O_3 + 5SiO_2 = Mg_2Al_4Si_5O_{18}$	−80.511 − 0.0334T

如表 3-2 和图 3-3 所示，在 25~1400 ℃范围内，体系中的 MgO、SiO_2、Al_2O_3 能够相互反应生成镁铝尖晶石（$MgAl_2O_4$），是一种高熔点（>2100 ℃）物质。此外，由于高炉镍铁渣中 CaO 含量高，在高温焙烧过程中容易生成硅酸钙（$CaSiO_3$）和钙长石（$CaAl_2Si_2O_8$）等物相。与电炉镍铁渣相比，高炉镍铁渣在高温下反应后的物相组成较为复杂。

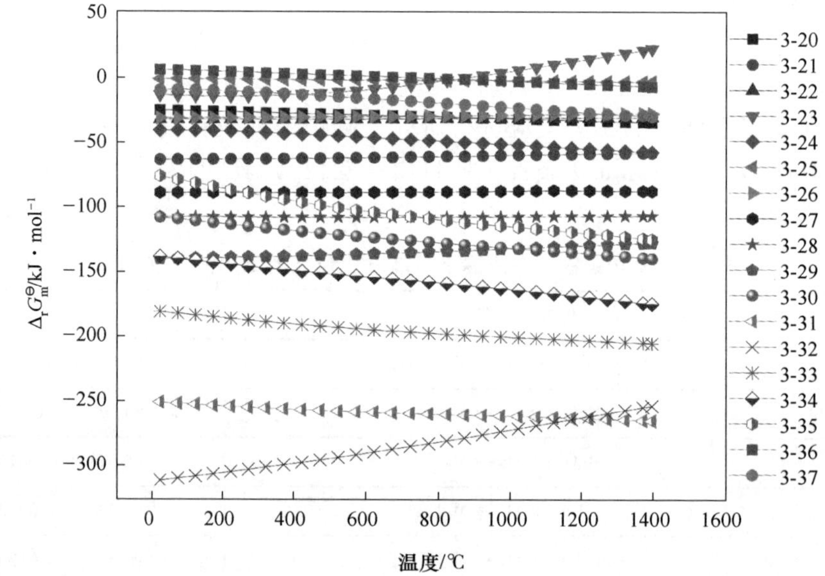

图 3-2　反应标准吉布斯自由能变化与温度的关系图

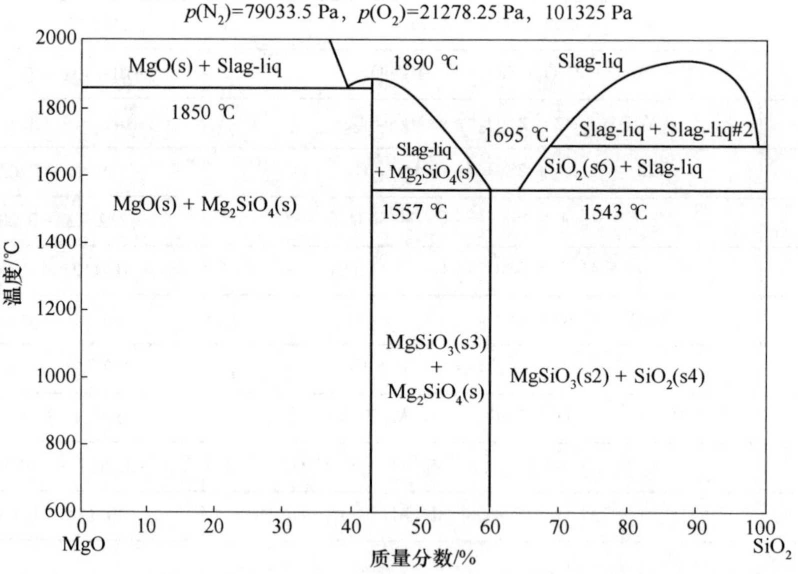

图 3-3　MgO-SiO_2 体系平衡相图

电炉镍铁渣中的主要成分 SiO_2 和 MgO 是镁橄榄石系列化合物的主体组分。利用热力学数据库 FactSage 8. 1 绘制 MgO-SiO_2 体系变温相图，如图 3-3 所示。从图中可以看出，Mg_2SiO_4 和 $MgSiO_3$ 均是 MgO-SiO_2 体系的产物。其中镁橄榄石熔点高达 1890 ℃，镁橄榄石和方镁石共熔温度为 1850 ℃，整体熔点较高。镁橄榄石和顽火辉石共存生成液相的温度相对较低，仅有 1557 ℃[2]。因此，电炉镍铁渣在高温环境下发生反应，体系中可能同时存在镁橄榄石和顽火辉石两种物相。从图 3-3 可以看出，提高 MgO-SiO_2 体系中 MgO 含量会导致体系的物相组成向镁橄榄石和方镁石迁移，同时提升整个体系的熔点。

由于电炉镍铁渣中硅含量高，需要考虑 SiO_2 对 MgO-Fe_2O_3、MgO-Cr_2O_3、MgO-Al_2O_3 体系的影响，为此，分析了 MgO-SiO_2-Fe_2O_3、MgO-SiO_2-Cr_2O_3、MgO-SiO_2-Al_2O_3、MgO-SiO_2-CaO 系相图。

图 3-4 所示为 MgO-SiO_2-Fe_2O_3 三元系相图，相图中各三元无变量点的组分含量及共熔点温度如表 3-3 所示。从图 3-4 中可知，在上述三元体系中，随着氧化镁、二氧化硅和氧化铁组分含量的改变，所形成的主要物相包括方镁石（periclase，MgO）、镁橄榄石（forsterite，Mg_2SiO_4）、顽火辉石（enstatite，$MgSiO_3$）、方石英（cristobalite，SiO_2）、磷石英（tridymite，SiO_2）和液相（liquid）等。

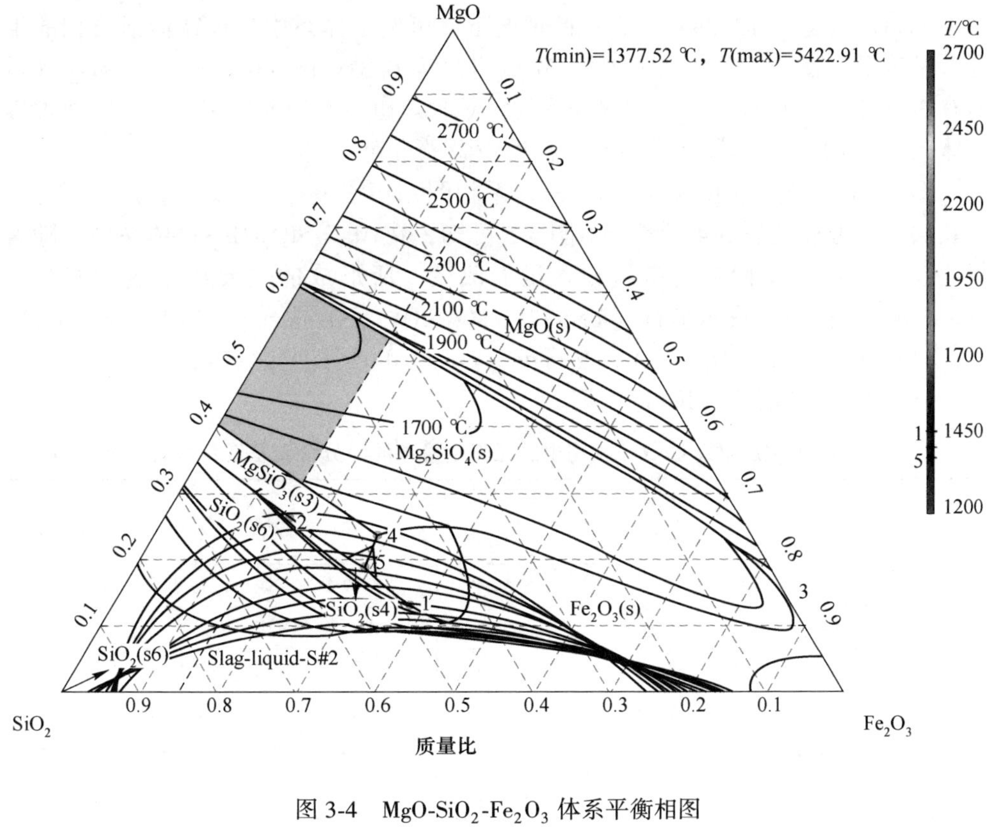

图 3-4 MgO-SiO_2-Fe_2O_3 体系平衡相图

表 3-3　$MgO-SiO_2-Fe_2O_3$ 相图中三元无变量点的组分含量及低共熔点温度

No.	化学成分/wt.%			主要物相	低共熔点温度/℃
	MgO	SiO_2	Fe_2O_3		
1	12.62	49.12	38.26	赤铁矿、方石英、鳞石英	1465
2	25.75	57.69	16.57	顽火辉石、方石英、鳞石英	1465
3	14.01	0.75	85.24	赤铁矿、镁橄榄石、方镁石	1461
4	23.28	47.87	28.85	赤铁矿、镁橄榄石、顽火辉石	1413
5	18.58	51.86	29.56	赤铁矿、顽火辉石、鳞石英	1377

从表 3-3 可以看出，在 $MgO-SiO_2-Fe_2O_3$ 渣系中，不同物相间相互固溶形成的低共熔相温度区间为 1377～1465 ℃。比较而言，体系中由赤铁矿参与形成的共熔相的熔化温度较低。其中以赤铁矿、顽火辉石和鳞石英形成的共熔相熔化温度最低，为 1377 ℃（图 3-4 中点 5），此时对应氧化镁、氧化硅和氧化铁的组分含量分别为 18.58wt.%、51.86wt.%和 29.56wt.%，对应的镁硅质量比为 0.36。

依据第二章电炉镍铁渣中铁含量换算，电炉镍铁渣对应 $MgO-SiO_2-Fe_2O_3$ 体系中 Fe_2O_3 含量为 12.39wt.%，在此情况下，可确定体系中形成镁橄榄石相的组分含量范围（图 3-4 中填充区域）：MgO 含量为 0.31wt.%～0.61wt.%，SiO_2 含量为 0.30wt.%～0.40wt.%。电炉镍铁渣的实际含量也落在填充区域附近，而通过提高体系中 MgO 含量，体系中主要物相为镁橄榄石和方镁石。

图 3-5 所示为 $MgO-SiO_2-Cr_2O_3$ 三元系相图，相图中各三元无变量点的组分含量及共熔点温度如表 3-4 所示。由图 3-5 可知，在 $MgO-SiO_2-Cr_2O_3$ 体系中，随着氧化镁、二氧化硅和氧化铬组分含量的改变，所形成的主要物相包括方镁石（periclase，MgO）、镁橄榄石（forsterite，Mg_2SiO_4）、尖晶石（spinel，$MgCr_2O_4$）、顽火辉石（enstatite，$MgSiO_3$）、方石英（cristobalite，SiO_2）、氧化铬（chromium oxide，Cr_2O_3）和液相（liquid）等。

表 3-4　$MgO-SiO_2-Cr_2O_3$ 相图中三元无变量点的组分含量及低共熔点温度

No.	化学成分/wt.%			主要物相	低共熔点温度 /℃
	MgO	SiO_2	Cr_2O_3		
1	56.27	35.14	8.59	镁橄榄石、方镁石、尖晶石	1814
2	7.12	90.54	2.34	方石英、液相、尖晶石	1723
3	22.52	68.03	9.45	方石英、液相、尖晶石	1723
4	6.11	92.55	1.35	顽火辉石、方石英、尖晶石	1697
5	38.90	58.99	2.12	顽火辉石、镁橄榄石、尖晶石	1547
6	34.56	62.32	3.11	顽火辉石、方石英、尖晶石	1534

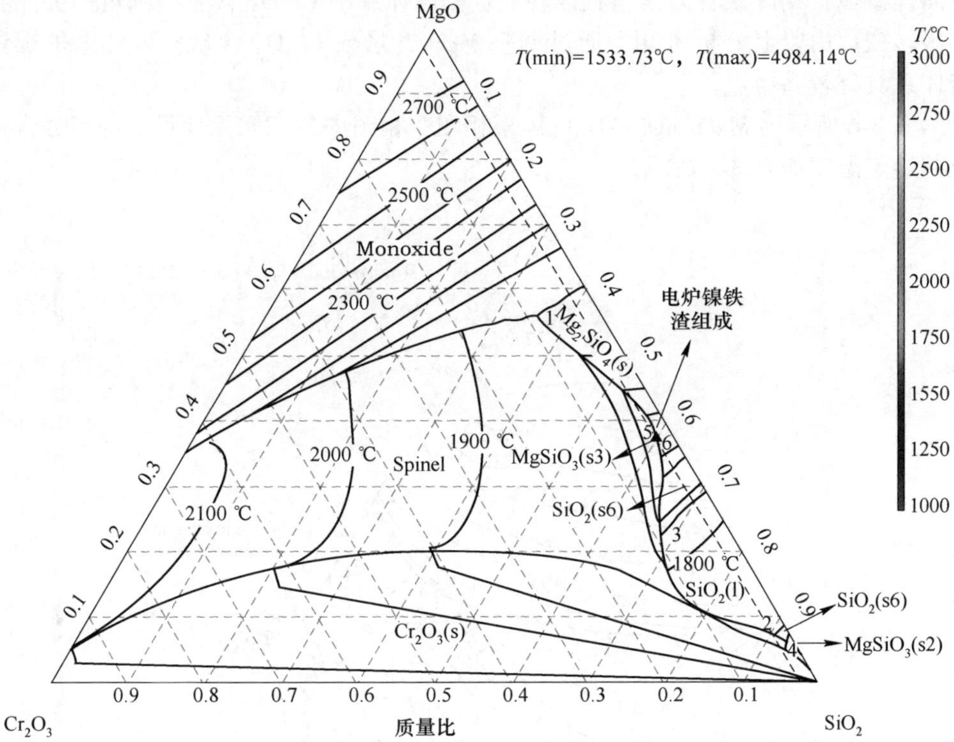

图 3-5 MgO-SiO_2-Cr_2O_3 体系平衡相图

从表 3-4 可以看出，在 MgO-SiO_2-Cr_2O_3 体系中，不同物相间相互固溶形成的低共熔相温度区间为 1534～1814 ℃，体系中形成的共熔相均具有较高的熔化温度。比较而言，MgO-SiO_2-Cr_2O_3 体系中的顽火辉石和方石英相的存在会降低形成的共熔相的熔化温度[3]。其中以镁橄榄石、方镁石和尖晶石形成的共熔相熔化温度最高，达 1814 ℃（图 3-5 点 1），此时对应氧化镁、二氧化硅和氧化铬的组分含量分别为 56.27wt.%、35.14wt.%和 8.59wt.%，对应的镁硅质量比为 1.60。以方石英、液相、尖晶石形成的共熔相熔化温度为 1723 ℃（图 3-5 点 3），此时对应氧化镁、二氧化硅和氧化铬的组分含量分别为 22.52wt.%、68.03wt.%和 9.45wt.%，对应的镁硅质量比为 0.33。以顽火辉石、方石英、尖晶石形成的共熔相熔化温度最低，为 1534 ℃（图 3-5 点 6），此时对应氧化镁、二氧化硅和氧化铬的组分含量分别为 34.56wt.%、62.32wt.%和 3.11wt.%，对应的镁硅质量比为 0.55。

依据第 2 章电炉镍铁渣中组分含量换算，电炉镍铁渣对应 MgO-SiO_2-Cr_2O_3 体系中 MgO 含量为 38.05wt.%，SiO_2 含量为 59.36wt.%，Cr_2O_3 含量为 2.59wt.%（图 3-5 中三角形标志），对应顽火辉石相区。此时，通过提高体系中 MgO 含量，可向镁橄榄石相区或者方镁石相区转变；提高体系中 Cr_2O_3 含量，则可向尖晶石相区转变。由以上分析可知，通过调整 MgO 含量或 Cr_2O_3 含量，可使电炉镍铁渣体系具有较高熔点。

图 3-6 所示为 $MgO-SiO_2-Al_2O_3$ 体系相图，相图中各三元无变量点的组分含量及共熔点温度如表 3-5 所示。

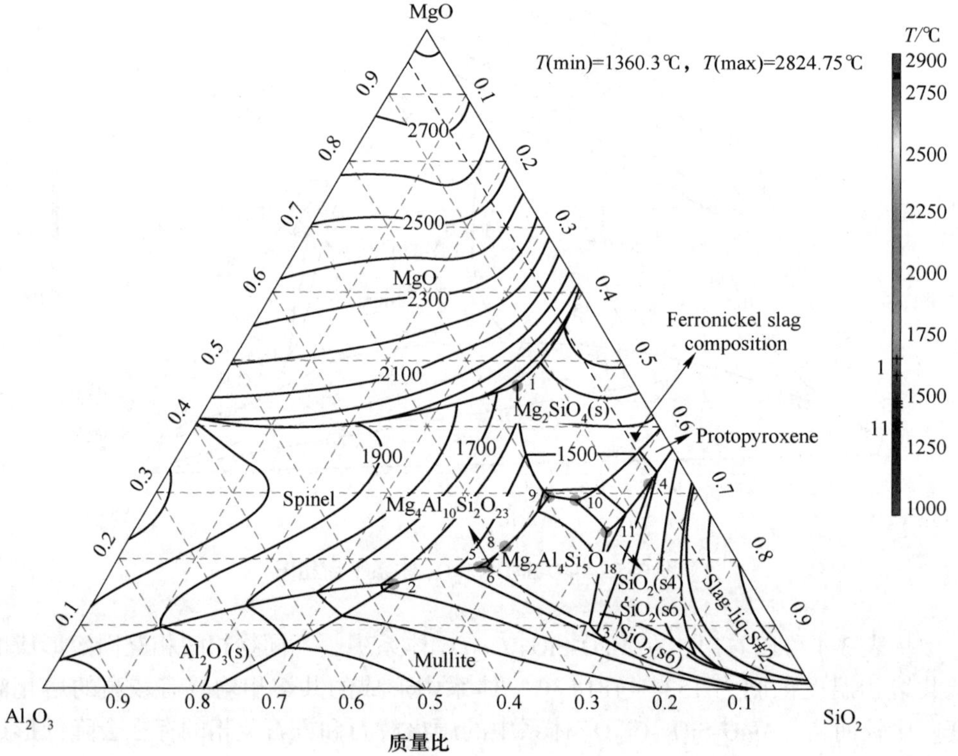

图 3-6　$MgO-SiO_2-Al_2O_3$ 体系平衡相图

表 3-5　$MgO-SiO_2-Al_2O_3$ 相图中三元无变量点的组分含量及低共熔点温度

No.	化学成分/wt.%			主要物相	低共熔点温度/℃
	MgO	SiO_2	Al_2O_3		
1	46.39	38.41	15.20	方镁石、镁橄榄石、尖晶石	1646
2	16.11	37.82	46.07	尖晶石、刚玉、莫来石	1575
3	8.66	67.67	23.67	莫来石、方石英、鳞石英	1465
4	30.82	63.28	5.90	辉石、方石英、鳞石英	1465
5	18.74	47.44	33.82	尖晶石、蓝宝石、莫来石	1464
6	18.71	48.45	32.84	堇青石、蓝宝石、莫来石	1455

续表 3-5

No.	化学成分/wt.%			主要物相	低共熔点温度 /℃
	MgO	SiO_2	Al_2O_3		
7	9.89	66.10	24.01	堇青石、莫来石、鳞石英	1445
8	21.58	49.43	28.99	尖晶石、堇青石、蓝宝石	1440
9	29.25	19.53	51.22	尖晶石、堇青石、镁橄榄石	1380
10	28.74	16.43	54.83	辉石、堇青石、镁橄榄石	1370
11	24.09	14.48	61.43	辉石、堇青石、鳞石英	1360

由图 3-6 可知，在上述体系中，随着氧化镁、二氧化硅和氧化铝组分含量的改变，所形成的主要物相包括方镁石（periclase，MgO）、镁橄榄石（forsterite，Mg_2SiO_4）、顽火辉石（enstatite，$MgSiO_3$）、堇青石（cordierite，$2MgO \cdot 2Al_2O_3 \cdot 5SiO_2$）、蓝宝石（sapphire，$4MgO \cdot 5Al_2O_3 \cdot 2SiO_2$）、尖晶石（spinel，$MgO \cdot Al_2O_3$）、莫来石（mullite，$3Al_2O_3 \cdot 2SiO_2$）、方石英（cristobalite，$SiO_2$）和磷石英（tridymite，$SiO_2$）等。

由表 3-5 可知，在 MgO-SiO_2-Al_2O_3 体系中，不同物相间相互固溶形成的低共熔相温度区间为 1360~1646 ℃。体系中由尖晶石参与形成的共熔相的熔化温度较高，其中以方镁石、镁橄榄石和尖晶石形成的共熔相熔化温度最高，为 1646 ℃（图 3-6 中点 1），此时对应氧化镁、二氧化硅和氧化铝的组分含量分别为 46.39wt.%、38.41wt.%和 15.20wt.%，对应的镁硅质量比为 1.21。

依据第 2 章中电炉镍铁渣中组分含量换算，电炉镍铁渣对应 MgO-SiO_2-Al_2O_3 体系中 MgO 含量为 37.17wt.%，SiO_2 含量为 57.98wt.%，Al_2O_3 含量为 4.85wt.%（图 3-6 中三角形标志），位于镁橄榄石相区。此时，通过提高体系中 MgO 含量，可向方镁石相区转变；提高体系中 Al_2O_3 含量，则可向尖晶石相区转变[4]。由以上分析可知，通过调整 MgO 含量或 Al_2O_3 含量，可使电炉镍铁渣体系具有较高熔点。

图 3-7 所示为 MgO-SiO_2-CaO 体系相图，相图中各三元无变量点的组分含量及共熔点温度如表 3-6 所示。从图 3-7 中可知，在上述体系中，随着氧化镁、二氧化硅和氧化钙组分含量的改变，所形成的主要物相包括方镁石（periclase，MgO）、镁橄榄石（forsterite，Mg_2SiO_4）、顽火辉石（enstatite，$MgSiO_3$）、石灰石（lime，CaO）、硅酸钙（caltium silicate，Ca_2SiO_4）、镁硅钙石（merwinite，$Ca_3MgSi_2O_8$）、硅钙石（rankinite，$Ca_3Si_2O_7$）、硅灰石（wollastonite，$CaSiO_3$）、透辉石（diopside，$CaMgSi_2O_6$）、方石英（cristobalite，SiO_2）、磷石英（tridymite，SiO_2）和液相（liquid）等。

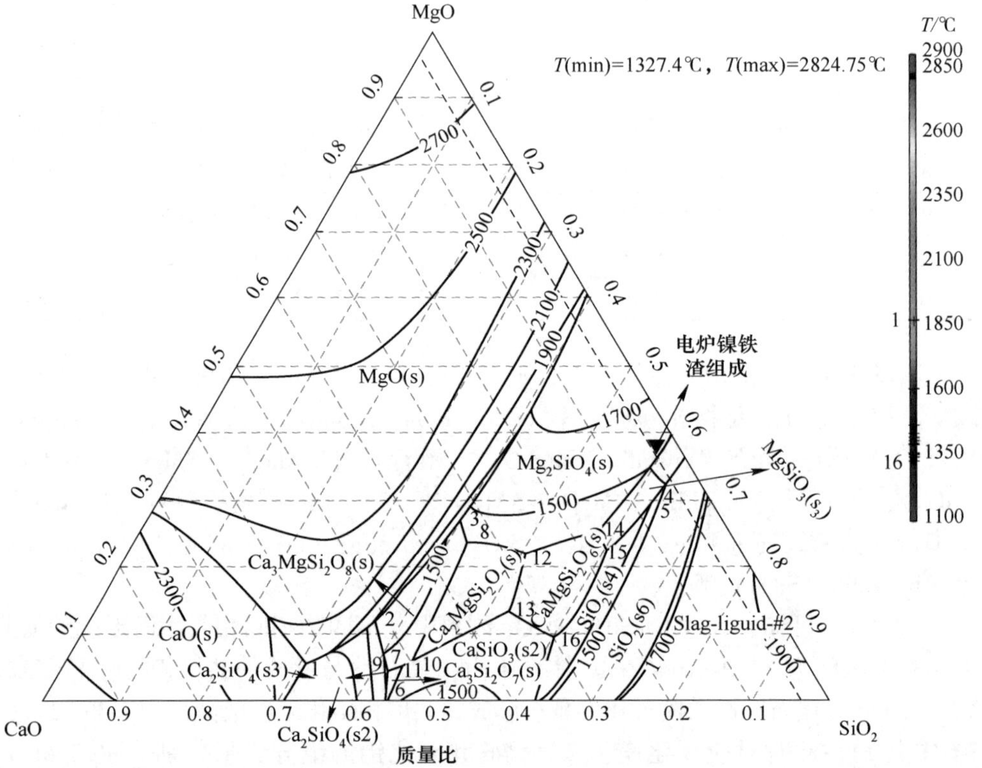

图 3-7　$MgO-SiO_2-CaO$ 体系平衡相图

表 3-6　$MgO-SiO_2-CaO$ 相图中三元无变量点的组分含量及低共熔点温度

No.	化学成分/wt.%			主要物相	低共熔点温度 /℃
	MgO	SiO_2	CaO		
1	5.21	31.04	63.75	硅酸二钙、石灰石、方镁石	1877
2	11.78	36.70	51.52	硅酸二钙、镁硅钙石、方镁石	1609
3	27.04	39.81	33.15	镁硅钙石、镁橄榄石、方镁石	1467
4	29.51	62.99	7.50	顽火辉石、方石英、鳞石英	1465
5	29.19	63.03	7.78	顽火辉石、方石英、鳞石英	1465
6	2.07	43.01	54.91	硅酸二钙、硅酸三钙、硅钙石	1437
7	4.90	41.58	53.52	硅酸二钙、硅酸三钙、镁硅钙石	1437
8	23.53	42.41	34.06	镁黄长石、镁硅钙石、镁橄榄石	1418
9	4.25	42.14	53.61	硅酸二钙、镁硅钙石、硅钙石	1406
10	6.14	44.28	49.58	镁黄长石、镁硅钙石、钙硅石	1392
11	4.92	43.51	51.57	镁硅钙石、硅钙石、硅钙石	1389

续表 3-6

No.	化学成分/wt.%			主要物相	低共熔点温度/℃
	MgO	SiO_2	CaO		
12	21.76	50.66	27.58	镁硅钙石、透辉石、镁橄榄石	1358
13	13.20	52.87	33.93	镁硅钙石、透辉石、钙硅石	1357
14	24.86	58.17	16.97	透辉石、镁橄榄石、顽火辉石	1351
15	22.26	60.93	16.81	透辉石、顽火辉石、鳞石英	1341
16	9.13	60.78	30.09	透辉石、钙硅石、鳞石英	1327

由表 3-6 可知，在 MgO-SiO_2-CaO 体系中，不同物相间相互固溶形成的低共熔相温度区间跨度较大（1327~1877 ℃）。以硅酸钙、石灰石、方镁石形成的共熔相熔化温度高达 1877 ℃（图 3-7 中点 1），此时对应氧化镁、二氧化硅和氧化钙的组分含量分别为 5.21wt.%、31.04wt.%和 63.75wt.%；以硅酸钙、镁硅钙石、方镁石形成的共熔相熔化温度也可达 1609 ℃（图 3-7 中点 2），此时对应氧化镁、二氧化硅和氧化钙的组分含量分别为 11.78wt.%、36.70wt.%和51.52wt.%。由此可知，体系中共熔相熔化温度高时，对应二氧化硅含量为 31.04wt.%~36.70wt.%、氧化钙含量为 51.52wt.%~63.75wt.%，实际电炉镍铁渣体系中难以出现此组分状态，而以镁橄榄石参与形成的共熔相熔化温度为 1351~1467 ℃。可见，在 MgO-SiO_2-CaO 体系中，镁橄榄石易形成低共熔点化合物[5]。

依据第 2 章电炉镍铁渣中组分含量换算，电炉镍铁渣对应 MgO-SiO_2-CaO 体系中 MgO 含量为 37.91wt.%，SiO_2 含量为 59.15wt.%，CaO 含量为 2.95wt.%（图 3-7 中三角形标志），位于镁橄榄石相区。此时，CaO 含量的提高，极易使得电炉镍铁渣体系向低熔点相图转变及易形成低共熔化温度相，而提高 MgO 含量，可使电炉镍铁渣体系保持在高熔点相区。

电炉镍铁渣体系相图分析表明，提高体系中 MgO、Cr_2O_3 和 Al_2O_3 含量，可以生成高熔点的尖晶石相（镁铬尖晶石熔点 2350 ℃、镁铝尖晶石熔点 2105 ℃、镁铁尖晶石熔点 1713 ℃）。此外，由于 Fe_2O_3、Cr_2O_3、Al_2O_3 在方镁石中的溶解，可对体系烧结起到促进作用（促进顺序为：$Fe_2O_3 \gg Cr_2O_3 > Al_2O_3$）。同时，生成的尖晶石相与镁橄榄石相具有较高的液相生成温度。$MgFe_2O_4$-Mg_2SiO_4 体系中液相最低生成温度为 1720 ℃。$MgCr_2O_4$-Mg_2SiO_4 体系中液相最低生成温度高于 1800 ℃，镁铬尖晶石与镁橄榄石的最低液相生成温度为 1810 ℃。$MgAl_2O_4$-Mg_2SiO_4 体系中液相最低生成温度则为 1650 ℃。

电炉镍铁渣中还含有部分氧化铝，氧化铝可与氧化镁反应生成镁铝尖晶石，镁铝尖晶石的生成会对添加剂作用下的电炉镍铁渣体系高温烧结行为产生重要影响。

1350 ℃时 MgO-SiO_2-Al_2O_3 体系等温截面相图如图 3-8 所示。从图 3-8 可以看

出，电炉镍铁渣组分落在 $MgO-SiO_2-Al_2O_3$ 体系的堇青石、镁橄榄石和辉石相区。若往电炉镍铁渣中配入 20wt.%氧化镁，电炉镍铁渣体系组分向镁橄榄石、尖晶石和方镁石相区（图 3-8 中正方形标志）转变，此时，适当提高电炉镍铁渣体系组分中氧化铝含量，仍可使电炉镍铁渣体系保持在镁橄榄石、尖晶石和方镁石相区，同时提高体系中尖晶石相（主要为镁铝尖晶石相）含量。

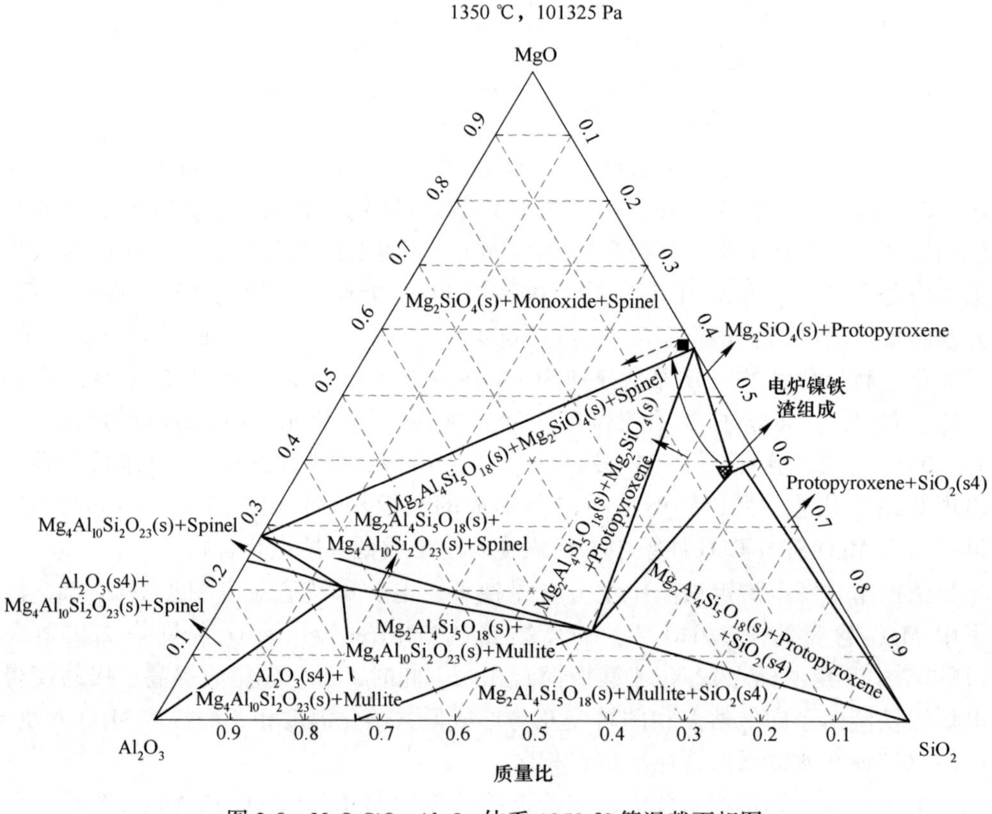

图 3-8　$MgO-SiO_2-Al_2O_3$ 体系 1350 ℃等温截面相图

高炉镍铁渣具有高 SiO_2、CaO 和 Al_2O_3 的化学特性，与电炉镍铁渣有较大的差别。图 3-9 所示为 $MgO-Al_2O_3-SiO_2-CaO-FeO$ 体系平衡相图，图中圆点代表高炉镍铁渣的组成，虚线箭头表示提高体系中 MgO 含量后的物相转变趋势。随着 MgO 含量的增加，整个体系的液相线温度逐渐升高，表明提高 MgO 含量能够有效提升高炉镍铁渣体系的熔点。

为了进一步明确 MgO 对高炉镍铁渣在高温下相组成的影响，计算了在 0～50wt.% MgO 存在下高炉镍铁渣中热力学平衡相含量的变化，如图 3-10 所示。高炉镍铁渣在高温（>1300 ℃）下的初生相（图 3-10（a））为镁硅钙石（merwinite，熔点 1575 ℃）、液相、钙铝黄长石（gehlenite，熔点 1593 ℃）和尖

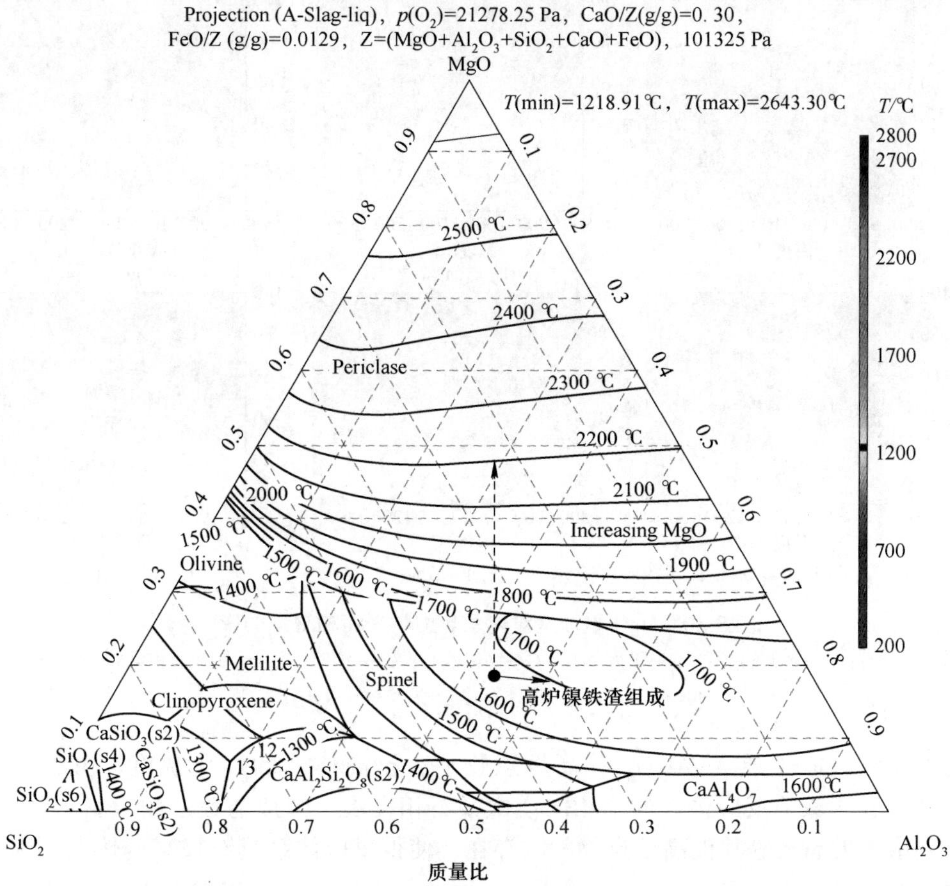

图 3-9 MgO-Al_2O_3-SiO_2-CaO-FeO 体系平衡相图

晶石[6-7]。大量存在的液相（约 56wt.%～80wt.%）是其液相线温度较低的原因。随着 MgO 加入量增加到 15wt.%（图 3-10（b）），主要物相为尖晶石、蒙脱石（$CaMgSiO_4$，熔点为 1498 ℃）、方镁石（熔点为 2800 ℃）和镁硅钙石，镁黄长石具有熔点低、机械强度差的特点，因此，需要抑制该物相的出现[8-9]。当 MgO 的添加量从 15wt.%增加到 20wt.%时（图 3-10（b）（c）），除方镁石含量从约 2wt.%明显增加到 7wt.%外，其余相组成保持不变。由于高炉镍铁渣中存在大量的 CaO，导致蒙脱石和镁硅钙石等低熔点相含量较高，约 50wt. %对耐火材料的性能产生不利影响。

研究发现，通过提高电炉镍铁渣体系中 MgO、Al_2O_3 和 Cr_2O_3 的含量，能够促进高熔点的尖晶石相（镁铬尖晶石熔点为 2350 ℃、镁铝尖晶石熔点为 2105 ℃、镁铁尖晶石熔点为 1713 ℃）的生成。在 MgO 添加剂的作用下，高炉镍铁渣体系经

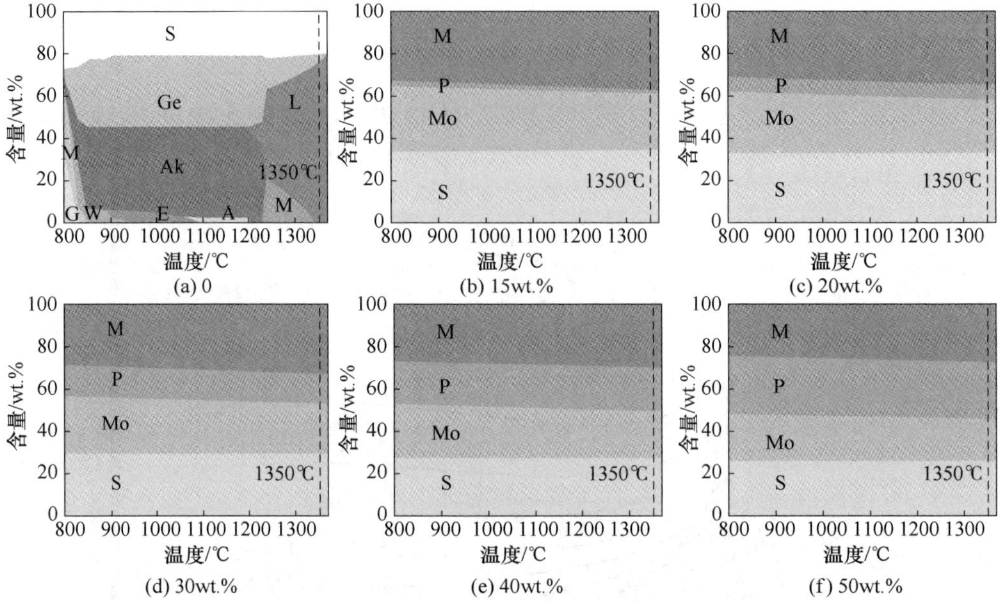

图 3-10　MgO 添加量对体系热力学平衡相含量的影响

A—钙长石；Ak—镁黄长石；E—顽火辉石；G—钙铝榴石；Ge—钙铝黄长石；L—液相；M—镁硅钙石；Mo—蒙脱石；P—方镁石；S—尖晶石；W—硅酸钙

高温反应后能生成 $MgAl_2O_4$ 等高熔点物质，提高体系的熔化温度。由于添加 MgO 后，镍铁渣反应体系的物相向镁橄榄石相发展，组成与镁质耐火材料相近，并且由于尖晶石等其他高熔点物相的存在，使得反应体系具有极高的熔点，满足耐火材料对耐火度（1580 ℃）的要求。因此，通过向镍铁渣中引入高 MgO 含量的添加剂，理论上能够制备得到镁橄榄石型耐火材料，这或将成为镍铁渣材料化的方向之一。

3.2　SiO_2-MgO-Al_2O_3（FeO、CaO）体系

SiO_2-MgO-Al_2O_3 是镍铁渣中另一个重要体系，因此重点研究了该体系以及在 FeO 和 CaO 存在时的反应行为。首先利用热力学软件计算不同温度下 MgO-Al_2O_3-SiO_2 体系的平衡相图，如图 3-11 所示。在 1000～1400 ℃温度范围下，体系中可能析出的高温稳定相为顽火辉石，镁橄榄石和堇青石。随着体系中 Al_2O_3 含量的增加，主体物相朝顽火辉石和堇青石发展[10]。

FeO 是镍铁渣的重要组成物质，为研究其对该体系平衡的影响，绘制了 FeO-SiO_2-MgO 体系平衡相图，如图 3-12 所示。随着体系中的 SiO_2 含量增加，主体物相朝辉石发展，主要为顽火辉石。由于镍铁渣中铁含量较高，在高温下容易生成铁橄榄石和镁铁尖晶石等物相。

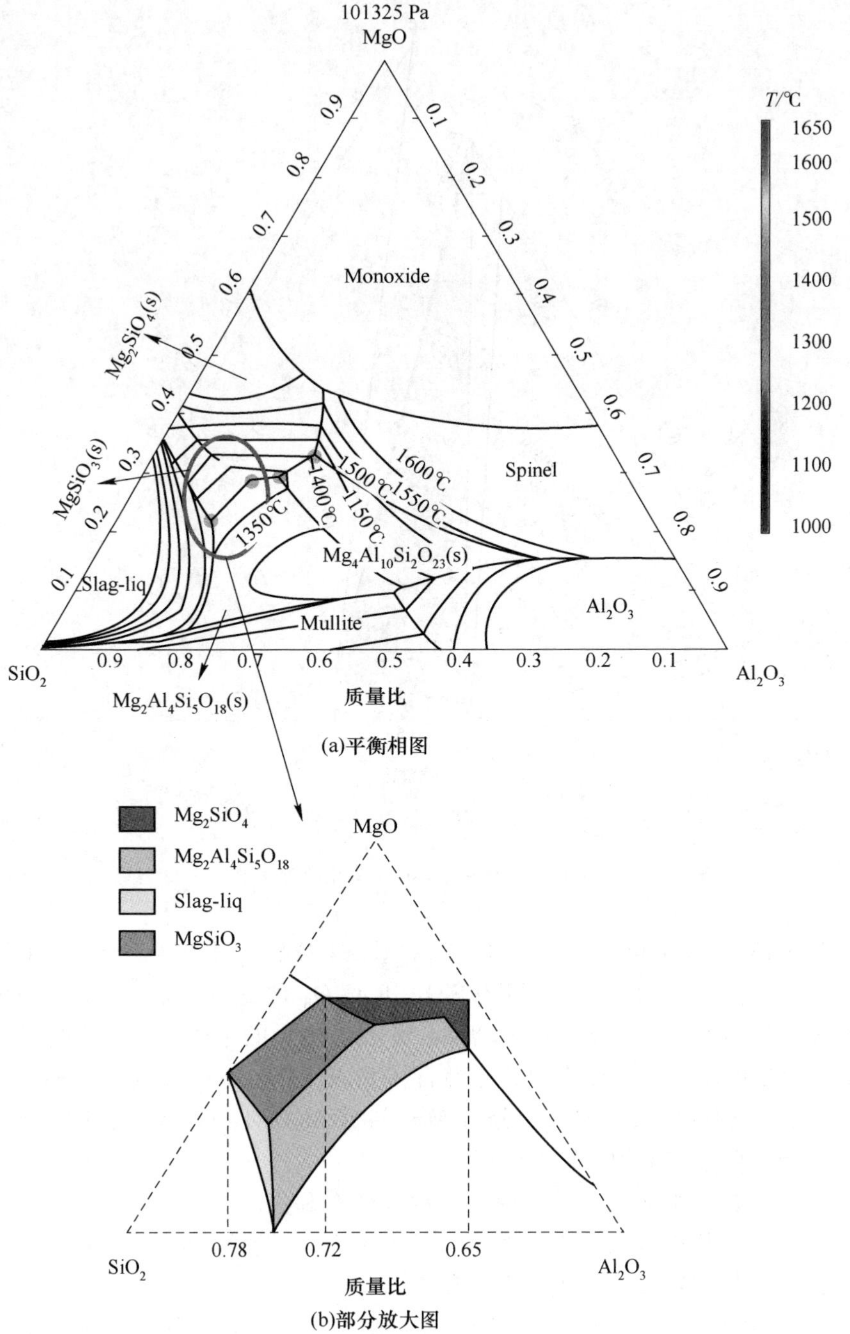

图 3-11 MgO-Al_2O_3-SiO_2 体系平衡相图

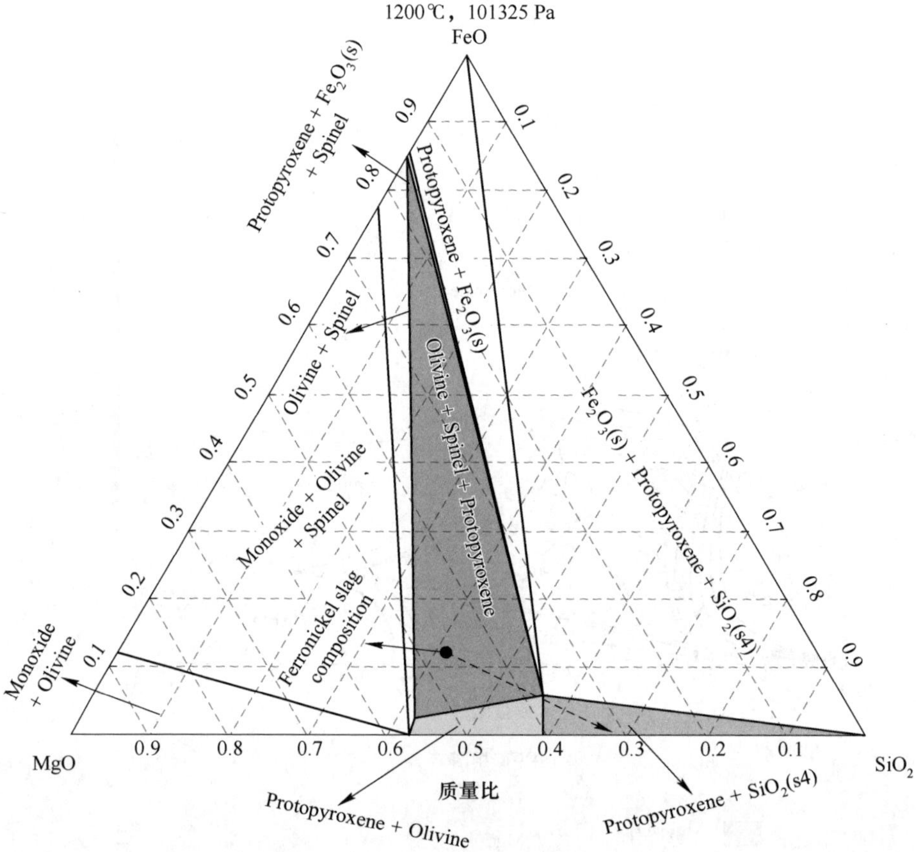

图 3-12　FeO-SiO_2-MgO 体系平衡相图

如图 3-13 和图 3-14 所示，分析了 Al_2O_3-MgO-SiO_2 和 SiO_2-Al_2O_3-MgO 系相图。在同一温度下（1200 ℃），随着 SiO_2 和 Al_2O_3 含量的增加，复合体系中方石英、堇青石和顽火辉石的含量逐渐增加，并成为体系的主体物相，表明增加 SiO_2 和 Al_2O_3 含量可以将高热导率的镁橄榄石转变成低热导率的顽火辉石相，并且伴随着堇青石物相的生成。进一步分析 MgO-SiO_2-Al_2O_3-Fe_2O_3 体系相图，如图 3-15 所示，其主要存在三个物相转变阶段：

（1）主要物相组成为镁铁橄榄石、顽火辉石和尖晶石；

（2）主要物相组成为镁铁橄榄石、顽火辉石、堇青石和尖晶石；

（3）主要物相组成为顽火辉石和堇青石。

相关物相中，堇青石具有耐高温、耐腐蚀、热膨胀系数小、热导率低等优点[11]。顽火辉石具有较高的抗压强度，优良的抗热震性，较低的热膨胀系数[12]。方石英具有较好的化学稳定性[13]。

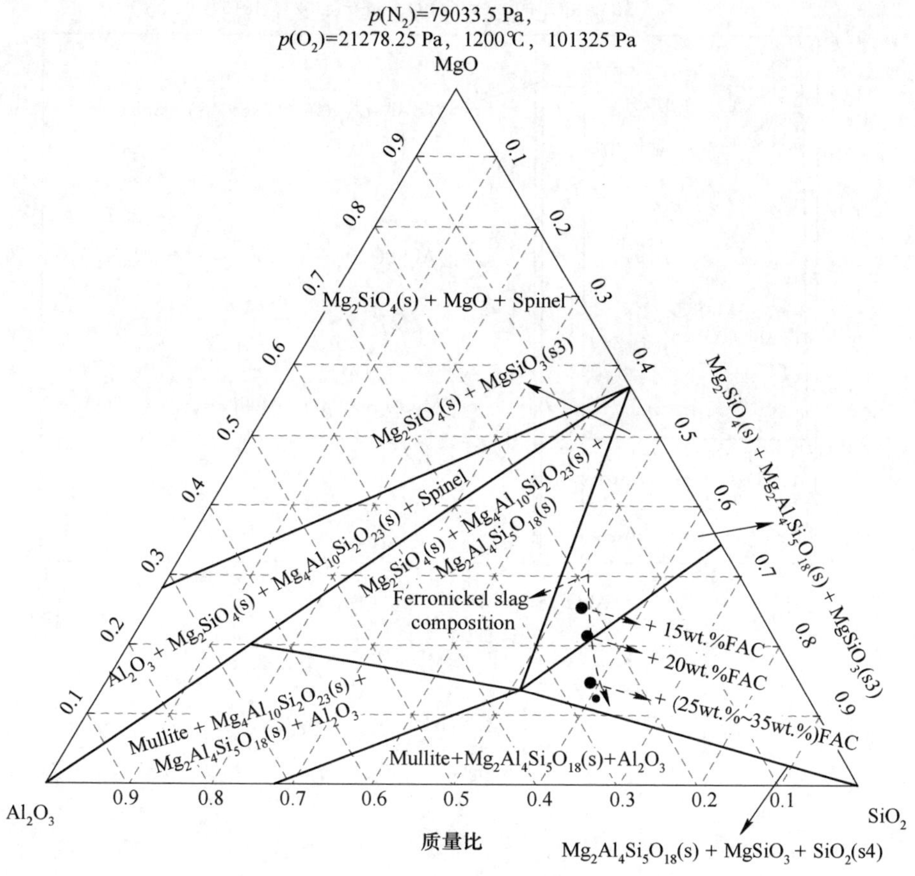

图 3-13 Al_2O_3-MgO-SiO_2 体系平衡相图

上述分析表明，在提高镍铁渣体系中 SiO_2 和 Al_2O_3 含量的基础上，经高温反应后有利于顽火辉石和堇青石等物相的生成。因此分别计算了 $MgSiO_3$-$Mg_2Al_4Si_5O_{18}$ 和 Mg_2SiO_4-$Mg_2Al_4Si_5O_{18}$ 平衡相图，如图 3-16 和图 3-17 所示。如图中阴影部分所示，堇青石分别与顽火辉石和镁橄榄石体系的最低液相生成温度分别为 1370 ℃和 1380 ℃。$MgSiO_3$-$Mg_2Al_4Si_5O_{18}$ 体系在 1000~1350 ℃温度范围内有 SiO_2 析出。因此，当温度在 1000~1350 ℃之间时有利于顽火辉石和堇青石的生成。

为了进一步明确温度对该体系中主要物相含量的影响，分别计算了 1100~1300 ℃区间内顽火辉石、堇青石和方石英的含量变化，如图 3-18 所示。随着体系温度的升高，顽火辉石和堇青石含量升高，而方石英含量降低，表明高温促进了方石英和其他体系发生反应。随着温度的升高，低热导率的顽火辉石和堇青石含量不断上升，高热导率的方石英含量减少，有利于降低整个体系的热导率。

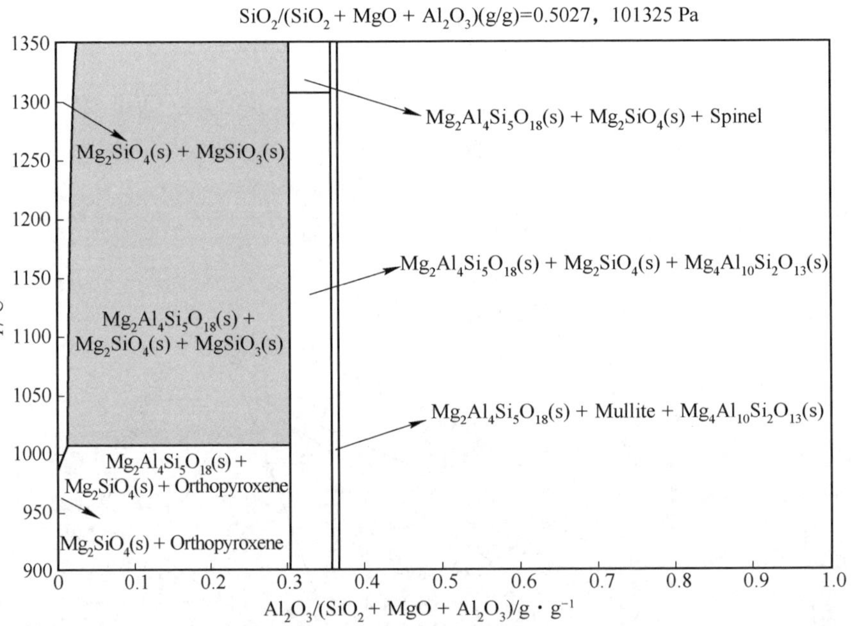

图 3-14　SiO_2-Al_2O_3-MgO 体系平衡相图

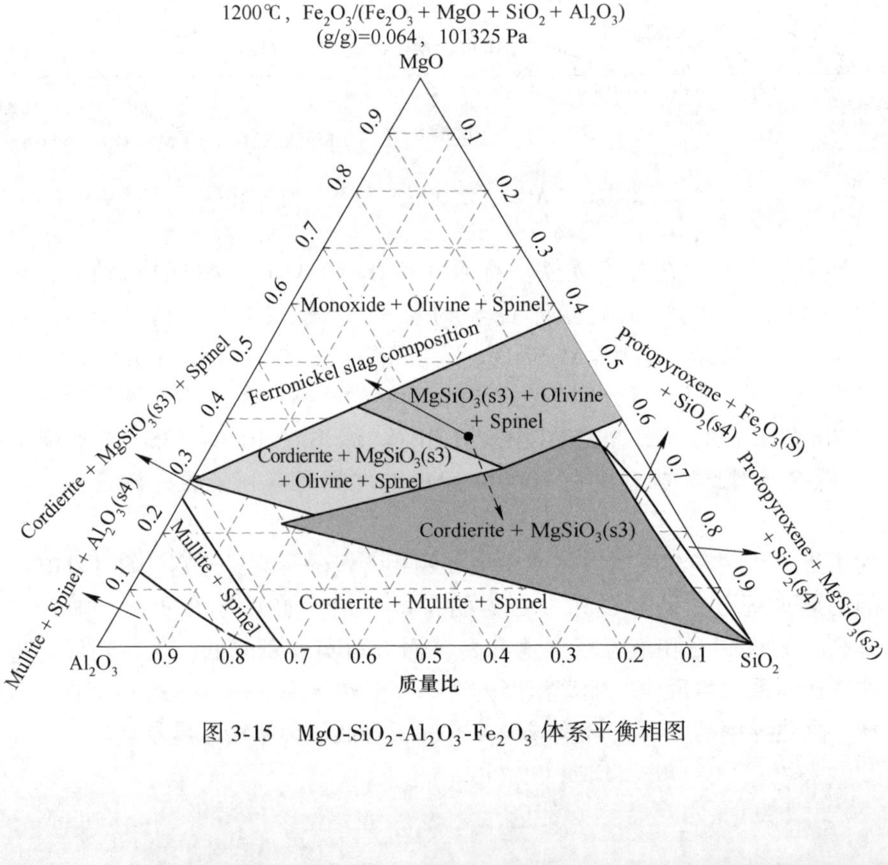

图 3-15　MgO-SiO_2-Al_2O_3-Fe_2O_3 体系平衡相图

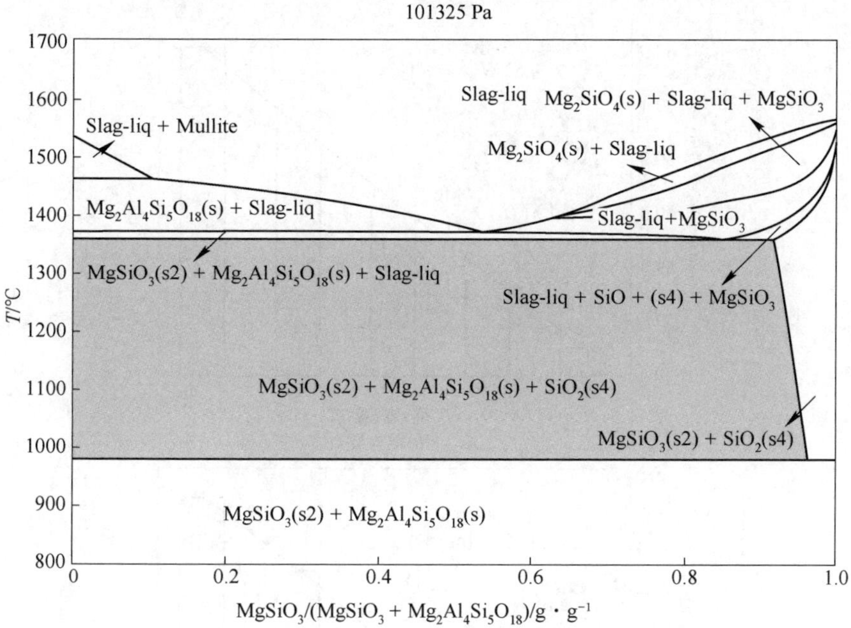

图 3-16　$MgSiO_3$-$Mg_2Al_4Si_5O_{18}$体系平衡相图

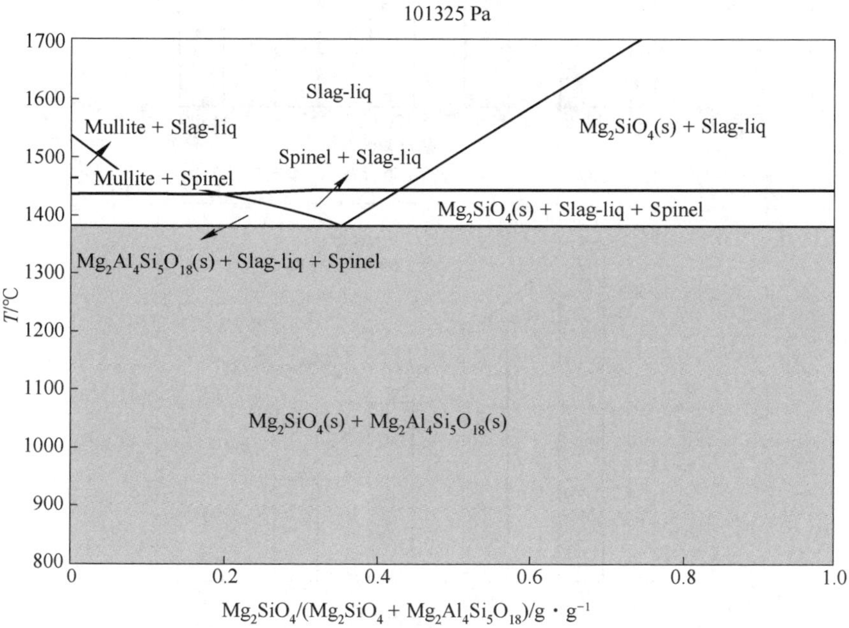

图 3-17　Mg_2SiO_4-$Mg_2Al_4Si_5O_{18}$体系平衡相图

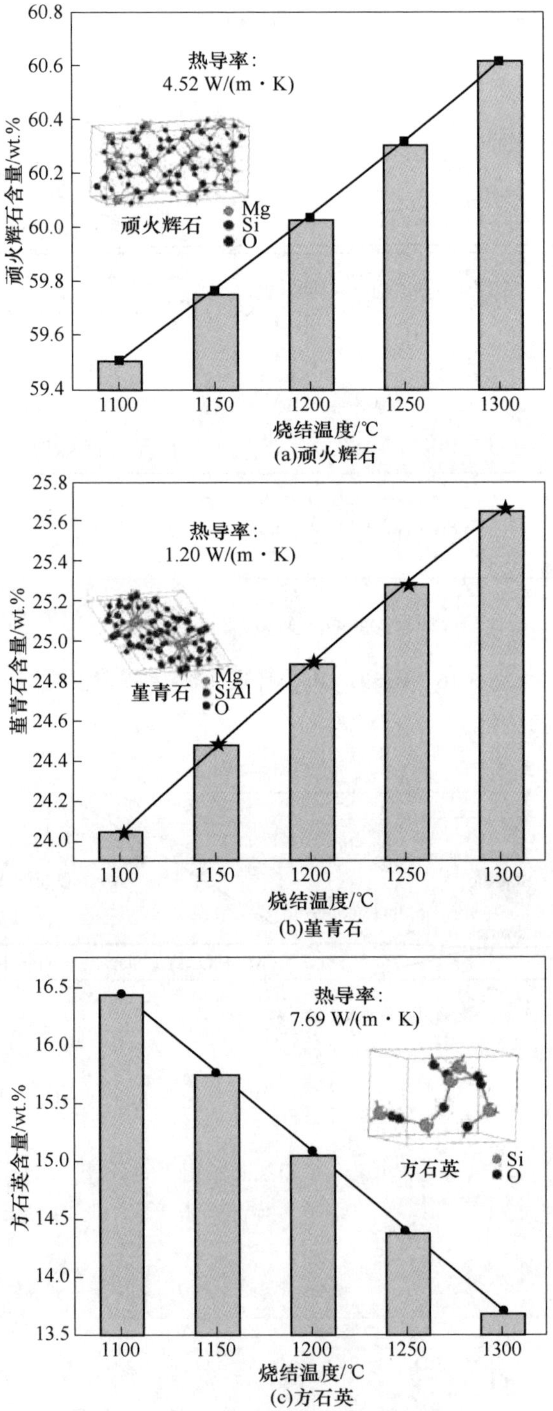

图 3-18　温度对体系热力学平衡相含量的变化

图 3-19 所示为 Al_2O_3-SiO_2-CaO-MgO-FeO 体系在不同温度下的平衡相图。图中圆点表示高炉镍铁渣的成分，虚线箭头表示随着 SiO_2 和 Al_2O_3 含量的增加可能发生的相变。高炉镍铁渣的主要平衡相为尖晶石，液相温度在 1600~1700 ℃之间[14]。提高体系 SiO_2 和 Al_2O_3 含量后，平衡相组成没有变化，但液相温度随着 SiO_2 和 Al_2O_3 含量的增加而不断降低。高炉镍铁渣相对较高的液相温度也表明了其在高温领域应用的潜力。

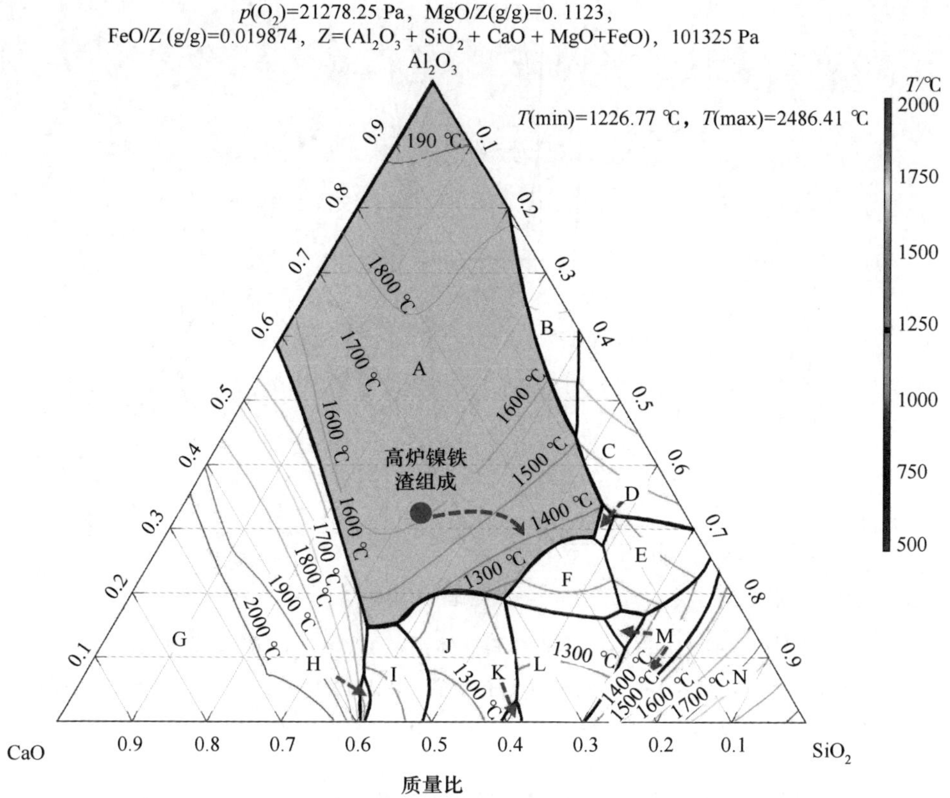

图 3-19　Al_2O_3-SiO_2-CaO-MgO-FeO 体系相图

A—尖晶石；B—Al_2O_3(s4)；C—莫来石；D—$Mg_4Al_{10}Si_2O_{23}$；E—$Mg_2Al_4Si_5O_{18}$；F—$CaAl_2Si_2O_8$；G—氧化物；H—Ca_2SiO_4(s3)；I—$Ca_3MgSi_2O_8$；J—黄长石；K—$CaSiO_3$(s2)；L—透辉石；M—SiO_2(s4)；N—SiO_2(s6)

为进一步明确 Al_2O_3-SiO_2-CaO-MgO-FeO 体系在 1200 ℃下的平衡相组成，绘制了在 1200 ℃、101325 Pa 条件下的等温截面图，如图 3-20 所示。1200 ℃时的主要物相为 $CaAl_2Si_2O_8$、$Ca_2Al_2SiO_7$、$Ca_2MgSi_2O_7$、透辉石和尖晶石（A 区）。SiO_2 和 Al_2O_3 含量的增加会导致 $Ca_2Al_2SiO_7$（35wt.%，B 区）和 $Ca_2MgSi_2O_7$（45wt.%，C 区）的减少。随着 SiO_2 和 Al_2O_3 含量进一步增加，主要物相转变为 $Ca_2Al_2SiO_7$、$CaMgSi_2O_6$ 和尖晶石（C 区）。

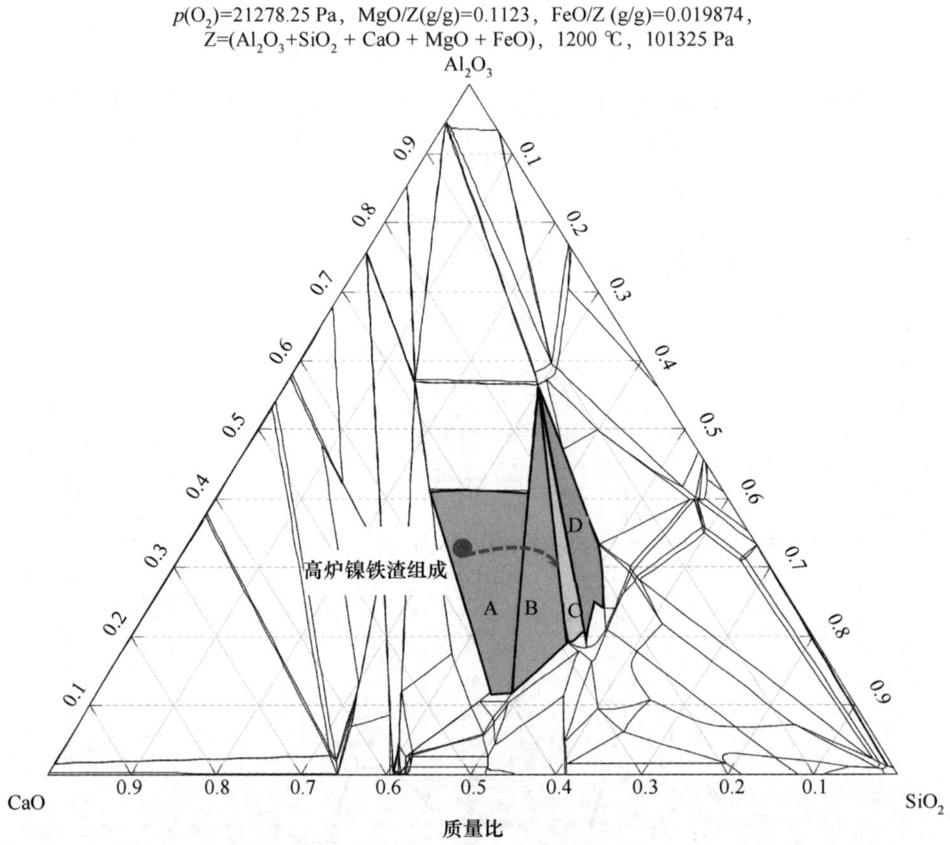

图 3-20　Al_2O_3-SiO_2-CaO-MgO-FeO 体系在 1200 ℃下的等温截面图

A—$CaAl_2Si_2O_8$(s) + $Ca_2Al_2SiO_7$+ $Ca_2MgSi_2O_7$+ 透辉石 + 尖晶石；B—$CaAl_2Si_2O_8$(s) + $Ca_2MgSi_2O_7$+ 透辉石 + 尖晶石；C—$CaAl_2Si_2O_8$(s) + 透辉石 + 尖晶石；D—$CaAl_2Si_2O_8$(s) + 透辉石 + 橄榄石 + 尖晶石

上述研究发现，通过提高电炉镍铁渣体系中 SiO_2 和 Al_2O_3 含量，经高温反应有助于顽火辉石和堇青石等物相的生成[15]。随着反应体系温度的升高，顽火辉石和堇青石的生成趋势增大。顽火辉石和堇青石热导率低、热膨胀系数小、化学稳定性高，在降低体系热导率的同时提高了化学稳定性。在高炉镍铁渣体系中，提高 SiO_2 和 Al_2O_3 含量有助于体系中透辉石和钙长石等物相的生成，并且透辉石和钙长石也属于低热导率的物相。因此，向镍铁渣中引入硅铝型添加剂可诱导低热导率物相的生成，具有将镍铁渣转化为隔热材料的潜质。

3.3　SiO_2-MgO-FeO-Al_2O_3 体系

镍铁渣中含有约 7wt.%的 FeO，为了研究其对整个体系的影响，绘制了 SiO_2-

MgO-FeO-Al_2O_3 系相图，如图 3-21 所示。图中填充区域为电炉镍铁渣自身物相，三角形代表所用电炉镍铁渣成分在相图中所处的位置。通过分析图 3-21 可知，辉石相和尖晶石相相邻，因此可以通过控制成分实现两种物相的转化与共存。此外，通过提高氧化硅含量，可以将镍铁渣的镁橄榄石相转变为顽火辉石相。结合前文反应标准吉布斯自由能变化的分析可知，通过提高熔渣中的 SiO_2 和 Al_2O_3 含量可以诱导电炉镍铁渣中镁橄榄石转变为顽火辉石相[16]。

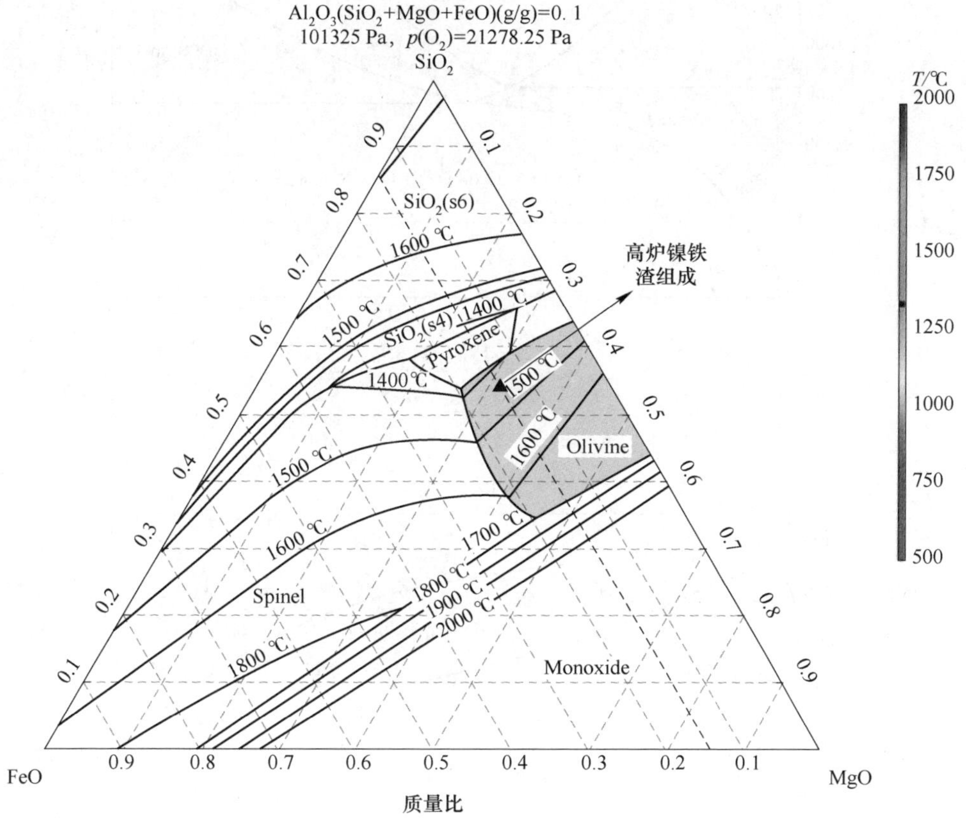

图 3-21　SiO_2-MgO-FeO-Al_2O_3 体系平衡相图

提高体系 SiO_2 和 Al_2O_3 含量不仅促进了顽火辉石的生成，同时也有助于尖晶石相的生成。为了研究尖晶石相之间的转化，绘制了 $MgCr_2O_4$-Al_2O_3、$MgCr_2O_4$-Fe_2O_3、$MgFe_2O_4$-Al_2O_3 系相图，如图 3-22 所示。由图可知，在 900 ℃以下，随着氧化铬、氧化铁和氧化铝的升高，三种尖晶石能够相互取代，因此在该体系下，这三种尖晶石存在共存的可能性。

从图 3-23 可以看出，在 1000 ℃以下，FeO 与 MgO 会发生反应，形成尖晶石（图 3-23（a）中的填充区域）。Cr_2O_3 的存在将在 1000 ℃以下（图 3-23（b）中

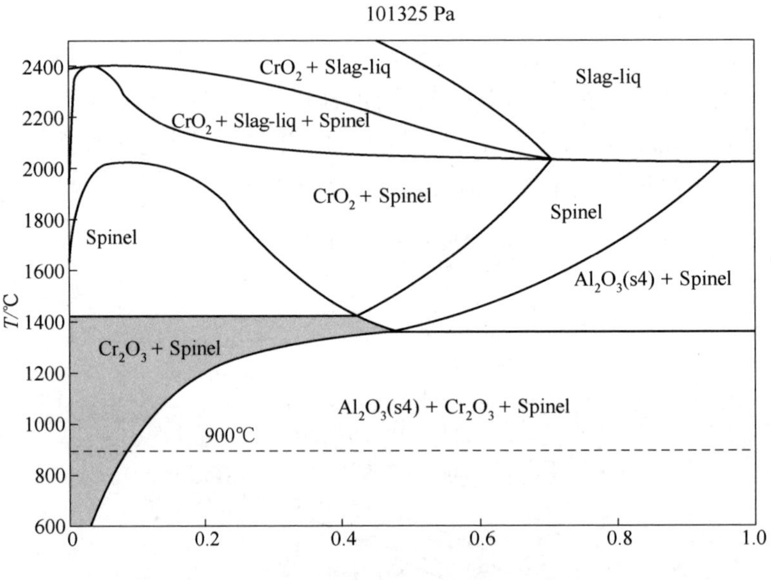

(a)$MgCr_2O_4$-Al_2O_3

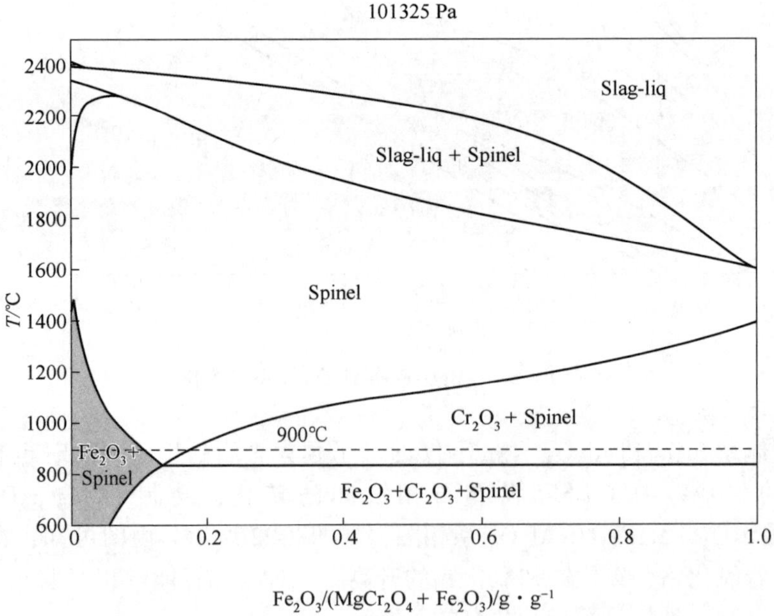

(b)$MgCr_2O_4$-Fe_2O_3

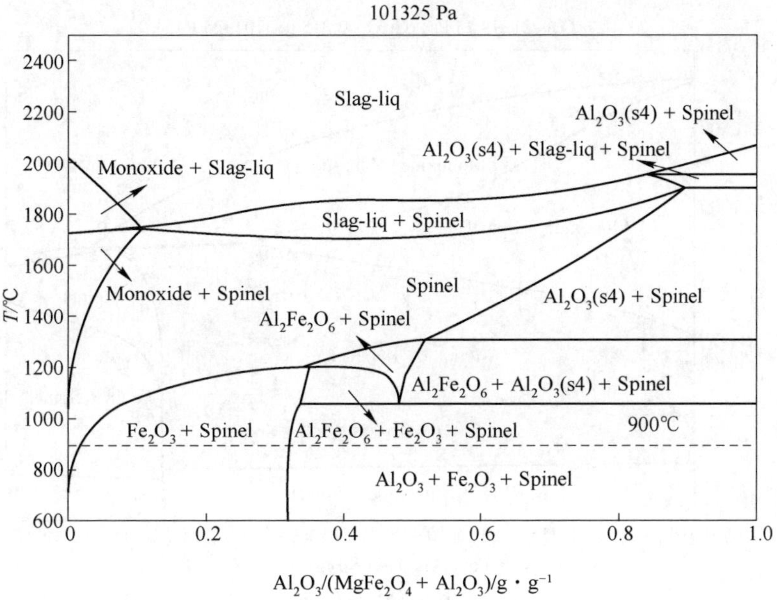

(c)$MgFe_2O_4$-Al_2O_3

图 3-22 $MgCr_2O_4$-Al_2O_3、$MgCr_2O_4$-Fe_2O_3、$MgFe_2O_4$-Al_2O_3 体系平衡相图

的阴影区域）进一步生成 P-尖晶石（Mg,Fe）（Cr,Fe）$_2O_4$[17]。尖晶石的生成可以降低体系中辉石结晶的能垒，促进辉石的析出[17-18]。此外，尖晶石还具有很高的硬度，对于一些玻璃和陶瓷等材料而言，是一种优质物相[19-21]。

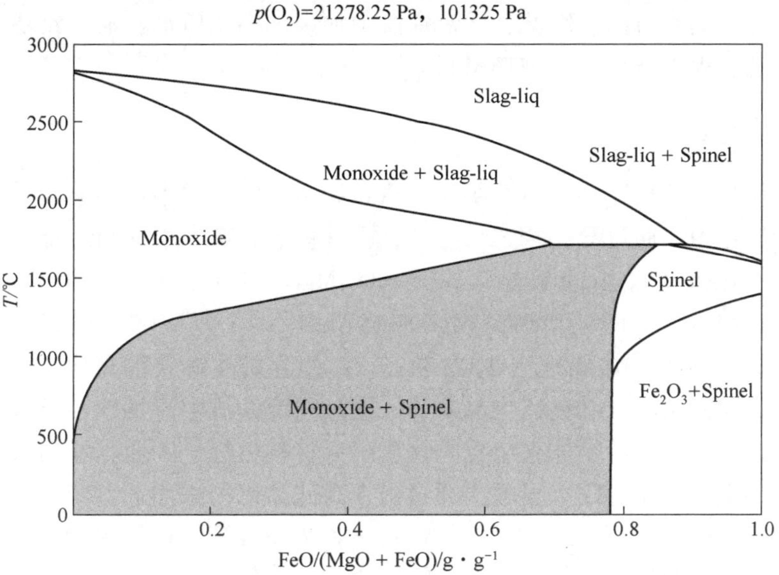

(a)MgO-FeO

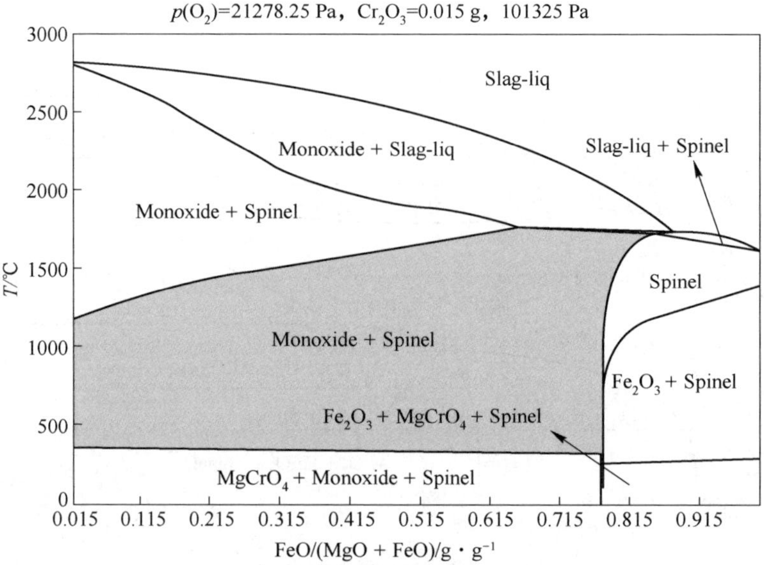

(b)MgO-FeO-Cr_2O_3

图 3-23　MgO-FeO 相图和 MgO-FeO-Cr_2O_3 体系平衡相图

上述研究结果表明，提高体系中 SiO_2 和 Al_2O_3 的含量有助于体系中顽火辉石和尖晶石的形成，而分析 SiO_2-MgO-FeO-Al_2O_3 系相图可知，辉石相和尖晶石相相邻，故可以通过控制成分实现两种物相的转化与共存。尖晶石的形成对于提高整个体系稳定性及强度具有重要意义。此外，由于 SiO_2 的存在，体系中辉石类物相更容易结晶析出。因此，向镍铁渣中加入硅铝调质剂，通过结晶等方式有望制备得到顽火辉石型微晶玻璃材料。

3.4　本章总结

本章从热力学角度系统研究了镍铁渣在高温反应过程中可能涉及的各种反应及物相转变行为。通过分析相关反应及计算其标准状态吉布斯自由能变化随温度的变化，明确反应发生的条件。针对 SiO_2-MgO（FeO、Al_2O_3、Cr_2O_3），SiO_2-MgO-Al_2O_3（FeO、CaO）和 SiO_2-MgO-FeO-Al_2O_3 三个反应体系进行了研究。研究发现，提高镍铁渣中 MgO、Al_2O_3 和 Cr_2O_3 的含量能够获得高熔点的物相，如镁橄榄石、镁铝尖晶石和镁铬尖晶石等。通过向镍铁渣中添加镁质添加剂，可促进镁橄榄石的生成，所得体系组成与镁质耐火材料相近。因此，镁质添加剂的引入有望将镍铁渣转化为耐火材料。通过引入高硅高铝的添加剂，经高温热处理后能够诱导材料中堇青石、顽火辉石、钙长石和透辉石等低热导率物相的生成。结果表明，在硅铝型添加剂的存在下，镍铁渣具有转化为隔热材料的潜质。对于熔态镍铁渣，在硅铝型调质剂的作用下，不仅能够诱导顽火辉石和尖晶石等物相的生成，同时促进体系中辉石相晶体的析出。因此，使用硅铝型调质剂，有望将镍铁渣转化为可利用的微晶玻璃。上述结果可为镍铁渣材料化技术开发提供有效理论指导。

参 考 文 献

[1] 古佛全．镍铁渣制备镁橄榄石型复相耐火材料的理论基础与工艺技术研究 [D]．长沙：中南大学，2020.

[2] Peng Z, Tang H, Augustine R, et al. From ferronickel slag to value-added refractory materials: A microwave sintering strategy [J]. Resources, Conservation and Recycling, 2019, 149: 521-531.

[3] Tang H, Peng Z, Gu F, et al. Alumina-enhanced valorization of ferronickel slag into refractory materials under microwave irradiation [J]. Ceramics International, 2020, 46: 6828-6837.

[4] Tang H, Peng Z, Shang W, et al. Preparation of refractory materials from electric furnace ferronickel slag and blast furnace ferronickel slag: A comparison [J]. Journal of Environmental Chemical Engineering, 2022, 10: 107929.

[5] Peng Z, Gu F, Zhang Y, et al. Chromium: A double-edged sword in preparation of refractory materials from ferronickel slag [J]. ACS Sustainable Chemistry Engineering, 2018, 6: 10536-10544.

[6] López-Perales J F, José E, Contreras F J, et al. Partial replacement of a traditional raw material by blast furnace slag in developing a sustainable conventional refractory castable of improved physical-mechanical properties [J]. Journal of Cleaner Production, 2021, 306: 127266.

[7] Li H, Zhang Y, Zhang Y, et al. Effect of content of Al_2O_3 and MgO on crystallization of blast furnace slag during fiber formation [J]. Journal of Central South University, 2018, 25 (10): 2373-2379.

[8] Levent K, Erhan A. A systematic study on solid-state synthesis of monticellite ($CaMgSiO_4$) based ceramic powders obtained from boron derivative waste [J]. Advanced Powder Technology, 2018, 29: 2935-2944.

[9] Moshtaghioun B M, Monshi A. Analyze complex phases of slag-tundish plaster reactions by modified XRD ratio of slopes method for some kinetic considerations [J]. Journal of Materials Processing Technology, 2007, 196 (1/2/3): 52-63.

[10] 杨磊．镍铁渣制备高温轻质隔热材料的基础研究 [D]．长沙：中南大学，2021.

[11] Xu X, Wu J, Lao X, et al. Effect of Sm_2O_3 on microstructure, thermal shock resistance and thermal conductivity of cordierite-mullite-corundum composite ceramics for solar heat transmission pipeline [J]. Ceramics International, 2016, 42 (12): 13525-13534.

[12] 李楠，顾志华，赵惠忠．耐火材料学 [M]．北京：冶金工业出版社，2010.

[13] Pagliari L, Dapiaggi M, Pavese A, et al. A kinetic study of the quartz-cristobalite phase transition [J]. Journal of the European Ceramic Society, 2013, 33: 3403-3410.

[14] Peng Z, Fan W, Tang H, et al. Direct conversion of blast furnace ferronickel slag to thermal insulation materials [J]. Construction and Building Materials, 2024, 412: 134499.

[15] Fan W, Peng Z, Yin T, et al. Tailoring tactics for preparation of superior thermal insulation materials from blast furnace ferronickel slag: Control of sintering temperature [J]. Process Safety and Environmental Protection, 2024, 186: 1242-1252.

[16] 尚文兴. 熔态镍铁渣制备顽火辉石/尖晶石复相微晶玻璃基础研究 [D]. 长沙: 中南大学, 2022.

[17] Zhao M, Cao J, Wang Z, et al. Insight into the dual effect of Fe_2O_3 addition on the crystallization of CaO-MgO-Al_2O_3-SiO_2 glass-ceramics [J]. Journal of Non-Crystalline Solids, 2019, 513: 144-151.

[18] Sycheva G A, Polyakova I G, Kostyreva T G. Volumetric nucleation of crystals catalyzed by Cr_2O_3 in glass based on furnace slags [J]. Glass Physics and Chemistry, 2016, 42 (3): 238-245.

[19] Jia R, Deng L, Yun F, et al. Effects of SiO_2/CaO ratio on viscosity, structure, and mechanical properties of blast furnace slag glass ceramics [J]. Materials Chemistry and Physics, 2019, 233: 155-162.

[20] Cai J, Lv M, Guan K, et al. Development of spinel opaque glazes for ceramic tiles [J]. Journal of the European Ceramic Society, 2018, 38 (1): 297-302.

[21] Shang W, Peng Z, Xu F, et al. Preparation of enstatite-spinel based glass-ceramics by co-utilization of ferronickel slag and coal fly ash [J]. Ceramics International, 2021, 47: 29400-29409.

4　镍铁渣材料化设计

镍铁渣基本物化性能和反应热力学研究发现，基于镍铁渣高镁、高硅、含铬以及主要物相为镁铁橄榄石的特性，通过引入添加剂/调质剂对其进行改性，有望将其转化为多样化的功能材料。根据前文提出的镍铁渣材料化基本要求、镍铁渣的基本物化性能及相关反应热力学，本章主要介绍镍铁渣材料化设计方案及技术路线，为相关材料开发提供指导。

4.1　镍铁渣材料化设计方案

镍铁渣材料化需利用镍铁渣的主要物理化学性质和反应热力学特点，兼顾提高镍铁渣用量、固化重金属元素以及降低生产成本的需求，同时考虑大量堆存的冷态镍铁渣和不断产生的熔态镍铁渣的利用。对于不同形态的镍铁渣，通过引入添加剂/改质剂，经热处理后将其转化为可利用的功能材料，实现镍铁渣的高值化利用。

4.1.1　耐火材料设计

前述反应热力学研究表明，镍铁渣体系中的 MgO 可与 SiO_2、Al_2O_3、Fe_2O_3、Cr_2O_3 发生反应生成镁橄榄石、镁铝尖晶石、镁铁尖晶石、镁铬尖晶石等高熔点物相。由于镍铁渣的主要物相为镁铁橄榄石，且存在近 30% 的无定形玻璃相[1-2]，无定形玻璃相中的 SiO_2 在加热过程中会与镁橄榄石反应生成低熔点顽火辉石（熔点：1557 ℃），降低镍铁渣的熔点。因此，为了满足耐火材料耐火度（1580 ℃）的基本要求[3]，在镍铁渣制备耐火材料过程中需要避免顽火辉石的生成。热力学研究发现，增加镍铁渣中 MgO 含量能够促进顽火辉石相向镁橄榄石相转变。这是因为在 MgO 的存在下，渣中的 SiO_2 和铁氧化物能够与其反应生成高熔点镁橄榄石（熔点：1890 ℃）和镁铁尖晶石（熔点：1717 ℃），有利于材料耐火性能的提升[4]。当体系中 MgO 过量时，镁铁尖晶石在 1000 ℃以上的高温环境中可固溶于 MgO 中形成稳定性更高的镁方铁矿。因此，提高体系中 MgO 的含量对于促进镁橄榄石含量的提升以及减小含铁物相对耐火材料性能的不利影响具有明显作用[5]。此外，镍铁渣中还存在少量的 Al_2O_3 和 Cr_2O_3，能够与 MgO 反应生成镁铝尖晶石和镁铬尖晶石强化耐火材料的性能。镁铝尖晶石和镁铬尖晶石具有耐高温（>2000 ℃）和抗侵蚀能力强等优点，是耐火材料中的优质物相，对于强化耐火材料的性能具有重要作用。此外，镁铬尖晶石中的铬以稳定的三价形式存在，无毒性且浸出风险低，能够提高耐火材料在使用过程中的安全性[6]。因此，通过向镍铁渣中加入镁质添加剂，有望制备得到以镁橄榄石为主相、尖晶石为强化相的耐火材料，并且镍铁渣的使用量理论上能够达到70%以上，对于提升镍铁渣的利用效率具有重要意义。

为验证设计方案的可行性，以高纯 MgO 试剂和电炉镍铁渣为原料，研究了其混合物在高温下的物相转变行为。首先利用 TG-DSC 分析了 MgO 添加量分别为 0、5wt.%、20wt.%和 35wt.%时混合物的高温转变行为，如图 4-1 所示。

在不同氧化镁添加量条件下，混合物在室温至 1350 ℃时 TG-DSC 曲线变化趋势类似，在室温至 500 ℃存在两个失重过程，在 500~1350 ℃存在一个增重过程；在 350 ℃及 1240 ℃左右存在明显吸热峰，830 ℃左右存在明显放热峰。当氧化镁添加量为 5wt.%时，室温至 300 ℃混合物失重 0. 16wt.%，300~500 ℃混合

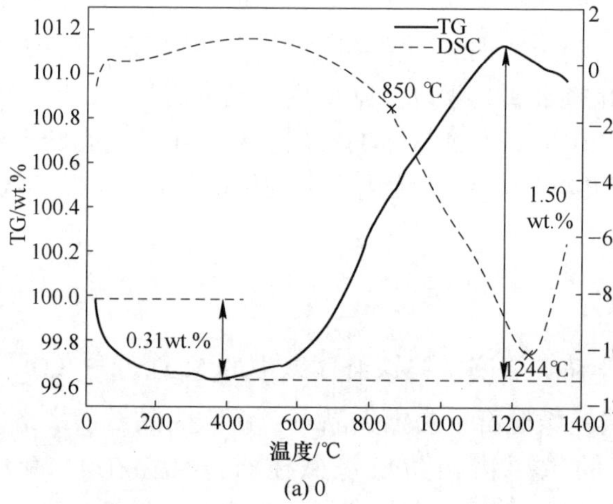

(a) 0

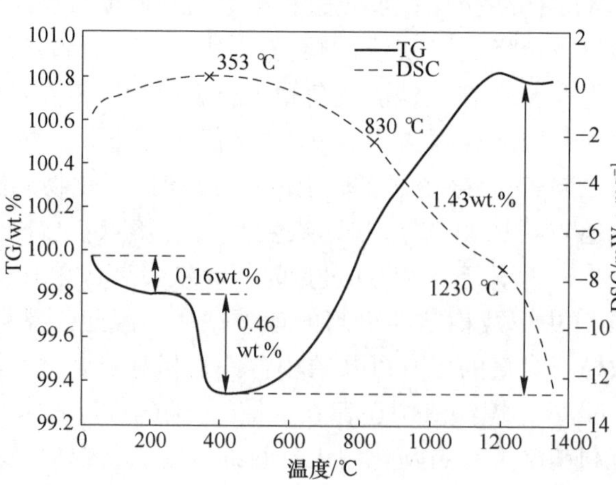

(b) 5wt.%

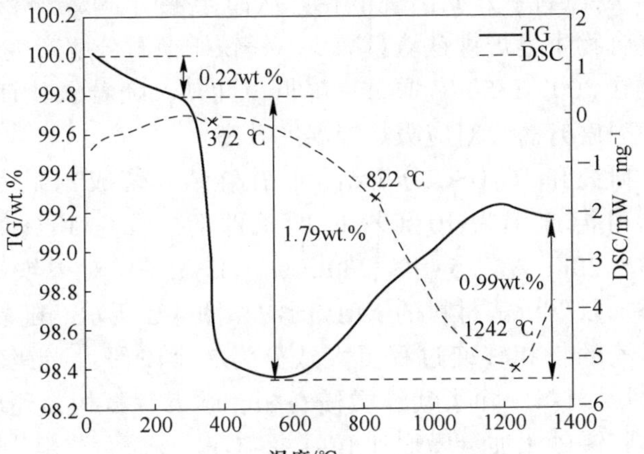

(c) 20wt.%

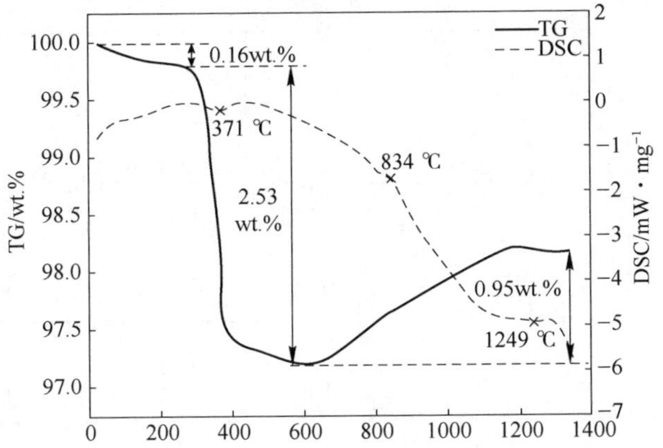

(d) 35wt.%

图 4-1 不同氧化镁添加量下混合物的 TG-DSC 分析

物失重 0.46wt.%，500~1350 ℃混合物增重 1.43wt.%；在 353 ℃和 1230 ℃存在明显吸热峰，在 830 ℃存在明显放热峰。当氧化镁添加量为 20wt.%时，300~500 ℃ 混合物失重 0.22wt.%，300~500 ℃混合物失重 1.79wt.%，500~1350 ℃混合物增重0.99wt.%；在 372 ℃和 1242 ℃存在明显吸热峰，在 822 ℃存在明显放热峰。当氧化镁添加量为 35wt.%时，室温至 300 ℃混合物失重 0.16wt.%，300~500 ℃混合物失重 2.63wt.%，500~1350 ℃混合物增重 0.95wt.%；混合物在 371 ℃ 和 1249 ℃存在明显吸热峰，在 834 ℃存在明显放热峰。混合物在室温至 300 ℃轻微失重是由于混合物中少量物理吸附水的脱除，300~500 ℃失重是因为结晶水的脱除过程，对应 300~500 ℃有明显吸热峰，500~1350 ℃增重是由于镁铁橄榄石的分解，FeO 的氧化，对应在 830 ℃存在明显放热峰，而当温度升高至

1240 ℃左右时，混合物中开始出现液相，从而产生明显吸热峰。随着氧化镁添加量的增加，混合物中电炉镍铁渣量减少，镁铁橄榄石分解产生的 FeO 量随之下降，导致混合物在 500～1350 ℃增重率降低。此外，随着氧化镁添加量的增加，混合物液相产生温度升高，对应吸热峰温度升高。

根据热力学研究和 TG-DSC 分析结果，在烧结（烧成）温度为 1350 ℃，烧结时间为 3 h，升温速率为 10 ℃/min 的条件下，研究 MgO 添加量（5wt.%、10wt.%、15wt.%、20wt.%、25wt.%、30wt.%、35wt.%）对镍铁渣物相转变的影响。不同镁砂添加量下所获材料的 XRD 图谱如图 4-2 所示。随着 MgO 添加量的增加，电炉镍铁渣的物相转变过程可大致分为 3 个阶段：当镁砂添加量增加到 5wt.%～10wt.%时，材料中除了镁铁橄榄石相、顽火辉石相，还出现了镁橄榄石和镁铬尖晶石；将镁砂添加量增加到 15wt.%～20wt.%时，材料中镁铁橄榄石相完全消失，并开始出现镁铝尖晶石相，此时材料中的物相组成主要为镁橄榄石、镁

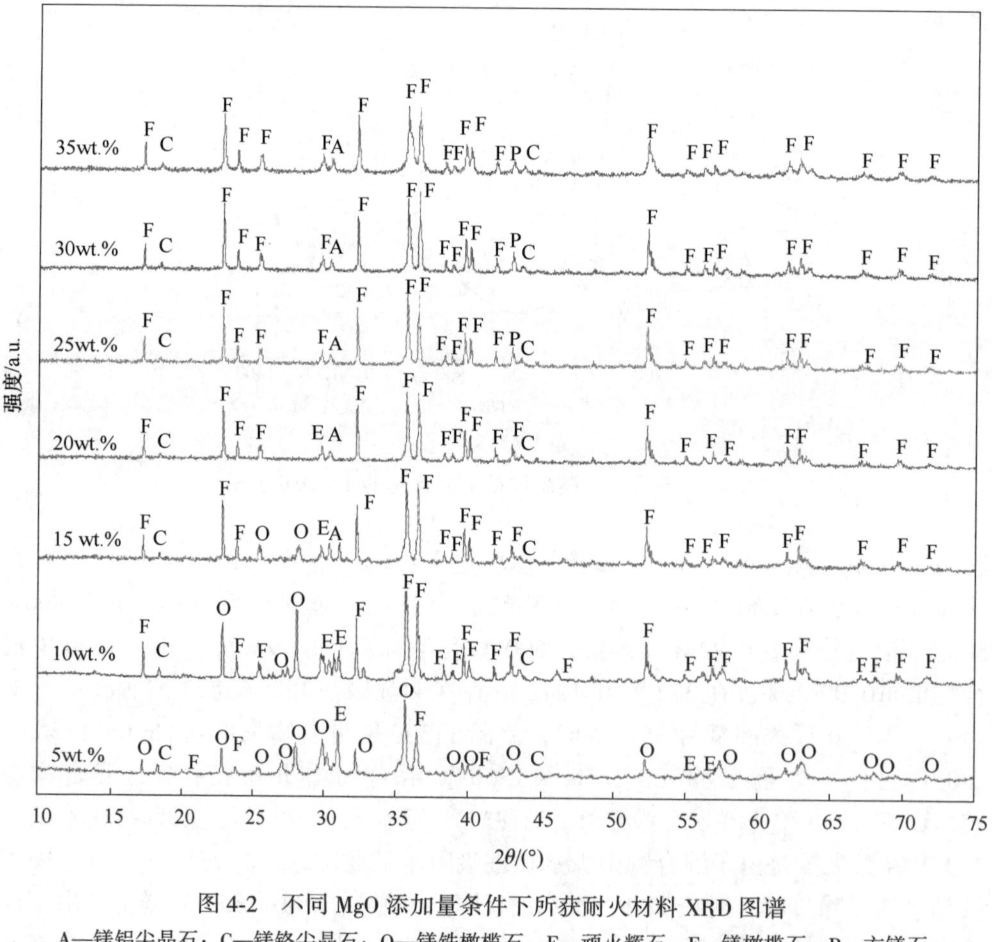

图 4-2　不同 MgO 添加量条件下所获耐火材料 XRD 图谱

A—镁铝尖晶石；C—镁铬尖晶石；O—镁铁橄榄石；E—顽火辉石；F—镁橄榄石；P—方镁石

铝尖晶石、顽火辉石、镁铬尖晶石；进一步增加 MgO 添加量至 25wt.%~35wt.%，耐火材料中顽火辉石全部转变为镁橄榄石，同时还出现方镁石，此时材料的物相组成主要为镁橄榄石、镁铝尖晶石、镁铬尖晶石。可以看出实际烧结过程中，镁质添加剂作用下电炉镍铁渣体系物相组成变化与理论计算结果基本相吻合。如图 4-3 所示，镁铬尖晶石与镁铁尖晶石的 X 射线衍射峰位极为类似，且镁铬尖晶石的衍射峰几乎遮盖镁铁尖晶石的衍射峰，同时铬离子半径与铁离子半径相近，容易相互取代，这也是实际烧结过程中，出现了镁铬尖晶石和镁铝尖晶石衍射峰，而未发现镁铁尖晶石衍射峰的重要原因[7]。

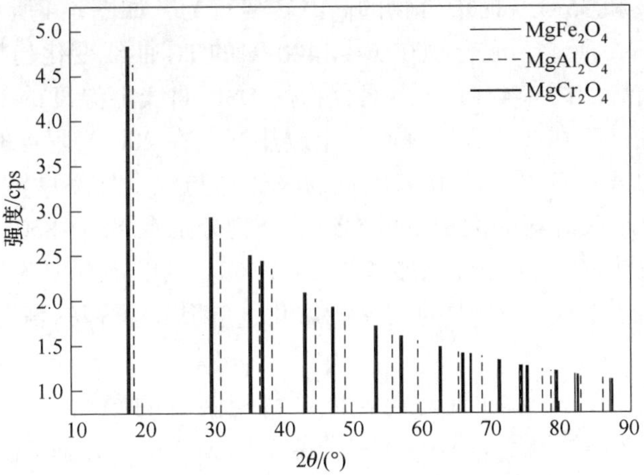

图 4-3 $MgFe_2O_4$、$MgAl_2O_4$ 和 $MgCr_2O_4$ 的标准 PDF 卡片

上述结果表明，添加 MgO 能够促进镍铁渣中的物相向镁橄榄石和尖晶石转变，与理论分析结果相一致。研究发现，使用镍铁渣和镁质添加剂制备镁橄榄石型耐火材料具有理论与技术上的可行性。

4.1.2 隔热材料设计

SiO_2-MgO-Al_2O_3（FeO、CaO）体系热力学研究表明，通过提高体系 SiO_2 和 Al_2O_3 含量，可促进顽火辉石和堇青石等低热导率的物相生成。为此，可以选用多孔结构的硅铝型添加剂与镍铁渣制备低热导率的优质隔热材料。孔隙结构是影响材料隔热性能的重要因素[8]。因此，在制备隔热材料时首先应构建得到多孔结构，这可以通过添加造孔剂来实现。漂珠（FAC）是一种能浮于水面的粉煤灰空心球，主要化学成分为 SiO_2 和 Al_2O_3，能有效提高材料的孔隙率，降低体积密度，对于促进材料隔热性能的提升具有重要作用。由热力学分析可知，在高温条件下，镍铁渣中的镁铁橄榄石与 FAC 中的 SiO_2 和 Al_2O_3 易发生反应生成顽火辉石和堇青石等隔热性能优良的物相，对于降低材料的热导率具有重要作用[9]。

此外，由于体系中存在 MgO，能够与 Al_2O_3 和 Cr_2O_3 等反应生成镁铝尖晶石和镁铬尖晶石，优化隔热材料的力学性能，并且固定材料中的重金属元素铬[10-11]。FAC 是火力发电产生的副产品，在制备隔热材料过程中作为造孔剂，能够达到以废治废的目的，在降低生产成本的同时能够缓解固体废弃物的堆存问题，减少环境污染。因此，以 FAC 为造孔剂，设计以顽火辉石和堇青石为主相的隔热材料具有理论上的可行性。

为验证制备隔热材料的可行性，研究了不同 FAC 添加量下电炉镍铁渣的物相转变行为。首先利用 TG-DSC 分析了 FAC 添加量分别为 15wt.%、20wt.%、25wt.%、30wt.%和 35wt.%时混合物的高温转变行为，如图 4-4 所示。

如图 4-4（a）所示，混合物在 30~1400 ℃的 TG 曲线变化趋势一致，呈现逐渐失重的变化趋势。图 4-4（b）为混合物的 DSC 曲线随温度的变化情况，其变化趋势基本一致，存在 2 个吸热峰和 2 个放热峰。在 200 ℃附近的吸热峰与混合体系中物理水的蒸发有关，1300 ℃附近的吸热峰与混合体系中液相的生成有关。FeO 的氧化以及顽火辉石的大量生成导致混合物分别在 800~850 ℃、1300~1400 ℃范围内形成放热峰。当 FAC 添加量为 25wt.%时，在 1200 ℃附近存在一个吸热峰，这可能是由于 FAC 外壳中的玻璃相熔化，导致电炉镍铁渣与 FAC 中 Al_2O_3 和 SiO_2 发生反应有关[12]。

为进一步明确 FAC 添加量对混合体系物相转变的影响，结合热力学与 TG-DSC 分析结果，在烧结温度为 1200 ℃，烧结时间为 2 h，升温速率为 10 ℃/min 的条件下，对不同 FAC 含量（0、15wt.%、20wt.%、25wt.%、30wt.%和 35wt.%）

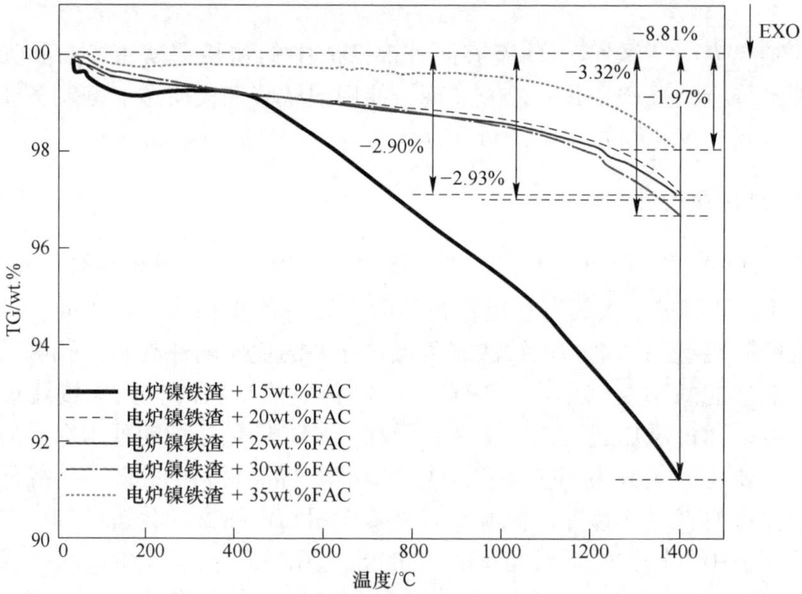

(a)TG

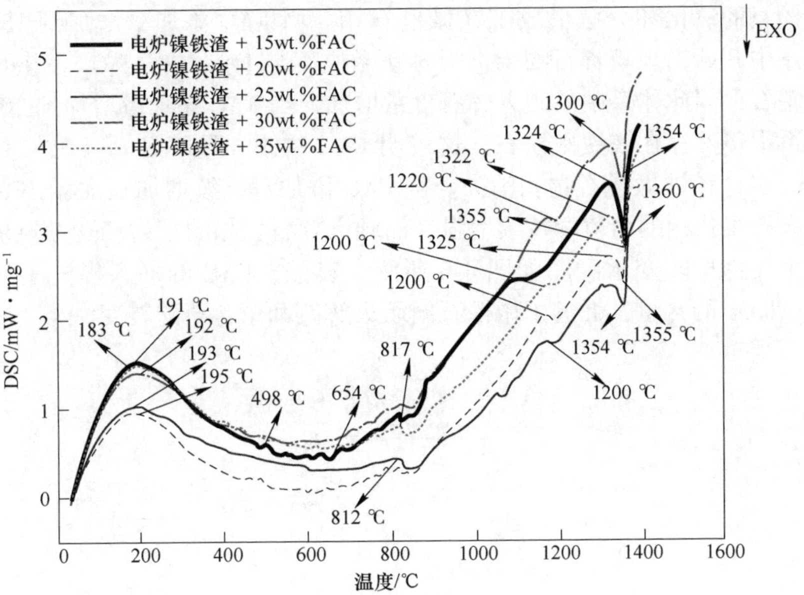

(b)DSC

图 4-4 不同 FAC 添加量对混合物的 TG-DSC 曲线

的混合体系进行了 XRD 分析，结果如图 4-5 所示。当 FAC 添加量为 0 时，体系中主要的物相是镁铁橄榄石相、顽火辉石相和镁橄榄石相。这是因为镍铁渣中的

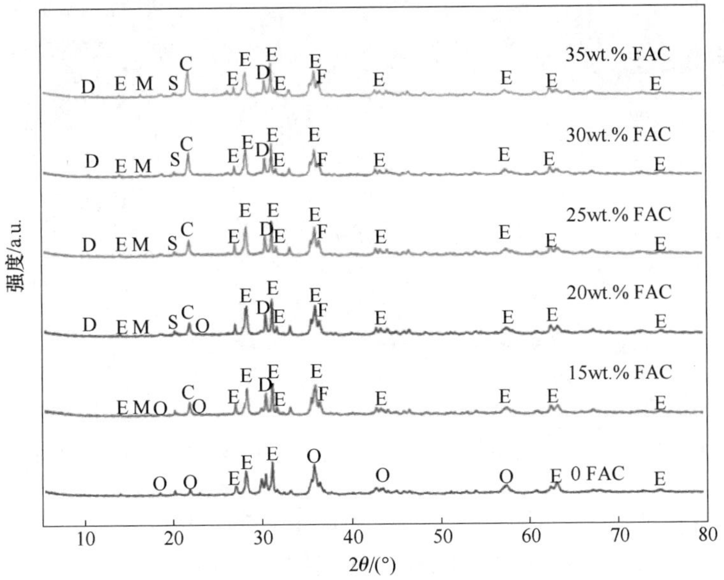

图 4-5 FAC 添加量对混合体系物相组成的影响

C—方石英；D—堇青石；E—顽火辉石；F—镁橄榄石；M—莫来石；O—镁铁橄榄石；S—尖晶石

镁铁橄榄石的氧化和分解形成了镁橄榄石相。当 FAC 添加量增加到 15wt.%时，混合体系中开始出现堇青石物相，同时镁橄榄石与 FAC 中的 SiO_2 发生反应生成了顽火辉石，因此体系中的顽火辉石含量增加。当 FAC 添加量增加到 20wt.%时，混合体系中仍然存在镁铁橄榄石，这表明 FAC 的添加量不足。当 FAC 添加量增加到25wt.%，镁铁橄榄石物相消失。当 FAC 添加量继续增加到 35wt.%，堇青石物相和方石英物相的衍射峰持续增强，而顽火辉石物相的衍射峰逐渐减弱。烧结过程中主要物相转变示意图如图 4-6 所示。显然，FAC 的加入提高了体系中的 SiO_2 和 Al_2O_3 的含量，促进了橄榄石向顽火辉石和堇青石的转变。

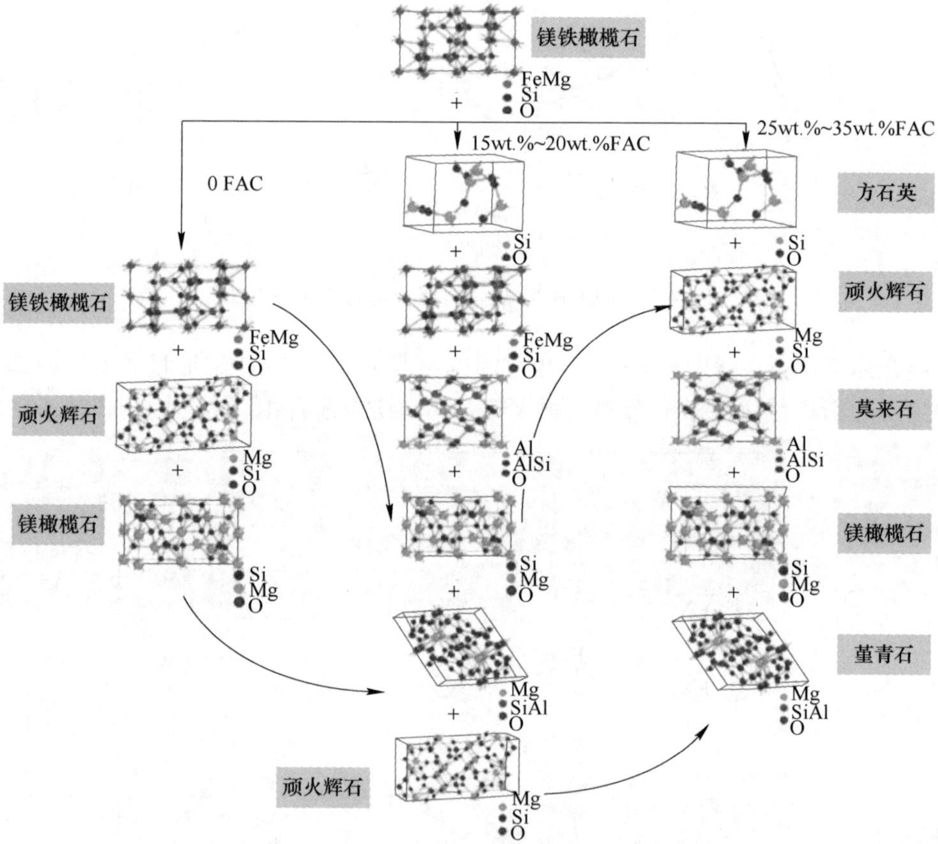

图 4-6　FAC 添加量对混合体系物相转变的影响

上述研究表明，通过添加 FAC，能够促进镍铁渣中的物相向顽火辉石和堇青石转变，与理论分析结果一致。因此，使用镍铁渣和 FAC 制备以顽火辉石和堇青石为主相的隔热材料具有可行性。

4.1.3 微晶玻璃设计

前述 SiO_2-MgO-FeO-Al_2O_3 体系热力学研究发现，通过提高体系 SiO_2 和 Al_2O_3 含量，可诱导体系中顽火辉石和尖晶石等物相的生成。为此，针对不断产生的熔态镍铁渣，可以通过加入改质剂对其成分进行调控，经浇铸和热处理后制备成微晶玻璃。熔态镍铁渣的温度在 1500～1600 ℃，具有极高的热量，将其制备成为微晶玻璃对于提高能源利用效率和减少镍铁渣堆存具有重要意义。热力学分析发现，通过引入硅铝型改质剂能够诱导体系中顽火辉石和尖晶石等物相的生成。顽火辉石具有强度高、介电损耗低以及抗热震性能优良等性质[13]。与镁橄榄石相比，顽火辉石的热膨胀性更低，在热处理过程中能有效防止微晶玻璃开裂[14]。因此，设计以顽火辉石为主相的微晶玻璃，对于提升其力学性能和热稳定性具有重要意义。此外，体系中存在的 MgO、Al_2O_3、Cr_2O_3 和铁氧化物能够反应生成 $Mg(Fe, Al, Cr)_2O_4$ 尖晶石，此类尖晶石具有硬度大、耐腐蚀性好、化学性质稳定以及耐热性优良等性质，能够强化微晶玻璃的性能，并固定重金属元素铬。粉煤灰（CFA）是一种具有高 SiO_2 和 Al_2O_3 含量的工业固废，将其作为改质剂加入熔态镍铁渣中有望获得相对应的顽火辉石型微晶玻璃。因此，以 CFA 为改质剂制备微晶玻璃具有理论上的可行性。

为验证制备微晶玻璃的可行性，研究了不同 CFA 添加量改质条件下电炉镍铁渣微晶玻璃的物相转变行为。向熔态电炉镍铁渣中分别添加 20wt.%、25wt.%、30wt.%和 35wt.%的 CFA 经浇铸，在 650 ℃下热处理 2 h 后的微晶玻璃产物物相转变行为如图 4-7 所示。

当 CFA 添加量为 20wt.%时，微晶玻璃中主晶相为顽火辉石（$MgSiO_3$），同时还含有少量尖晶石相（$MgCr_{0.4}Fe_{1.6}O_4$）和铝顽火辉石（$Mg_{0.96}Al_{0.027}SiO_3$）。随着 CFA 添加量升高到 25wt.%时，微晶玻璃主晶相没有发生明显变化。随着 CFA 添加量的进一步增加到 30wt.%，微晶玻璃中主晶相变为铁顽火辉石相（$[Mg_{0.854}Fe_{0.096}Al_{0.029}][SiO_3]$），尖晶石相变为 $MgCr_{0.6}Fe_{1.4}O_4$。这是因为顽火辉石结构及尖晶石结构中离子半径小的阳离子 Mg^{2+}、Fe^{3+}和 Cr^{3+}容易发生同构取代。随着镍铁渣比例的减少，Mg^{2+}减少，在辉石中 Fe^{3+}代替 Mg^{2+}进入顽火辉石导致样品物相发生变化。当 CFA 添加量达到 35wt.%，主晶相变为铝顽火辉石（$Mg_{0.96}Al_{0.027}SiO_3$）和尖晶石（$MgFe_{0.6}Cr_{1.4}O_4$）。随着 CFA 含量的提高，Al^{3+}替代 Mg^{2+}使微晶玻璃晶相发生转变。微晶玻璃制备过程中涉及的晶相转变机制如图 4-8 所示。通过加入 CFA 能够诱导顽火辉石和尖晶石等物相的出现，可制备微晶玻璃。

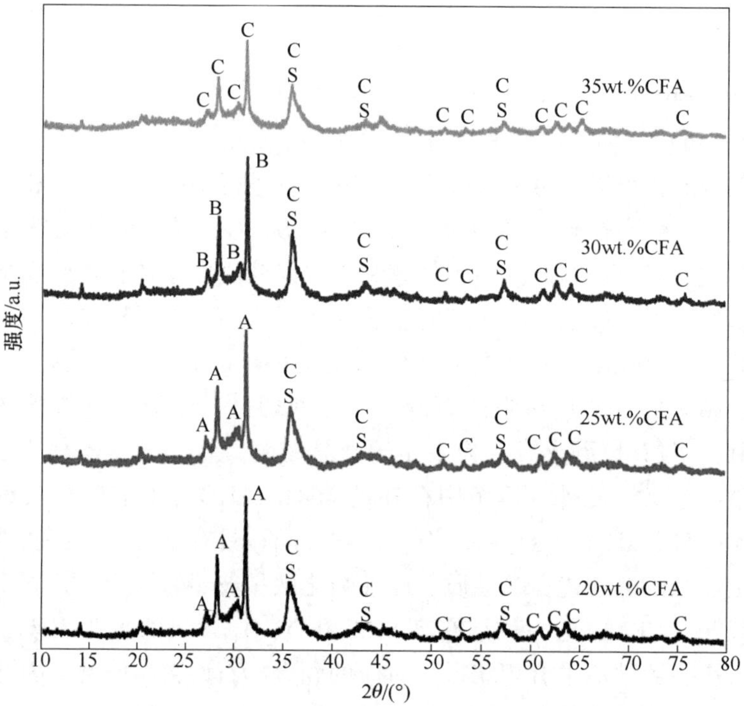

图 4-7　不同 CFA 添加量下微晶玻璃的 XRD 图谱

A—顽火辉石；B—铁顽火辉石；S—尖晶石；C—铝顽火辉石

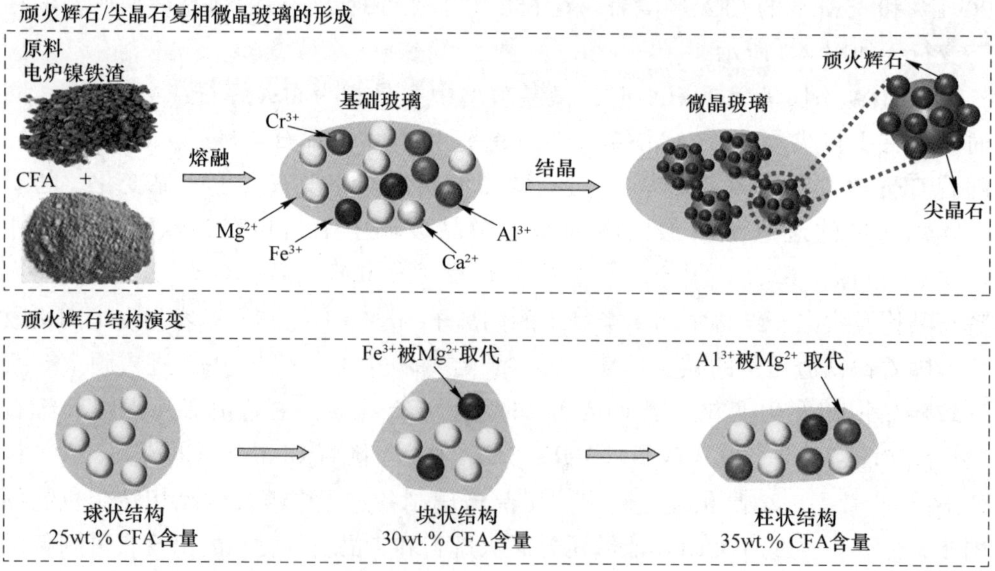

图 4-8　微晶玻璃晶相转变机制

研究发现，添加 CFA 对熔态镍铁渣进行改质，并通过浇铸和热处理后诱导微晶玻璃生成顽火辉石和尖晶石，与理论分析结果相一致。因此，使用镍铁渣和 CFA 可制备以顽火辉石为主相，尖晶石为强化相的微晶玻璃。

上述镍铁渣制备耐火材料、隔热材料与微晶玻璃的设计方案，具备理论与技术可能，对于镍铁渣材料化具有实际意义。

4.2 镍铁渣材料化技术路线

在确定镍铁渣材料化的基本方案并验证可行性的基础上，分别针对镍铁渣制备耐火材料、隔热材料与微晶玻璃提出技术路线。

对于制备耐火材料，镍铁渣的主要物相为镁铁橄榄石，其组成与镁橄榄石高度相似，通过在烧结过程加入少量高 MgO 含量的添加剂（如镁砂、菱镁矿等），能够促进镁铁橄榄石向镁橄榄石转化（图 4-9），进而获得以镁橄榄石为主相的镁质耐火材料。此外，镍铁渣中含有一定量的 Al_2O_3 和 Cr_2O_3，在高温下与 MgO 反应生成镁铝尖晶石和镁铬尖晶石等高熔点的物相，既能提高材料的耐火度，同时能够固定危险元素铬。另外，鉴于镍铁渣的组成与 $MgO\text{-}Al_2O_3\text{-}SiO_2$ 浇注料相似，通过引入少量铝酸钙水泥有望制备获得不定形 $MgO\text{-}Al_2O_3\text{-}SiO_2$ 浇注料。

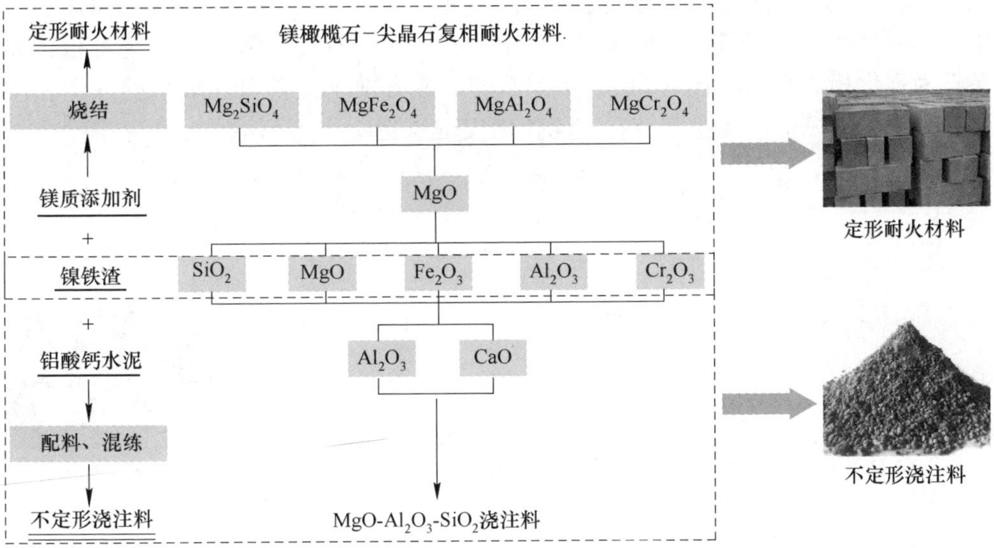

图 4-9 镍铁渣制备耐火材料技术路线

对于制备隔热材料，镍铁渣中含有大量的 SiO_2，能够在较低的温度下与硅铝型固废（如 FAC）反应生成液相降低材料的烧结温度。在 FAC 的作用下，镍铁渣的主要物相发生变化，转化为顽火辉石和堇青石（图 4-10）。同时，FAC 具有空心结构，能够促进材料多孔结构的形成，降低材料的密度和热导率，提升材料的隔热性能。以 FAC 和镍铁渣为原料通过烧结制备得到的隔热材料具有极低的生产成本，其中铬具有以镁铬尖晶石形式存在的可能性，不存在使用风险。

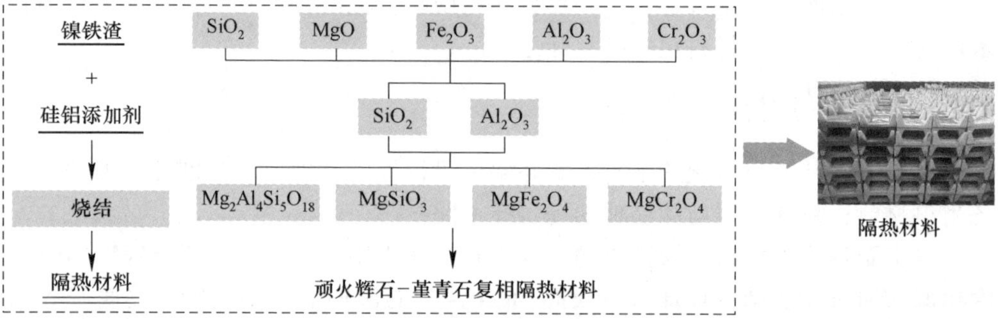

图 4-10　镍铁渣制备隔热材料技术路线

对于制备微晶玻璃，主要从熔态镍铁渣的高热量全量化利用角度考虑。熔态镍铁渣的温度为 1500～1600 ℃，具有极高的热量。因此，熔态镍铁渣的直接转化利用十分重要。利用熔态镍铁渣高显热的特点，配加少量调质剂进行熔态改质，经浇铸和退火后获得基础玻璃（母玻璃），再加热升温完成核化/晶化热处理可制备得到性能优良的微晶玻璃。CFA 是一种高 SiO_2 和 Al_2O_3 含量的固废，作为调质剂加入熔态镍铁渣中再经浇铸和热处理后可获得以顽火辉石为主相，尖晶石为强化相的产品（图 4-11）。尖晶石的形成有助于提升微晶玻璃的强度和硬度，其中铬以三价形式稳定存在，无使用安全风险。

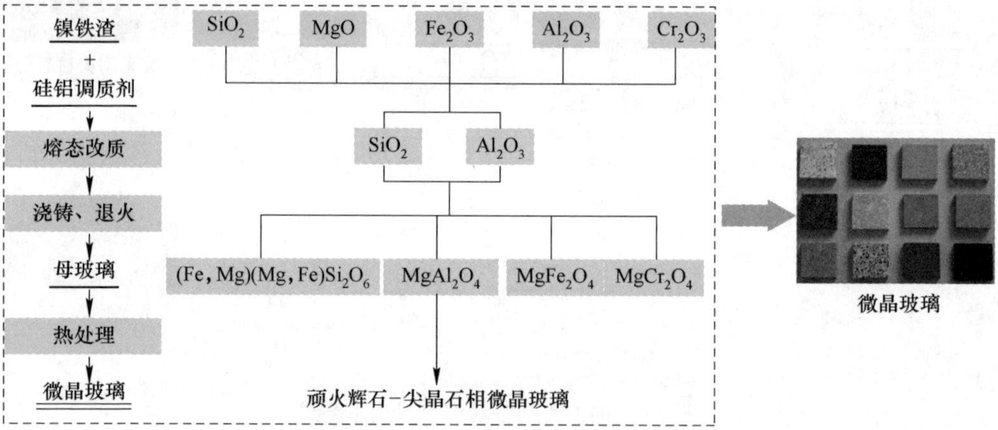

图 4-11　镍铁渣制备微晶玻璃技术路线

在镍铁渣直接材料化过程中，可能存在热处理温度高、时间长以及材料性能需提高等问题。引入外场强化材料化过程往往能降低加工温度，缩短处理时间并提升材料的相关性能。微波是一种频率在 300 MHz~30 GHz，波长为 0.1 mm~1 m 的电磁波。微波不仅可以用来传递信号，而且通过其与材料的耦合作用可以达到快速加热物料的目的。微波加热与传统加热的方式显著不同。热量在传统加热过程中通过对流、传导和辐射等方式从加热元件传递到物体表面，随后通过热传导的形式传递到物体内部，这种加热方式常造成大量热量损失，导致物体内部存在明显温度梯度，制约材料化效率并影响产品质量[15]。相对于常规加热，微波由于波长较长，对物体穿透性较好，物体吸波后有可能实现整体性加热。同时，因物质的吸波性能取决于其本身的电磁性质（复数介电常数和复数磁导率），微波具有显著的选择性加热效应，为诱导物相的定向转变提供了可能[16]。此外，微波加热还具有非接触式加热、绿色环保等优势。基于上述优势，引入微波外场可望有效强化材料制备过程，并提升材料的使用性能。由此可见，微波强化镍铁渣材料化具有重要的技术研发价值。

4.3 本章总结

镍铁渣材料化新技术的开发必须考虑提高镍铁渣的利用率、固化重金属元素和降低生产成本。根据镍铁渣高硅、高镁、含铬且主要物相为镁铁橄榄石的特性，本章提出了配加高 MgO 含量的添加剂制备镁橄榄石型耐火材料，添加高硅高铝含量且具有空心结构的漂珠作为造孔剂制备隔热材料，引入高硅高铝的粉煤灰为改质剂制备微晶玻璃的方案，并使用纯物质添加剂初步验证了相应镍铁渣材料化方案的可行性。在此基础上，提出了镍铁渣制备耐火材料、隔热材料和微晶玻璃的技术路线。针对传统的材料加工方式可能存在的加热温度高、时间长以及材料性能差等问题，提出了微波外场强化材料制备的策略，为镍铁渣的高效清洁利用提供新途径。

参 考 文 献

[1] Fan W, Peng Z, Xiang C, et al. From waste to wealth: Converting ferronickel slag to MgO-Al_2O_3-SiO_2 castables [J]. Ceramics International, 2024, 50 (1): 94-104.

[2] Kurniati E O, Pederson F, Kim H J. Application of steel slags, ferronickel slags, and copper mining waste as construction materials: A review [J]. Resources, Conservation and Recycling, 2023, 198: 107175.

[3] Tavangarian F, Emadi R. Mechanochemical synthesis of single phase nanocrystalline forsterite powder [J]. International Journal of Modern Physics B, 2010, 24 (3): 343-350.

[4] Xue P, He D, Xu A, et al. Modification of industrial BOF slag: Formation of $MgFe_2O_4$ and recycling of iron [J]. Journal of Alloys and Compounds, 2017, 712: 640-648.

[5] Peng Z, Tang H, Augustine R, et al. From ferronickel slag to value-added refractory materials: A microwave sintering strategy [J]. Resources, Conservation and Recycling, 2019, 149:

521-531.

[6] Tang H, Peng Z, Gu F, et al. Chromium-promoted preparation of forsterite refractory materials from ferronickel slag by microwave sintering [J]. Ceramics International, 2021, 47: 10809-10818.

[7] Peng Z, Gu F, Zhang Y, et al. Chromium: A double-edged sword in preparation of refractory materials from ferronickel slag [J]. ACS Sustainable Chemistry & Engineering, 2018, 6: 10536-10544.

[8] Reichenauer G, Heinemann U, Ebert H P. Relationship between pore size and the gas pressure dependence of the gaseous thermal conductivity [J]. Colloids and Surfaces A: Physicochemical and Engineering Aspects, 2007, 300 (1): 204-210.

[9] Yang L, Peng Z, Huang Y, et al. Co-utilization of ferronickel slag and fly ash cenosphere for production of superior thermal insulation materials [J]. Ceramics International, 2021, 47: 10019-10026.

[10] Peng Z, Fan W, Tang H, et al. Direct conversion of blast furnace ferronickel slag to thermal insulation materials [J]. Construction and Building Materials, 2024, 412: 134499.

[11] Fan W, Peng Z, Yin T, et al. Tailoring tactics for preparation of superior thermal insulation materials from blast furnace ferronickel slag: Control of sintering temperature [J]. Process Safety and Environmental Protection, 2024, 186: 1242-1252.

[12] 郭伟, 蒋金海, 李琦, 等. 钢渣制备透辉石多孔陶瓷的研究 [J]. 江苏建材, 2020 (1): 5-8.

[13] Ptácek P, Lang K, Soukal F, et al. Preparation and properties of enstatite ceramic foam from talc [J]. Journal of the European Ceramic Society, 2014 (34): 515-522.

[14] 王志旭. 顽火辉石-碳化硅复相陶瓷的制备与性能研究 [D]. 呼和浩特: 内蒙古工业大学, 2017.

[15] Kappe C O. Controlled microwave heating in modern organic synthesis [J]. Angewandte Chemie-International Edition, 2004, 43 (46): 6250-6284.

[16] Falciglia P P, Roccaro P, Bonanno L, et al. A review on the microwave heating as a sustainable technique for environmental remediation/detoxification applications [J]. Renewable and Sustainable Energy Reviews, 2018, 95: 147-170.

5 镍铁渣材料化技术

近年来，我国冶金、水泥、玻璃等行业蓬勃发展，耐火材料的消耗量随之大幅增加，耐火材料的年产量已接近2300万吨[1]。由于国家环保要求的提升，使得耐火材料生产原料的供给受限。自2017年以来，耐火材料生产原料的价格持续上涨，特别是镁质原料的价格持续暴涨，给耐火材料行业的发展带来了巨大压力，因此寻求适用于镁质耐火材料生产的新型替代原料的要求十分迫切。此外，随着节能环保要求的提高，建筑物墙体中逐渐被强制使用隔热材料。目前，市场上大量使用的岩棉、玻璃棉、硅酸铝棉制品等隔热材料制品存在着使用性能不良和空气污染等问题，而钙长石和莫来石质隔热材料热导率高，隔热效果差，严重限制了其应用范围。传统隔热材料的物相比较单一，为提高隔热材料的热学性能和力学性能，一般制备多相复合材料，使其具有较低的热导率和较高的强度。因此，亟须开发新的隔热材料制备技术，降低原料成本和生产成本。另外，微晶玻璃作为一种新型的建筑装饰材料，其应用也愈加广泛。现有利用镍铁渣生产微晶玻璃的工序复杂且能耗较高，因此需要对现有的工艺进行革新，降低生产成本，制备性能优良的微晶玻璃。本章聚焦于镍铁渣直接制备耐火材料、隔热材料和微晶玻璃制备技术开发，旨在拓宽镍铁渣的资源化和高值化利用方式。

5.1 镍铁渣制备耐火材料

由第3章与第4章分析可知，以电炉镍铁渣和高炉镍铁渣为主要原料制备耐火材料，还需要使用添加剂。提高体系MgO含量能够有效促进电炉镍铁渣和高炉镍铁渣体系耐高温性能的提升，进而制备镁质定形耐火材料，而添加铝酸钙水泥（CAC）能促进电炉铁渣向$MgO-Al_2O_3-SiO_2$不定形浇注料转化。

5.1.1 原料性能

制备耐火材料的主要原料为电炉镍铁渣和高炉镍铁渣，其基础物化性能详见第2章。综合考虑耐火材料的成分要求和生产成本，采用MgO含量高的镁砂和常规铝酸钙水泥分别作为制备镁质定形耐火材料和不定形浇注料的外加原料。

镁砂主要化学成分如表5-1所示。由表5-1可知，镁砂的主要成分为MgO，其含量为 94.51wt.%。SiO_2、Al_2O_3、CaO 和 Fe_2O_3 的含量较低，分别为 0.98wt.%、1.13wt.%、1.54wt.%和 0.65wt.%。

表 5-1 镁砂的主要化学成分 (wt.%)

成分	SiO_2	MgO	Al_2O_3	CaO	Fe_2O_3
含量	0.98	94.51	1.13	1.54	0.65

镁砂的 XRD 图和激光粒度分析如图 5-1 所示。由图 5-1（a）可知，镁砂的物相组成单一，主要为方镁石相。由图 5-1（b）可知，镁砂粒度较细，50%的镁砂粒径小于 26.01 μm，90%的镁砂粒度小于 102.49 μm。

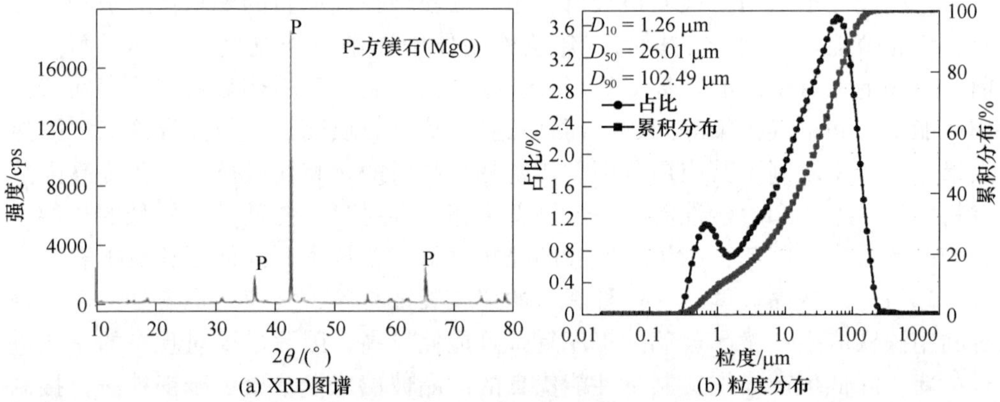

图 5-1 镁砂的 XRD 图谱和粒度分布曲线

图 5-2 所示为镁砂的微观形貌。球磨后的大部分镁砂颗粒的尺寸较小，但没有产生过粉碎现象。

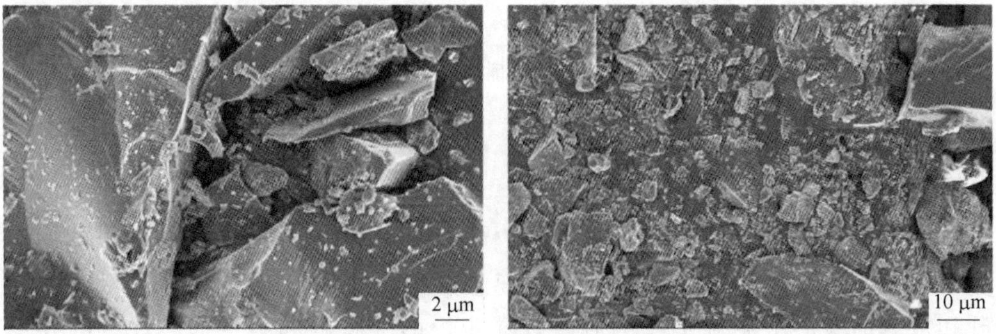

图 5-2 镁砂的微观结构

在升温速度为 16 ℃/min 和空气气体流速为 50 mL/min 的条件下，镁砂在室温至 1300 ℃温度范围内的 TG-DSC 分析结果如图 5-3 所示。在室温至 289 ℃区间内镁砂失重为 0. 46wt.%，这与其中物理水的挥发有关，随后在 289～491 ℃区间内失重为 0. 62wt.%，推测主要因氧化镁结晶所致[2-3]。

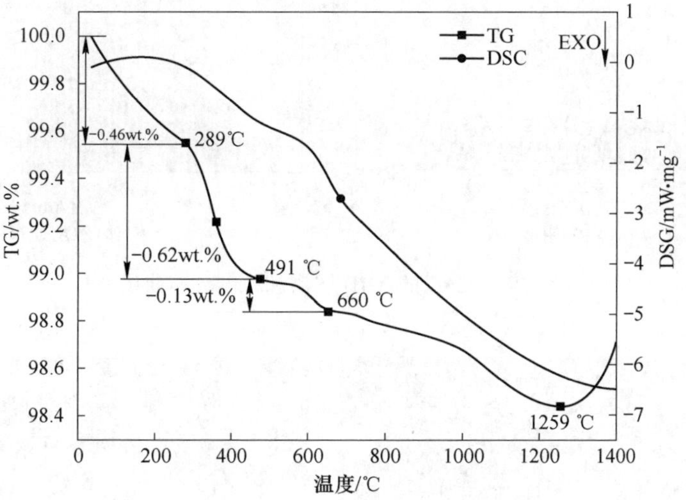

图 5-3 镁砂在空气气氛下的 TG-DSC 曲线

制备浇注料所用添加剂为铝酸钙水泥（CAC），其主要化学成分如表 5-2 所示。

表 5-2 CAC 的主要化学成分 （wt.%）

成分	SiO_2	MgO	FeO	Al_2O_3	CaO	Cr_2O_3	Na_2O
含量	0. 32	0. 13	0. 35	65. 17	28. 96	0. 07	0. 42

如表 5-2 所示，CAC 的主要化学成分为 Al_2O_3 和 CaO，含量分别为 65. 17wt.% 和 28. 96wt.%。SiO_2、MgO、FeO、Cr_2O_3、Na_2O 等含量较低，分别为 0. 32wt.%、0. 13wt.%、0. 35wt.%、0. 07wt.%、0. 42wt.%。

CAC 的 XRD 图谱和粒度分布曲线如图 5-4 所示。如图 5-4（a）所示，CAC 的主要物相为刚玉（corundum，Al_2O_3）、铝酸钙（calcium aluminate，$CaAl_2O_4$）和二铝酸钙（grossite，$CaAl_4O_7$）。图 5-4（b）为 CAC 的粒度分布曲线，50%的 CAC 粒径小于 11. 940 μm，90%的 FAC 粒度小于 41. 218 μm。

CAC 的 SEM-EDS 分析结果如图 5-5 所示。CAC 以片状的不规则颗粒形式存在。EDS 能谱分析表明其主要元素为 O、Al 和 Ca，杂质元素含量较少。点 1～3 元素含量相当，物相成分均一。点 4 处 Ca 含量较高，其中 Ca/Al 原子摩尔比接近 2，表明该区域主要物相为铝酸钙。

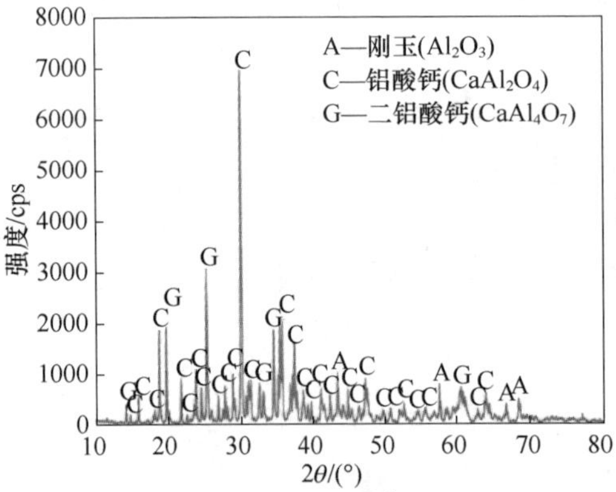

(a) XRD图谱

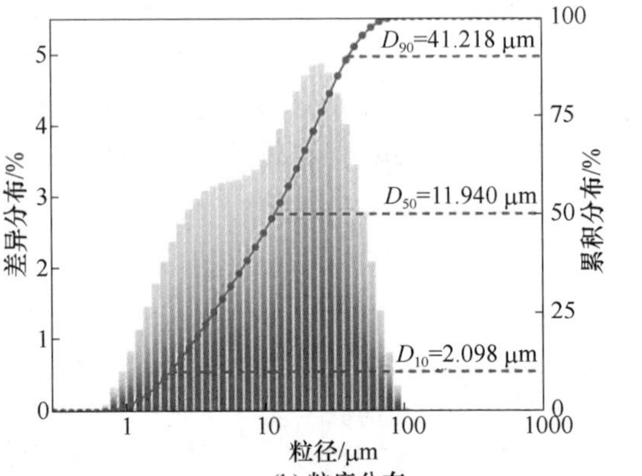

(b) 粒度分布

图 5-4　CAC 的 XRD 图谱和粒度分布曲线

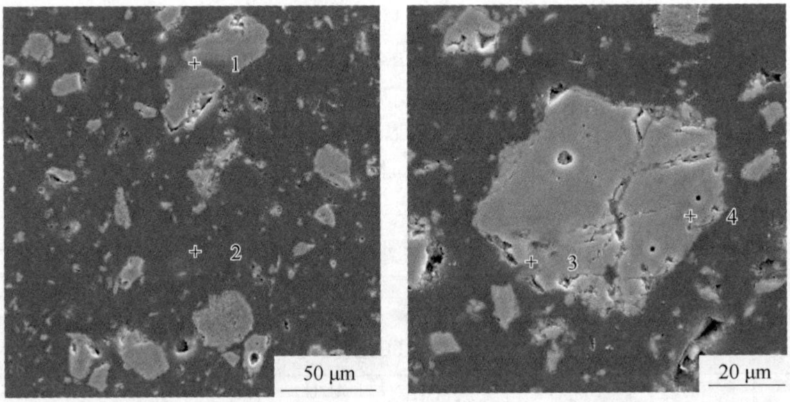

(a)

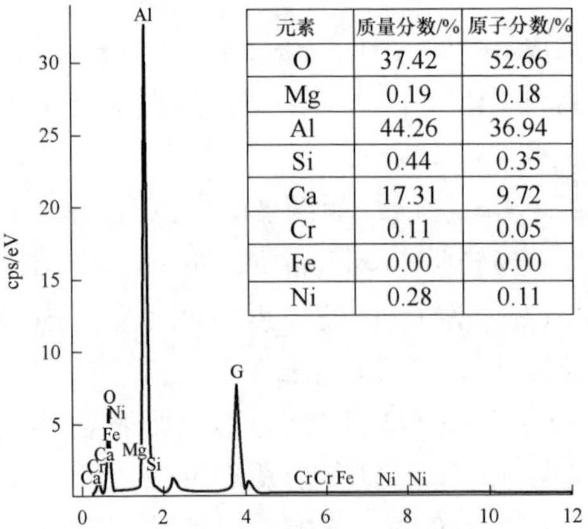

元素	质量分数/%	原子分数/%
O	37.42	52.66
Mg	0.19	0.18
Al	44.26	36.94
Si	0.44	0.35
Ca	17.31	9.72
Cr	0.11	0.05
Fe	0.00	0.00
Ni	0.28	0.11

(b) 点1

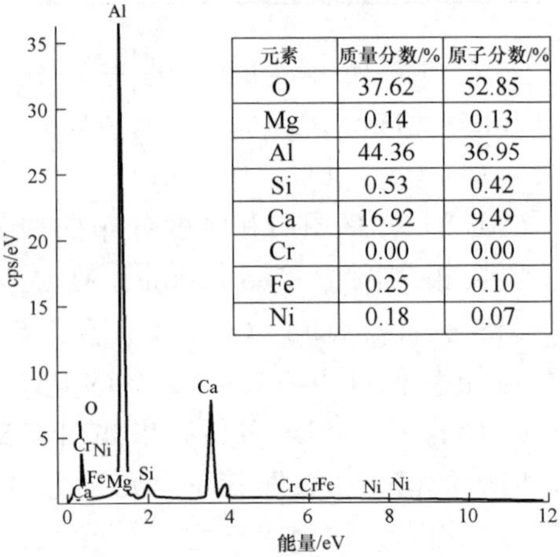

元素	质量分数/%	原子分数/%
O	37.62	52.85
Mg	0.14	0.13
Al	44.36	36.95
Si	0.53	0.42
Ca	16.92	9.49
Cr	0.00	0.00
Fe	0.25	0.10
Ni	0.18	0.07

(c) 点2

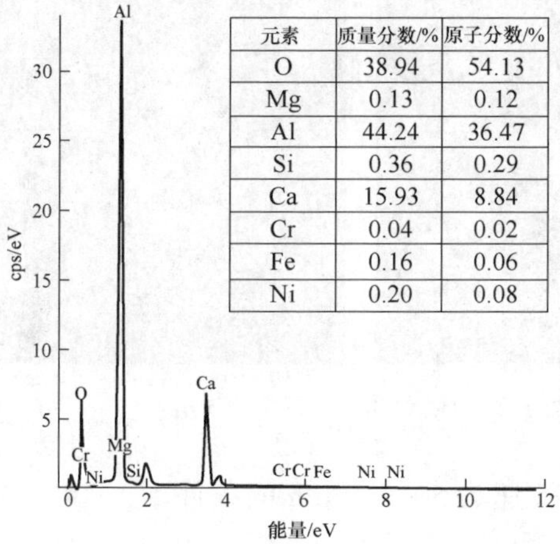

元素	质量分数/%	原子分数/%
O	38.94	54.13
Mg	0.13	0.12
Al	44.24	36.47
Si	0.36	0.29
Ca	15.93	8.84
Cr	0.04	0.02
Fe	0.16	0.06
Ni	0.20	0.08

(d) 点3

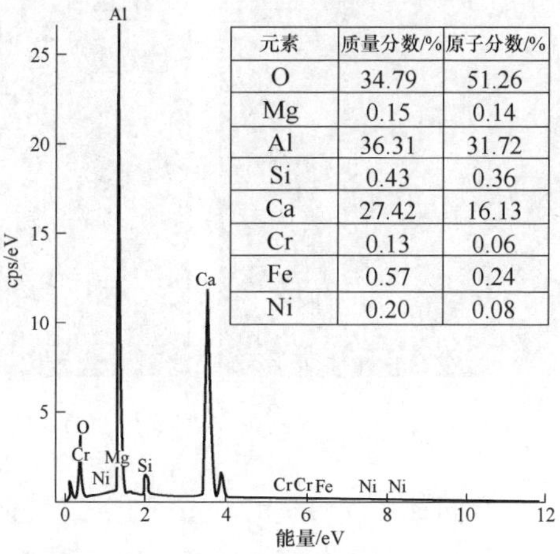

元素	质量分数/%	原子分数/%
O	34.79	51.26
Mg	0.15	0.14
Al	36.31	31.72
Si	0.43	0.36
Ca	27.42	16.13
Cr	0.13	0.06
Fe	0.57	0.24
Ni	0.20	0.08

(e) 点4

图 5-5 CAC 的 SEM-EDS 分析

CAC 的 EDS 面扫描结果如图 5-6 所示。CAC 中的物相是以氧化物形式存在，元素分布较为均匀，其中氧、铝、钙元素的含量最高。镁、硅、铁、铬、钠等元素含量较低。CAC 中钙元素、铝元素和氧元素嵌布在一起，这是由于 CAC 的主要物相是铝酸钙和二铝酸钙。

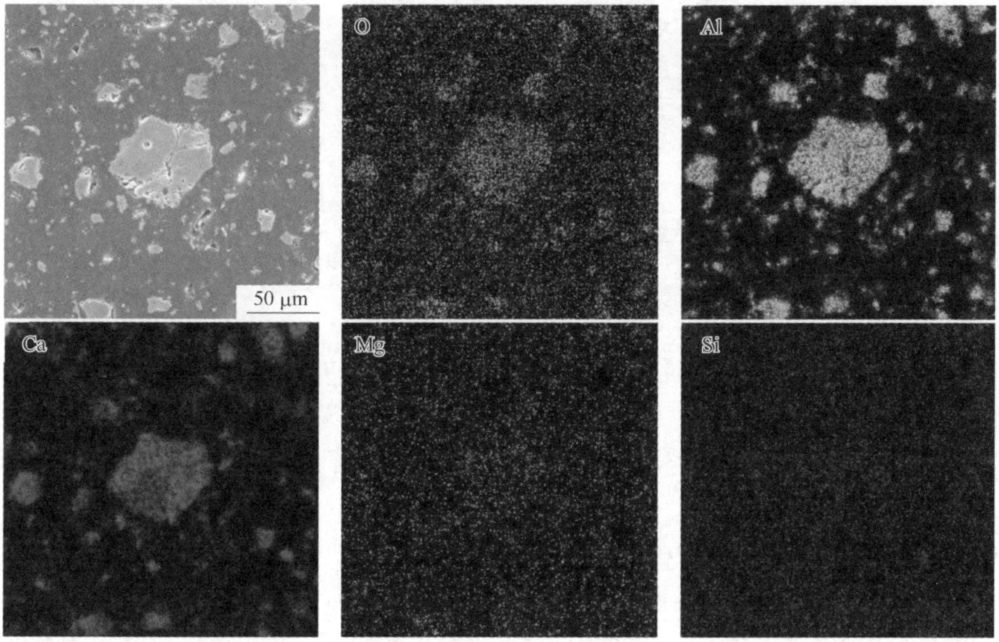

图 5-6　CAC 的 EDS 面扫描分析

在升温速度为 16 ℃/min 和空气气体流速为 50 mL/min 的条件下，CAC 在室温至 1300 ℃温度范围内的 TG-DSC 结果如图 5-7 所示。在升温过程中，CAC 的质量持续下降，总失重为 2. 28wt.%。质量随温度的变化可分为两个阶段。在室温至 313 ℃的温度范围内出现了失重，与 273 ℃时检测到的吸热峰相对应，这是 CAC 中物理水的挥发所致。在第二阶段，当加热至 1328 ℃时，存在 0. 79wt.%的轻微失重。在此过程中，由于 Al_2O_3 与 $CaAl_2O_4$ 发生反应，生成 $CaAl_4O_7$。另外，由于 CAC 中的杂质在高温下挥发，造成失重。

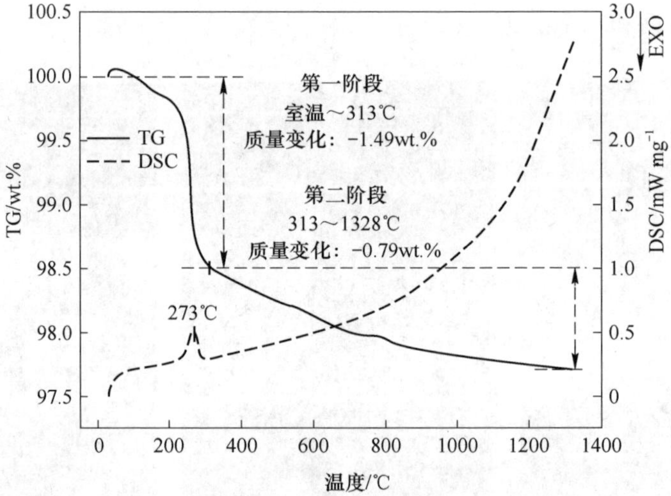

图 5-7　CAC 在空气气氛下的 TG-DSC 曲线

5. 1. 2　研究方法

定形耐火材料制备工艺流程如图 5-8 所示。主要包括磨矿、混匀、成型、烧制和性能检测五个步骤，首先将镍铁渣细磨至合适粒度后，与添加剂以及结合剂氯化镁溶液（后续高温受热时将挥发脱除）混合均匀，将混合料压制成型，经干燥后，烧制得到耐火砖，冷却至室温后，对其进行性能检测。

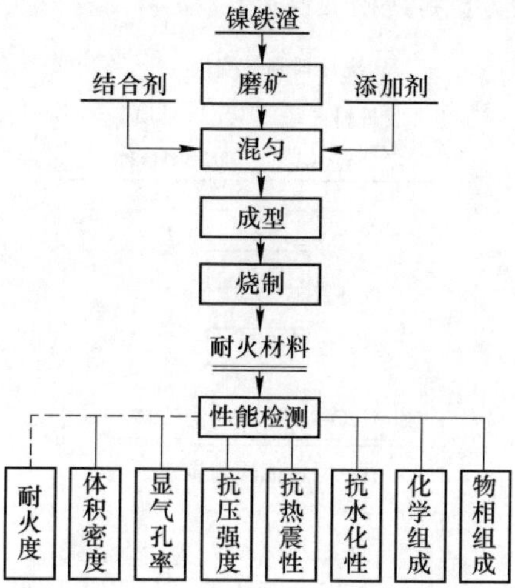

图 5-8 耐火砖制备及性能检测流程

耐火砖的性能检测指标包括耐火度、体积密度、显气孔率、抗压强度、抗热震性、抗水化性、化学组成及物相组成。其中，耐火度检测标准参照 GB/T 7322—2017 进行检测。体积密度和显气孔率利用阿基米德原理，参照 GB/T 2997—2015 进行测定。抗压强度参照 GB/T 5072—2023 进行测定。抗热震性参照 GB/T 30873—2014 使用水急冷法进行测定。抗水化性采用热水实验法进行测试，将所得耐火材料试样置于 100 ℃的沸水中恒温水浴 10 h，水浴结束后将试样滤干，于 105 ℃ 烘箱中干燥 24 h，然后再称量试样的质量，用式（5-1）计算出试样的质量增加率并作为评价耐火材料抗水化性能的指标。

$$\eta = \frac{W - W_0}{W_0} \times 100\% \tag{5-1}$$

式中，η 为试样的质量增加率；W_0 为水化试验前试样的质量；W 为水化试验后试样的质量。

耐火材料的化学组成和物相组成通过 ICP 和 XRD 分析进行测定。

浇注料制备流程及性能检测步骤如图 5-9 所示。浇注料的制备即将不同粒度的骨料与基质按照一定比例称量，混匀后即得到 $MgO\text{-}Al_2O_3\text{-}SiO_2$ 浇注料产品。在浇注料服役性能检测过程中，首先向所得 MAS 浇注料加入一定量的水在水泥胶砂搅拌器中混合均匀。其次，将混合均匀的浇注料注入到 40 mm×40 mm×160 mm 的长方体模具中，在频率为 47.67 Hz、振幅为 0.3~0.6 mm 的振动台上振动成型，并在室温（15~30 ℃）下自然养护 24 h。待养护结束后脱膜，随后置于

110 ℃的恒温烘箱中连续干燥 24 h。干燥结束后部分样品用于检测其干燥性能，其余样品则置于马弗炉中以一定的速率升温至指定温度进行热处理，热处理结束后样品随炉冷却至室温以检测其相关性能。

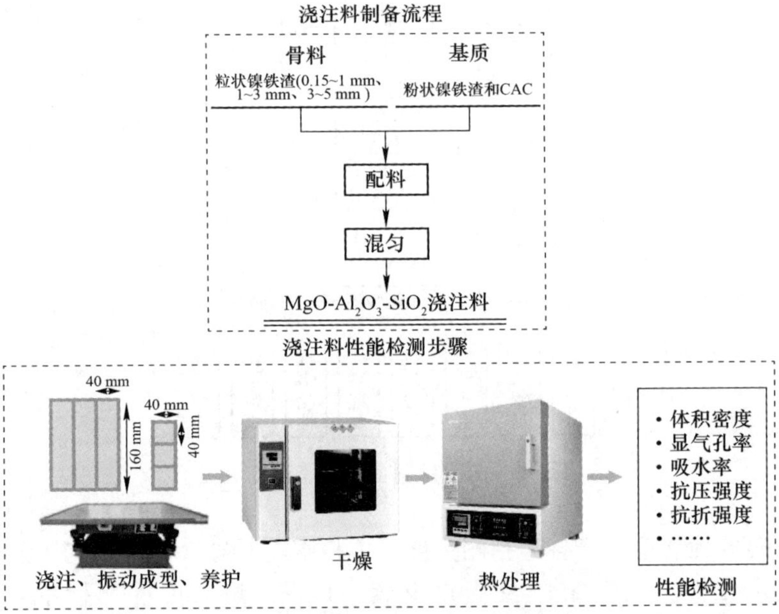

图 5-9　浇注料制备及性能检测流程

浇注料的性能检测指标包括抗折强度、体积密度、显气孔率、吸水率、线收缩率和热导率。其中抗折强度参照 GB/T 3001—2017 进行测定。体积密度和显气孔率利用阿基米德原理，参照 GB/T 2997—2015 进行测定。吸水率参照 ISO 16535：2019 进行测定。线收缩率参照 GB/T 5988—2022 进行测定。热导率使用激光导热仪参照 GB/T 22588—2008 进行测定。

5.1.3　制备镁橄榄石型定形耐火砖

添加剂、烧结制度以及原料特性是影响耐火砖性能的关键因素。因此，对添加剂用量、种类、烧结温度、烧结时间、镍铁渣铁含量、颗粒级配等因素的影响进行了研究。

5.1.3.1　添加剂用量的影响

在以镁橄榄石为主相的耐火材料中，一般要求耐火材料中氧化镁与二氧化硅含量比为 0.93～1.33，通过计算，以镁砂为镁质添加剂调节电炉镍铁渣成分时，镁砂适宜的理论添加量为 5wt.%～40wt.%。基于热力学分析结果，在 1300～1400 ℃温度区间内，电炉镍铁渣和镁砂混合体系有少量液相生成，能够强化耐火材料的黏结，提升材料的强度，且有助于镁橄榄石等优质物相的生成。

在烧结温度为 1350 ℃，烧结时间为 3 h，升温速率为 10 ℃/min 的条件下，研究了镁砂添加量（5wt.%、10wt.%、15wt.%、20wt.%、25wt.%、30wt.%、35wt.%）对镍铁渣制备耐火材料性能的影响。镁砂的成分主要为 MgO，因此，添加镁砂与 MgO 试剂对于耐火材料物相转变的结果相同，有关不同 MgO 添加量下耐火材料的物相转变在第 4 章已做详细的讨论，故不再赘述。

镁砂添加量分别为 5wt.%、15wt.%、20wt.%、30wt.%、35wt.%时所获耐火材料的 SEM-EDS 分析结果分别如图 5-10～图 5-14 所示。通过对比耐火材料的 SEM 图片可以发现，当镁砂添加量小于 30wt.%时，耐火材料中只存在白色、灰色和黑色三种物相，其 EDS 结果表明，这三种物相分别为镁橄榄石相、尖晶石相和玻璃相。当镁砂添加量大于 30wt.%时，耐火材料中除了镁橄榄石相、尖晶石相和玻璃相以外，还出现了方镁石相，表明此时体系中加入的镁砂过量。耐火材料均是以镁橄榄石相为基体，尖晶石相嵌布其中，少量的玻璃相可起到黏结作用，使得耐火材料结构更加致密。对比不同镁砂添加量时耐火材料的 EDS 结果可以发现，随着镁砂添加量的增加，各相中氧化镁的含量均呈上升趋势。由于氧化铁、三氧化铬和氧化铝在方镁石中的溶解度为：氧化铁≫三氧化铬>氧化铝，氧

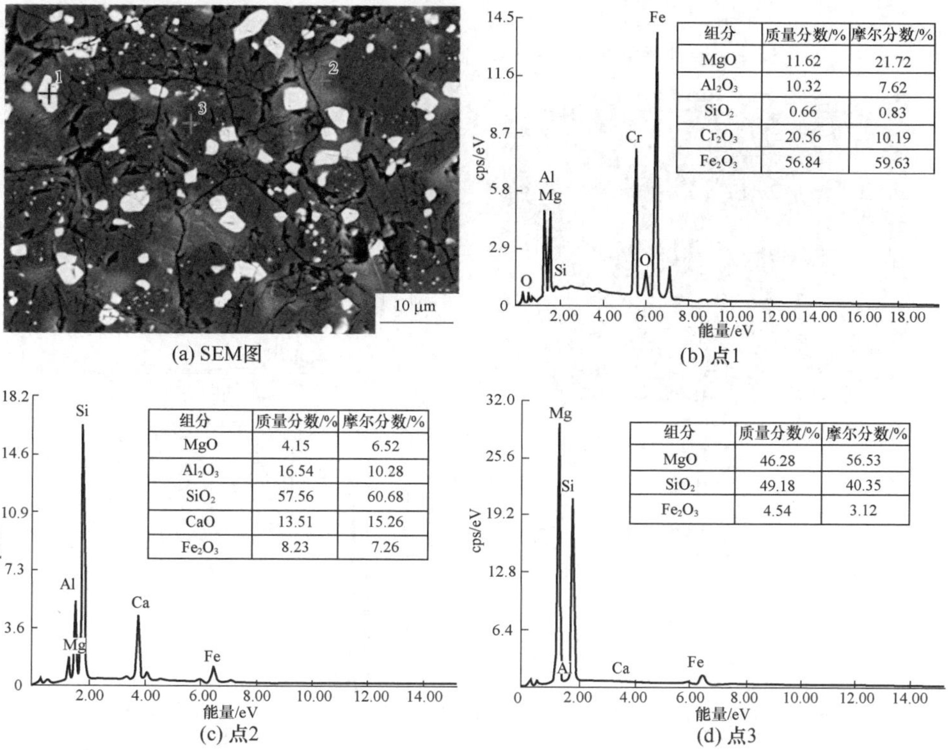

图 5-10 镁砂添加量为 5wt.%时所获耐火材料的 SEM-EDS 分析

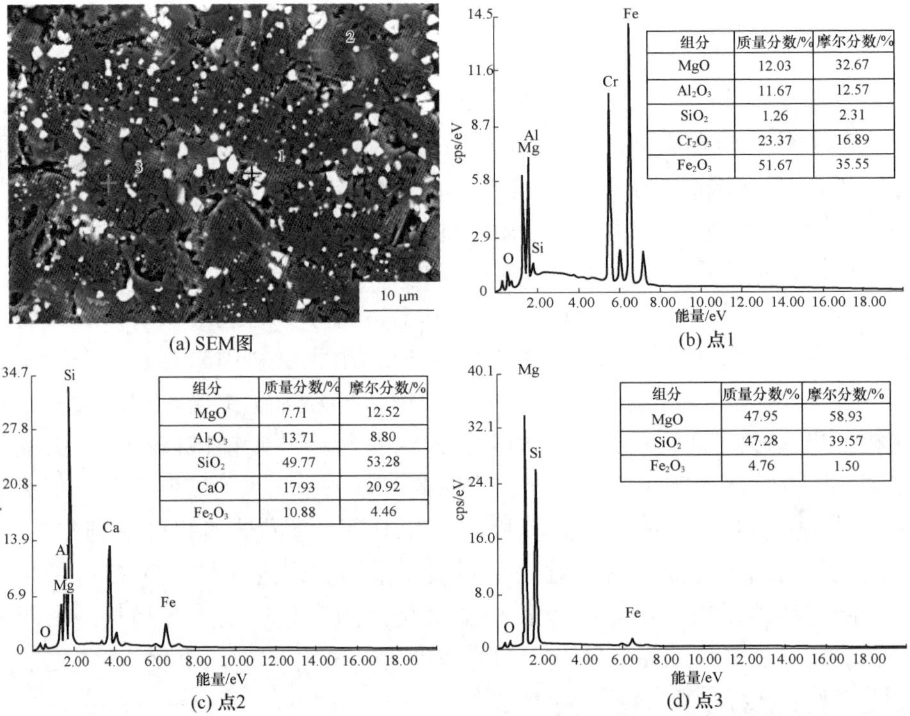

图 5-11　镁砂添加量为 15wt.%时所获耐火材料的 SEM-EDS 分析

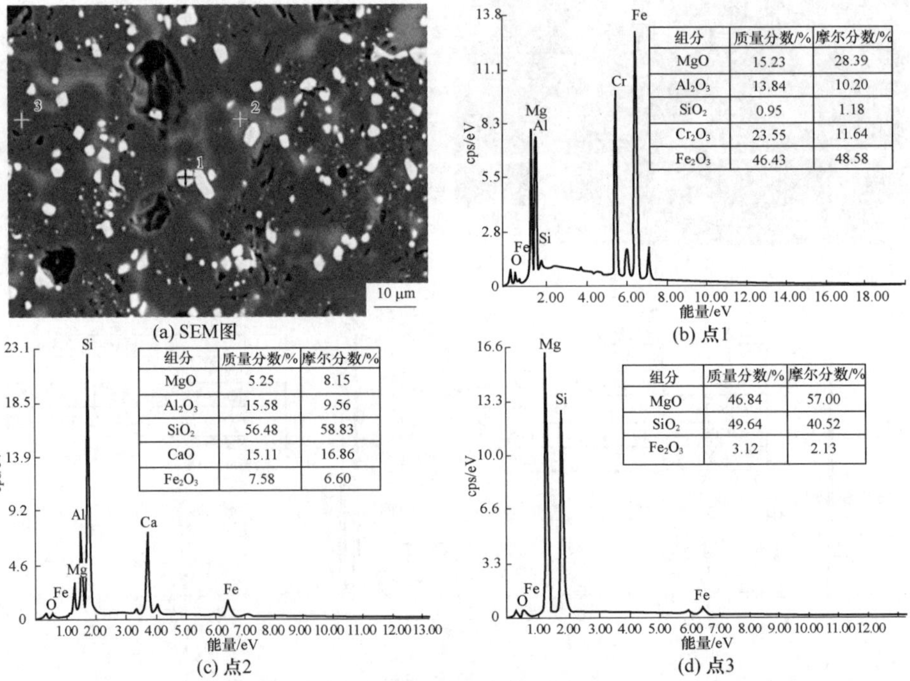

图 5-12　镁砂添加量为 20wt.%时所获耐火材料的 SEM-EDS 分析

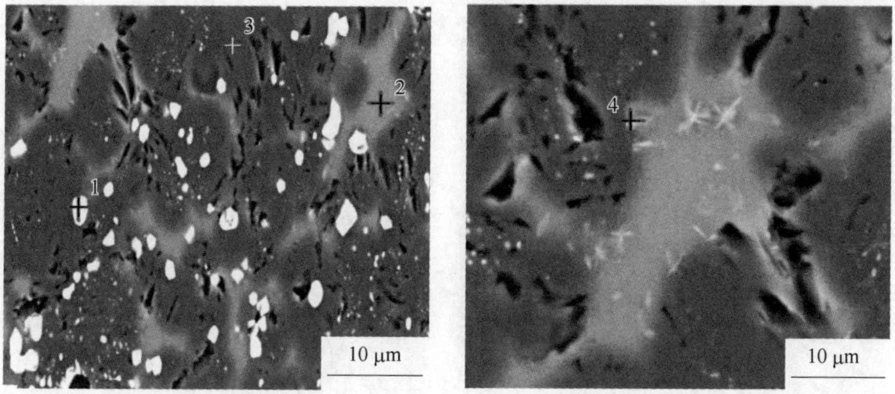

(a) SEM图

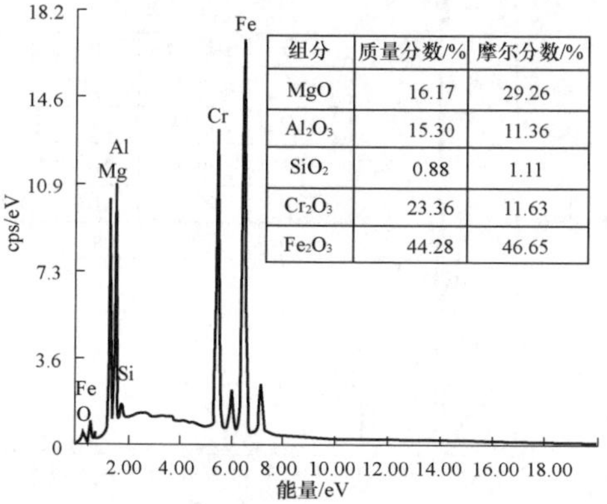

组分	质量分数/%	摩尔分数/%
MgO	16.17	29.26
Al_2O_3	15.30	11.36
SiO_2	0.88	1.11
Cr_2O_3	23.36	11.63
Fe_2O_3	44.28	46.65

(b) 点1

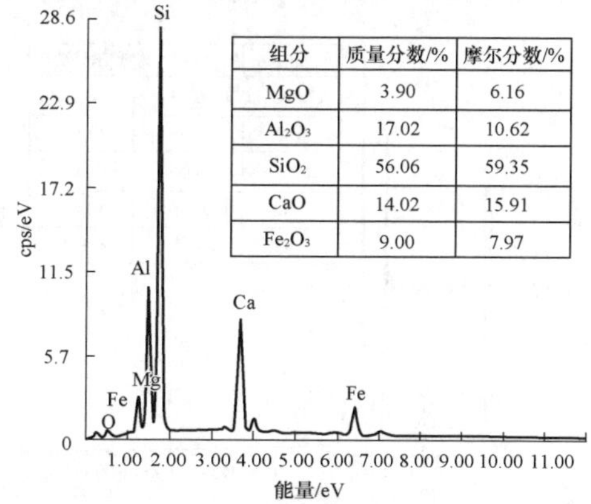

组分	质量分数/%	摩尔分数/%
MgO	3.90	6.16
Al_2O_3	17.02	10.62
SiO_2	56.06	59.35
CaO	14.02	15.91
Fe_2O_3	9.00	7.97

(c) 点2

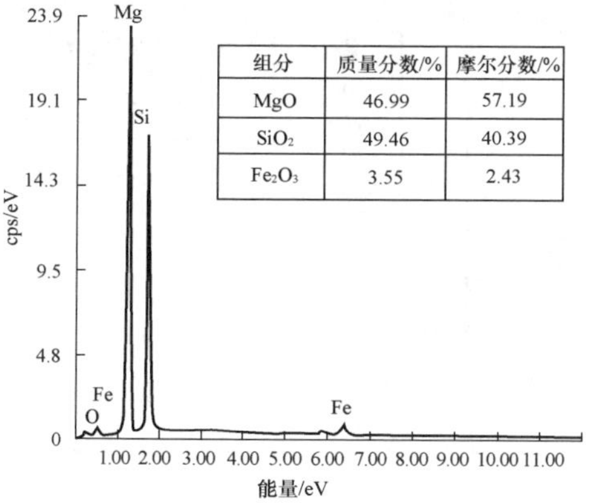

组分	质量分数/%	摩尔分数/%
MgO	46.99	57.19
SiO_2	49.46	40.39
Fe_2O_3	3.55	2.43

(d) 点3

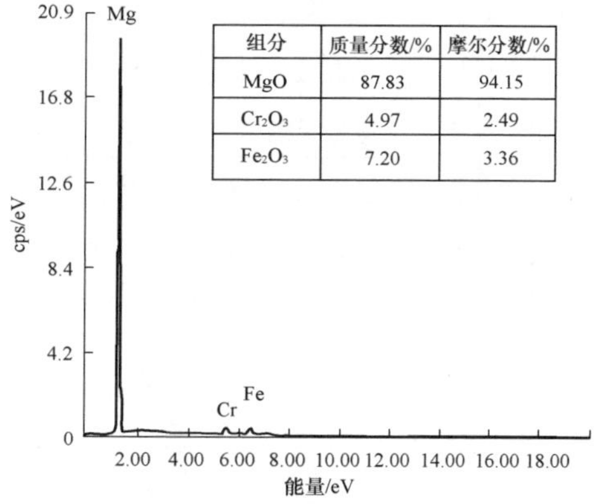

组分	质量分数/%	摩尔分数/%
MgO	87.83	94.15
Cr_2O_3	4.97	2.49
Fe_2O_3	7.20	3.36

(e) 点4

图 5-13 镁砂添加量为 30wt.%时所获耐火材料的 SEM-EDS 分析

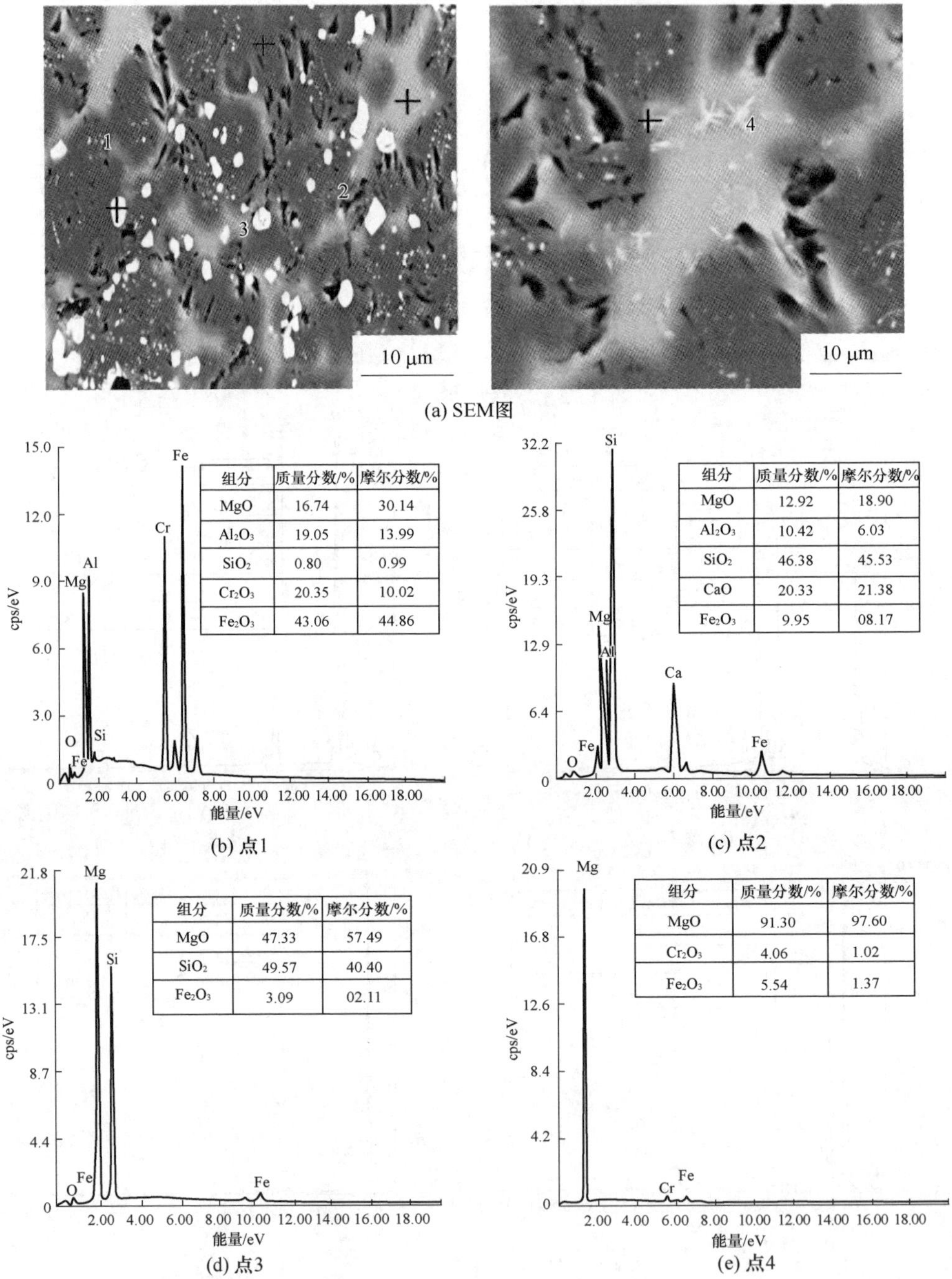

(b) 点1

组分	质量分数/%	摩尔分数/%
MgO	16.74	30.14
Al_2O_3	19.05	13.99
SiO_2	0.80	0.99
Cr_2O_3	20.35	10.02
Fe_2O_3	43.06	44.86

(c) 点2

组分	质量分数/%	摩尔分数/%
MgO	12.92	18.90
Al_2O_3	10.42	6.03
SiO_2	46.38	45.53
CaO	20.33	21.38
Fe_2O_3	9.95	08.17

(d) 点3

组分	质量分数/%	摩尔分数/%
MgO	47.33	57.49
SiO_2	49.57	40.40
Fe_2O_3	3.09	02.11

(e) 点4

组分	质量分数/%	摩尔分数/%
MgO	91.30	97.60
Cr_2O_3	4.06	1.02
Fe_2O_3	5.54	1.37

图 5-14　镁砂添加量为 35wt.%时所获耐火材料的 SEM-EDS 分析

化铁、三氧化铬和氧化铝与方镁石形成的尖晶石在高温下易形成固溶体，因此，尖晶石相中氧化铁、三氧化铬和氧化铝的含量较高，且尖晶石相中氧化铁、三氧化铬和氧化铝的含量为：氧化铁≫三氧化铬>氧化铝。随着氧化镁添加量的增加，玻璃相中各组分含量变化不大，其中二氧化硅含量在 50wt.%左右，氧化铝含量在 15wt.%左右，氧化钙含量在 14wt.%左右，氧化铁含量在 8wt.%左右，氧化镁含量在 5wt.%左右，氧化钙集中分布于玻璃相中。随着镁砂添加量的增加，镁橄榄石相中氧化镁含量呈上升趋势，二氧化硅及氧化铁含量呈下降趋势。

耐火材料的耐火度是其最为重要的一个评价指标。耐火材料的体积密度、显气孔率和抗压强度影响着耐火材料在使用过程中对渣侵蚀的抵抗能力和抵抗外力作用而不被破坏的能力，也是耐火材料的主要评价指标。一般说来，耐火材料越致密，其抗压强度越高，对渣侵蚀的抵抗能力也越强。此外，耐火材料在使用过程中难免会经受温度变化，其抗热震性是评价其抵抗温度变化强弱的指标，可间接反映耐火材料使用寿命。对于碱性耐火材料来说，由于其中含有的氧化镁具有吸潮和水化的缺点，易在制造、运输、储藏和使用过程中吸潮和水化，从而产生裂纹和粉化，因此，其抗水化性能也是一个重要评价指标。

如图 5-15 所示，随着镁砂添加量从 0 增加至 20wt.%，耐火材料的耐火度从 1438 ℃升高至 1660 ℃，进一步增加镁砂添加量，耐火材料耐火度缓慢增加。由此可知，提高镁砂添加量有助于提升耐火材料耐火度，这与前面理论研究结果一致。根据耐火材料耐火度的变化趋势，可以将镁砂添加量对其耐火度的影响分为三个阶段。如图 5-15 中标注所示，当镁砂添加量为 0～10wt.%时，耐火材料中镁铁橄榄石仍为主导相，导致耐火材料耐火度不高；当镁砂添加量增加至10wt.%～

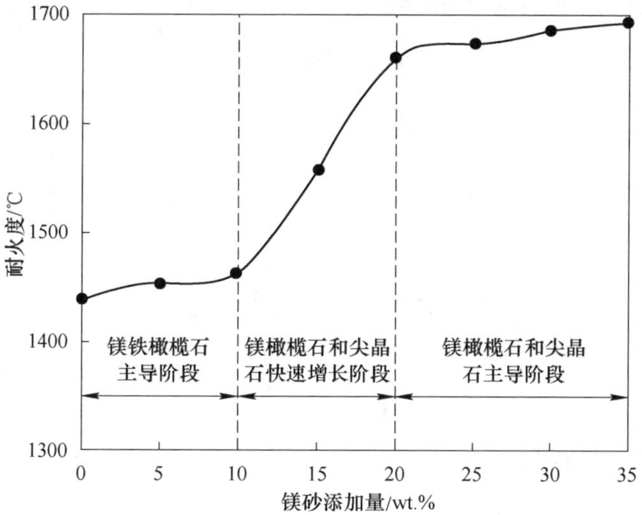

图 5-15　镁砂添加量对耐火材料耐火度的影响

20wt.%时，耐火材料中镁橄榄石相和尖晶石相迅速增加，显著提高了耐火材料的耐火度；当镁砂添加量增加至 20wt.%~35wt.%时，耐火材料中镁橄榄石和尖晶石为主导相，耐火材料具有较高的耐火度。

镁砂添加量对耐火材料体积密度、显气孔率和抗压强度的影响如图 5-16 所示。随着镁砂添加量从 0 增加至 5wt.%，耐火材料的体积密度从 2.85 g/cm^3 降低至 2.74 g/cm^3，随着镁砂添加量进一步增加，耐火材料体积密度逐渐增加，当镁砂添加量为 20wt.%时，耐火材料体积密度具有最大值。然而，当镁砂添加量超过 20wt.%时，耐火材料体积密度下降明显。耐火材料抗压强度的变化趋势与体积密度的变化趋势类似，显气孔率的变化趋势则与之相反。显然，耐火材料体积密度、显气孔率和抗压强度的变化趋势与其烧结过程物相结构转变息息相关。在不添加镁砂时，耐火材料中存在大量液相（48.68wt.%），导致耐火材料结构致密，具有较高的体积密度。当镁砂添加量为 5wt.%时，耐火材料体积密度出现轻微波谷，是因为加入的镁砂虽然降低了体系液相量，但是此时镁砂添加量过少，导致新生相之间结合不好。当镁砂添加量增加至 20wt.%时，耐火材料物相转变更为完全，有助于新生相之间的结合，使得耐火材料具有更高的体积密度。随着镁砂添加量持续增加，耐火材料的尖晶石相也逐渐增加，由于尖晶石间的再结晶能力较弱，同时尖晶石相的形成也伴随着较大的体积变化，不利于耐火材料的致密化过程，导致镁砂添加量较高（>20wt.%）时会降低耐火材料体积密度。综合考虑，镁砂适宜的添加量为 20wt.%。

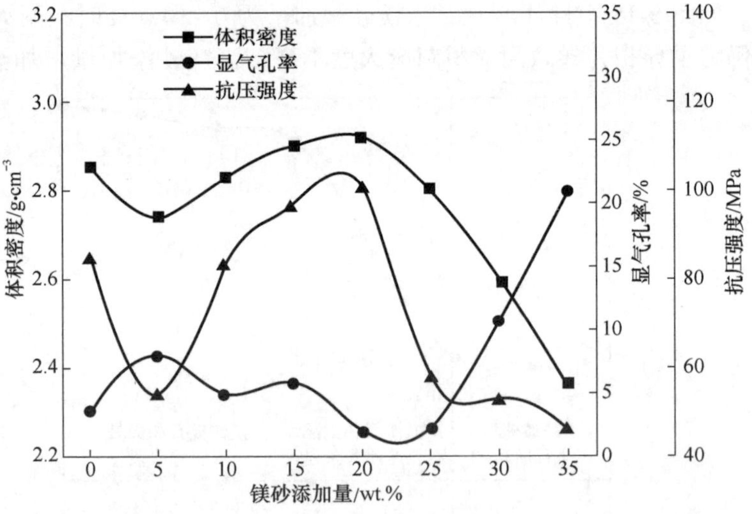

图 5-16　镁砂添加量对耐火材料体积密度、显气孔率和抗压强度的影响

镁砂添加量对耐火材料抗热震性和抗水化性的影响如表 5-3 所示。当镁砂添加量为 15wt.%和 20wt.%时，耐火材料具有较好的抗热震性，其热震循环次数达

到 4 次。随着镁砂添加量逐渐增加，耐火材料水化试验质量增加率逐渐增加，表明耐火材料抗水化性逐渐变差。当镁砂添加量从 0 增加至 35wt.%，耐火材料水化试验质量增加率从 0.0005%增加至 0.027%。总体而言，在镁砂添加量为 0~35wt.%时，耐火材料水化试验质量增加率均在极低水平，耐火材料具有优异的抗水化性能。

表 5-3 镁砂添加量对耐火材料抗热震性和抗水化性的影响

镁砂添加量/wt.%	0	5	10	15	20	25	30	35
循环次数/次	2	2	2	4	4	2	2	2
质量增加率/%	0.0005	0.0007	0.0009	0.0017	0.0041	0.0074	0.011	0.027

由以上研究结果可知，以镁砂为镁质添加剂调节电炉镍铁渣体系中氧化镁含量，在适宜添加量条件下，所得耐火材料可以满足耐火材料对耐火度、体积密度、显气孔率、抗压强度、抗热震性和抗水化性的基本要求。当镁砂添加量为 20wt.%时利用电炉镍铁渣制备所得耐火材料的性能最佳。

高炉镍铁渣的性质不同于电炉镍铁渣，添加镁砂对高炉镍铁渣体系相变的影响如图 5-17 所示。在镁砂添加量为 20wt.%~50wt.%的条件下，烧结后材料的主要

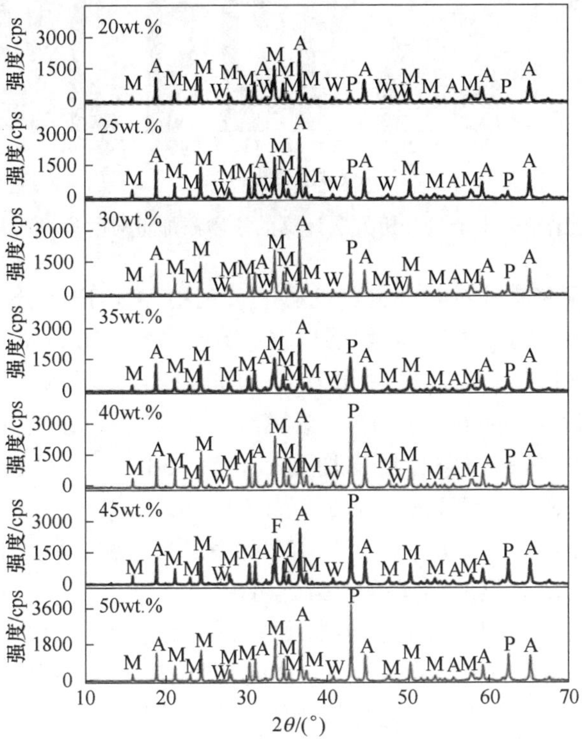

图 5-17 镁砂添加量对耐火材料物相转变的影响

A—镁铝尖晶石；P—方镁石；M—蒙脱石；W—镁硅钙石

晶相为镁铝尖晶石（$MgAl_2O_4$，熔点 2135 ℃）、镁硅钙石、蒙脱石和方镁石。但是，新形成的含钙相，如蒙脱石和镁硅钙石，熔点相对较低，分别为 1498 ℃和 1575 ℃，表明高炉镍铁渣中过量的 CaO 对烧结后材料的性能有潜在的不利影响。随着镁砂加入量的增加，方镁石的衍射峰强度不断增大。

为了进一步确定镁砂添加量对耐火材料物相含量的影响，利用全谱拟合半定量分析法计算了镁砂添加量对物相含量变化的影响，如图 5-18 所示。由图可知，随着镁砂添加量的增加，镁铝尖晶石、蒙脱石和镁硅钙石含量逐渐降低，方镁石的含量进一步升高。当镁砂添加量超过 45wt.%时，镁铝尖晶石和方镁石逐渐成为主导物相，两者具有高熔点的性质，有利于材料耐高温性能的提升。

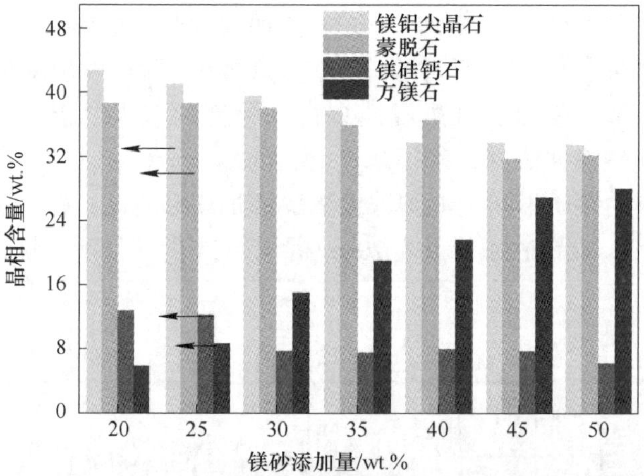

图 5-18　通过全谱拟合半定量分析方法计算的镁砂添加量对耐火材料物相含量的影响

为了进一步探究镁砂对耐火材料的影响，利用 SEM-EDS 分析了 1350 ℃烧结温度下，镁砂添加量对耐火材料微观结构的影响。添加 20wt.%～50wt.%镁砂的高炉镍铁渣烧结制得的耐火材料的微观结构如图 5-19 所示。当镁砂加入量为 20wt.%时，主要相为尖晶石（点 1）、蒙脱石（点 2）、方镁石（点 3）和镁硅钙石（点 4）。进一步将镁砂添加量增加到35wt.%～50wt.%，可以发现更多的尖晶石（点 5、点 8、点 12、点 13、点 16 和点 19）、方镁石（点 7、点 10、点 14 和点 18）、蒙脱石（点 6、点 9 和点 17）和镁硅钙石（点 11 和点 15）。高炉镍铁渣与镁砂反应充分，没有形成明显的非晶玻璃相。

镁砂添加量对材料耐火度的影响如图 5-20 所示。当镁砂加入量为 20wt.%时，由于高熔点的镁铝尖晶石（熔点为 2135 ℃）和低熔点的蒙脱石（熔点为1498 ℃）共存，材料的耐火度为 1531 ℃。随着镁砂添加量的增加，方镁石（熔点为 2800 ℃）含量的提高，耐火度也不断提高。当氧化镁添加量超过 45wt.%时，耐火度保持在 1663 ℃。这可能是由于方镁石增加和尖晶石减少的共同作用。从整体上看，氧

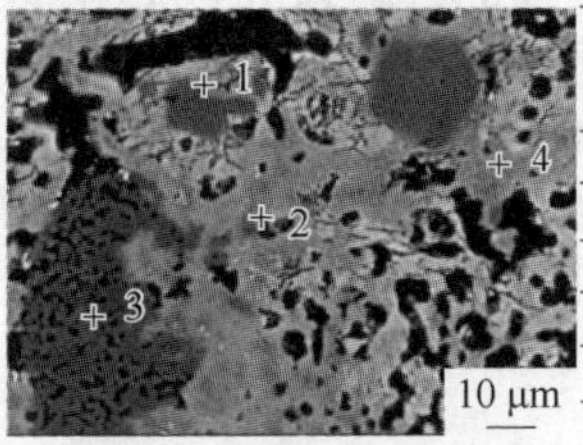

组分	点1 摩尔分数/%	点2 摩尔分数/%	点3 摩尔分数/%	点4 摩尔分数/%
MgO	51.61	36.04	99.24	22.03
Al_2O_3	47.50	3.32	0.32	5.50
SiO_2	—	28.73	—	27.65
CaO	0.44	31.68	0.22	44.14
Cr_2O_3	0.45	0.08	0.22	0.27
Fe_2O_3	3.02	0.16	—	0.40

(a) 20wt.%

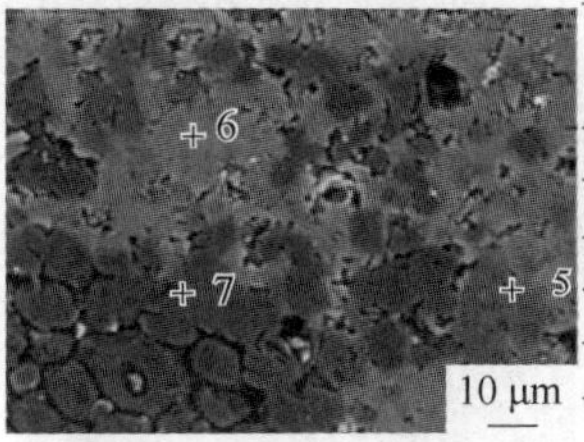

组分	点5 摩尔分数/%	点6 摩尔分数/%	点7 摩尔分数/%	
MgO	51.00	35.42	99.52	
Al_2O_3	44.32	1.66	—	
SiO_2	—	30.12	—	
CaO	0.99	32.33	—	
Cr_2O_3	3.41	—	0.07	
Fe_2O_3	0.62	0.47	0.41	

(b) 25wt.%

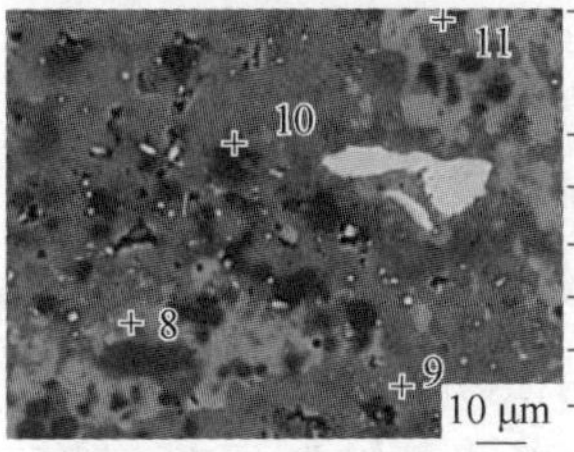

组分	点8 摩尔分数/%	点9 摩尔分数/%	点10 摩尔分数/%	点11 摩尔分数/%
MgO	51.48	41.69	99.06	19.21
Al_2O_3	47.78	0.51	0.32	1.58
SiO_2	—	28.78	—	30.02
CaO	0.44	28.90	0.40	48.98
Cr_2O_3	0.30	—	—	—
Fe_2O_3	—	0.12	0.22	0.21

(c) 35wt.%

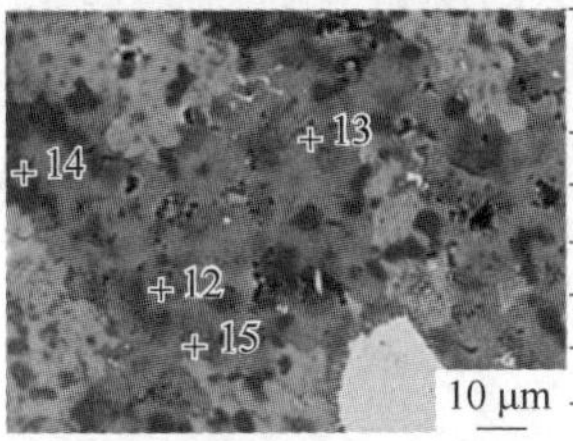

组分	点12 摩尔分数/%	点13 摩尔分数/%	点14 摩尔分数/%	点15 摩尔分数/%
MgO	51.50	56.21	99.20	21.15
Al_2O_3	47.38	36.52	0.39	4.42
SiO_2	—	2.28	—	27.73
CaO	0.63	2.58	—	46.25
Cr_2O_3	0.49	0.72	—	—
Fe_2O_3	—	1.68	0.41	0.46

(d) 45wt.%

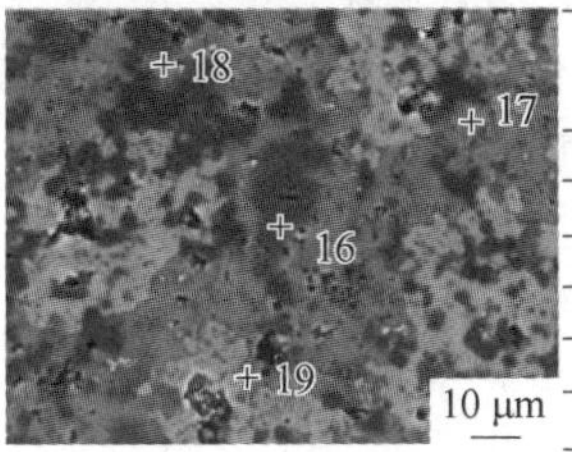

组分	点16 摩尔分数/%	点17 摩尔分数/%	点18 摩尔分数/%	点19 摩尔分数/%
MgO	51.64	38.52	98.19	43.52
Al_2O_3	47.92	4.47	0.99	36.32
SiO_2	0.22	28.38	—	7.35
CaO	—	28.17	0.44	0.47
Cr_2O_3	0.22	0.16	—	12.03
Fe_2O_3	51.64	0.30	0.38	0.32

(e) 50wt.%

图 5-19 不同镁砂添加量下耐火材料的 SEM-EDS 分析

化钙含量高，镁砂与二氧化硅质量比低，形成了蒙脱石和镁硅钙石，这是其耐火度较低的原因。

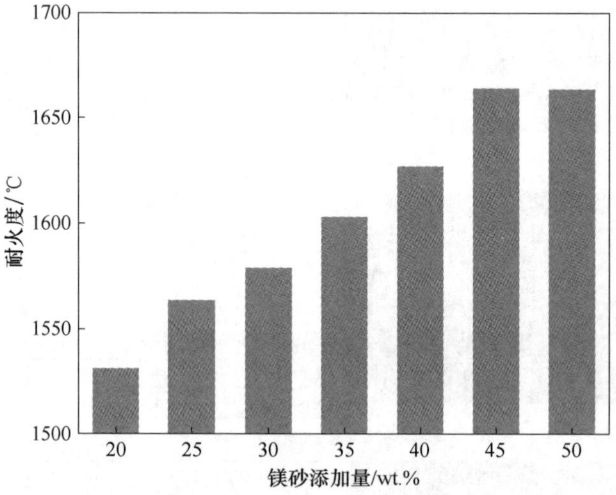

图 5-20　镁砂添加量对耐火材料耐火度的影响

镁砂添加量对耐火材料致密性的影响如图 5-21 所示。当镁砂的添加量从 20wt.%增加到 50wt.%时，耐火材料的体积密度不断增加。事实上，镁砂的加入促进了高密度方镁石（3.5~3.9 g/cm^3）的形成，抑制了低密度蒙脱石（2.0~2.7 g/cm^3）的生成。这些变化是耐火材料体积密度增加、显气孔率和吸水率降低的部分原因。微观结构逐渐致密（图 5-19）也诠释了显气孔率和吸水率的降低。在大量添加镁砂后，耐火材料的显气孔率和吸水率分别大致保持在 3.0%~

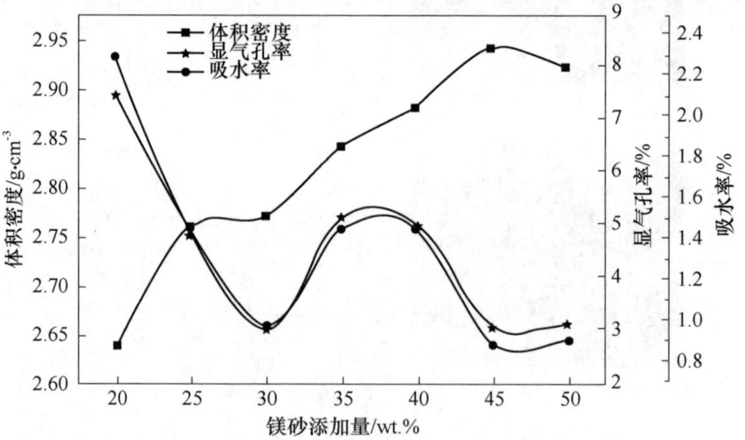

图 5-21　镁砂添加量对耐火材料体积密度、显气孔率和吸水率的影响

5.0%和1.0%~1.5%。

镁砂添加量对耐火材料抗压强度的影响如图5-22所示。由图可知，耐火材料的抗压强度在90~110 MPa范围内波动，均能满足耐火材料相应指标的要求。

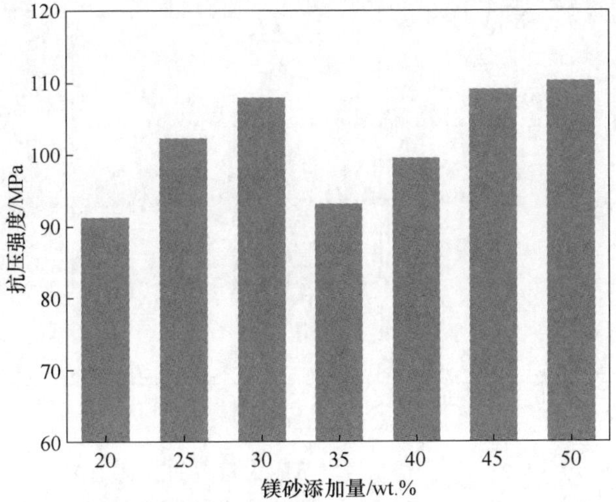

图5-22 镁砂添加量对耐火材料抗压强度的影响

以上结果表明，当镁砂添加量为45wt.%时，利用高炉镍铁渣制备所得的耐火材料具有最佳性能。与高炉镍铁渣制备耐火材料相比，电炉镍铁渣更具有优势，因为电炉镍铁渣可以在更低的镁砂添加量下获得耐火度和抗压强度更高的优质耐火材料。

5.1.3.2 烧结温度的影响

在镁砂添加量为20wt.%，烧结时间为3 h，升温速率为10 ℃/min的条件下，以电炉镍铁渣为研究对象，研究了烧结温度（1200 ℃、1300 ℃、1400 ℃和1500 ℃）对所获耐火材料性能的影响。不同烧结温度下利用电炉镍铁渣制备所获耐火材料的XRD图谱如图5-23所示。

由图5-23可知，当烧结温度为1200 ℃时，耐火材料的主要物相组成为镁橄榄石、顽火辉石、方镁石和镁铬尖晶石。当烧结温度升高至1300 ℃时，耐火材料中出现了镁铝尖晶石的衍射峰，而方镁石的衍射峰强度减弱，此时耐火材料主要物相组成为镁橄榄石、镁铬尖晶石、镁铝尖晶石、顽火辉石和方镁石。由此可知，当烧结温度低于1300 ℃时，加入的镁砂未反应完全。提高烧结温度至1400 ℃，耐火材料的主要物相组成为镁橄榄石、镁铬尖晶石、镁铝尖晶石和顽火辉石。进一步提高烧结温度至1500 ℃，耐火材料的主要物相组成与1400 ℃时一致，但衍射峰强度增强。

烧结温度为1200 ℃、1400 ℃和1500 ℃时所获耐火材料的SEM-EDS分析分别如图5-24~图5-26所示。

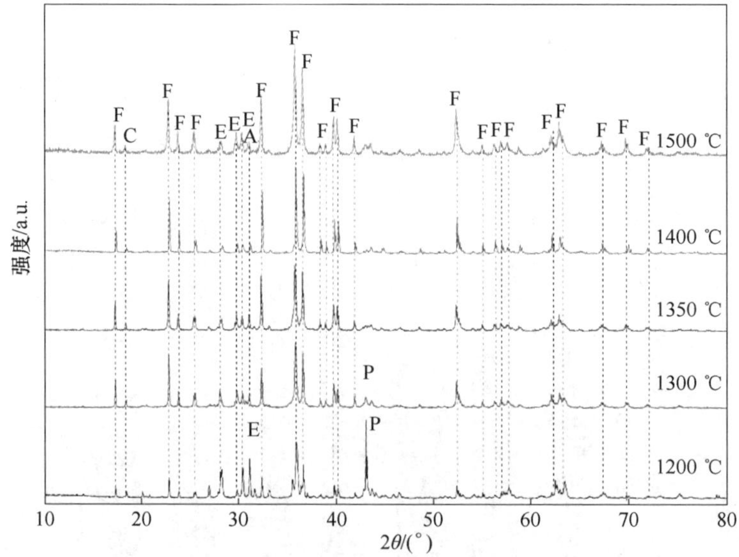

图 5-23　不同烧结温度下耐火材料的 XRD 图谱

A—镁铝尖晶石；E—顽火辉石；C—镁铬尖晶石；F—镁橄榄石；P—方镁石

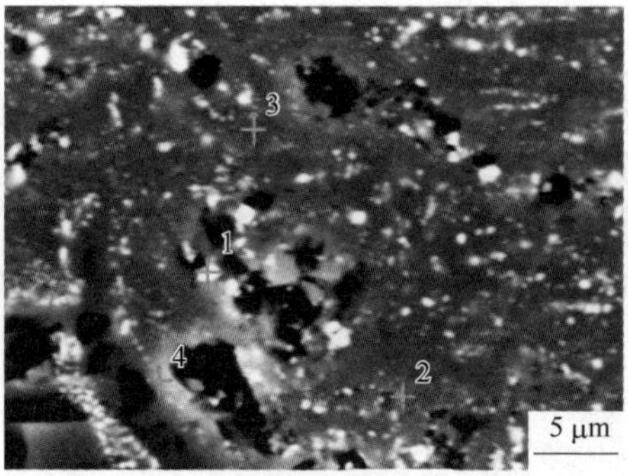

(a) SEM图

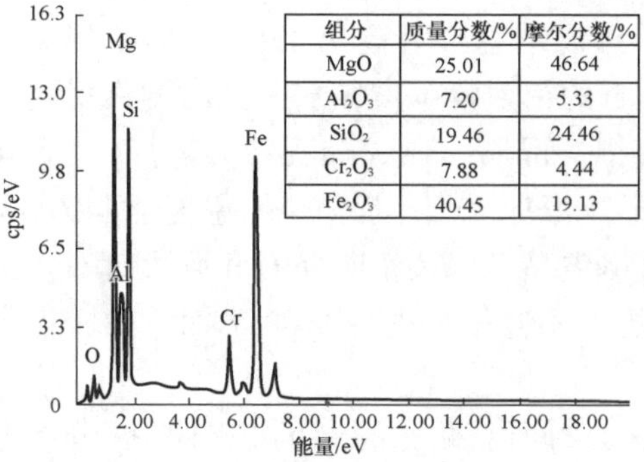

组分	质量分数/%	摩尔分数/%
MgO	25.01	46.64
Al_2O_3	7.20	5.33
SiO_2	19.46	24.46
Cr_2O_3	7.88	4.44
Fe_2O_3	40.45	19.13

(b) 点1

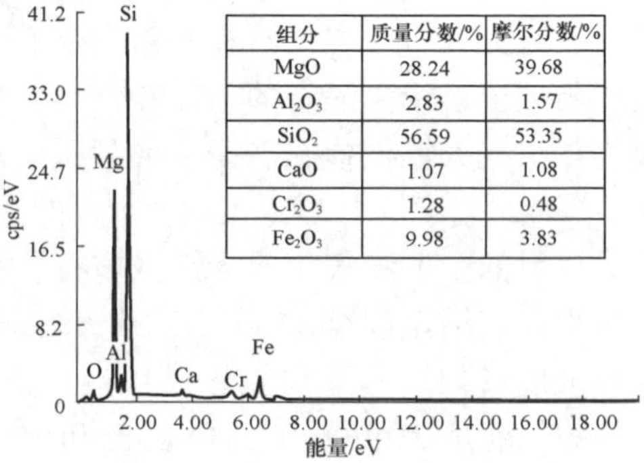

组分	质量分数/%	摩尔分数/%
MgO	28.24	39.68
Al_2O_3	2.83	1.57
SiO_2	56.59	53.35
CaO	1.07	1.08
Cr_2O_3	1.28	0.48
Fe_2O_3	9.98	3.83

(c) 点2

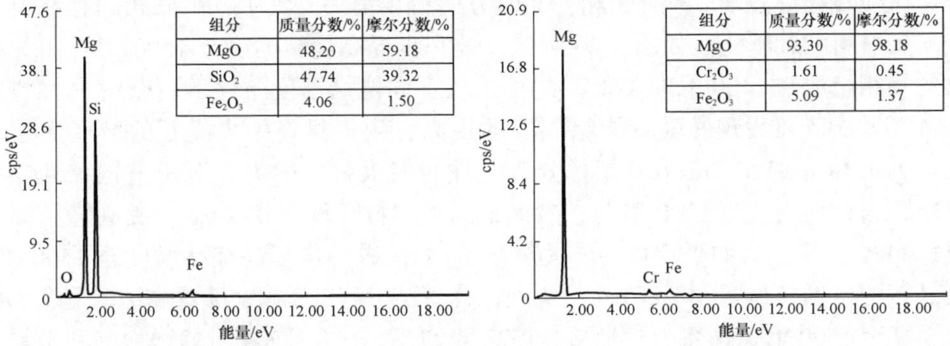

(d) 点3

组分	质量分数/%	摩尔分数/%
MgO	48.20	59.18
SiO_2	47.74	39.32
Fe_2O_3	4.06	1.50

(e) 点4

组分	质量分数/%	摩尔分数/%
MgO	93.30	98.18
Cr_2O_3	1.61	0.45
Fe_2O_3	5.09	1.37

图 5-24　烧结温度为 1200 ℃时所获耐火材料的 SEM-EDS 分析

从图 5-24 中的 EDS 结果可以看出，点 1、点 2、点 3 分别为尖晶石相、顽火辉石相、镁橄榄石相，点 4 则为未完全反应的方镁石相。如图 5-25 所示，在烧结温度为 1400 ℃时，耐火材料中主要包括尖晶石相（点 1）、高硅相（玻璃相，点 2）

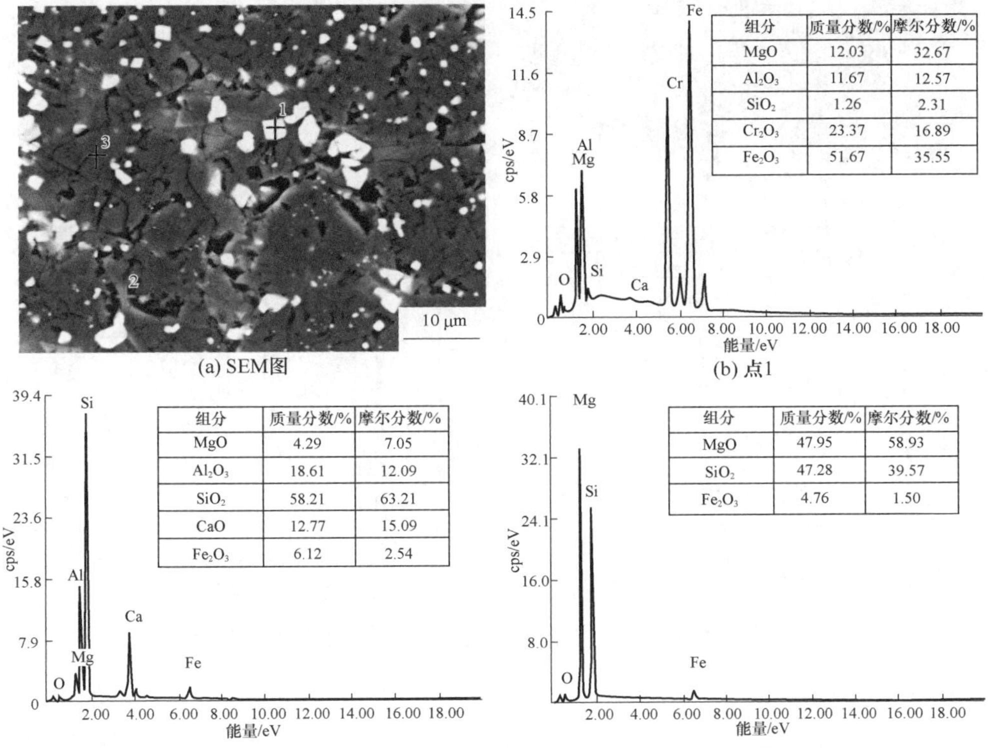

(a) SEM图

(b) 点1

组分	质量分数/%	摩尔分数/%
MgO	12.03	32.67
Al_2O_3	11.67	12.57
SiO_2	1.26	2.31
Cr_2O_3	23.37	16.89
Fe_2O_3	51.67	35.55

(c) 点2

组分	质量分数/%	摩尔分数/%
MgO	4.29	7.05
Al_2O_3	18.61	12.09
SiO_2	58.21	63.21
CaO	12.77	15.09
Fe_2O_3	6.12	2.54

(d) 点3

组分	质量分数/%	摩尔分数/%
MgO	47.95	58.93
SiO_2	47.28	39.57
Fe_2O_3	4.76	1.50

图 5-25　烧结温度为 1400 ℃时所获耐火材料的 SEM-EDS 分析

和镁橄榄石相（点 3）三种物相，此时方镁石相消失。其中，高硅相的存在有利于耐火材料的致密化。如图 5-26 所示，进一步提高烧结温度至 1500 ℃，耐火材料的物相组成与 1400 ℃时类似。此外，从不同烧结温度条件下所获耐火材料的 SEM 图片中不难发现，随着烧结温度的提高，耐火材料中尖晶石的粒径显著增大。利用 Image-Pro Plus 6. 0 图像分析软件对耐火材料中尖晶石相进行统计分析发现，当烧结温度为 1200 ℃时，尖晶石的平均粒径仅为 0. 5 μm，提高烧结温度至1400 ℃，尖晶石的平均粒径增大至 2. 5 μm，进一步提高烧结温度至 1500 ℃，尖晶石的平均粒径增大至 5 μm。从理论计算结果可以看出，随着烧结温度从 1200 ℃提高至 1500 ℃，体系液相量从 0 提高至 27. 34wt.%，液相量的增加有利于加快传质过程，从而促进尖晶石相的结晶长大。

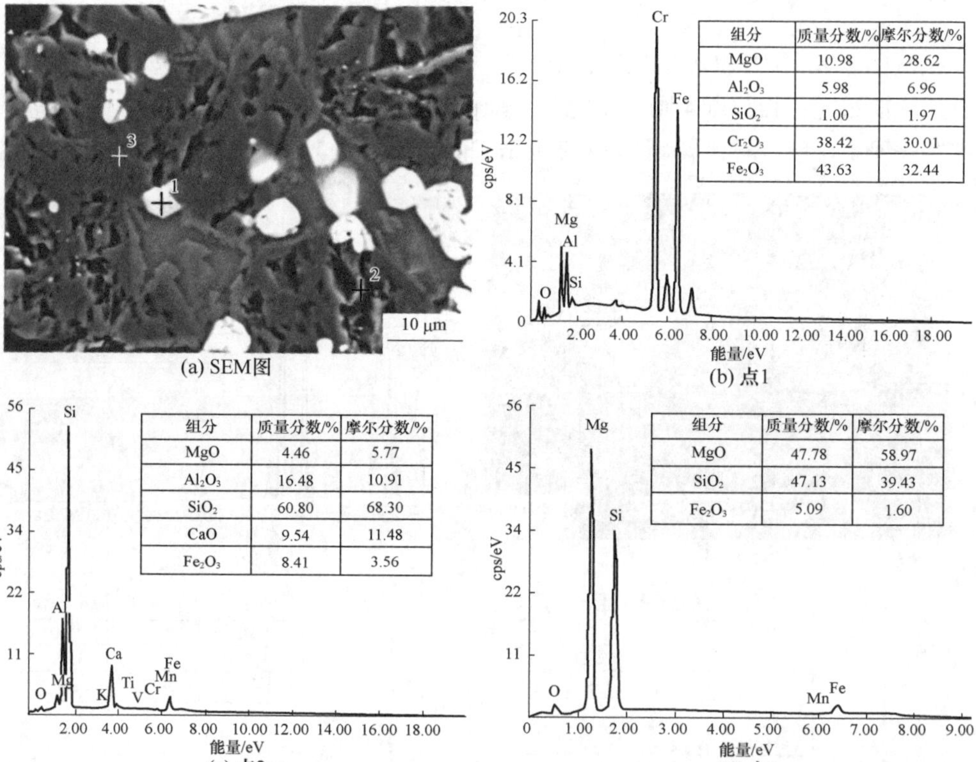

(a) SEM图

组分	质量分数/%	摩尔分数/%
MgO	10.98	28.62
Al_2O_3	5.98	6.96
SiO_2	1.00	1.97
Cr_2O_3	38.42	30.01
Fe_2O_3	43.63	32.44

(b) 点1

组分	质量分数/%	摩尔分数/%
MgO	4.46	5.77
Al_2O_3	16.48	10.91
SiO_2	60.80	68.30
CaO	9.54	11.48
Fe_2O_3	8.41	3.56

(c) 点2

组分	质量分数/%	摩尔分数/%
MgO	47.78	58.97
SiO_2	47.13	39.43
Fe_2O_3	5.09	1.60

(d) 点3

图 5-26　烧结温度为 1500 ℃时所获耐火材料的 SEM-EDS 分析

如图 5-27 所示，随着烧结温度由 1200 ℃升高至 1400 ℃，材料耐火度由 1580 ℃显著升高至 1680 ℃，然而，当烧结温度进一步升高至 1500 ℃，材料耐火度增长缓慢。当烧结温度为 1200～1400 ℃时，材料耐火度的快速增长主要归因于随着温度的升高，材料中镁橄榄石相和尖晶石相的量不断增加，同时材料中顽火辉石相逐渐下降。当烧结温度超过 1400 ℃时，耐火材料中镁橄榄石相和尖晶石相的量趋于稳定，导致耐火材料耐火度难以进一步快速增长。

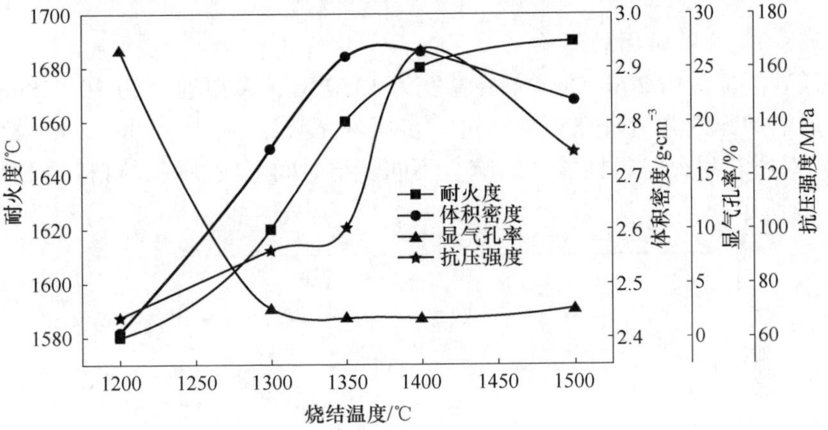

图 5-27 烧结温度对耐火材料耐火度、体积密度、显气孔率和抗压强度的影响

当烧结温度由 1200 ℃升高至 1400 ℃，耐火材料体积密度由 2.41 g/cm^3 增加至 2.93 g/cm^3，抗压强度由 67.32 MPa 增加至 166.62 MPa。随着烧结温度的持续升高，耐火材料体积密度和抗压强度逐渐降低，相反，显气孔率逐渐升高。在较低的烧结温度（1200～1400 ℃）下，耐火材料中逐渐升高的液相有助于材料的致密化，抵消了尖晶石相形成过程中的体积膨胀给材料致密化带来的不利影响。当烧结温度由 1400 ℃升高至 1500 ℃，耐火材料中尖晶石颗粒平均粒径由 2.5 μm 快速增长至 5 μm。由于尖晶石颗粒的快速增长，给材料致密化带来不利影响，因此，当烧结温度为 1500 ℃时，耐火材料体积密度和抗压强度下降。

烧结温度对耐火材料抗热震性和抗水化性的影响如表 5-4 所示。当烧结温度为 1200 ℃时，耐火材料的热震循环次数为 2 次，随着烧结温度逐渐升高，耐火材料的热震循环次数增加，当烧结温度为 1350 ℃时，耐火材料的热震循环次数达到 4 次，随着烧结温度进一步升高至 1400 ℃和 1500 ℃，耐火材料的热震循环次数降低为 3 次。随着烧结温度逐渐增加，耐火材料水化试验质量增加率逐渐减小，耐火材料抗水化性逐渐变好。当烧结温度由 1200 ℃升高至 1500 ℃时，耐火材料水化试验质量增加率由 0.035%降低至 0.0033%。总体而言，当烧结温度为 1200～1500 ℃时，耐火材料水化试验质量增加率均保持在极低水平，耐火材料具有极佳的抗水化性能。

表 5-4 烧结温度对耐火材料抗热震性及抗水化性的影响

烧结温度/℃	1200	1300	1350	1400	1500
循环次数/次	2	2	4	3	3
质量增加率/%	0.035	0.015	0.0041	0.0039	0.0033

综合考虑烧结温度对耐火材料耐火度、体积密度、显气孔率、抗压强度、抗热震性和抗水化性的影响，当烧结温度为 1350 ℃时所获耐火材料的整体性能最佳。

5.1.3.3　烧结时间的影响

在镁砂添加量为 20wt.%，烧结温度为 1350 ℃，升温速率为 10 ℃/min 的条件下，以电炉镍铁渣为研究对象，进一步研究了烧结时间（1 h、2 h、3 h、4 h 和 5 h）对所获耐火材料性能的影响。不同烧结时间下所获耐火材料的 XRD 分析如图 5-28 所示。

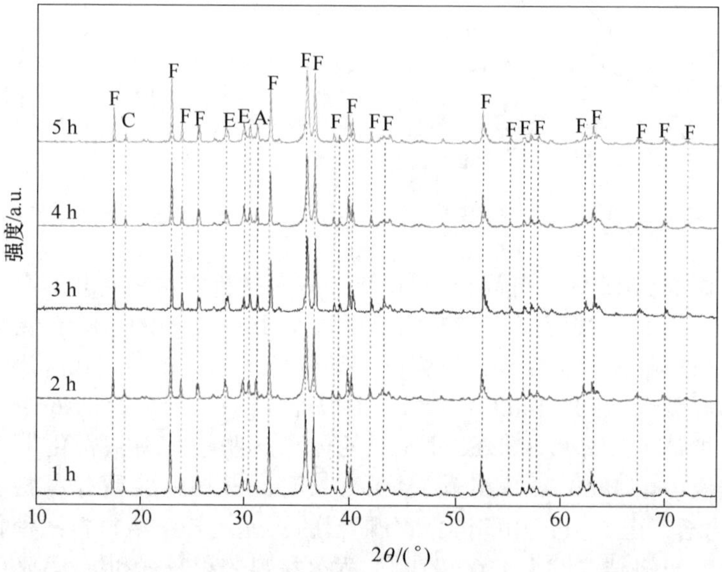

图 5-28　不同烧结时间条件下所获耐火材料的 XRD 图谱

A—镁铝尖晶石；C—镁铬尖晶石；E—顽火辉石；F—镁橄榄石

由图 5-28 可知，当烧结时间为 1 h 时，耐火材料的主要物相组成为镁橄榄石、镁铬尖晶石、镁铝尖晶石和顽火辉石，然而，当烧结时间延长至 2 h、3 h、4 h 和 5 h 时，耐火材料的主要物相组成仍为镁橄榄石、镁铬尖晶石、镁铝尖晶石和顽火辉石。由此可知，当镁砂添加量为 20wt.%，烧结温度为 1350 ℃，氧化镁可在较短时间内与电炉镍铁渣中的主要组分反应完全，生成镁橄榄石、尖晶石以及顽火辉石。

采用 SEM-EDS 进一步分析了烧结时间分别为 1 h、2 h、4 h 和 5 h 时耐火材料的微观结构变化，结果分别如图 5-29～图 5-32 所示。烧结时间分别为 1 h、2 h、4 h 和 5 h 时耐火材料的主要物相组成为尖晶石相（点 1）、高硅相（玻璃相，点 2）和镁橄榄石相（点 3），与 XRD 分析结果一致。通过对比图 5-29～

图 5-32 中的 EDS 结果可以发现，随着烧结时间的延长，尖晶石相和镁橄榄石相中氧化镁含量均呈上升趋势，而高硅相中的氧化镁含量呈下降趋势。由此可知，随着烧结时间的延长，氧化镁与游离二氧化硅反应生成镁橄榄石以及与氧化铁、氧化铬和氧化铝反应生成尖晶石更为完全。此外，从 SEM 图可以看出，烧结时间的延长有利于尖晶石相的结晶长大。

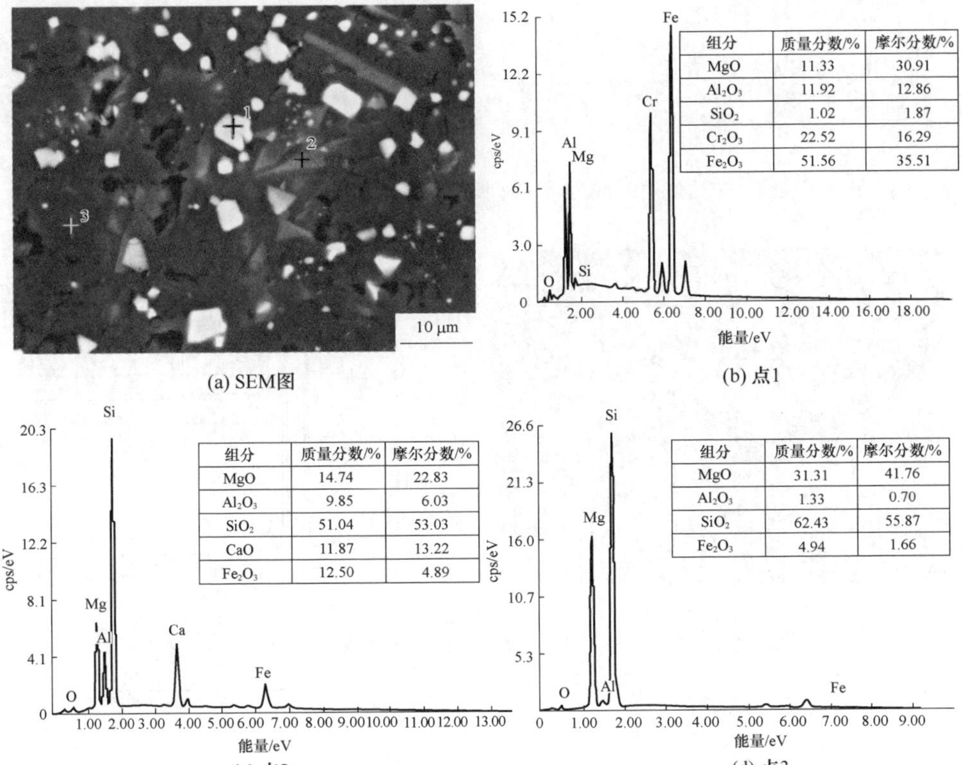

(b) 点1

组分	质量分数/%	摩尔分数/%
MgO	11.33	30.91
Al_2O_3	11.92	12.86
SiO_2	1.02	1.87
Cr_2O_3	22.52	16.29
Fe_2O_3	51.56	35.51

(c) 点2

组分	质量分数/%	摩尔分数/%
MgO	14.74	22.83
Al_2O_3	9.85	6.03
SiO_2	51.04	53.03
CaO	11.87	13.22
Fe_2O_3	12.50	4.89

(d) 点3

组分	质量分数/%	摩尔分数/%
MgO	31.31	41.76
Al_2O_3	1.33	0.70
SiO_2	62.43	55.87
Fe_2O_3	4.94	1.66

(a) SEM图　(b) 点1　(c) 点2　(d) 点3

图 5-29　烧结时间为 1 h 时所获耐火材料的 SEM-EDS 分析

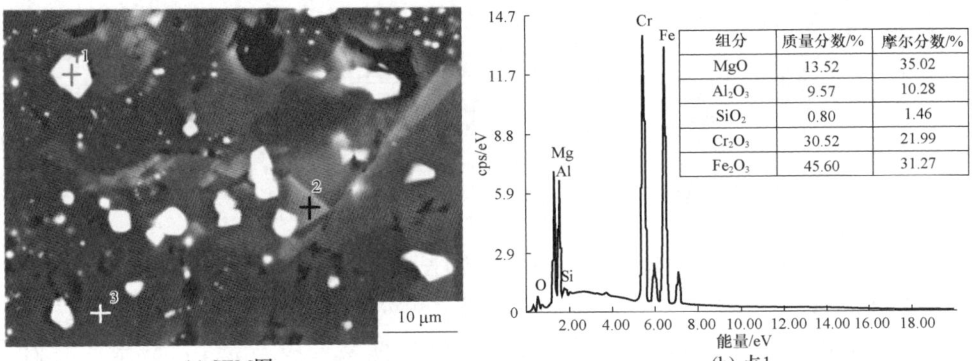

组分	质量分数/%	摩尔分数/%
MgO	13.52	35.02
Al_2O_3	9.57	10.28
SiO_2	0.80	1.46
Cr_2O_3	30.52	21.99
Fe_2O_3	45.60	31.27

(a) SEM图　(b) 点1

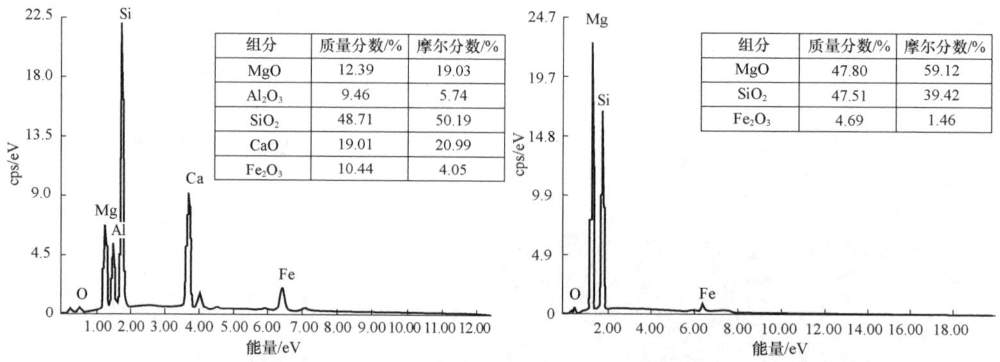

组分	质量分数/%	摩尔分数/%
MgO	12.39	19.03
Al_2O_3	9.46	5.74
SiO_2	48.71	50.19
CaO	19.01	20.99
Fe_2O_3	10.44	4.05

(c) 点2

组分	质量分数/%	摩尔分数/%
MgO	47.80	59.12
SiO_2	47.51	39.42
Fe_2O_3	4.69	1.46

(d) 点3

图 5-30　烧结时间为 2 h 时所获耐火材料的 SEM-EDS 分析

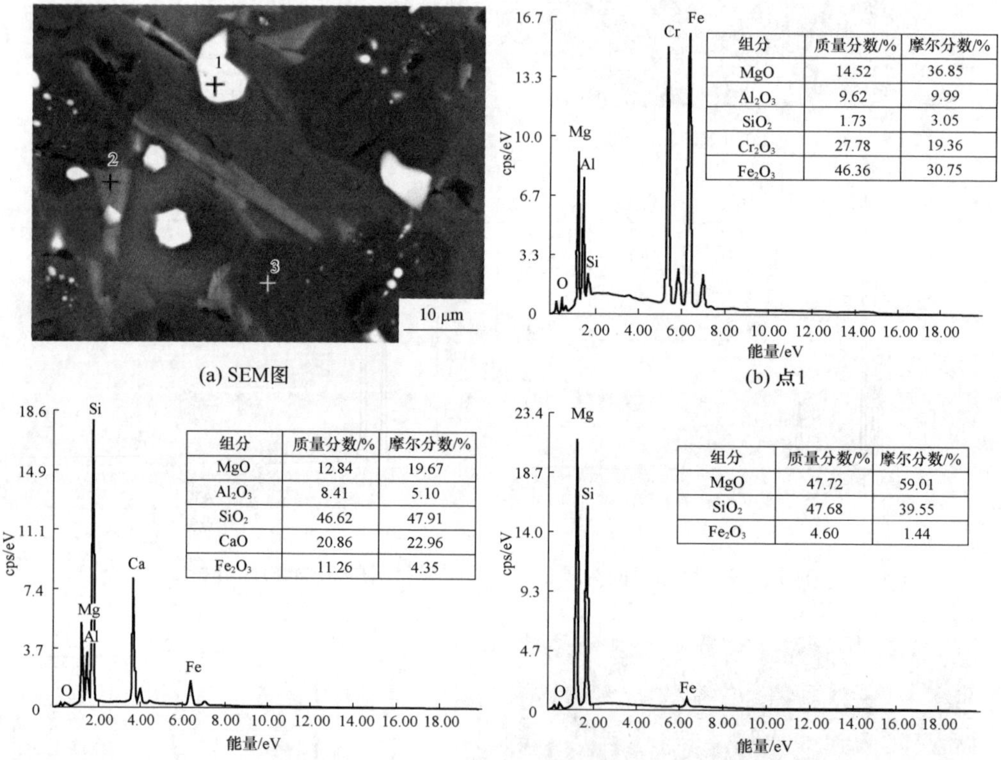

(a) SEM图

组分	质量分数/%	摩尔分数/%
MgO	14.52	36.85
Al_2O_3	9.62	9.99
SiO_2	1.73	3.05
Cr_2O_3	27.78	19.36
Fe_2O_3	46.36	30.75

(b) 点1

组分	质量分数/%	摩尔分数/%
MgO	12.84	19.67
Al_2O_3	8.41	5.10
SiO_2	46.62	47.91
CaO	20.86	22.96
Fe_2O_3	11.26	4.35

(c) 点2

组分	质量分数/%	摩尔分数/%
MgO	47.72	59.01
SiO_2	47.68	39.55
Fe_2O_3	4.60	1.44

(d) 点3

图 5-31　烧结时间为 4 h 时所获耐火材料的 SEM-EDS 分析

如图 5-33 所示，随着烧结时间从 1 h 延长至 3 h，耐火材料耐火度从 1620 ℃升高至 1660 ℃。随着烧结时间进一步延长，耐火材料耐火度增长缓慢。这是由于在较短时间（1~2 h）内，镁砂与电炉镍铁渣体系反应不完全，导致此时耐火

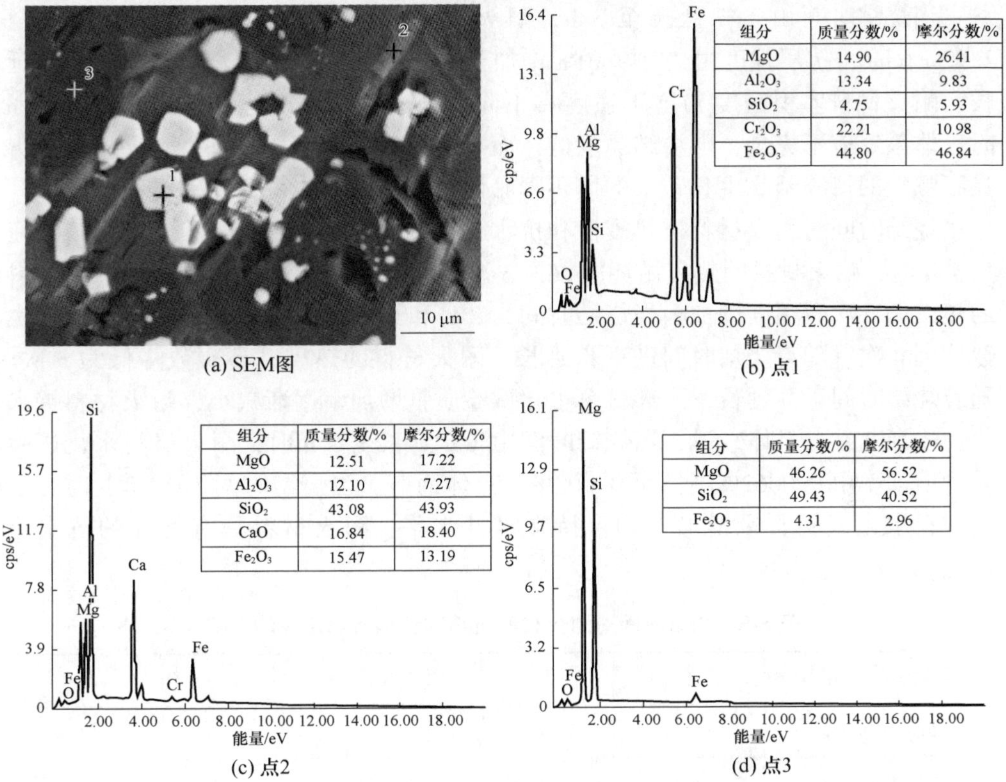

图 5-32 烧结时间为 5 h 时所获耐火材料的 SEM-EDS 分析

材料耐火度不高，而当烧结时间为 3 h 时，镁砂与电炉镍铁渣体系已反应完全，进一步延长烧结时间对耐火材料物相组成影响很小且对材料耐火度的提升十分有限。

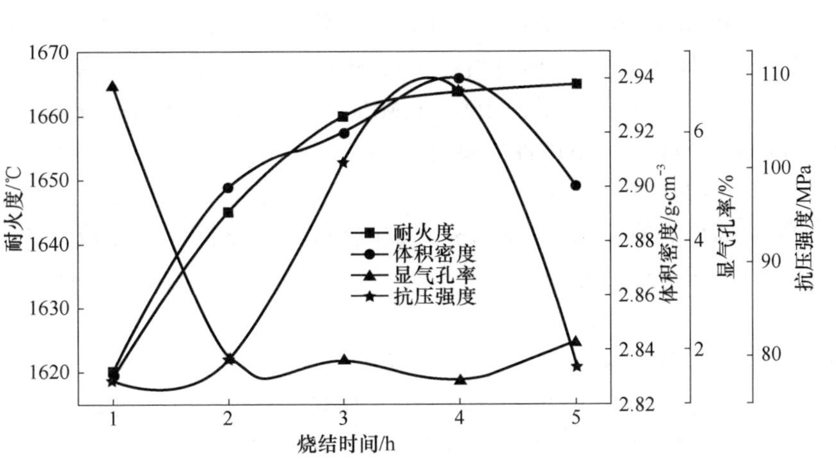

图 5-33 烧结时间对耐火材料耐火度、体积密度、显气孔率和抗压强度的影响

当烧结时间由 1 h 延长至 3 h，耐火材料体积密度由 2.83 g/cm^3 增加至 2.92 g/cm^3，抗压强度由 77.39 MPa 增加至 100.61 MPa。随着烧结时间进一步延长，耐火材料体积密度和抗压强度有下降趋势。这是因为当烧结时间小于 3 h 时，体系反应不完全，颗粒结晶度低；而当烧结时间大于 3 h 时，耐火材料中尖晶石颗粒的持续结晶生长带来的体积膨胀使得耐火材料体积密度呈现下降趋势。

烧结时间对耐火材料抗热震性和抗水化性的影响如表 5-5 所示。当烧结时间为 1 h 时，耐火材料的热震循环次数为 3 次，随着烧结时间逐渐延长，耐火材料的热震循环次数逐渐增加，当烧结时间为 2 h 和 3 h 时，耐火材料的热震循环次数达到 4 次，随着烧结时间进一步延长，耐火材料的热震循环次数降低为 3 次。随着烧结时间逐渐延长，耐火材料水化试验质量增加率逐渐减小，耐火材料抗水化性逐渐变好。具体来说，当烧结时间由 1 h 延长至 5 h 时，耐火材料水化试验质量增加率由 0.0062%降低至 0.002%。总体而言，当烧结时间为 1~5 h 时，耐火材料水化试验质量增加率均保持在极低水平，耐火材料具有优异的抗水化性能。

表 5-5　烧结时间对耐火材料抗热震性和抗水化性的影响

烧结时间/h	1	2	3	4	5
循环次数/次	3	4	4	3	3
质量增加率/%	0.0062	0.005	0.0041	0.0038	0.002

综合考虑烧结时间对耐火材料耐火度、体积密度、显气孔率和抗压强度的影响，适宜的烧结时间为 3 h。

综上，在成型过程中结合剂氯化镁溶液浓度为 1.3 g/cm^3，添加量为 5wt.%，成型压力为 100 MPa，镁砂添加量为 20wt.%，烧结温度为 1350 ℃，烧结时间为 3 h 的条件下，制备得到的耐火材料耐火度为 1660 ℃，体积密度为 2.92 g/cm^3，显气孔率为 1.82%，抗压强度为 100.61 MPa，热震循环次数为 4 次，水化试验质量增加率为 0.0041%，整体性能良好。

5.1.3.4　氧化铬添加量的影响

电炉镍铁渣中含有一部分氧化铬，氧化铬可与氧化镁反应生成镁铬尖晶石，镁铬尖晶石的生成会对镁质添加剂作用下电炉镍铁渣高温烧结行为产生重要影响。

在镁砂添加量为 20wt.%，烧结温度为 1350 ℃，烧结时间为 3 h，升温速率为 10 ℃/min 的条件下，研究了氧化铬添加量（0、4wt.%、6wt.%、8wt.% 和 10wt.%）对耐火材料性能的影响。不同氧化铬添加量条件下所获耐火材料的 XRD 图谱如图 5-34 所示。

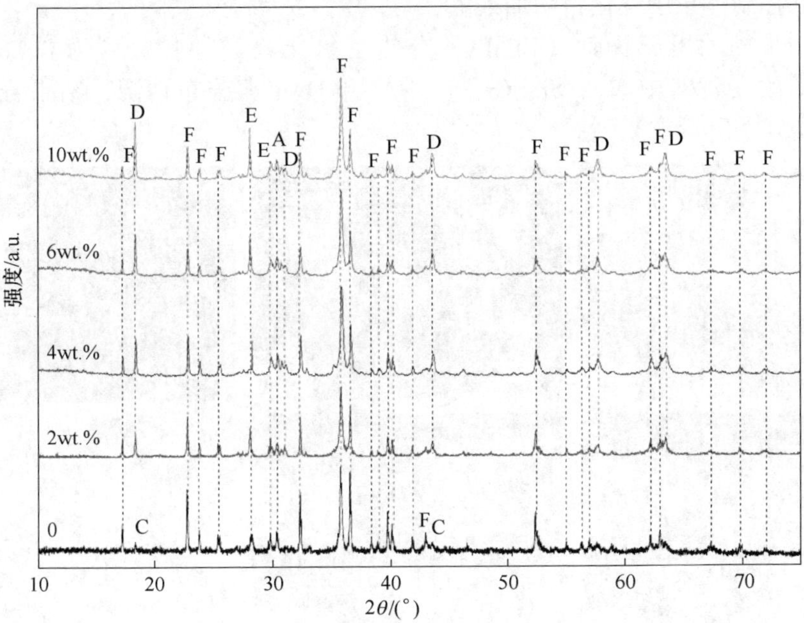

图 5-34 不同氧化铬添加量条件下所获耐火材料的 XRD 图谱

A—镁铝尖晶石；E—顽火辉石；C—镁铬尖晶石；F—镁橄榄石；D—镁铁铬尖晶石

从图 5-34 中可以看出，在氧化铬添加量为 0 时，耐火材料的主要物相组成为镁橄榄石、镁铬尖晶石、镁铝尖晶石和顽火辉石。当氧化铬添加量增加至 4wt.%时，耐火材料中的镁铬尖晶石相衍射峰消失，取而代之的是镁铁铬尖晶石相（$MgFe_{0.2}Cr_{1.8}O_4$）。当氧化铬添加量为 6wt.%时，耐火材料主要物相组成为镁橄榄石、镁铁铬尖晶石、镁铝尖晶石和顽火辉石。进一步提高氧化铬添加量，耐火材料中顽火辉石相的衍射峰显著增强。实际体系中不同氧化铬添加量条件下，耐火材料的物相转变结果基本与理论计算结果一致。

在不添加氧化铬时，电炉镍铁渣中的镁铁橄榄石会分解产生镁橄榄石、氧化铁和游离的二氧化硅，加入的氧化镁会与电炉镍铁渣中的二氧化硅、氧化铝和氧化铬反应，生成镁橄榄石、顽火辉石、镁铝尖晶石和镁铬尖晶石。当氧化铬添加量为 4wt.%～6wt.%时，氧化镁与氧化铬/氧化铁之间会发生反应，生成镁铁铬尖晶石，氧化镁与氧化铝发生反应生成镁铝尖晶石，氧化镁与游离的二氧化硅反应生成镁橄榄石和少量的顽火辉石。当氧化铬添加量 6wt.%时，仍然是发生上述反应，但是，由于氧化铬添加量增加，氧化镁率先与氧化铬反应生成尖晶石（主要是镁铁铬尖晶石）。换言之，加入的氧化镁不足以使游离的二氧化硅完全反应生成镁橄榄石，导致耐火材料中顽火辉石相增加。显然，氧化铬的加入有助于生成高熔点组分（镁铁铬尖晶石、镁铝尖晶石和镁橄榄石），但在氧化镁添加量一定时，需要控制体系中氧化铬的加入量。

进一步利用电子探针（EPMA）分析了氧化铬添加量分别为 0、6wt.%和 10wt.%时耐火材料中 Mg、Si、Cr、Fe、Al 和 O 元素分布情况，结果分别如图 5-35～图 5-37 所示。

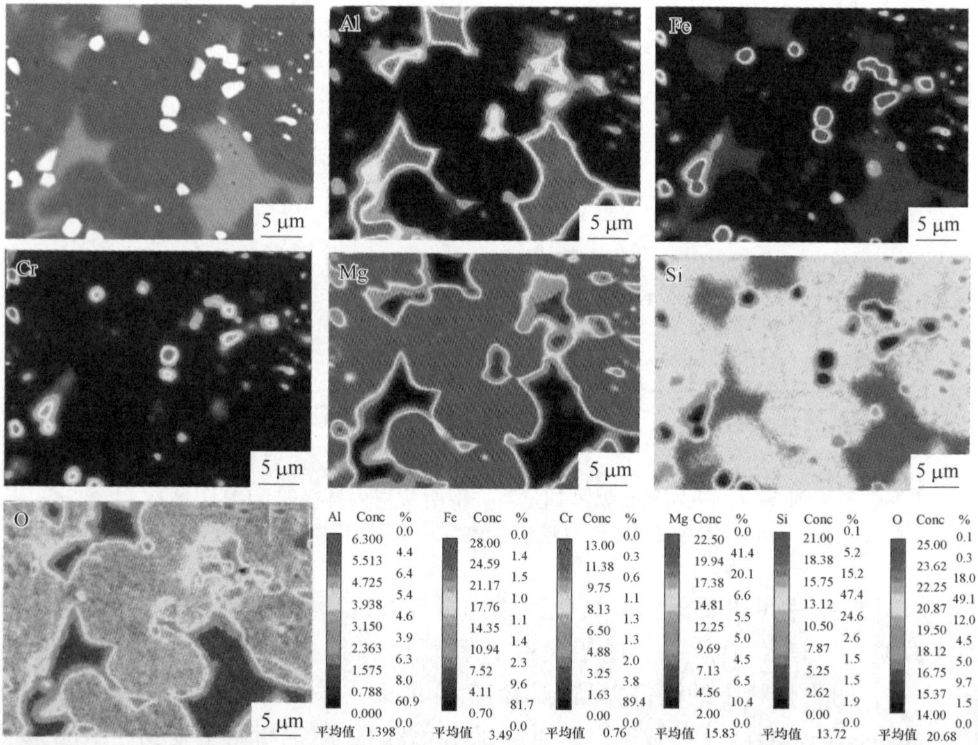

图 5-35　氧化铬添加量为 0 时所获耐火材料的 EPMA 分析

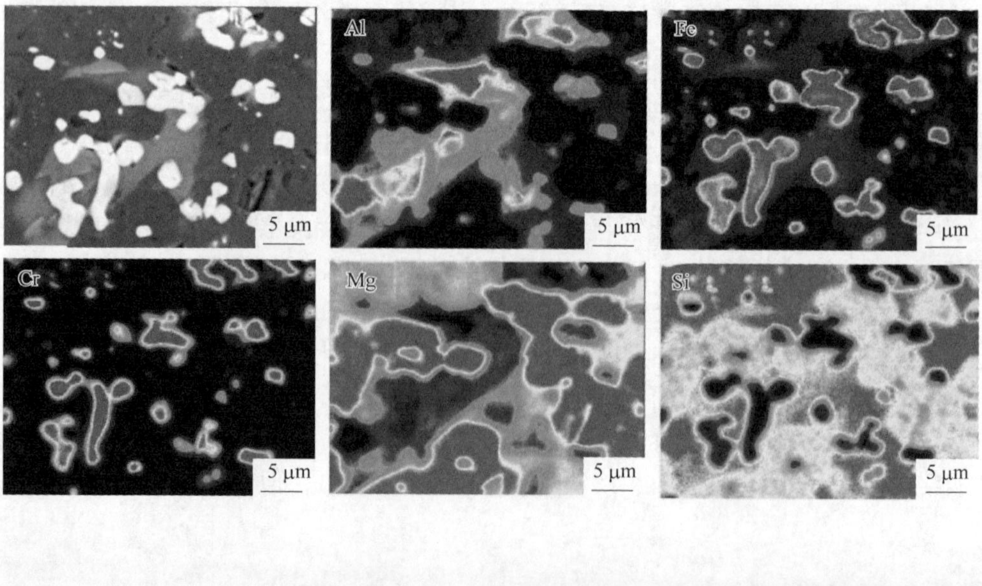

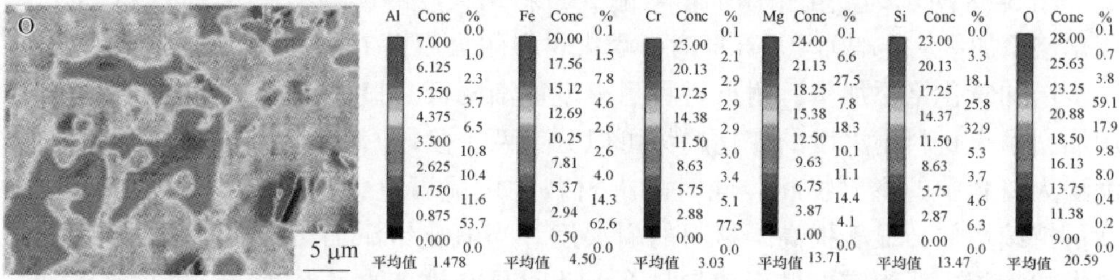

图 5-36　氧化铬添加量为 6wt.%时所获耐火材料的 EPMA 分析

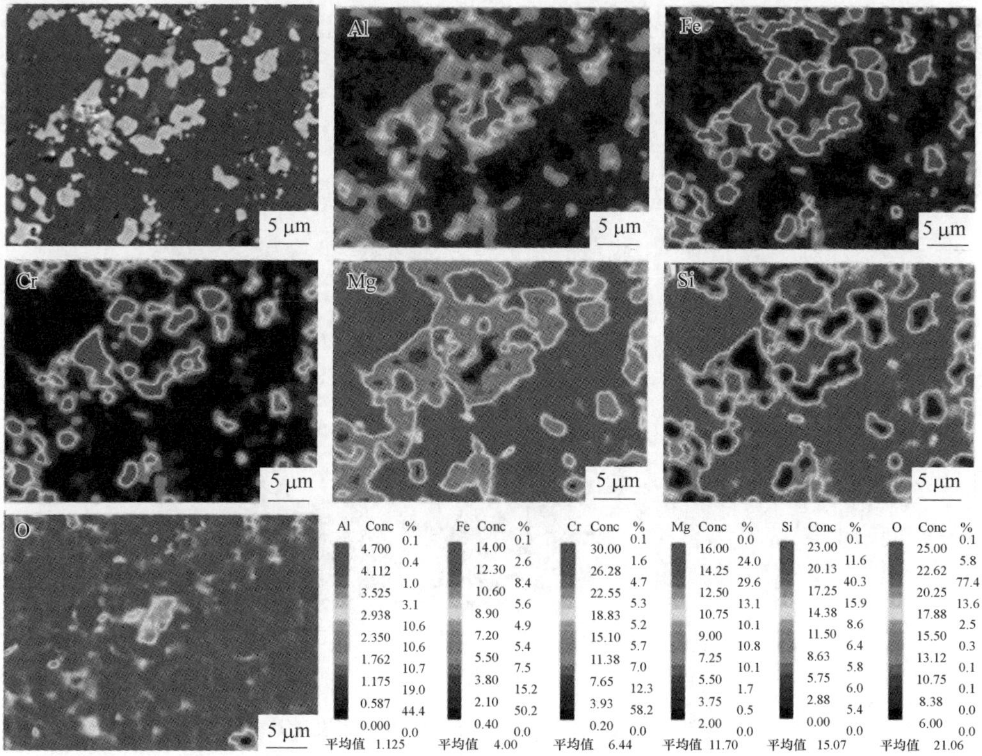

图 5-37　氧化铬添加量为 10wt.%时所获耐火材料的 EPMA 分析

对比图 5-35～图 5-37 可以发现，在固定镁砂添加量为 20wt.%的情况下，随着氧化铬添加量增加，耐火材料中 Cr 元素的分布规律与 Fe 元素的分布规律保持一致，Si、Al 元素的分布规律与 Mg 元素的分布规律保持一致。结果表明，同时添加镁砂与氧化铬时，氧化铬与氧化铁优先与氧化镁反应生成镁铁铬尖晶石，随后电炉镍铁渣中的氧化铝与氧化镁反应生成镁铝尖晶石，最后剩余的氧化镁与游离的二氧化硅反应生成镁橄榄石或者顽火辉石。EPMA 分析结果也与 XRD 结果一致。

图 5-38 所示为氧化铬添加量对耐火材料耐火度的影响。从图中可以看出，当氧化铬添加量从 0 增加至 6wt.%时，耐火材料耐火度由 1660 ℃增加至 1840 ℃，进一步增加氧化铬添加量，耐火材料耐火度逐渐降低。显然，随着氧化铬添加量的增加，耐火材料耐火度的变化趋势可以分为两个阶段。在第一阶段，镁橄榄石仍为耐火材料中的主要物相，同时耐火材料中尖晶石（主要是镁铁铬尖晶石）相含量持续增加，显著提高了材料的耐火度。当氧化铬添加量为 6wt.%时，耐火材料中的物相主要为镁橄榄石和尖晶石，此时具有最高的耐火度。当氧化铬添加量超过 6wt.%时，耐火材料中顽火辉石的量逐渐增加，导致耐火材料耐火度开始降低。由此可知，添加适量的氧化铬有助于形成高熔点物相，而由于镁砂添加量固定，加入过量的氧化铬会导致耐火材料中顽火辉石相增加，反而不利于耐火材料耐火度的提升。

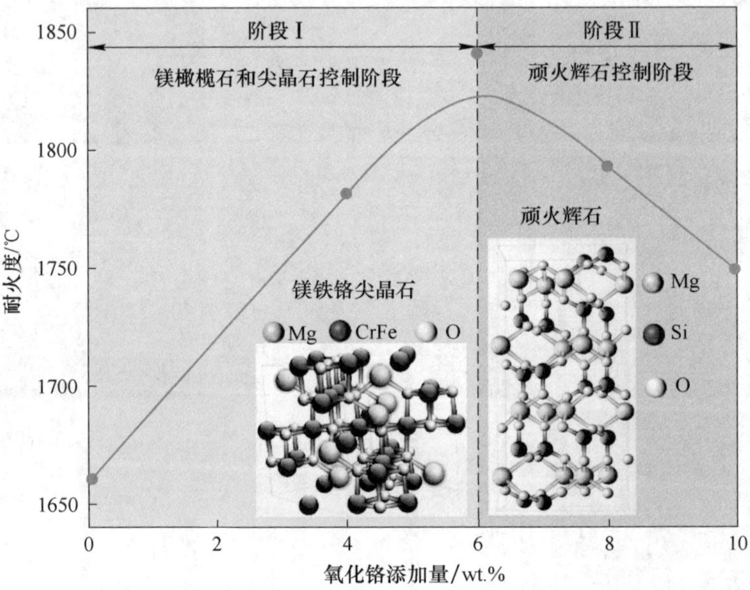

图 5-38 氧化铬添加量对耐火材料耐火度的影响

图 5-39 所示为氧化铬添加量对耐火材料体积密度、显气孔率和抗压强度的影响。从图中可以看出，随着氧化铬添加量逐渐增加，耐火材料体积密度和抗压强度逐渐降低。相反，由于耐火材料中气孔由均匀分布的小气孔转变为不均匀分布的大气孔状态，耐火材料显气孔率逐渐升高。具体来说，随着氧化铬添加量由 0 增加至 6wt.%，耐火材料体积密度由 2.92 g/cm^3 降低至 2.68 g/cm^3，显气孔率由 1.82%增加至 15.19%，抗压强度由 100.61 MPa 降低至 96.28 MPa。进一步增加氧化铬添加量至 10wt.%时，耐火材料体积密度降低至 2.54 g/cm^3，显气孔率增加至 18.47%，抗压强度降低至 82.90 MPa。根据前面的研究结果，提高氧化

铬的添加量有利于尖晶石相的形成，尖晶石相的形成过程伴随着较大的体积变化[4]，不利于耐火材料的致密化过程。同时，体系中氧化铬含量的增加，导致耐火材料中液相量减少，也阻碍了耐火材料的致密化，从而导致随着氧化铬添加量的增加，耐火材料体积密度和抗压强度逐渐降低，显气孔率逐渐增加。

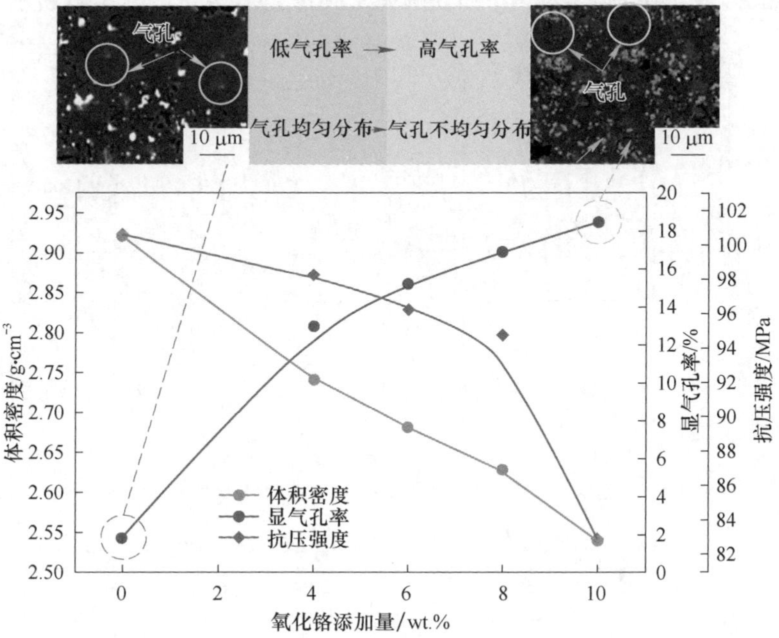

图 5-39 氧化铬添加量对耐火材料体积密度、显气孔率和抗压强度的影响

氧化铬添加量对耐火材料抗热震性和抗水化性的影响如表 5-6 所示，当氧化铬添加量为 0 时，耐火材料的热震循环次数为 4 次，随着氧化铬添加量逐渐增加，耐火材料的热震循环次数逐渐增加，当氧化铬添加量为 6wt.%时，耐火材料的热震循环次数达到 6 次。随着氧化铬添加量逐渐增加时，耐火材料水化试验质量增加率逐渐降低。当氧化铬添加量由 0 增加至 10wt.%，耐火材料水化试验质量增加率由 0.0041%降低至 0.0005%。总体而言，在氧化铬添加量由 0~10wt.%时，耐火材料水化试验质量增加率均极低，表明其具有极佳的抗水化性能。

表 5-6 氧化铬添加量对耐火材料抗热震性和抗水化性的影响

氧化铬添加量/wt.%	0	4	6	8	10
循环次数/次	4	5	6	6	7
质量增加率/%	0.0041	0.0017	0.0009	0.0007	0.0005

综合考虑，氧化铬适宜的添加量为 6wt.%。由于氧化铬的加入会降低体系的液相量，影响耐火材料的烧结过程，进一步影响耐火材料性能，而温度是影响体

系中液相量的重要因素。为此，在固定镁砂和氧化铬添加量的条件下，研究了烧结温度对耐火材料体积密度、显气孔率、抗压强度、抗热震性和抗水化性的影响。

在固定镁砂添加量为20wt.%，氧化铬添加量为6wt.%，烧结时间为3 h的条件下，研究了烧结温度（1200 ℃、1300 ℃、1350 ℃、1400 ℃和1500 ℃）对耐火材料性能的影响。不同烧结温度下所获耐火材料的XRD分析如图5-40所示。

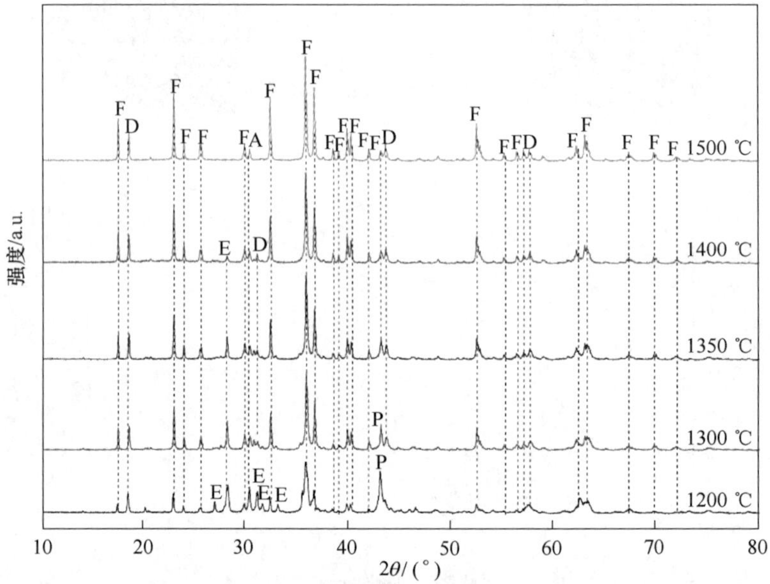

图5-40　不同烧结温度下耐火材料的XRD图谱

A—镁铬尖晶石；D—镁铁铬尖晶石；E—顽火辉石；F—镁橄榄石；P—方镁石

由图5-40可知，在烧结温度为1200~1300 ℃时，耐火材料的主要物相组成为镁橄榄石、镁铁铬尖晶石、镁铝尖晶石、顽火辉石和方镁石。方镁石相的存在表明，当烧结温度低于1300 ℃时，加入的氧化镁在电炉镍铁渣体系中反应不完全。当烧结温度为1350 ℃时，耐火材料中方镁石相消失。随着烧结温度进一步增加，耐火材料中顽火辉石相的衍射峰逐渐减弱，并在1500 ℃时完全消失。随着烧结温度升高，耐火材料中顽火辉石相逐渐消失主要是因为玻璃相的增加，导致体系中游离二氧化硅含量降低。当烧结温度为1200~1500 ℃时，耐火材料中均存在镁铁铬尖晶石相，镁铁铬尖晶石相的形成原因可以通过式（5-2）和式（5-3）得到解释：

$$Fe_2O_3 + MgCr_2O_4 \longrightarrow Mg[(Fe_xCr_{1-x})]_2O_4 (x = 0 \sim 1) \tag{5-2}$$

$$\Delta R = [R(Fe^{3+}) - R(Cr^{3+})]/R(Fe^{3+}) \times 100\% \tag{5-3}$$

式中，ΔR表示Fe^{3+}和Cr^{3+}的离子半径差异，当ΔR值小于10%时，表明二者容易相互取代固溶；$R(Fe^{3+})$和$R(Cr^{3+})$分别代表Fe^{3+}和Cr^{3+}的离子半径。

Fe^{3+}和Cr^{3+}的离子半径分别为 0.0645 nm 和 0.0615 nm，其 ΔR 值仅为 4.65%，因此，生成的镁铬尖晶石极易被铁离子取代固溶生成镁铁铬尖晶石。另外，由于Fe^{3+}和Cr^{3+}的离子半径存在差异，在镁铁铬尖晶石形成过程中存在晶格畸变，从而有利于镁铁铬尖晶石相的结晶生长过程。

进一步利用 X 射线光电子能谱分析（XPS）探究了烧结过程中尖晶石相生成行为及其稳定状态。电炉镍铁渣、耐火材料 1（20wt.%氧化镁，6wt.%氧化铬，1200 ℃，3h）、耐火材料 2（20wt.%氧化镁，6wt.%氧化铬，1350 ℃，3h）、耐火材料 3（20wt.%氧化镁，6wt.%氧化铬，1500 ℃，3h）的 XPS 结果如图 5-41 所示。图 5-41 为电炉镍铁渣、耐火材料 1、耐火材料 2 和耐火材料 3 的 XPS 宽谱结果。电炉镍铁渣中 Fe 和 Cr 原子含量分别为 3.16at.%和 0.27at.%，耐火材料 1 中 Fe 和 Cr 原子含量分别为 1.99at.%和 1.22at.%，由于耐火材料 1、耐火材料 2 和耐火材料 3 均为相同的原料配比，所以其中 Fe 和 Cr 原子含量差别很小。

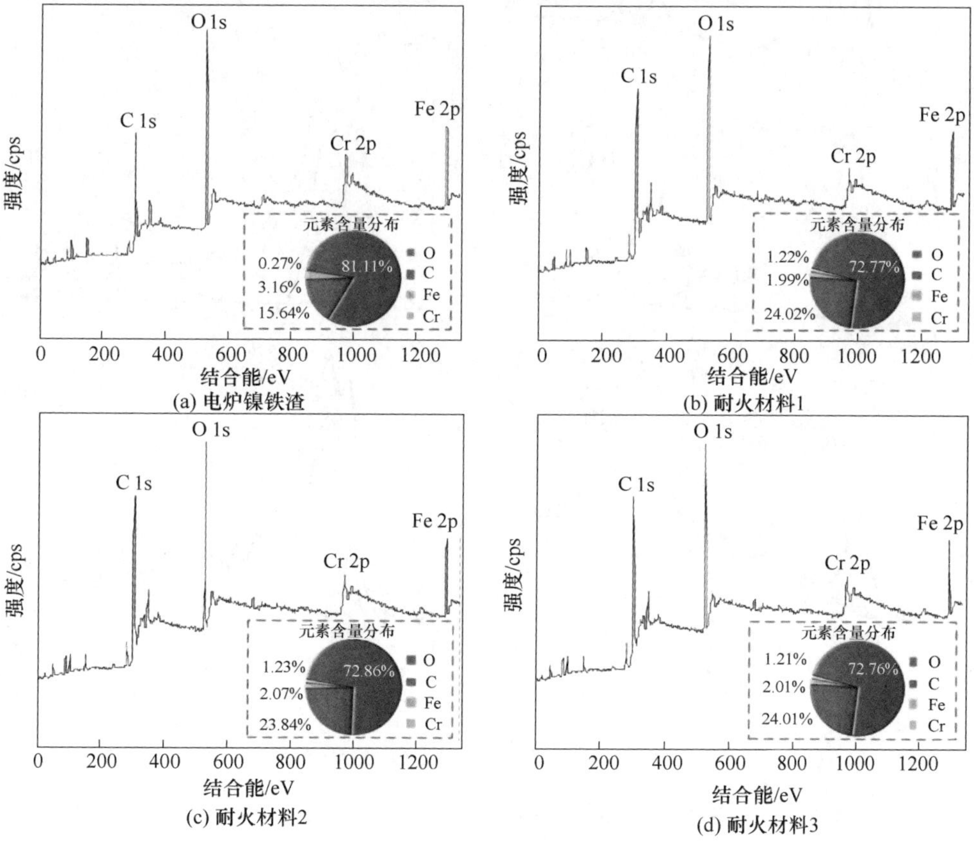

图 5-41 X 射线光电子能谱宽谱

进一步对烧结的样品 Fe 2p 和 Cr 2p 轨道结合能谱图进行了分峰拟合分析，

以查明耐火材料（20wt.%氧化镁，6wt.%氧化铬）中铁、铬元素的化学状态，结果如图 5-42 所示。

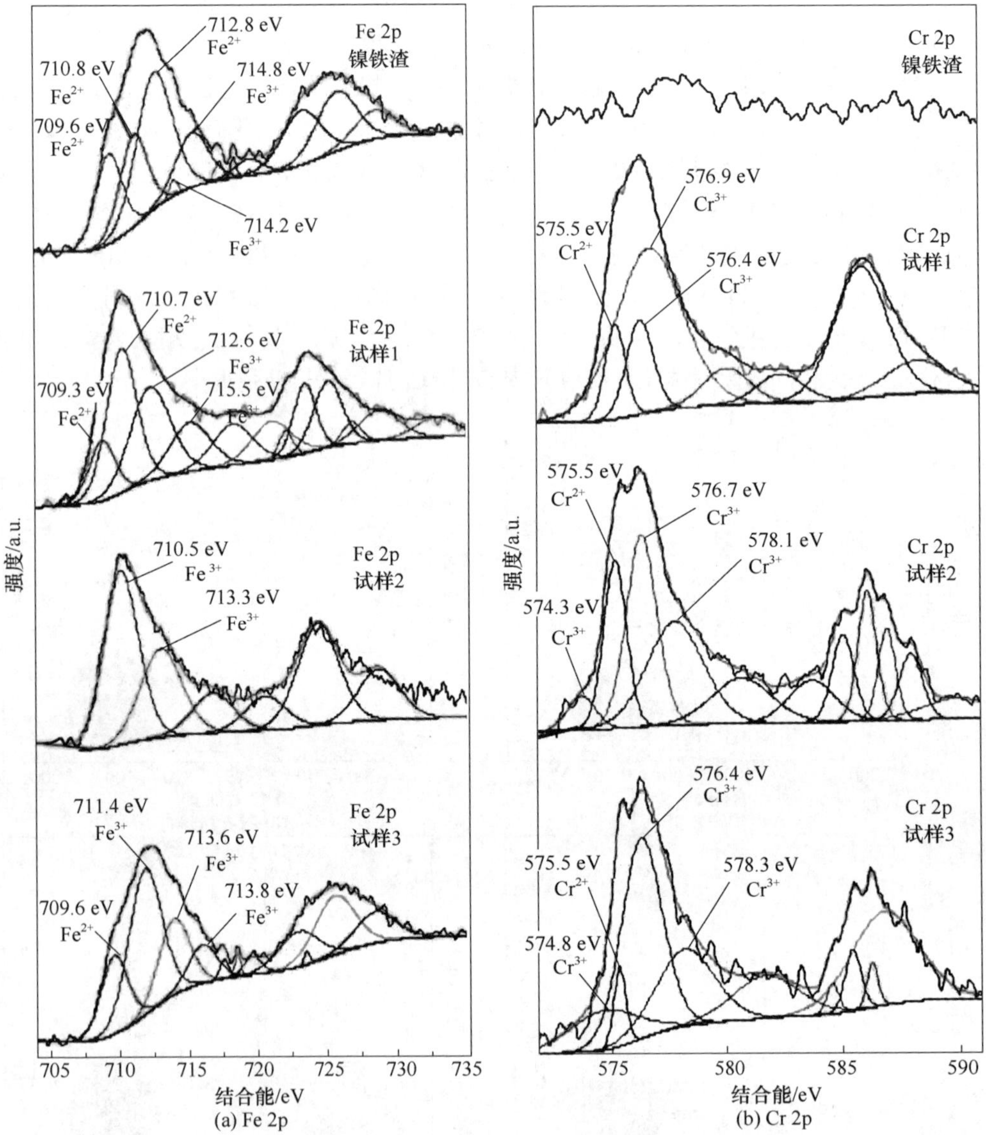

图 5-42　耐火材料的 XPS 分峰拟合分析

图 5-42（a）所示为电炉镍铁渣和耐火材料 1~3 中 Fe 2p 的 XPS 分峰拟合结果。图中结合能为 709.6 eV（Fe 2p3/2），710.8 eV（Fe 2p3/2）和 712.8 eV（Fe 2p3/2）处对应电炉镍铁渣中 Fe^{2+}峰位，由于电炉镍铁渣中部分 Fe^{2+}被氧化，也发现了 Fe^{3+}的峰位，对应 714.8 eV 处出现的 Fe 2p3/2 峰位和 714.2 eV 处出现

的卫星峰。耐火材料 1 中结合能为 712.6 eV（Fe 2p3/2）和 715.5 eV（Fe 2p3/2）处对应 Fe^{3+}峰位。此外，由于低温下氧化镁与电炉镍铁渣之间反应不完全，耐火材料 1 中还存在 Fe^{2+}峰位，对应结合能为 709.3 eV（Fe 2p3/2）和 710.7 eV（Fe 2p3/2）。耐火材料 2 中仅存在 Fe^{3+}峰位，对应结合能为 710.5 eV（Fe 2p3/2）和 713.3 eV（Fe 2p3/2）。但是，在耐火材料 3 中也发现了 Fe^{2+}峰位，这主要是因为在 1500 ℃高温下，耐火材料中液相量增加，液相中溶解的 Fe^{2+}未被完全氧化。图 5-42（b）为电炉镍铁渣和耐火材料 1~3 中 Cr 2p 的 XPS 分峰拟合结果。由于电炉镍铁渣中 Cr 原子含量很低（0.27at.%），电炉镍铁渣中的 Cr 2p 峰位不规则，难以进行分峰拟合。图中结合能为 576.4 eV（Cr 2p3/2）和 576.9 eV（Cr 2p3/2）处对应耐火材料 1 中镁铁铬尖晶石的 Cr^{3+}峰位。随着烧结温度升高，耐火材料 2 和耐火材料 3 中 Cr 的价态与耐火材料 1 相比没有变化。由以上分析可知，耐火材料中的铬是以三价的形式稳定存在于镁铁铬尖晶石相中。

采用 SEM-EDS 分析探究了固定氧化镁和氧化铬添加量时，烧结温度对于耐火材料结构的影响。图 5-43~图 5-45 所示分别为耐火材料 1（1200 ℃）、耐火材料 2（1350 ℃）和耐火材料 3（1500 ℃）的 SEM-EDS 结果。从图 5-43 可以看出，

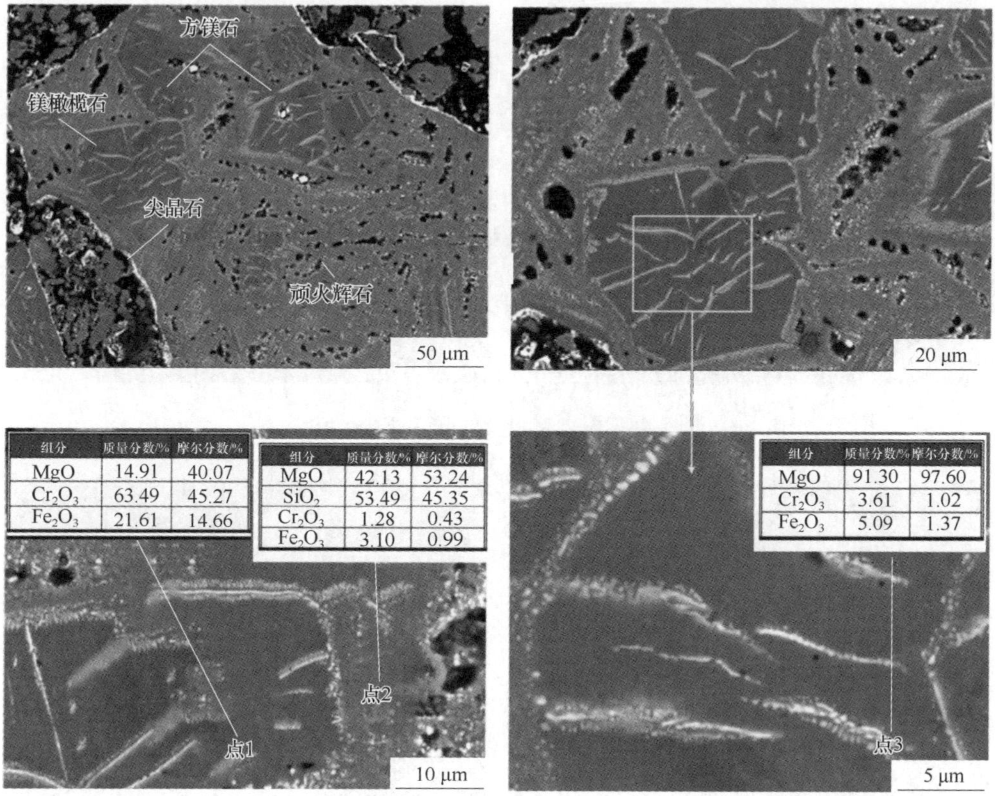

图 5-43　耐火材料 1 的 SEM-EDS 分析

耐火材料 1 的主要物相组成为镁橄榄石、尖晶石、顽火辉石和方镁石。尖晶石相（图 5-43 中的点 1）位于顽火辉石颗粒的边缘，镁橄榄石相被顽火辉石相（图 5-43 中的点 2）包围，未反应完的方镁石相（图 5-43 中的点 1）随机分布于耐火材料中。随着烧结温度增加至 1350 ℃，耐火材料 2 中方镁石相消失，出现了玻璃相。尖晶石相分布在镁橄榄石中，镁橄榄石与玻璃相连接，形成致密的微观结构。对比图 5-43～图 5-45 可知，随着烧结温度升高，耐火材料中尖晶石颗粒

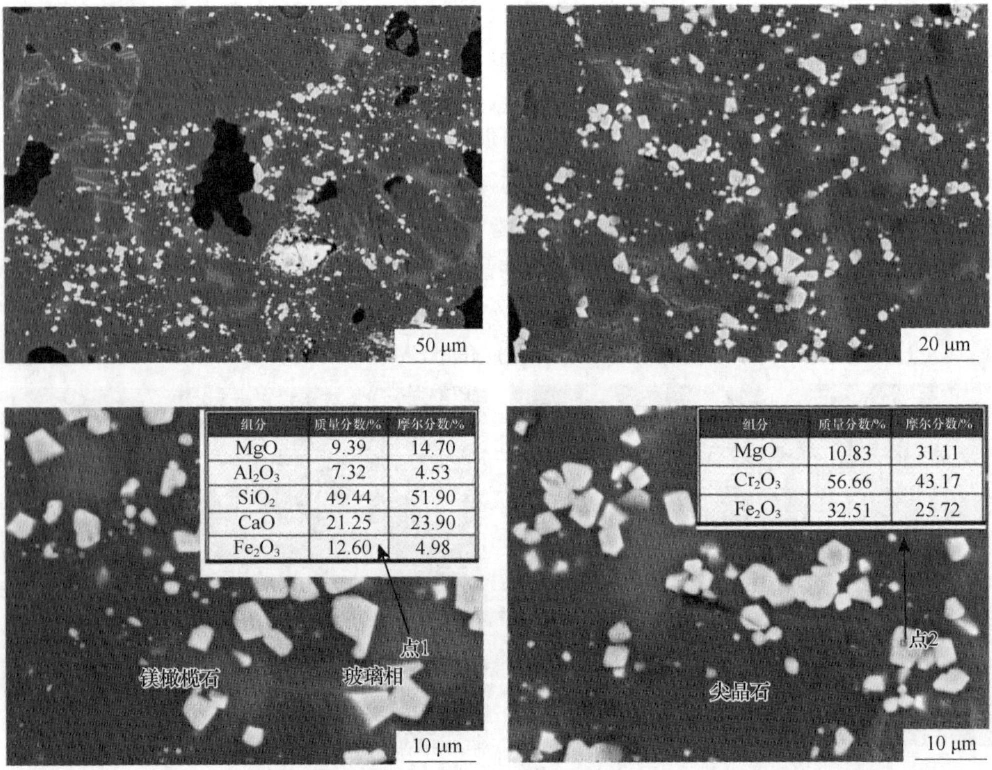

图 5-44　耐火材料 2 的 SEM-EDS 分析

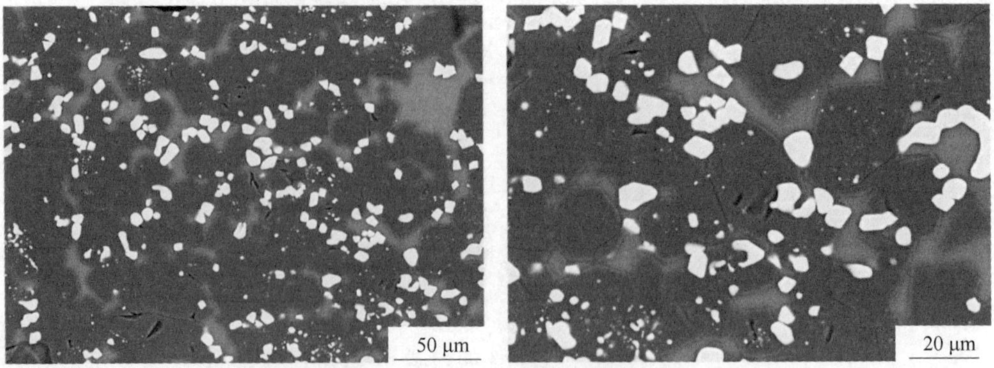

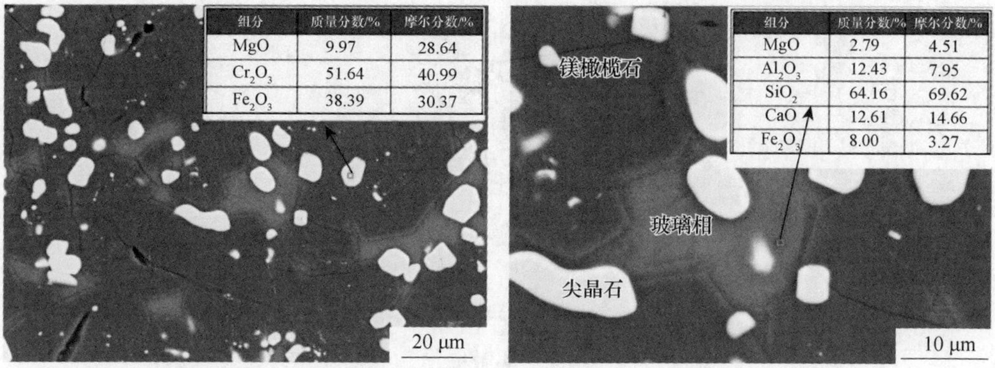

图 5-45 耐火材料 3 的 SEM-EDS 分析

粒径快速增大。同时，尖晶石相中的氧化铁含量逐渐升高。因此，提高烧结温度有助于镁铁铬尖晶石相的形成。

从图 5-43～图 5-45 可知，耐火材料的微观结构演变主要由尖晶石的结晶决定，而尖晶石的结晶随着烧结温度的增加而显著增加。为此，通过量化粒径分布和平均粒径来表征尖晶石颗粒的生长过程。如图 5-46 所示，耐火材料 1 中尖晶石颗粒粒径主要分布在 0～1 μm，而耐火材料 2 和耐火材料 3 中尖晶石颗粒粒径主要分布在 1～5 μm。随着烧结温度由 1200 ℃升高至 1350 ℃，耐火材料中尖晶石平均粒径由 0.43 μm 增加至 1.53 μm，进一步提高烧结温度至 1500 ℃，耐火材料中尖晶石平均粒径增大至 2.79 μm。显然，当氧化镁与氧化铬同时存在时，提高烧结温度有利于体系中尖晶石相的形成及生长。

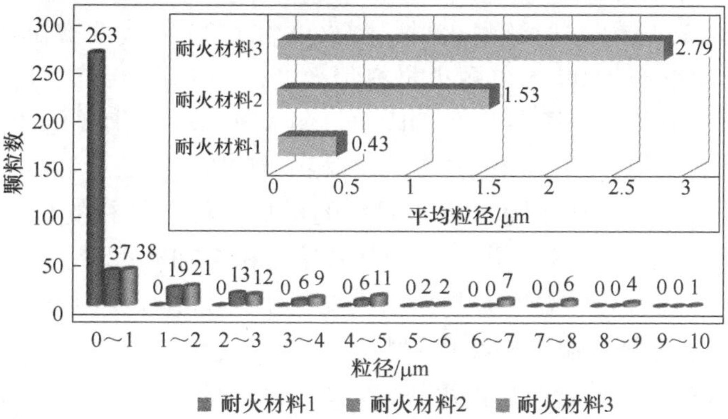

图 5-46 耐火材料 1～3 中尖晶石相粒径分布及颗粒平均粒径

基于以上分析结果，在氧化镁与氧化铬添加剂的协同作用下，可以将电炉镍铁渣体系物相及结构转变过程大致分为两个不同的转变阶段，其转变示意图如图 5-47 所示。

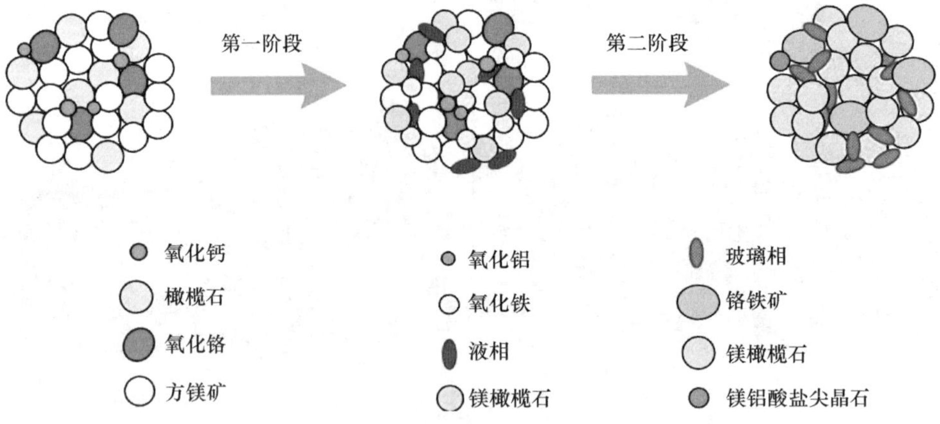

图 5-47　电炉镍铁渣体系物相及结构转变示意图

第一阶段，电炉镍铁渣中的镁铁橄榄石转变为镁橄榄石、氧化铁和游离的二氧化硅，此时体系中液相的形成有利于传质过程。在第二个阶段，体系中的氧化镁与氧化铬和氧化铁发生反应，生成镁铁铬尖晶石，同时氧化镁也会与氧化铝反应生成镁铝尖晶石。此外，电炉镍铁渣中部分氧化铝和氧化钙也会熔入液相中，可促进传质过程及尖晶石相和镁橄榄石相的颗粒生长过程。另外，在冷却过程中，液相会转变为玻璃相，将耐火材料中的尖晶石相与镁橄榄石相紧密连接起来，有助于耐火材料结构致密化过程。电炉镍铁渣体系中的这些物相及结构转变，预期将在改善耐火材料性能方面发挥重要作用。

图 5-48 所示为烧结温度对耐火材料耐火度的影响。由图可知，当烧结温度由 1200 ℃升高至 1350 ℃时，耐火材料耐火度由 1730 ℃线性增长至 1840 ℃，进一步升高烧结温度至 1500 ℃，耐火材料耐火度仅增长了 30 ℃。显然，耐火材料的变化趋势可以分为两个阶段，在阶段Ⅰ，耐火材料中氧化镁化学活性随着烧结温度升高而升高，使得耐火材料中尖晶石相（镁铁铬尖晶石和镁铝尖晶石）和镁橄榄石相持续增加，从而随着烧结温度的增加，耐火材料的耐火度迅速增长。当烧结温度超过 1350 ℃时，耐火材料中尖晶石相增加幅度减少，顽火辉石相含量升高。因此，随着烧结温度升高，耐火材料耐火度增长较为缓慢。

图 5-49 所示为烧结温度对耐火材料体积密度、显气孔率和抗压强度的影响。从图 5-49 可以看出，随着烧结温度逐渐增加，耐火材料体积密度和抗压强度显著增加，相反，耐火材料显气孔率逐渐降低。具体来说，随着烧结温度由 1200 ℃升高至 1350 ℃，耐火材料体积密度由 2.35 g/cm^3 增加至 2.68 g/cm^3，显气孔率由 30.15%降低至 15.19%，抗压强度由 38.94 MPa 增加至 96.28 MPa。随着烧结温度进一步升高，耐火材料体积密度、显气孔率和抗压强度变化不大。因此，提高烧结温度有助于耐火材料的致密化。

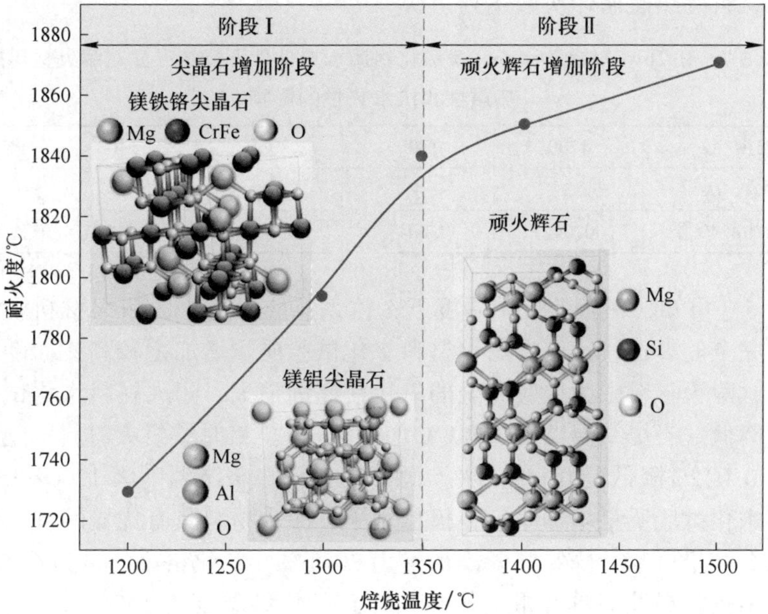

图 5-48　在 20wt.%镁砂和 6wt.%氧化铬添加量条件下烧结温度对耐火材料耐火度的影响

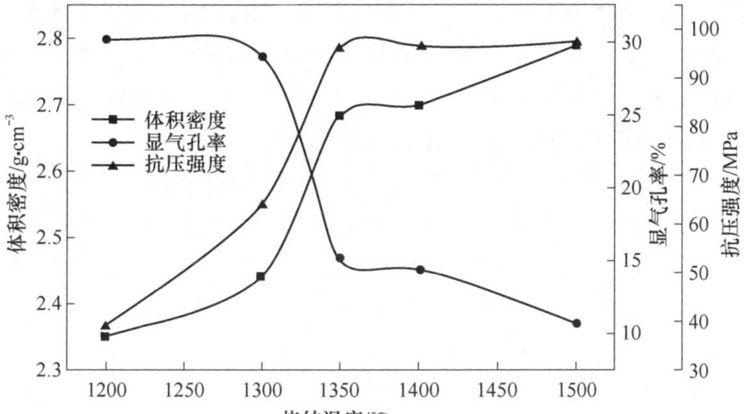

图 5-49　在 20wt.%镁砂和 6wt.%氧化铬添加量条件下烧结温度对耐火材料体积密度、显气孔率和抗压强度的影响

在有氧化铬存在的条件下，烧结温度对耐火材料抗热震性和抗水化性的影响如表 5-7 所示。当烧结温度为 1200 ℃时，耐火材料的热震循环次数为 3 次，随着烧结温度逐渐升高，耐火材料的热震循环次数逐渐增加，当烧结温度为 1350 ℃和 1400 ℃时，耐火材料的热震循环次数为 6 次，进一步升高烧结温度至 1500 ℃

时，耐火材料的热震循环次数达到 7 次。

表 5-7 在 20wt.%镁砂和 6wt.%氧化铬添加量条件下烧结温度对耐火材料抗热震性和抗水化性的影响

烧结温度/℃	1200	1300	1350	1400	1500
循环次数/次	3	4	6	6	7
质量增加率/%	0.042	0.0047	0.0009	0.00087	0.00085

由表 5-7 可知，在较低烧结温度下，体系反应不完全，耐火材料中还存在大量未反应完全的氧化镁，使得耐火材料水化试验质量增加率较高，而随着烧结温度的提高，耐火材料中为反应完全的氧化镁逐渐消失，耐火材料水化试验质量增加率持续降低。当烧结温度由 1200 ℃增加至 1500 ℃时，耐火材料水化试验质量增加率由 0.042%降低至 0.00085%。总体而言，在烧结温度为 1200~1500 ℃时，耐火材料水化试验质量增加率均在极低水平，耐火材料具有优异的抗水化性能。

由以上结果可知，固定镁砂添加量为 20wt.%，氧化铬添加量为 6wt.%时，烧结温度对耐火材料性能具有重要影响，适宜的烧结温度为 1350 ℃。适量氧化铬的加入可显著提升耐火材料的耐火度，在镁砂添加量为 20wt.%，氧化铬添加量为 6wt.%，烧结温度为 1350 ℃，烧结时间为 3 h 的条件下，所得耐火材料耐火度高达 1840 ℃，体积密度为 2.68 g/cm^3，显气孔率为 15.19%，抗压强度为 96.28 MPa，热震循环次数为 6 次，水化试验质量增加率为 0.0009%。与不添加氧化铬所得耐火材料相比，此时，电炉镍铁渣的掺入量为 79.37wt.%（基本不降低），耐火度提高了 180 ℃，其抗热震性和抗水化性均有改善。

5.1.3.5 氧化铝添加量的影响

氧化铝添加量对于电炉镍铁渣体系物相和微观结构转变也具有重要影响。因此，在固定镁砂添加量为 20wt.%，烧结温度为 1350 ℃，烧结时间为 3 h，升温速率为 10 ℃/min 的条件下，研究了氧化铝添加量（0、2wt.%、4wt.%、6wt.%、8wt.%和 10wt.%）对耐火材料性能的影响。

不同氧化铝添加量条件下所获耐火材料的 XRD 分析如图 5-50 所示。从图中可以看出，当氧化铝添加量为 0~2wt.%时，耐火材料的主要物相为镁橄榄石、镁铬尖晶石、镁铝尖晶石和顽火辉石。当氧化铝添加量超过 4wt.%时，耐火材料中的镁铬尖晶石相衍射峰消失。随着氧化铝添加量进一步提高，耐火材料中镁铝尖晶石相的衍射峰逐渐增强。

采用 SEM-EDS 探究了氧化铝添加量对于耐火材料结构演变的影响。图 5-51~图 5-53 所示分别为耐火材料 1（氧化镁添加量为 20wt.%，氧化铝添加量为 2wt.%，1350 ℃，3 h），耐火材料 2（氧化镁添加量为 20wt.%，氧化铝添加量为 6wt.%，1350 ℃，3 h）和耐火材料 3（氧化镁添加量为 20wt.%，氧化铝添加量为 10wt.%，1350 ℃，3 h）的 SEM-EDS 结果。从图 5-51 可以看出，耐火材料 1 主要由白色相（点 1）、灰色相（点 2）和黑色相（点 3）组成，其中白色相中镁、铝、铬、铁及氧元素含量均较高，为尖晶石相（镁铁尖晶石、镁铝尖晶石和镁铬尖晶石固溶体），灰色相中主要含镁、铝、硅、铬、铁、氧等元素所形成的玻璃相，黑色相中主要含镁、硅，为镁橄榄石相。耐火材料 1 结构致密，以镁橄榄石相为基体，尖晶石相紧密嵌布于镁橄榄石相中。对比图 5-51～图 5-53 可以发现，耐火材料 1～3 中均含有白色相（点 1）、灰色相（点 2）和黑色相（点 3）三相，且对应各相中所含元素组成及含量均相近。随着氧化铝添加量增加，耐火材料中尖晶石相含量显著增加，尖晶石相中铝含量也逐渐升高，另外，镁橄榄石相中铁含量逐渐减少。同时，随着氧化铝添加量的增加，耐火材料 1～3 结构几乎没有变化，均是以镁橄榄石相为基体，尖晶石相嵌布于镁橄榄石相中形成的致密结构。

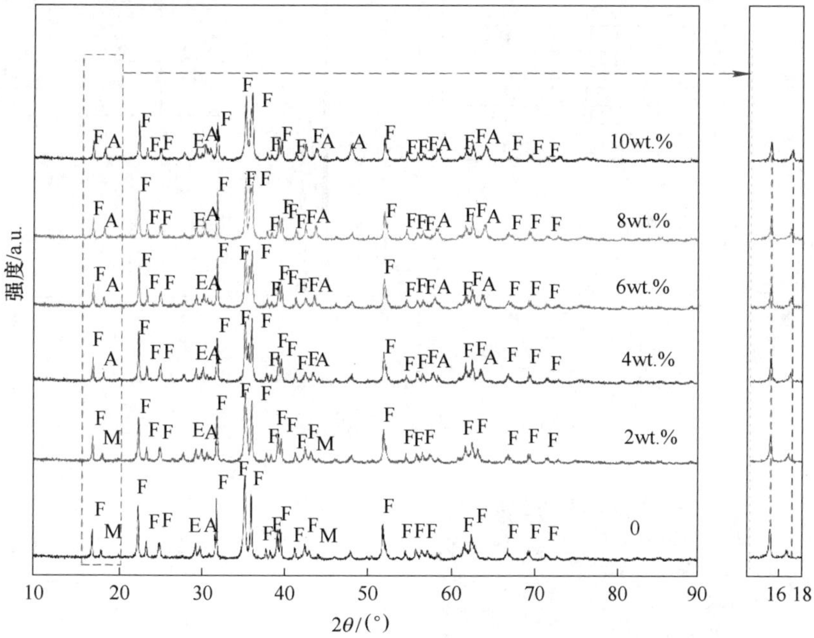

图 5-50 氧化镁添加量为 20wt.%时不同氧化铝添加量时所获耐火材料的 XRD 图谱

A—镁铝尖晶石；E—顽火辉石；F—镁橄榄石；M—镁铬尖晶石

从图 5-54 可以看出，随着氧化铝添加量由 0 增加至 6wt.%，材料耐火度由 1660 ℃升高至 1790 ℃，进一步提高氧化铝添加量，耐火度呈下降趋势。氧化铝添加量对耐火度的影响规律与添加氧化铬时耐火度的变化趋势类似。当氧化铝添加量为 0～6wt.%时，耐火度不断升高是因为耐火材料中镁铝尖晶石相含量逐渐升高，而当氧化铝添加量超过 6wt.%时，由于氧化镁与氧化铝优先反应生成镁铝尖

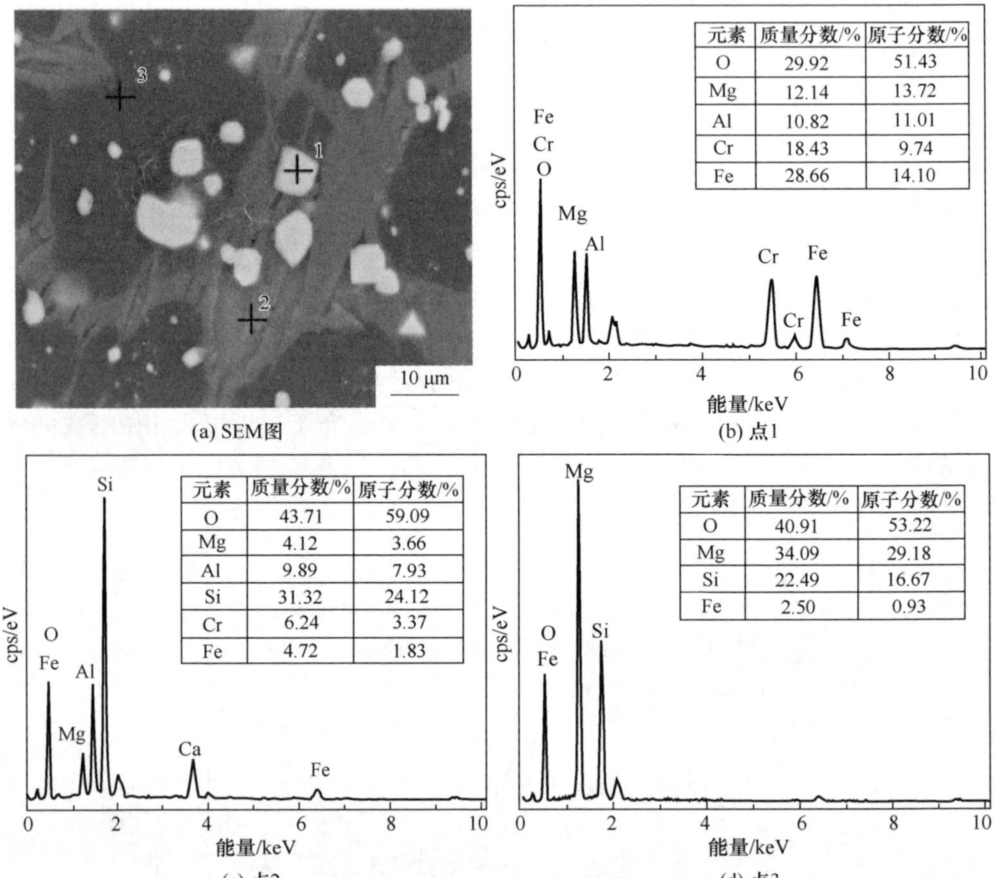

元素	质量分数/%	原子分数/%
O	29.92	51.43
Mg	12.14	13.72
Al	10.82	11.01
Cr	18.43	9.74
Fe	28.66	14.10

元素	质量分数/%	原子分数/%
O	43.71	59.09
Mg	4.12	3.66
Al	9.89	7.93
Si	31.32	24.12
Cr	6.24	3.37
Fe	4.72	1.83

元素	质量分数/%	原子分数/%
O	40.91	53.22
Mg	34.09	29.18
Si	22.49	16.67
Fe	2.50	0.93

(a) SEM图　(b) 点1　(c) 点2　(d) 点3

图 5-51　耐火材料 1 的 SEM-EDS 分析

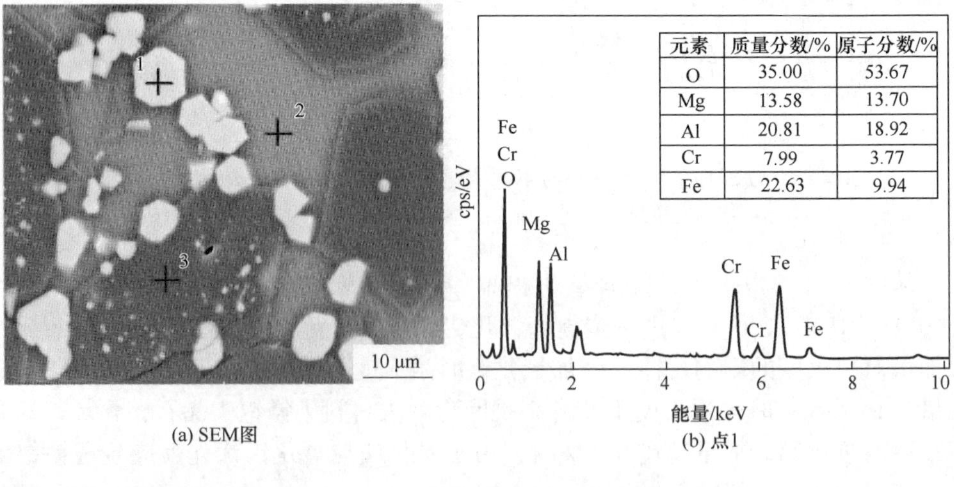

元素	质量分数/%	原子分数/%
O	35.00	53.67
Mg	13.58	13.70
Al	20.81	18.92
Cr	7.99	3.77
Fe	22.63	9.94

(a) SEM图　(b) 点1

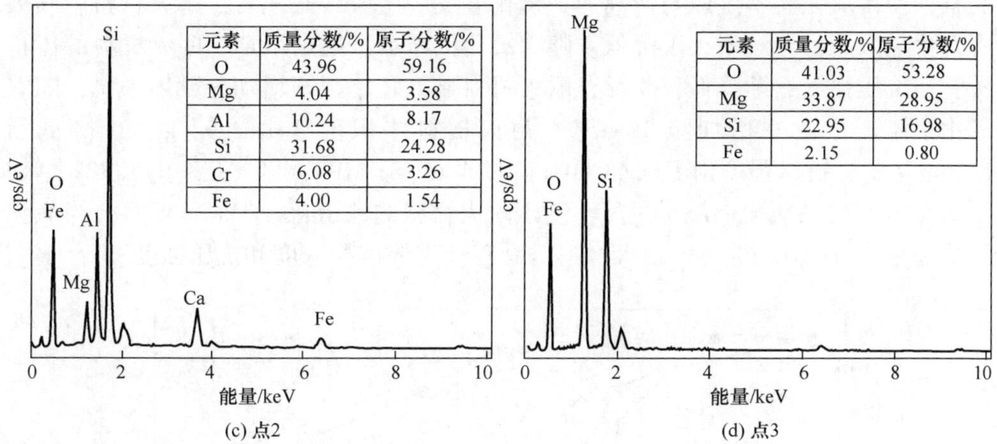

元素	质量分数/%	原子分数/%
O	43.96	59.16
Mg	4.04	3.58
Al	10.24	8.17
Si	31.68	24.28
Cr	6.08	3.26
Fe	4.00	1.54

元素	质量分数/%	原子分数/%
O	41.03	53.28
Mg	33.87	28.95
Si	22.95	16.98
Fe	2.15	0.80

图 5-52　耐火材料 2 的 SEM-EDS 分析

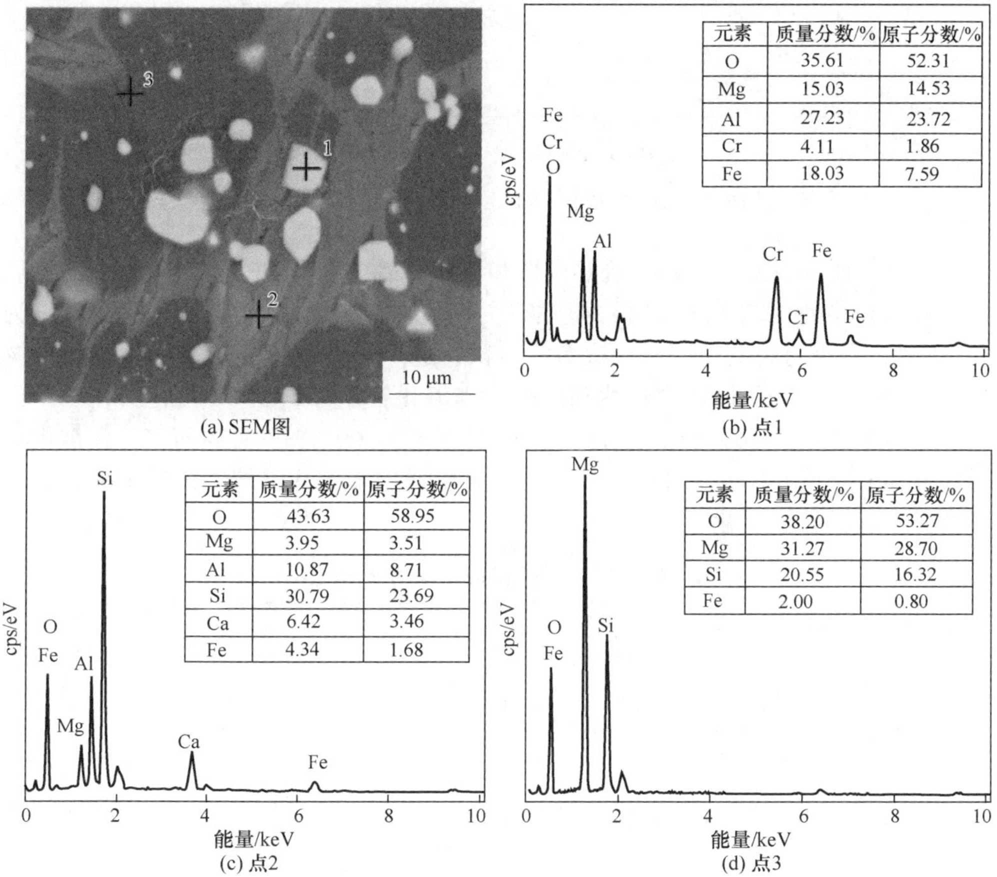

元素	质量分数/%	原子分数/%
O	35.61	52.31
Mg	15.03	14.53
Al	27.23	23.72
Cr	4.11	1.86
Fe	18.03	7.59

元素	质量分数/%	原子分数/%
O	43.63	58.95
Mg	3.95	3.51
Al	10.87	8.71
Si	30.79	23.69
Ca	6.42	3.46
Fe	4.34	1.68

元素	质量分数/%	原子分数/%
O	38.20	53.27
Mg	31.27	28.70
Si	20.55	16.32
Fe	2.00	0.80

图 5-53　耐火材料 3 的 SEM-EDS 分析

晶石，使得氧化镁不足以与游离的二氧化硅反应生成镁橄榄石，耐火材料中顽火辉石含量升高，导致耐火度降低。随着氧化铝添加量逐渐增加，耐火材料的体积密度和抗压强度逐渐降低，相反，耐火材料显气孔率逐渐增加。具体来说，随着氧化铝添加量由 0 增加至 10wt.%，耐火材料体积密度由 2.92 g/cm^3 降低至 2.88 g/cm^3，抗压强度由 100.61 MPa 降低至 60.81 MPa，显气孔率由 1.82%增加至 2.88%。提高氧化铝添加量虽不利于耐火材料的致密化，但总体而言，当氧化铝添加量为 0~10wt.%时，耐火材料仍具有较高的体积密度和抗压强度。

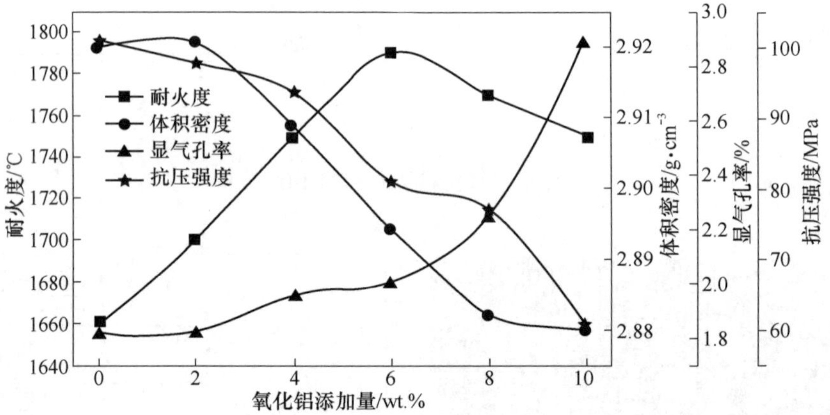

图 5-54　氧化铝添加量对耐火材料耐火度、体积密度、显气孔率和抗压强度的影响

氧化铝添加量对耐火材料抗热震性和抗水化性的影响如表 5-8 所示。随着氧化铝添加量的增加，耐火材料的热震循环次数逐渐增加，当氧化铝添加量为6wt.%时，耐火材料的热震循环次数为 6 次，进一步升高氧化铝添加量至10wt.%时，耐火材料的热震循环次数达到 7 次。当氧化铝添加量由 0 增加至10wt.%时，耐火材料水化试验质量增加率由 0.0041%降低至 0.0014%。总体而言，在氧化铝添加量为 0~10wt.%时，耐火材料水化试验质量增加率均保持在极低水平，耐火材料具有优异的抗水化性能。

表 5-8　氧化铝添加量对耐火材料抗热震性的影响

氧化铝添加量/wt.%	0	2	4	6	8	10
循环次数/次	4	4	5	6	7	7
质量增加率/%	0.0041	0.0037	0.0029	0.0019	0.0016	0.0014

由以上结果可知，在成型过程中氯化镁溶液浓度为 1.3 g/cm^3，添加量为5wt.%，成型压力为 100 MPa，镁砂添加量为 20wt.%，氧化铝添加量为6wt.%，烧结温度为 1350 ℃，烧结时间为 3 h，烧结气氛为空气气氛的条件下，所得耐火

材料耐火度为 1790 ℃，体积密度为 2.89 g/cm³，显气孔率为 2.01%，抗压强度为 80.96 MPa，热震循环次数为 6 次，水化试验质量增加率为 0.0019%。与不添加氧化铝所得耐火材料相比，此时，电炉镍铁渣的掺入量为 79.37wt.%（基本不降低），耐火度提高了 130 ℃，其抗热震性和抗水化性均有改善。

5.1.3.6 铁含量的影响

基于上述机理研究，体系中铁含量高会降低耐火材料耐火度。为此，研究了通过还原-磁选工艺预先分离电炉镍铁渣中的铁，再以非磁性物为原料制备耐火材料的可行性。

以煤为还原剂，经技术参数优化，在还原温度为 1350 ℃，还原时间为 3 h，磁场强度为 1 T，磨矿细度 100%小于 0.074 mm 的条件下，所得磁性物中铁含量为 70.03wt.%，铁回收率为 73.46%；非磁性物中铁含量为 3.23wt.%，铁回收率为 26.54%。所得磁性物和非磁性物主要化学成分如表 5-9 所示。从表中可知，磁性物中含有 9.28wt.%的 Cr_2O_3，此外，MgO 和 SiO_2 也较高，分别为8.34wt.%和 11.47wt.%，综合来看所得磁性物可作为配加料配入烧结中使用；相比于电炉镍铁渣，非磁性物中 MgO 含量有所提升，但是 MgO/SiO_2 提高不明显，Cr_2O_3 含量有所降低，此外，Al_2O_3 和 CaO 在非磁性物中得到一定富集，分别为 10.60wt.%和 4.23wt.%。

表 5-9 磁性物和非磁性物的主要化学成分 （wt.%）

名称	MgO	SiO_2	TFe	Al_2O_3	CaO	Cr_2O_3
磁性物	8.34	11.47	70.03	1.12	1.18	9.28
非磁性物	33.21	47.04	3.23	10.60	4.23	1.14

以还原-磁选工艺得到的非磁性物为原料制备耐火材料，固定镁砂添加量为 20wt.%，烧结温度为 1350 ℃，烧结时间为 3 h，烧结气氛为空气气氛，研究了镁砂添加量分别为 0、5wt.%、10wt.%、15wt.%、20wt.%和 25wt.%时对所得耐火材料耐火度、体积密度、显气孔率、抗压强度、抗热震性和抗水化性的影响。

从图 5-55 可以看出，非磁性物本身具有较高的耐火度，为 1580 ℃。随着镁砂添加量由 0 增加至 15wt.%，耐火材料耐火度由 1580 ℃升高至 1690 ℃，进一步提高镁砂添加量，耐火材料耐火度缓慢增加。与直接利用电炉镍铁渣为原料所得耐火材料相比，以非磁性物为原料时，可降低约 5wt.%的镁砂添加量，所得耐火材料耐火度则提高约 30 ℃。

随着镁砂添加量逐渐增加，耐火材料体积密度和抗压强度逐渐降低。相反，耐火材料显气孔率逐渐升高。具体来说，随着镁砂添加量由 0 增加至 15wt.%，耐火材料体积密度由 2.98 g/cm³ 降低至 2.82 g/cm³，抗压强度由 145.09 MPa 降

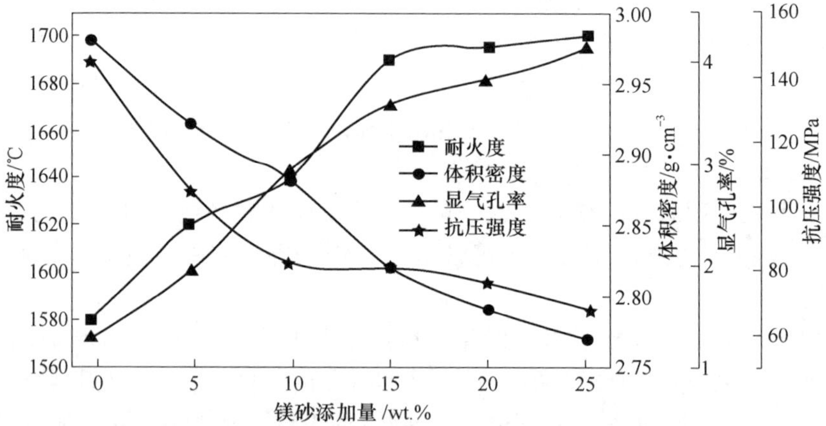

图 5-55　低铁电炉镍铁渣耐火材料耐火度、体积密度、显气孔率和抗压强度随镁砂添加量的变化

低至 80. 66 MPa，显气孔率由 1. 29%增加至 3. 82%。镁砂添加量进一步增加至 25wt.%时，耐火材料体积密度降低至 2. 77 g/cm^3，抗压强度降低至 67. 68 MPa，显气孔率增加至 4. 16%。这是由于非磁性物中氧化铝含量较高，随着镁砂添加量增加，耐火材料中镁铝尖晶石相的量不断增加，镁铝尖晶石相的生成伴随着较大的体积变化，不利于耐火材料致密化，从而使得耐火材料的体积密度和抗压强度逐渐降低，显气孔率逐渐升高。

镁砂添加量对耐火材料抗热震性和抗水化性的影响如表 5-10 所示。随着镁砂添加量的增加，耐火材料的热震循环次数逐渐增加，当镁砂添加量为 0 时，耐火材料的热震循环次数仅为 1 次，当镁砂添加量增加至 15wt.%时，耐火材料的热震循环次数为 4 次，进一步提高镁砂添加量至 25wt.%时，耐火材料的热震循环次数为 5 次。随着镁砂添加量由 0 增加至 25wt.%，耐火材料水化试验质量增加率变化不大。总体而言，在镁砂添加量为 0～25wt.%时，耐火材料水化试验质量增加率在 0. 0038%～0. 0046%，均在极低水平，耐火材料具有优异的抗水化性能。

表 5-10　镁砂添加量对低铁电炉镍铁渣耐火材料抗热震性和抗水化性的影响

镁砂添加量/wt.%	0	5	10	15	20	25
循环次数/次	1	3	3	4	4	5
质量增加率/%	0. 0041	0. 0039	0. 0046	0. 0043	0. 0038	0. 0045

从以上结果可知，以非磁性物为原料制备耐火材料，在镁砂添加量为 15wt.%，烧结温度为 1350 ℃，烧结时间为 3 h 的条件下，制备得到的耐火材料耐火度为 1690 ℃，体积密度为 2. 82 g/cm^3，显气孔率为 3. 58%，抗压强度为

80. 66 MPa，热震循环次数为 4 次，水化后耐火材料质量增加率为 0. 0043%。与直接利用电炉镍铁渣为原料所得耐火材料相比，以非磁性物为原料时，可降低约 5wt.% 的镁砂添加量，耐火材料耐火度则提高约 30 ℃，然而体积密度和抗压强度不如直接利用电炉镍铁渣为原料所得耐火材料，二者抗热震性和抗水化性则无明显差别。综合来看，通过直接还原-磁选工艺降低电炉镍铁渣中铁含量对于制备得到的耐火材料性能提升效果不明显，同时，直接还原过程还存在能耗高，所得磁性物不易利用等问题。因此，对于铁含量较高的电炉镍铁渣，通过直接还原-磁选工艺降低电炉镍铁渣中铁含量来保证制备得到的耐火材料性能不失为一种途径，但是需充分考虑生产成本。

在镍铁生产过程中，由于原料、操作制度等的改变，易产生铁含量较高的电炉镍铁渣。表 5-11 所示为实际生产过程中产生的铁含量较高的电炉镍铁渣，其 FeO 含量达到 11. 59wt.%，TFe 为 13. 60wt.%。以此电炉镍铁渣为原料，通过研究镁砂添加量对其制备得到的耐火材料性能的影响，进而揭示在镁砂添加剂的作用下电炉镍铁渣中铁含量变化对制备得到的耐火材料性能的影响规律。

表 5-11 高铁电炉镍铁渣的主要化学成分 (wt.%)

成分	MgO	SiO_2	TFe	FeO	Al_2O_3	CaO	Cr_2O_3	NiO
含量	28. 48	45. 79	13. 60	11. 59	5. 47	2. 58	1. 91	0. 05

固定烧结温度为 1350 ℃，烧结时间为 3 h，烧结气氛为空气气氛，研究了镁砂添加量分别为 0、10wt.%、20wt.%、25wt.%、30wt.% 和 35wt.%时对耐火材料耐火度、体积密度、显气孔率、抗压强度、抗热震性和抗水化性的影响。

图 5-56 所示为镁砂添加量对耐火材料耐火度、体积密度、显气孔率和抗压强度的影响，从图中可以看出，在镁砂添加量为 0 时，耐火材料的耐火度仅为 1400 ℃，随着镁砂添加量由 0 增加至 25wt.%，耐火材料耐火度由 1400 ℃升高至 1620 ℃，进一步提高镁砂添加量至 35wt.%，耐火材料耐火度升高至 1660 ℃。由此可知，对于铁含量较高的电炉镍铁渣，通过提高镁砂添加量，仍可以保证耐火材料具有较高的耐火度。

随着镁砂添加量的逐渐增加，耐火材料体积密度和抗压强度均逐渐降低。相反，耐火材料显气孔率逐渐升高。具体而言，随着镁砂添加量由 0 增加至 25wt.%，耐火材料体积密度由 3. 01 g/cm^3 降低至 2. 95 g/cm^3，抗压强度由 125. 10 MPa 降低至 88. 86 MPa，显气孔率由 1. 63%升高至 2. 45%。进一步将镁砂添加量增加至 35wt.%时，耐火材料体积密度降低至 2. 82 g/cm^3，抗压强度降低至 66. 89 MPa，显气孔率升高至 6. 00%。

镁砂添加量对耐火材料抗热震性和抗水化性的影响如表 5-12 所示。随着镁砂添加量的增加，耐火材料的热震循环次数逐渐增加，当镁砂添加量为 0 时，耐

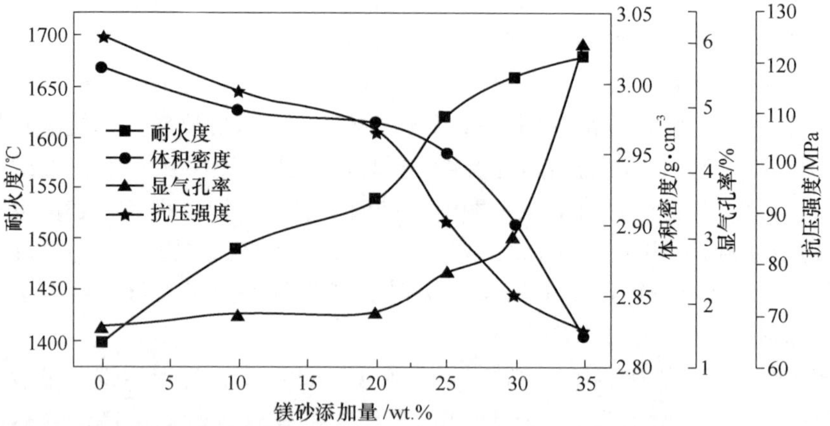

图 5-56　高铁电炉镍铁渣耐火材料耐火度、体积密度、显气孔率和抗压强度随镁砂添加量的变化

火材料的热震循环次数为 2 次，当镁砂添加量增加至 25wt.%时，耐火材料的热震循环次数为 4 次，进一步提高镁砂添加量至 35wt.%时，耐火材料的热震循环次数为 5 次。随着镁砂添加量由 0 增加至 25wt.%，耐火材料水化试验后质量增加率由 0.0009%增加至 0.0043%，进一步增加镁砂添加量，耐火材料水化试验后质量无明显变化。总体而言，在镁砂添加量为 0～35wt.%时，耐火材料水化试验质量增加率均保持在极低水平，耐火材料具有优异的抗水化性能。

表 5-12　镁砂添加量对高铁电炉镍铁渣耐火材料抗热震性和抗水化性的影响

镁砂添加量/wt.%	0	10	20	25	30	35
循环次数/次	2	3	3	4	4	5
质量增加率/%	0.0009	0.0019	0.0036	0.0043	0.0046	0.0045

综上所述，利用铁含量较高的电炉镍铁渣制备耐火材料，在镁砂添加量为 30wt.%，烧结温度为 1350 ℃，烧结时间为 3 h 的条件下，制备得到的耐火材料耐火度为 1660 ℃，体积密度为 2.90 g/cm^3，显气孔率为 3.01%，抗压强度为 74.09 MPa，热震循环次数为 4 次，水化试验耐火材料质量增加率为 0.0046%。与铁含量较低的电炉镍铁渣制备得到的耐火材料相比，此原料需要提高镁砂添加量来保证耐火材料的耐火度，虽然所得耐火材料抗压强度有所降低，但耐火材料仍具有良好的综合性能。由此可知，对于铁含量较高的电炉镍铁渣，可以通过提高镁砂添加量来保证耐火材料性能，工艺具有极强的原料适应性。

5.1.3.7　颗粒级配的影响

有研究表明，当耐火材料原料中细粒级含量较高时，在实际工业生产过程中，容易造成压制困难，产生层裂，使坯体遭到破坏。通过加入部分大颗粒原料，调整原料粒级组成，不仅可以消除坯体在压制过程中产生层裂，还可以在一定程度上提高制品抗热震性、强度以及坯体密度。但是，需要通过多粒级颗粒配合形成紧密堆积，才能实现耐火材料的致密化。此外，当粒度级数越多时，耐火材料理论体积越大、空隙率越小，而当粒度级数超过 4 时，耐火材料空隙率降低不明显。耐火材料粒度组成的选择，要同时考虑材料性能和生产工艺，为了简化生产工艺，一般耐火材料的粒度级数选择为 3~4 级。根据"紧密堆积"原则，配料中的颗粒可分为大颗粒（3~5 mm）、中颗粒（1~3 mm）与细颗粒（-0.088 mm）三种。通常大颗粒与细颗粒含量较高，各占 30%~50%，而中间颗粒含量较少，即所谓"两头大、中间小"[5-6]。

基于以上原则，研究了颗粒级配对耐火材料性能的影响，查明了电炉镍铁渣粒度组成对耐火材料的体积密度、显气孔率和抗压强度影响，为半工业试验粒级选择提供技术指导。

首先采用二因素四水平正交试验研究了 3~1 mm，1~0.074 mm，-0.074 mm 三个粒级配比对压制所得耐火材料试样干燥后体积密度、显气孔率和抗压强度的影响。正交试验条件、结果及其分析分别如表 5-13 和表 5-14 所示。

表 5-13 正交试验条件及结果

No.	粒度组成/wt.%			体积密度/g·cm^{-3}	显气孔率/%	抗压强度/MPa
	3~1 mm	1~0.074 mm	-0.074 mm			
1	45	30	25	2.41	20.83	24.55
2	45	27.5	27.5	2.34	23.76	32.80
3	45	25	30	2.43	20.39	20.54
4	45	20	35	2.38	20.15	22.74
5	40	30	30	2.53	17.21	23.47
6	40	27.5	32.5	2.43	20.68	21.31
7	40	25	35	2.46	20.05	25.03
8	40	20	45	2.46	21.67	16.72
9	35	30	45	2.49	20.60	20.83
10	35	27.5	37.5	2.47	20.98	21.82
11	35	25	45	2.53	15.75	24.27
12	35	20	45	2.48	22.14	20.48
13	30	30	45	2.51	14.94	44.39
14	30	27.5	42.5	2.49	16.75	25.86
15	30	25	45	2.49	20.28	26.78
16	30	20	50	2.49	19.88	29.90

表 5-14　正交试验结果分析

项目	体积密度/g·cm^{-3}		显气孔率/%		抗压强度/MPa	
k1	9.56	7.42	85.13	73.58	100.63	113.24
k2	9.88	9.73	79.62	82.17	86.53	101.78
k3	9.97	9.90	79.47	76.48	87.39	96.62
k4	9.98	9.81	71.85	83.84	126.94	89.84
K1	2.39	1.85	21.28	18.40	25.16	28.31
K2	2.47	2.43	19.90	20.54	21.63	25.45
K3	2.49	2.48	19.87	19.12	21.85	24.16
K4	2.49	2.45	17.96	20.96	31.74	22.46
极差	0.10	0.63	3.32	2.56	10.11	5.85
优化方案	A3/A4	B3	A4	B1	A4	B1

由表 5-14 可知，以体积密度为考虑对象，1～0.074 mm 粒级影响显著，优化的粒级匹配方案为 A3B3 或 A4B3；以显气孔率为考虑对象，3～1 mm 粒级影响显著，优化的粒级匹配方案为 A4B1；以抗压强度为考虑对象，3～1 mm 粒级影响显著，优化的粒级匹配方案为 A4B1。综合考虑体积密度、显气孔率和抗压强度，优化方案为 A4B3，即 3～1 mm 占 30wt.%，1～0.074 mm 占 25wt.%，-0.074 mm 占 45wt.%。

由于电炉镍铁渣中 5～3 mm 粒级含量达 32.39wt.%，为充分利用电炉镍铁渣的大颗粒，进一步采用曲面响应法研究了 5～3 mm，3～1 mm，1～0.074 mm，-0.074 mm 四个粒级配比对耐火材料试样体积密度、显气孔率和抗压强度的影响，响应曲面法试验设计及结果如表 5-15 所示。

表 5-15　响应曲面法试验设计及结果

No.	粒度组成/wt.%				体积密度	显气孔率	抗压强度
	5～3 mm	3～1 mm	1～0.074 mm	-0.074 mm	/g·cm^{-3}	/%	/MPa
1	60	25	15	0	2.55	17.49	39.63
2	45	20	15	20	2.53	5.93	44.16
3	30	25	15	30	2.75	5.93	82.09
4	45	15	10	30	2.60	15.28	56.62
5	45	20	15	20	2.78	5.11	70.77
6	45	25	20	10	2.65	15.55	46.82
7	45	20	15	20	2.79	2.16	70.04
8	45	15	20	20	2.72	5.36	45.75

续表 5-15

No.	粒度组成/wt.%				体积密度/g · cm^{-3}	显气孔率/%	抗压强度/MPa
	5~3 mm	3~1 mm	1~0.074 mm	-0.074 mm			
9	30	20	20	30	2.52	19.91	34.20
10	30	15	15	40	2.48	25.14	37.37
11	45	20	15	20	2.76	5.79	45.29
12	45	25	10	20	2.81	1.80	101.17
13	60	20	20	0	2.58	19.27	22.14
14	45	20	15	20	2.71	6.80	54.35
15	60	20	10	10	2.66	5.31	46.48
16	30	20	10	40	2.23	27.54	20.78
17	60	15	15	10	2.66	13.65	36.80

基于响应曲面法试验所得的研究结果，利用 Design-Expert 软件，分别以耐火材料体积密度、显气孔率和抗压强度为响应值，对试验结果进行了响应分析，其三维响应曲面图分别如图 5-57～图 5-59 所示。由图 5-57 可知，当以体积密度为响应值时，电炉镍铁渣适宜的粒度范围为：5～3 mm 为 36wt.%～48wt.%，3～1 mm 为 23wt.%～25wt.%。由图 5-58 可知，当以显气孔率为响应值时，电炉镍铁渣适宜的粒度范围为：5～3 mm 为 42wt.%～48wt.%，3～1 mm 为 19wt.%～25wt.%。由图 5-59 可知，当以抗压强度为响应值时，电炉镍铁渣适宜的粒度范围为：5～3 mm 为 36wt.%～48wt.%，3～1 mm 为 23wt.%～25wt.%。综合考虑以体积密度、显气孔率和抗压强度为响应值时的分析结果，电炉镍铁渣适宜的粒度范围为：5～3 mm 占 42wt.%～48wt.%，3～1 mm 占 23wt.%～25wt.%，1～0.074 mm 占 15wt.%，-0.074 mm 占 12wt.%～35wt.%。

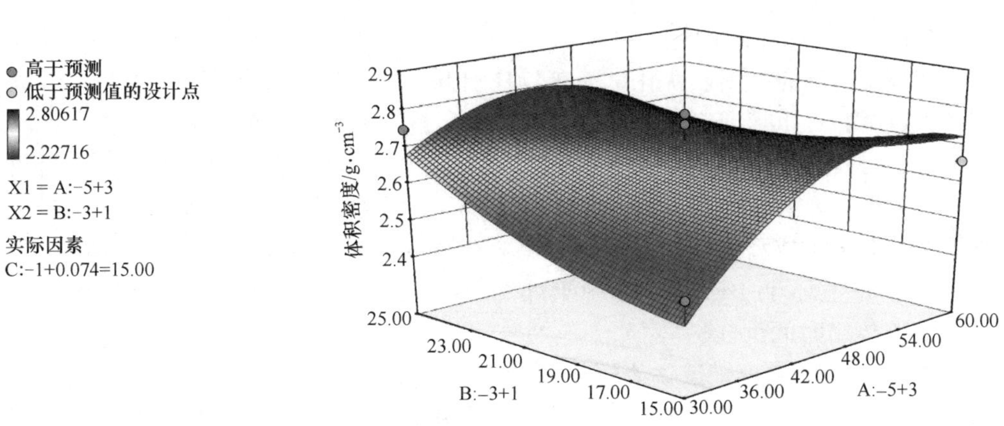

图 5-57 以体积密度为响应值的三维响应曲面图

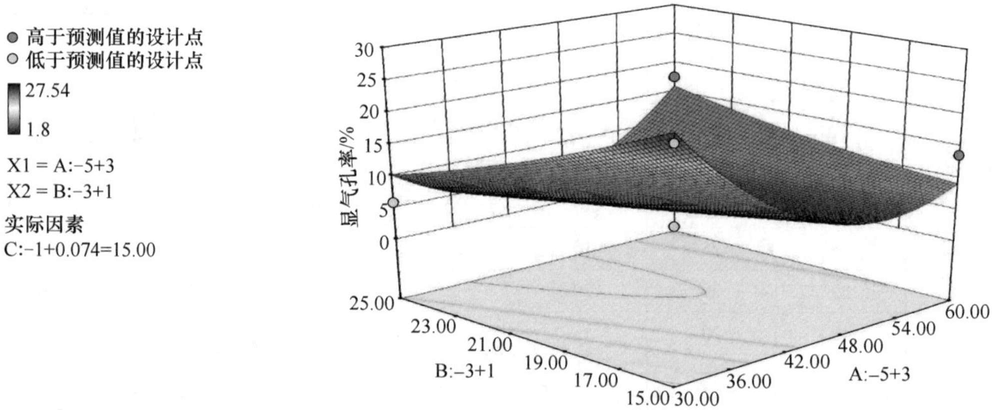

图 5-58　以显气孔率为响应值的三维响应曲面图

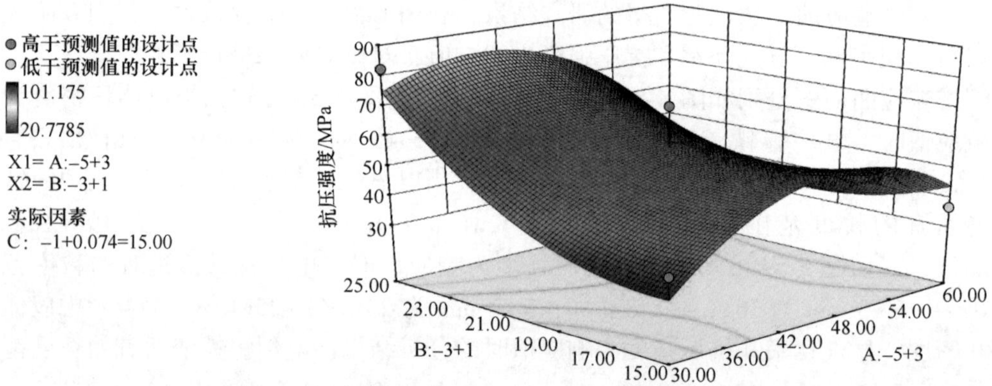

图 5-59　以抗压强度为响应值的三维响应曲面图

5.1.3.8　半工业试验

在小型试验研究所获优化试验参数基础上，进一步在河南某耐火材料厂开展了半工业试验，重点研究了电炉镍铁渣粒度组成对材料性能的影响。

试验时将电炉镍铁渣与适量的镁砂（20wt.%）加入混合机中混匀，随后再加入 5wt.%的氯化镁溶液（浓度为 1.3 g/cm^3），再次混匀。混合料随后在电动螺旋压力机中压制成型，所用成型压力为 100 MPa，生坯尺寸为 200 mm×165 mm×100 mm。将生坯于 105 ℃烘箱中干燥 24 h 后，放于电炉中烧制，烧结温度为 1350 ℃，烧结时间为 3 h。

图 5-60 所示为电炉镍铁渣粒度中-0.074 mm 占 85wt.%时坯体烧结前后的实物图，从图中可以看出，坯体烧结后有非常明显的贯穿裂缝。事实上，坯体裂缝的形成主要归因于原料均为细颗粒，容易造成应力集中，使得压制困难，产生层

裂，而在烧结过程中由于受物相转变的影响，产生体积膨胀，使得裂纹进一步扩大。耐火材料耐火度未发生明显下降，仍为 1660 ℃，体积密度为 2.45 g/cm^3，显气孔率为 24.40%。图 5-61 和图 5-62 所示分别为采用三级粒度级配（3~1 mm 占30wt.%，1~0.074 mm 占 25wt.%，-0.074 mm 占 45wt.%）和四级粒度级配（5~3 mm 占 42wt.%，3~1 mm 占 23wt.%，1~0.074 mm 占 15wt.%，-0.074 mm 占 19wt.%）时坯体烧结前后的实物图。从图 5-61 和图 5-62 可知，无论是采用三级粒度级配还是四级粒度级配，制备得到的坯体烧结前后均无裂缝，所得耐火材料体积密度分别为 2.71 g/cm^3 和 2.74 g/cm^3，显气孔率分别为 17.39%和 16.55%，耐火度均为 1660 ℃。

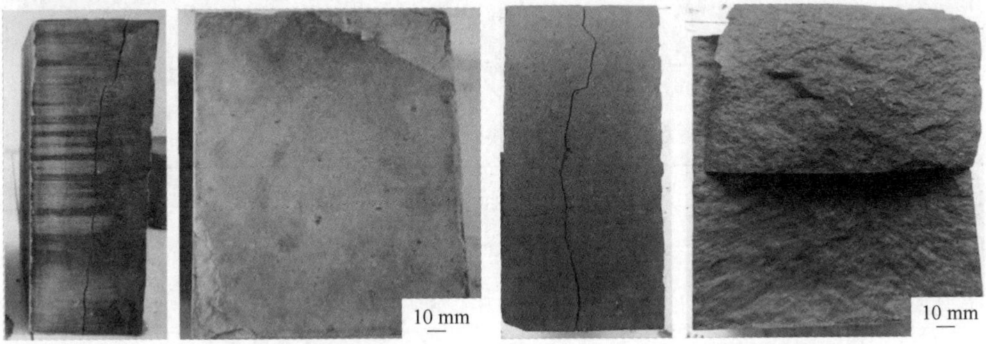

(a) 烧成前　(b) 烧成后

图 5-60　坯体烧结前后实物图（全细颗粒）

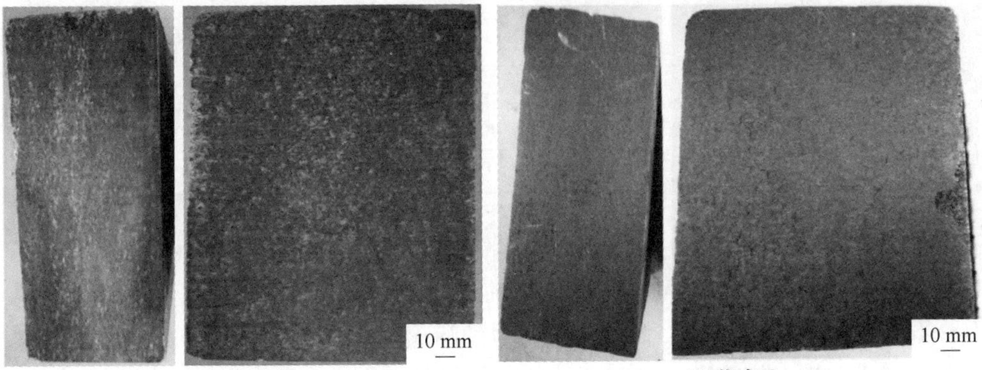

(a) 烧成前　(b) 烧成后

图 5-61　坯体烧结前后实物图（三级粒度级配）

以电炉镍铁渣为主要原料，实验室试验和半工业试验所得的镁橄榄石型复相耐火材料与商用镁橄榄石型耐火砖基本性能对比如表 5-16 所示。

(a) 烧成前　　(b) 烧成后

图 5-62　坯体烧结前后实物图（四级粒度级配）

表 5-16　所得耐火材料与商用镁橄榄石型耐火砖基本性能对比

项目	型号/条件	MgO/wt.%	SiO_2/wt.%	耐火度/℃	体积密度 /g · cm^{-3}	显气孔率 /%
商用镁橄榄石型耐火砖	MS-65	65	20~25	1650	2.65	19.00
	MS-60	60	25~30	1650	2.65	19.00
实验室试验	20wt.%镁砂	48.63	35.29	1660	2.92	1.82
	20wt.%镁砂+6wt.%氧化铬	40.92	39.80	1840	2.68	15.19
	20wt.%镁砂+6wt.%氧化铝	40.92	39.80	1790	2.89	2.01
半工业试验	未粒度级配	48.63	35.29	1660	2.45	24.40
	三级粒度级配	48.63	35.29	1660	2.71	17.39
	四级粒度级配	48.63	35.29	1660	2.74	16.55

从表 5-16 中可以看出，与商用镁橄榄石型耐火砖相比，实验室试验和半工业试验所得耐火材料中 MgO 含量较低，而 SiO_2 含量较高。但是，由于耐火材料中含有高熔点的尖晶石相，所得耐火材料的耐火度均高于 MS-60 和 MS-65 商用镁橄榄石型耐火砖。实验室试验时，所得耐火材料体积密度和显气孔率均优于 MS-60 和 MS-65 商用镁橄榄石型耐火砖。半工业试验时，除了未粒度级配时，由于坯体存在裂缝，使所得耐火材料体积密度低于商用镁橄榄石型耐火砖外，三级粒度级配和四级粒度级配所得耐火材料体积密度分别为 2.71 g/cm^3 和 2.74 g/cm^3，均高于商用镁橄榄石型耐火砖。由此可知，采用粒度级配，可在半工业试验中制备得到性能优良的耐火材料。

本技术与现有镁橄榄石型耐火材料制备技术的对比如表 5-17 所示。本技术以冶金工业固体废弃物（电炉镍铁渣）为原料代替矿物资源生产复相耐火材料，可实现电炉镍铁渣的全组分高值化利用，变废为宝，具有显著的经济效益和环境效益。相比于传统以橄榄岩等为原料生产镁橄榄石型耐火材料，以电炉镍铁渣为原料无需预先煅烧处理过程，工艺简单。本技术通过协同调控添加剂与烧结制度，控制烧结过程液相量，实现液相强化烧结，烧结温度也由传统方法所需的 1500~1700 ℃降低至 1350 ℃，生产成本降低 40%以上，具有良好的经济效益。同时，本技术制备得到的耐火材料综合性能优于同类型商业制品，具有良好的推广应用前景。

表 5-17 本技术与现有镁橄榄石型耐火材料制备技术的对比

项目	现有技术	本技术
原料	橄榄岩、蛇纹岩等（矿物资源）	电炉镍铁渣（冶金废弃物）
原料预处理	橄榄岩需预先煅烧	无需煅烧处理
烧结温度	1500~1700 ℃	1350 ℃
烧结时间	3~6 h	3 h
产品质量	耐火度：1650 ℃，体积密度：2.65 g/cm^3，显气孔率：19%	耐火度：1660 ℃，体积密度：2.71~2.74 g/cm^3，显气孔率：16.55%~17.39%
生产成本	3250 元/吨	1940 元/吨

5.1.4 制备 $MgO-Al_2O_3-SiO_2$ 不定形浇注料

浇注料是一种不同于普通定形耐火砖的耐火材料制品。其制备方式与耐火砖具有很大区别。合理的粒度级配（包括粒度和质量占比）对于浇注料获得足够的强度至关重要[7-8]。考虑到大多数电炉镍铁渣颗粒小于 5 mm[9]，因此选择粒径为 0.15~5 mm 的颗粒作为骨料。最佳骨料颗粒质量百分比根据 Andreasen 的粒度分布理论计算得出，如式（5-4）所示[10]。

$$CPFT = (D^q - D_s^q)/(D_L^q - D_s^q) \tag{5-4}$$

其中，$CPFT$ 是粒度小于 D 的颗粒的累积百分比；q 是粒度分布系数；D 是颗粒粒度；D_s是最小颗粒粒度，D_L是最大颗粒粒度。在这些参数中，q 至关重要，因为它会影响浇注料颗粒的堆积密度。研究中将其确定为 0.30，以制定合理的骨料比例，同时最大限度地利用电炉镍铁渣[7]。浇注料的设计成分如表 5-18 所示。其中，电炉镍铁渣和 CAC 的总百分比分别保持在 85wt.%和 15wt.%。

表 5-18　浇注料的组成　(wt.%)

原料	粒度/mm	样品				
		浇注料 1 ($M/A=1/4$)	浇注料 2 ($M/A=1/3$)	浇注料 3 ($M/A=3/7$)	浇注料 4 ($M/A=7/13$)	浇注料 5 ($M/A=2/3$)
电炉镍铁渣	0.15~5	80.00	75.00	70.00	65.00	60.00
	-0.074	5.00	10.00	15.00	20.00	25.00
CAC	-0.074	15.00	15.00	15.00	15.00	15.00
水	—	7.00	8.75	10.50	12.25	14.00

注：M/A=基质与骨料质量比。

通过 XRD 测定了浇注料在 110 ℃干燥后的相变，如图 5-63 所示。浇注料在干燥后没有发生明显的相变。除少量刚玉（corundum，Al_2O_3）外，主要的晶相为三水铝石（gibbsite，$Al(OH)_3$）、卡托石（katoite，$Ca_3Al_2(OH)_{12}$）、橄榄石（olivine，$(Mg, Fe)_2SiO_4$）。CAC 是浇注料早期物理强度的来源，因为其与水反应后，可促进大量水合物相（xCaO-$y$$Al_2O_3$-$z$$H_2O$ 和 Al_2O_3-$3H_2O$）的析出[11-12]。虽然 CaO-Al_2O_3-$10H_2O$ 和 2CaO-Al_2O_3-$8H_2O$ 是 CAC 的主要水化产物，但它们并不稳定，很容易转化为 3CaO-Al_2O_3-$6H_2O$（卡托石）和 Al_2O_3-$3H_2O$（三水铝石），如式（5-5）和式（5-6）所示[13-14]。

$$2(CaO \cdot Al_2O_3 \cdot 10H_2O) \longrightarrow 2CaO \cdot Al_2O_3 \cdot 8H_2O + Al_2O_3 \cdot 3H_2O + 9H_2O \tag{5-5}$$

$$3(2CaO \cdot Al_2O_3 \cdot 8H_2O) \longrightarrow 2(3CaO \cdot Al_2O_3 \cdot 6H_2O) + Al_2O_3 \cdot 3H_2O + 9H_2O \tag{5-6}$$

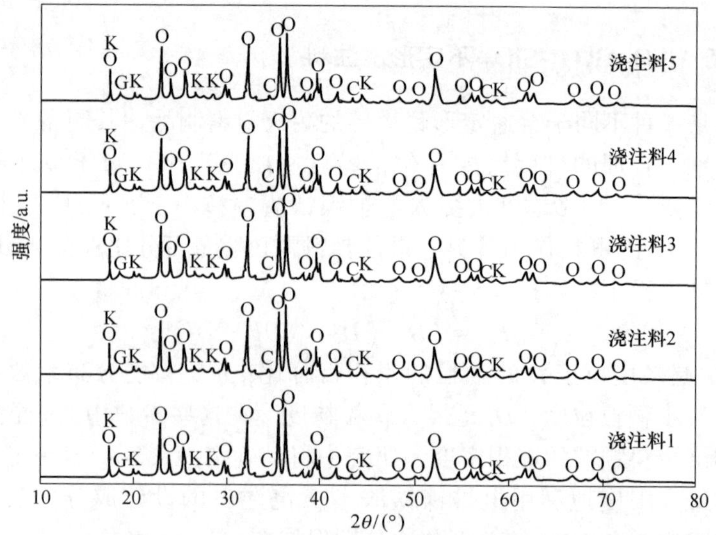

图 5-63　浇注料 1~5 在 110 ℃下干燥后的 XRD 图谱

C—刚玉（Al_2O_3）；G—三水铝石（$Al(OH)_3$）；K—卡托石（$Ca_3Al_2(OH)_{12}$）；O—橄榄石（$(Mg, Fe)_2SiO_4$））

稳定的水合物有助于提高浇注料的密度和机械强度[13]。为进一步确定 *M/A* 对浇注料相变的影响，对上述 XRD 图谱进行半定量拟合，得到了主要相的含量。如图 5-64 所示，随着 *M/A* 的增加，三水铝石和卡托石的含量分别从 7.3wt.%增加到 11.5wt.%，从 2.6wt.%增加到 7.5wt.%。

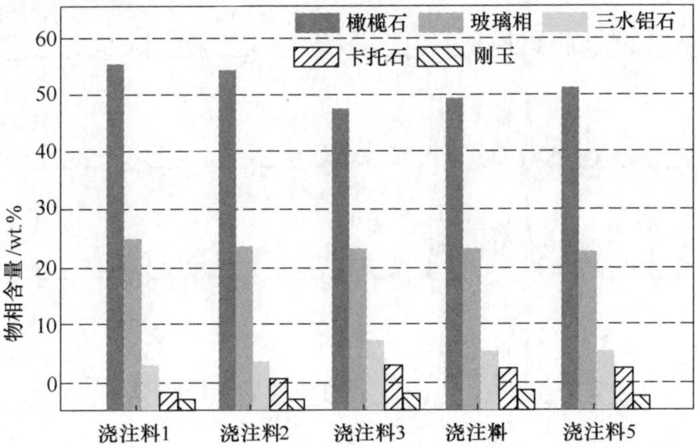

图 5-64 浇注料 1~5 在 110 ℃下干燥后的物相含量

浇注料在 1250 ℃热处理后的相组成如图 5-65 所示。检测到的主要晶相为钙长石（anorthite，$CaAl_2Si_2O_8$）、斜顽火辉石（clinoenstatite，$Ca_{0.1}Mg_{0.9}SiO_3$）、原顽火辉石（protoenstatite，$MgSiO_3$）、镁橄榄石（forsterite，Mg_2SiO_4）、镁铁铝尖晶石（magnesium iron aluminate spinel，$MgFe_{1.5}Al_{0.5}O_4$）和镁铬尖晶石（magnesium chromate spinel，$MgCr_2O_4$）。钙长石的出现是 CaO、SiO_2 和 Al_2O_3 反应的结果[15-16]。镁橄榄石、原顽火辉石、镁铁铝尖晶石和镁铬尖晶石的出现与电炉镍铁渣在高温下分解有关[5,17,18]。一般认为，原顽火辉石（Pbcn）同顽火辉石（Pbca）、斜顽火辉石（P21/c）和高温斜顽火辉石（C2/c）都属于 $MgSiO_3$ 晶型的化合物，但其中只有原顽火辉石在 985 ℃以上具有热力学稳定性[17]。由于它具有高强度、低介电损耗和优异的抗热震性，因此可以提高浇注料的性能[18]。然而，在冷却过程中，原顽火辉石会在大约 600 ℃的温度下部分转变为斜顽火辉石[19-20]。这将产生约 2.8%的体积收缩和裂纹率，不利于保障材料的机械性能[21]。

图 5-66 所示为在 1250 ℃热处理后浇注料物相含量随 *M/A* 的变化。斜顽火辉石的含量从 35.7wt.%降至 24.6wt.%。与此同时，钙长石的含量从 21.1wt.%增加到 26.3wt.%，这有利于材料的致密化。事实上，随着 *M/A* 的增加，比表面积更大、反应活性更高的细电炉镍铁渣粉末含量也在增加。因此，电炉镍铁渣和 CAC 之间的界面反应速率加快，从而抑制了斜顽火辉石的生成，同时又促进了

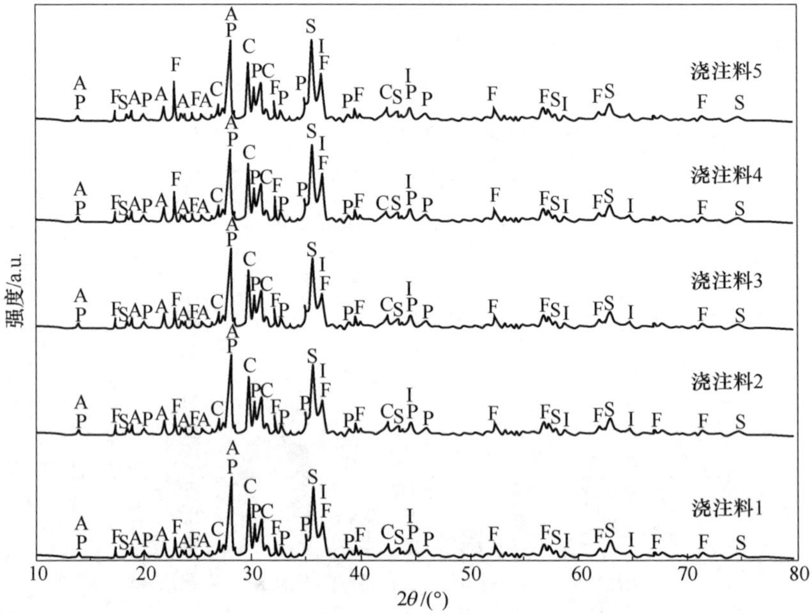

图 5-65　浇注料 1~5 在 1250 ℃下热处理后的 XRD 图谱

A—钙长石（$CaAl_2Si_2O_8$）；C—斜顽火辉石（$Ca_{0.1}Mg_{0.9}SiO_3$）；F—镁橄榄石（Mg_2SiO_4）；I—镁铁铝尖晶石（$MgFe_{1.5}Al_{0.5}O_4$）；P—原顽火辉石（$MgSiO_3$）；S—镁铬尖晶石（$MgCr_2O_4$）

钙长石的生成。除上述变化外，由于电炉镍铁渣粉末在高温下的分解，镁橄榄石的含量从 13.6wt.%增加到 21.9wt.%。这些相含量变化与上述热力学分析相一致。

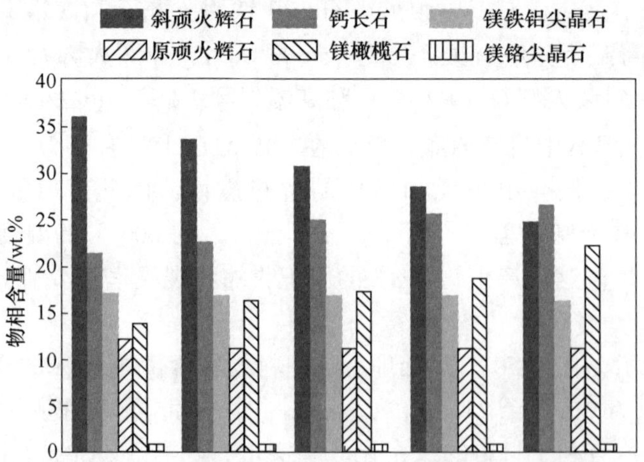

图 5-66　浇注料 1~5 在 1250 ℃下热处理后的物相含量

为了研究热处理后浇注料的微观结构特征，对不同 *M/A* 值的样品进行了 SEM-EDS 分析。如图 5-67 所示，在 1250 ℃热处理之后，浇注料由斜顽火辉石（点 1、点 15 和点 20）、钙长石（点 2、点 6、点 13、点 17 和点 23）、镁铁铝尖晶石（点 3、点 5、点 8、12、点 18 和点 24）、原顽火辉石（点 7、点 10、点 21 和点 14）、镁橄榄石（点 11、点 16、点 19、点 22 和点 25）和镁铬尖晶石（点 4 和点 9）组成。随着 *M/A* 的增加，上述各相的分布变得更加均匀。

图 5-68 所示为浇注料在 1250 ℃煅烧后的微观结构和孔径分布。随着 *M/A* 的增加，平均孔径逐渐减小，从 0.49 mm 减小到 0.32 mm 左右。可见，*M/A* 的增加有利于浇注料的均匀化和致密化。

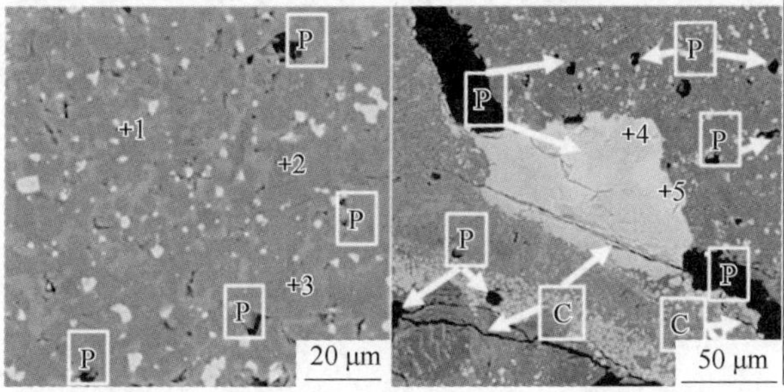

元素	点1 原子分数/%	点2 原子分数/%	点3 原子分数/%	点4 原子分数/%	点5 原子分数/%
O	54.40	59.54	48.94	49.74	48.70
Mg	11.22	2.52	13.73	15.64	12.30
Al	2.40	13.13	4.33	2.61	5.25
Si	21.27	17.12	0.40	0.18	0.13
Ca	7.94	5.55	0.22	0.06	0.00
Cr	0.17	0.26	11.11	25.53	10.31
Fe	2.42	1.75	20.98	6.07	22.86
Ni	0.17	0.13	0.29	0.16	0.44

(a) 浇注料1

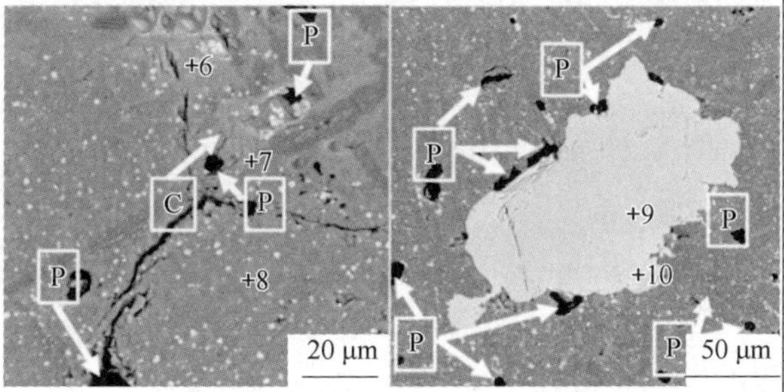

元素	点6 原子分数/%	点7 原子分数/%	点8 原子分数/%	点9 原子分数/%	点10 原子分数/%
O	58.34	56.15	50.98	51.35	53.71
Mg	5.83	16.92	15.00	13.97	20.29
Al	11.90	1.50	18.01	2.43	0.83
Si	16.80	21.42	0.82	0.22	21.67
Ca	6.38	2.30	0.19	0.00	0.16
Cr	0.03	0.22	1.85	25.61	0.64
Fe	0.67	1.48	13.05	6.23	2.55
Ni	0.04	0.02	0.08	0.20	0.16

(b) 浇注料2

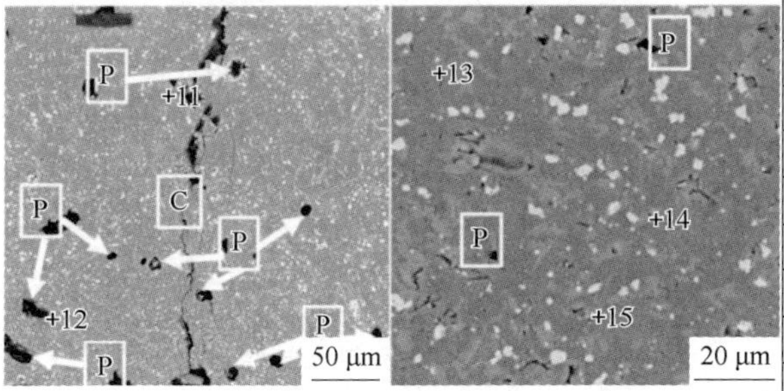

元素	点11 原子分数/%	点12 原子分数/%	点13 原子分数/%	点14 原子分数/%	点15 原子分数/%
O	52.46	52.89	57.25	57.91	57.27
Mg	28.29	12.37	0.48	16.30	9.29
Al	1.44	5.05	15.80	1.54	3.30
Si	16.51	6.27	17.78	20.78	20.45
Ca	0.24	0.79	7.90	1.71	6.80
Cr	0.17	4.03	0.00	0.20	0.14
Fe	0.86	18.37	0.74	1.46	2.63
Ni	0.10	0.23	0.06	0.09	0.13

(c) 浇注料3

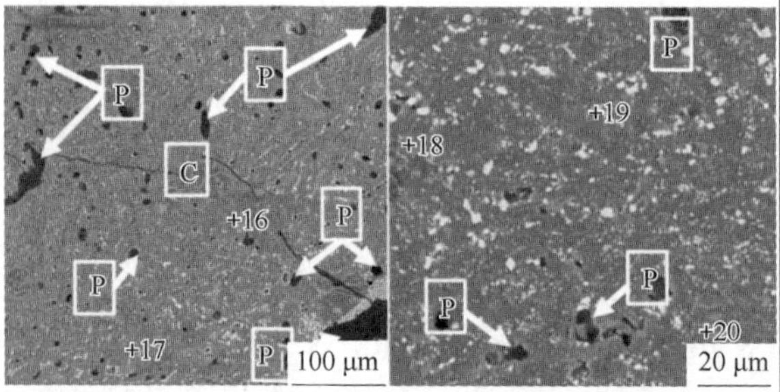

元素	点16 原子分数/%	点17 原子分数/%	点18 原子分数/%	点19 原子分数/%	点20 原子分数/%
O	51.82	58.53	52.04	51.44	57.88
Mg	26.74	2.07	11.73	30.42	7.02
Al	3.02	13.67	4.52	0.06	2.25
Si	15.61	15.87	8.74	17.25	25.29
Ca	0.87	6.46	0.46	0.16	4.64
Cr	0.22	0.49	2.93	0.01	0.22
Fe	1.60	2.80	19.32	0.59	2.63
Ni	0.12	0.11	0.25	0.07	0.09

(d) 浇注料4

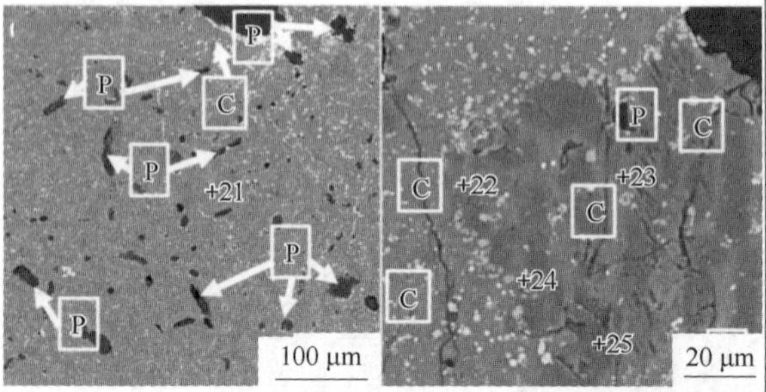

元素	点21 原子分数/%	点22 原子分数/%	点23 原子分数/%	点24 原子分数/%	点25 原子分数/%
O	59.54	55.94	54.42	49.04	51.89
Mg	2.52	8.53	12.22	13.81	28.99
Al	13.13	5.98	9.29	16.57	0.59
Si	17.12	24.24	15.02	3.54	17.27
Ca	5.55	3.66	3.66	0.77	0.25
Cr	0.26	0.07	0.49	1.23	0.12
Fe	0.75	1.45	4.72	14.69	0.82
Ni	0.13	0.14	0.19	0.35	0.07

(e) 浇注料5

图 5-67　浇注料 1~5 在 1250 ℃热处理后的 SEM-EDS 分析

P—孔洞；C—裂纹

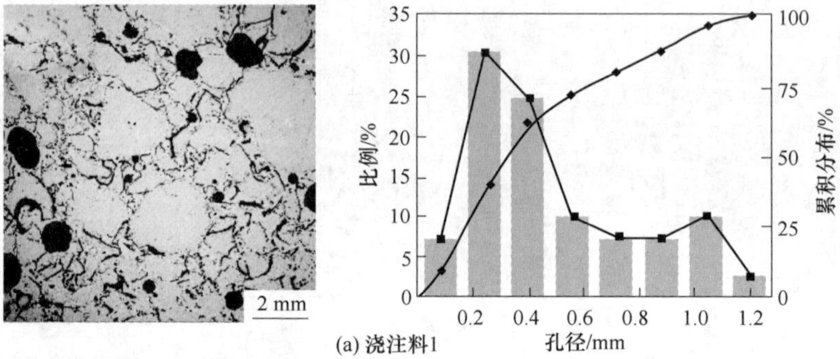

(a) 浇注料1

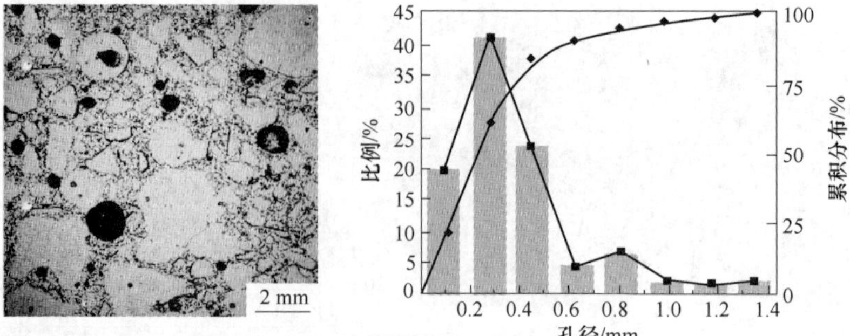

(b) 浇注料2

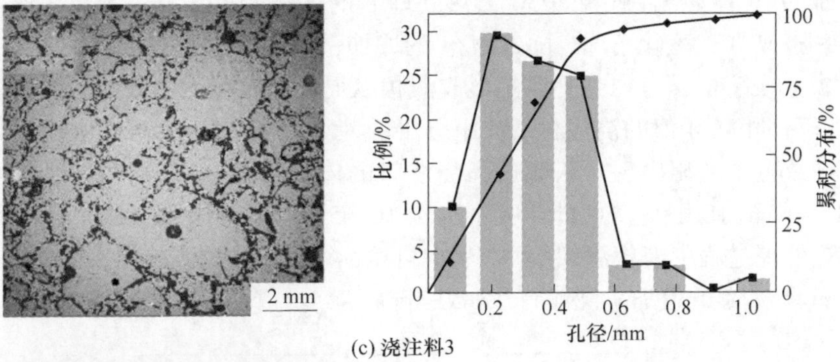

(c) 浇注料3

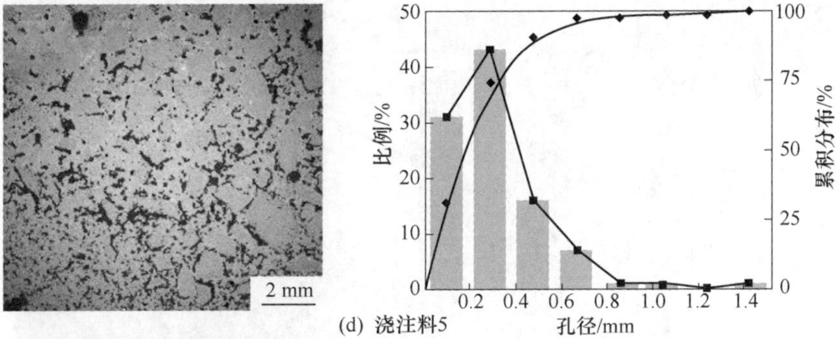

(d) 浇注料5

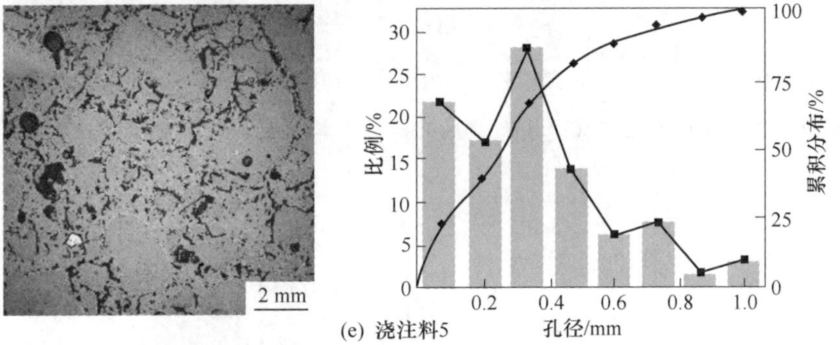

(e) 浇注料5

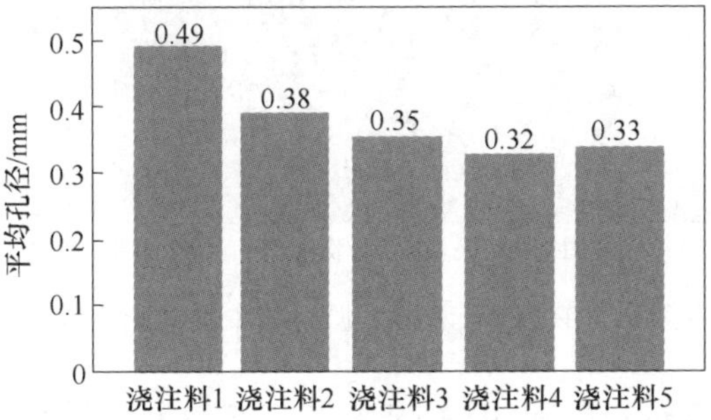

(f) 孔径分部

图 5-68 浇注料 1~5 在 1250 ℃热处理后的微观结构及孔径分布

图 5-69 所示为浇注料在 1250 ℃热处理后的体积密度、显气孔率、吸水率和线收缩率随 *M/A* 的变化情况。随着 *M/A* 的增加，浇注料的体积密度从 2.33 g/cm^3 增加到 2.49 g/cm^3。考虑到基质是形成液相以提高致密化的主要成分，计算了在 1250 ℃下不同 *M/A* 值的浇注料基质组分中的液相含量，如图 5-70 所示。*M/A* 的增加会导致更多液相出现，从而提高浇注料的体积密度[22]。同时，显气孔率也从 23.15%降至 18.58%。此外，吸水率从 10.65%逐渐下降到 7.44%，这可能是由于在热处理过程中液相渗入所致[23]。同样，线收缩率也从 0.9%降至−1.88%，原因是随着 *M/A* 的增加，浇注料致密性升高。

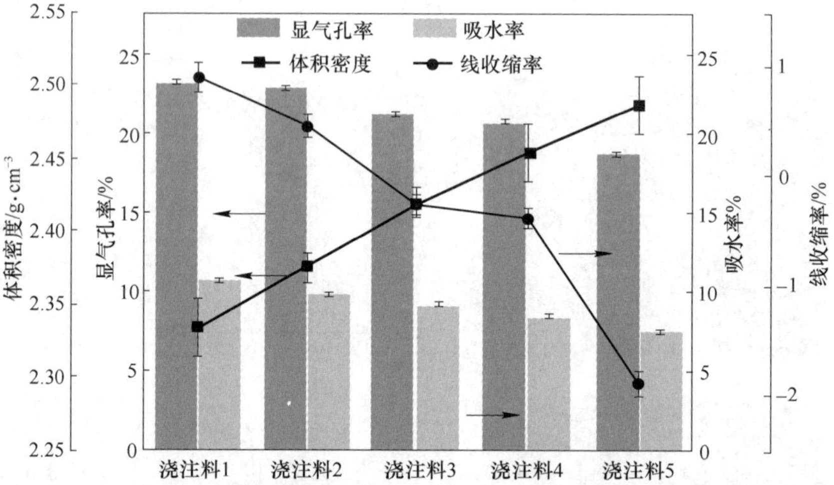

图 5-69　浇注料 1~5 在 1250 ℃热处理后的显气孔率、吸水率、体积密度和线收缩率

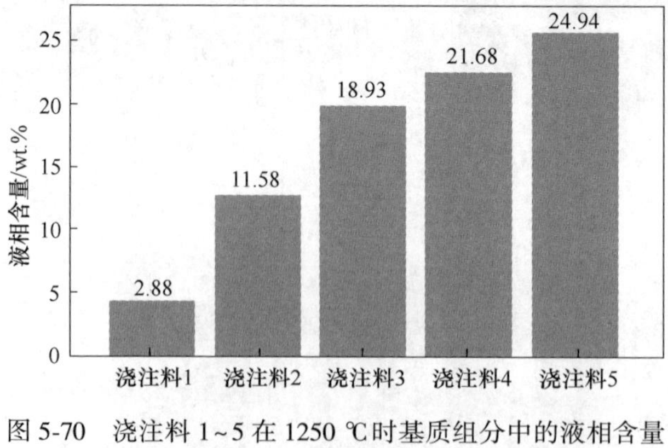

图 5-70　浇注料 1~5 在 1250 ℃时基质组分中的液相含量

图 5-71 所示为浇注料抗折强度随 *M/A* 的变化。在 110 ℃下干燥后，浇注料 2 的（*M/A*=1/3）强度最高，为 7.55 MPa。干燥后，浇注料的强度主要来源于

CAC 水化产物的结合效应和骨料提供的骨架支撑作用[24-25]。如图 5-72 所示，浇注料的界面结构随 *M/A* 的增加而变化。当 *M/A* 较低时，颗粒相互接触，呈现出紧密堆积效果。当有外力作用时，骨料颗粒能有效阻止裂纹的扩展。随着 *M/A* 的增加，骨料颗粒逐渐分散，在外力作用下裂纹扩展加剧。此外，*M/A* 越高，浇注料中骨料颗粒数量越少，骨架支撑力越弱，抗折强度也越低。

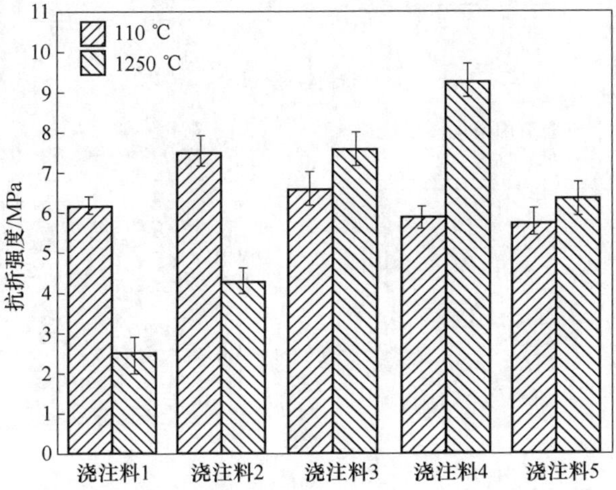

图 5-71 浇注料 1~5 在 110 ℃干燥后和 1250 ℃热处理后的抗折强度

在 1250 ℃热处理后，浇注料的抗折强度随着 *M/A* 的增加先升高，然后降低，浇注料 4（*M/A*=7/13）的抗折强度最高，为 9.30 MPa，明显高于在 110 ℃干燥后的浇注料强度。这是因为在 100~550 ℃的温度范围内，CAC 水化产物的分解和水分的流失导致了孔隙的形成和材料体积的收缩，从而使浇注料主要的水化结合能力消失失效[23]。在更高温度下，如 1250 ℃，新生成的液相将为材料提供一种新的结合模式，即陶瓷结合[23]，在与骨架支撑作用的双重影响下，增强了浇注料的强度。如图 5-70 所示，当 *M/A* 从 1/4 增加到 2/3 时，液相含量从 2.88wt.%增加到 24.94wt.%，有效促进了浇注料内部的结合效果。除了陶瓷结合力的影响外，浇注料结构也会影响其抗折强度。当 *M/A* 值从 1/4 增加到 7/13 时，浇注料中的孔隙数量减少，分布更加均匀。如图 5-72 所示，在外力作用下，由于基体和骨料颗粒的结合和支撑作用，裂纹扩展受到抑制。当 *M/A* 值从 7/13 增加到 2/3 时，抗折强度下降，主要原因是骨架支撑作用减弱。

隔热性能也是浇注料需要考察的一个关键指标，低热导率的浇注料有助于减少设备工作过程中的热量损耗，降低能源消耗。图 5-73 所示为浇注料在 1000 ℃时的热导率。随 *M/A* 从 1/4（浇注料 1）增加到 3/7（浇注料 3），热导率从 1.46 W/(m·K) 增加到 1.92 W/(m·K)，这是由于材料孔径减小所致[26]。当 *M/A* 值从 3/7（浇注料 3）增至 2/3（浇注料 5）时，该参数降至 1.33 W/(m·K)。

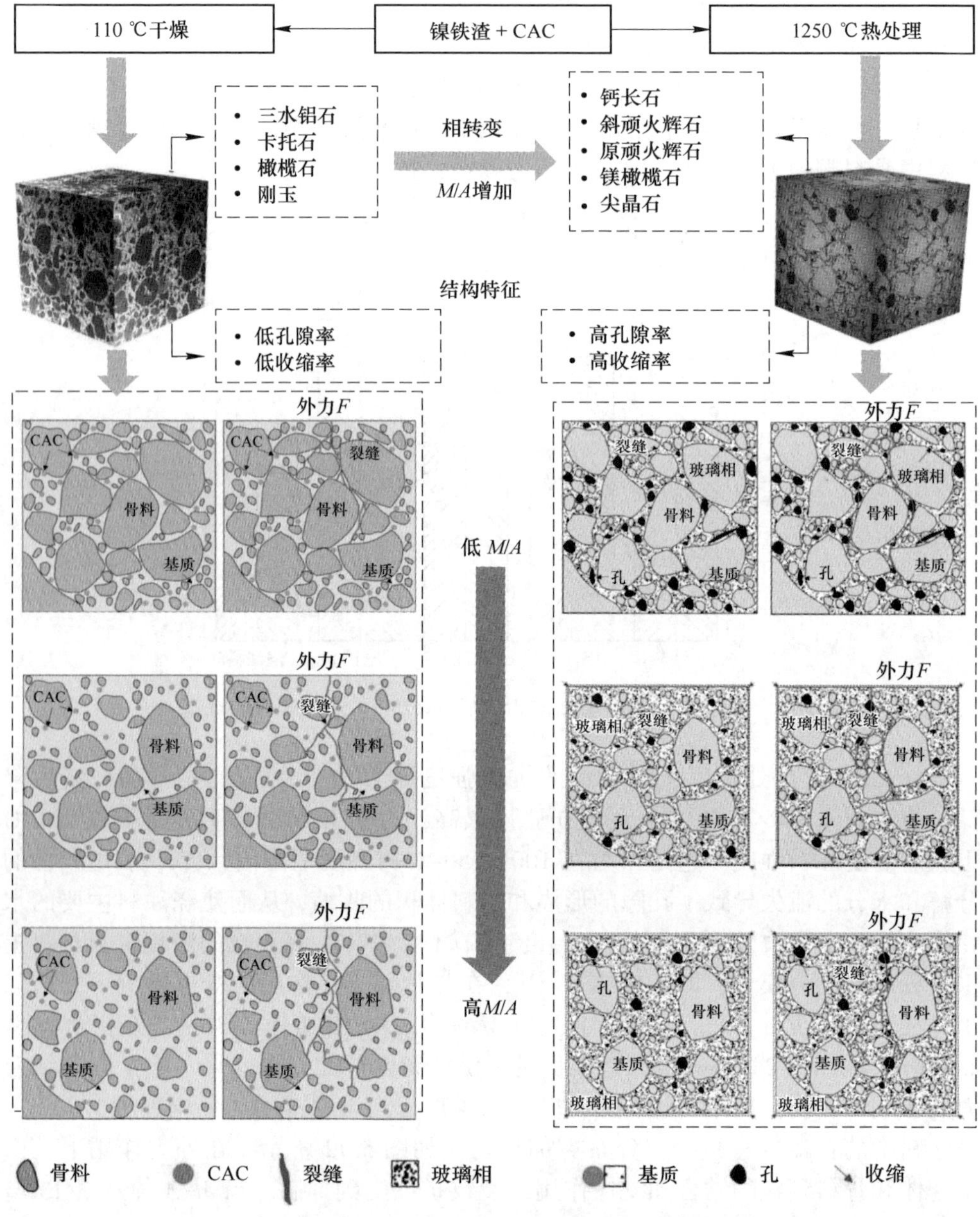

图 5-72　浇注料干燥和高温烧结后的界面结构和裂纹扩展示意图

由于材料的孔隙率和孔径在这一阶段没有发生显著变化，相变成为影响性能的关键因素[26]。具体而言，这是由于低热导率的镁橄榄石（1000 ℃时热导率为1.25~1.4 W/(m·K)）含量增加，而热导率较高的斜顽火辉石（热导率为4.5~5 W/(m·K)）含量降低所致[27-28]。

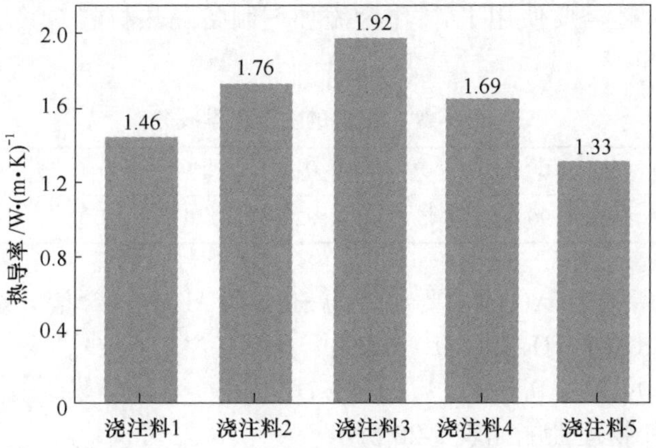

图 5-73 浇注料 1~5 在 1250 ℃热处理后在 1000 ℃下的热导率

根据上述结果，当 M/A 为 7/13 时，使用电炉镍铁渣制备的浇注料具有最佳的综合性能。与《浇注料国家标准》（GB/T 22590—2021）中的规定相比，它具有更低的线性收缩率（-0.37% vs. ±0.5%）和更高的抗折强度（9.30 MPa vs. 4 MPa）。此外，与热导率为 2.0~2.2 W/(m·K) 的商业 SiO_2-Al_2O_3 浇注料和热导率为 2.0~2.5 W/(m·K) 的 MgO 浇注料相比，该浇注料的热导率更小，仅为 1.69 W/(m·K)[7,29]，这为镍铁渣的资源化利用提供了一个切实可行的方案。

上述结果表明，依据镍铁渣硅高、镁高，主要物相为橄榄石（镁铁橄榄石等）的化学和物相组成特性，通过研究镍铁渣在添加剂作用下高温烧结过程物相变化行为与微观结构演变规律，揭示添加剂作用下镍铁渣体系主要物相定向转变及调控机制，成功开发了以镍铁渣为主要原料制备镁质复相定形耐火材料新工艺。依据镍铁渣的组成和粒度特性，开发并制备了以镍铁渣为主要原料，铝酸钙水泥为结合剂的 MgO-Al_2O_3-SiO_2 浇注料，成功将镍铁渣转化为可利用的不定形耐火材料。

5.2 镍铁渣与漂珠复合制备隔热材料

由第 3 章和第 4 章的分析可知，以电炉镍铁渣和高炉镍铁渣为主要原料制备隔热材料，需要引入造孔剂。漂珠（FAC）是一种具有空心结构的硅铝型固废，将其引入镍铁渣中制备隔热材料，不仅能提高材料的孔隙率，降低热导率，而且有助于顽火辉石和堇青石等低热导率物相的生成，进一步强化材料的隔热性能。这种“以废治废”的思路对于促进生态环境绿色发展和低成本制备隔热材料具有重要意义。依据此思路，开展了镍铁渣与漂珠复合制备隔热材料研究。

5.2.1 原料性能

制备隔热材料的主要原料为电炉镍铁渣和高炉镍铁渣，其主要物化性能详见

第 2 章。此外，还需要使用 FAC 作为添加剂制备隔热材料，其主要化学成分如表 5-19 所示。

表 5-19　FAC 的主要化学成分　（wt.%）

成分	MgO	SiO_2	Fe_2O_3	Al_2O_3	CaO	Cr_2O_3	Na_2O	烧损
含量	0.43	55.96	3.45	34.82	1.10	0.03	0.45	0.53

如表 5-19 所示，FAC 的主要成分为 SiO_2 和 Al_2O_3，含量分别为 55.96wt.%，34.82wt.%。MgO、Fe_2O_3、CaO、Cr_2O_3、Na_2O 含量较少，分别为 0.43wt.%、3.45wt.%、1.10wt.%、0.03wt.%、0.45wt.%。

FAC 的主要物理性能如表 5-20 所示。

表 5-20　FAC 的主要物理性能

名称	堆密度/$g \cdot cm^{-3}$	密度/$g \cdot cm^{-3}$	吸水率/%	抗压强度/MPa
FAC	0.41	0.77	39	0.53

如表 5-20 所示，FAC 的堆密度和密度均较小，分别为 0.41 g/cm^3 和 0.77 g/cm^3，有助于隔热材料的轻量化。吸水率为 39%，这是由于 FAC 是一种空心结构的微珠。其抗压强度较低，仅有 0.53 MPa。

图 5-74 所示为 FAC 的 XRD 图谱和粒度分布曲线。由图 5-74（a）可知，FAC 的主要物相为莫来石（$Al_6Si_2O_{13}$）和石英（SiO_2）。FAC 粒度分布如图 5-74（b）所示，50%的 FAC 粒径小于 56.29 μm，90%的 FAC 粒径小于 130.51 μm。

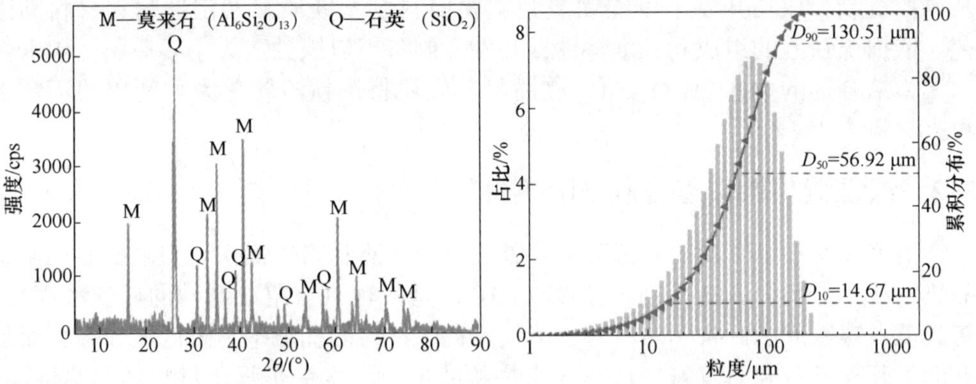

(a) XRD图谱　　(b) 粒度分布

图 5-74　FAC 的 XRD 图谱和粒度分布曲线

FAC 的微观结构如图 5-75 所示。FAC 的颗粒主要呈球状，壁薄中空，表面封闭且光滑。

图 5-75 FAC 的微观结构

FAC 的 SEM-EDS 结果如图 5-76 所示。FAC 由大量平均粒径为 57 μm 左右的空心微球组成[30-32]。它主要由 Si、Al 和 O 三种元素组成，还含有少量的 Fe、Ca

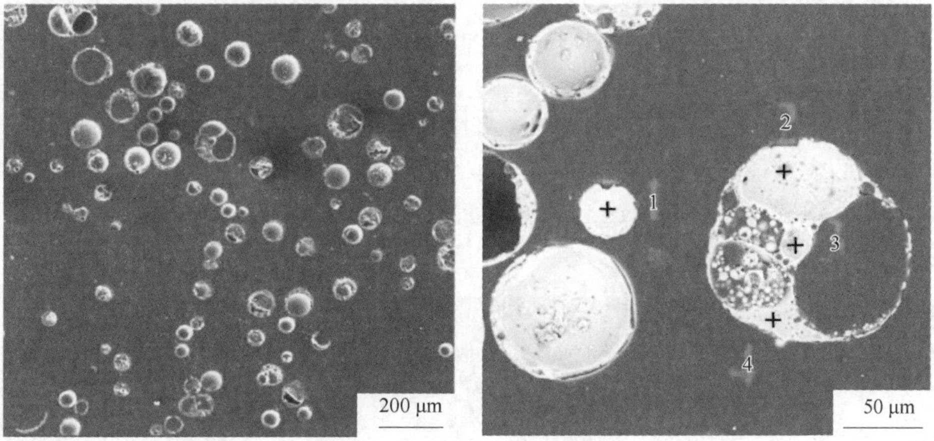

(a) SEM图

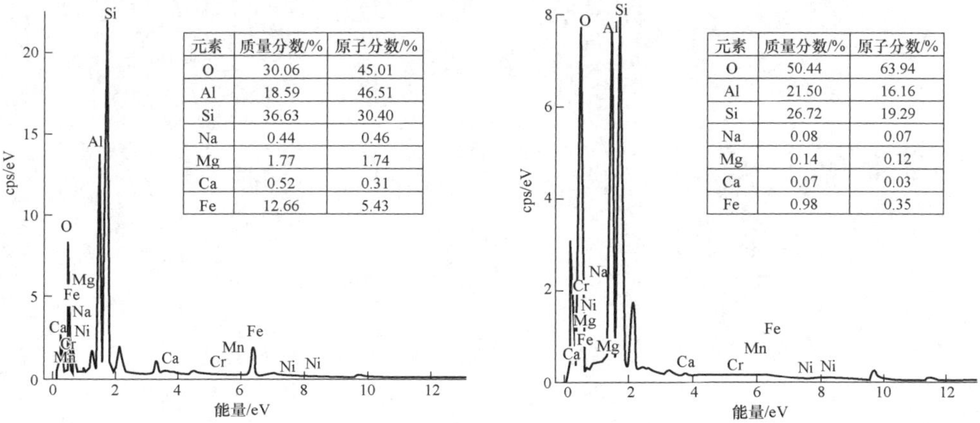

元素	质量分数/%	原子分数/%
O	30.06	45.01
Al	18.59	46.51
Si	36.63	30.40
Na	0.44	0.46
Mg	1.77	1.74
Ca	0.52	0.31
Fe	12.66	5.43

(b) 点1

元素	质量分数/%	原子分数/%
O	50.44	63.94
Al	21.50	16.16
Si	26.72	19.29
Na	0.08	0.07
Mg	0.14	0.12
Ca	0.07	0.03
Fe	0.98	0.35

(c) 点2

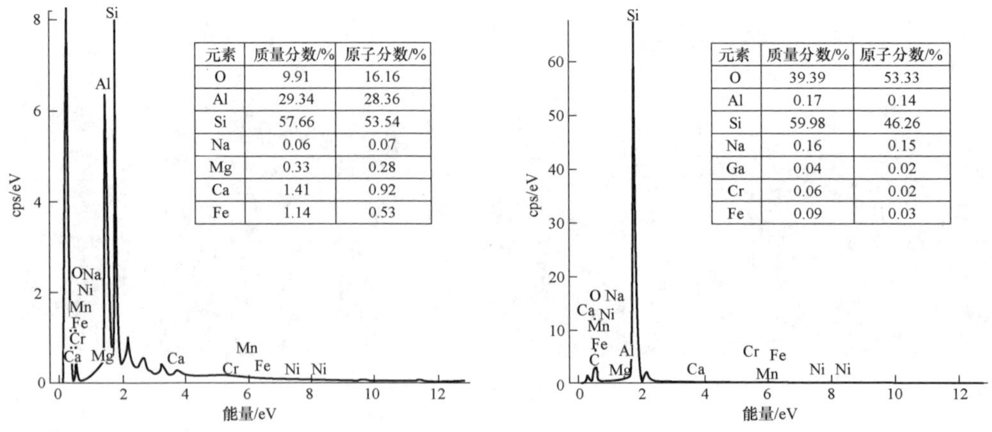

元素	质量分数/%	原子分数/%
O	9.91	16.16
Al	29.34	28.36
Si	57.66	53.54
Na	0.06	0.07
Mg	0.33	0.28
Ca	1.41	0.92
Fe	1.14	0.53

(d) 点3

元素	质量分数/%	原子分数/%
O	39.39	53.33
Al	0.17	0.14
Si	59.98	46.26
Na	0.16	0.15
Ga	0.04	0.02
Cr	0.06	0.02
Fe	0.09	0.03

(e) 点4

能量/keV

图 5-76　FAC 的 SEM-EDS 分析

和 Mg。点 1~3 的 EDS 分析证明了莫来石和石英共存，而点 4 的 EDS 分析则证实了 SiO_2 的存在。

FAC 的元素面扫描分析结果如图 5-77 所示。FAC 中元素分布较为均匀，其中硅和铝的含量最高。铁、镁、钙、镍、铬元素的含量较少。FAC 中硅元素、铝元素和氧元素嵌布在一起，这与 FAC 的主要物相为莫来石（$3Al_2O_3 \cdot 2SiO_2$）和石英（SiO_2）有关。

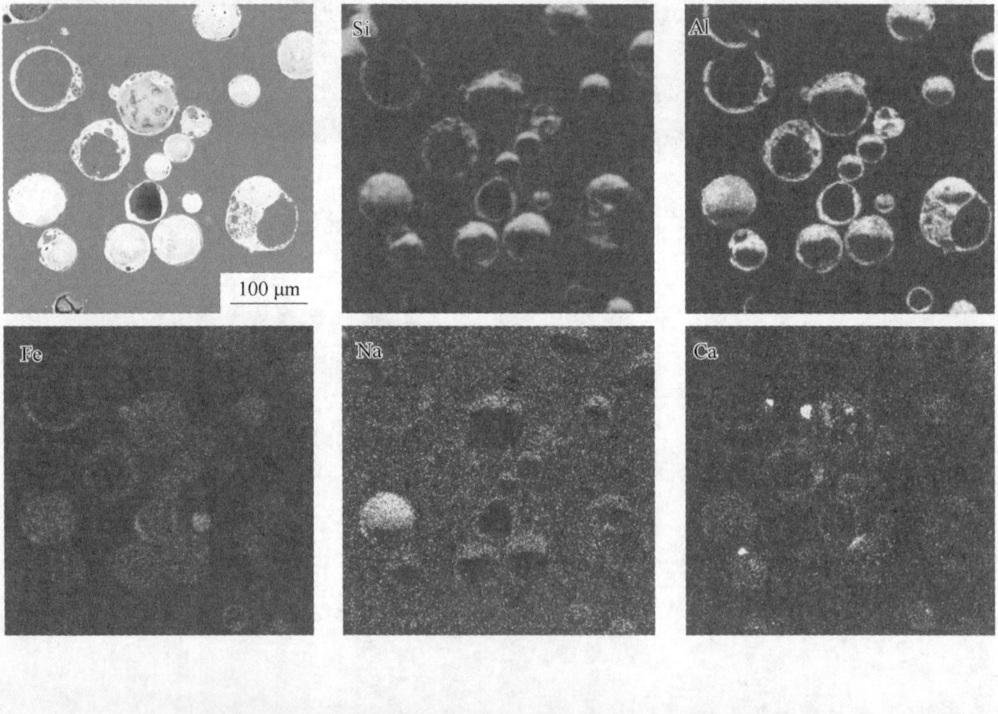

图 5-77　FAC 的面扫描分析

在升温速度为 10 ℃/min 和空气气体流速为 50 mL/min 的条件下，FAC 在室温至 1300 ℃温度范围内的 TG-DSC 结果如图 5-78 所示。DSC 曲线上 102.1 ℃的吸热峰对应于物理水的蒸发。381.1 ℃的第一个放热峰归因于样品夹带气体的去除[31]，而 684.7 ℃的第二个放热峰则与 FAC 中含碳物质的分解有关[33]。

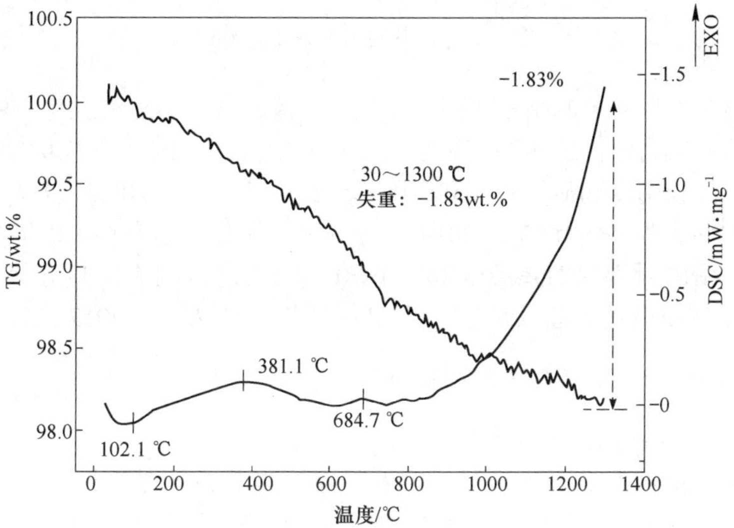

图 5-78　FAC 在空气气氛下的 TG-DSC 曲线

5.2.2　研究方法

隔热材料的制备流程如图 5-79 所示。将镍铁渣和 FAC 按照一定比例均匀混合，以羧甲基纤维素钠（CMC）为结合剂，利用手动液压机将粉末在 6 MPa 下压成直径 20 mm，高 15 mm 的圆柱团块。将成型后的试样放入 110 ℃的烘箱下干燥 3 h，随后置于马弗炉中烧结，最后对冷却后的烧结制品进行性能检测。

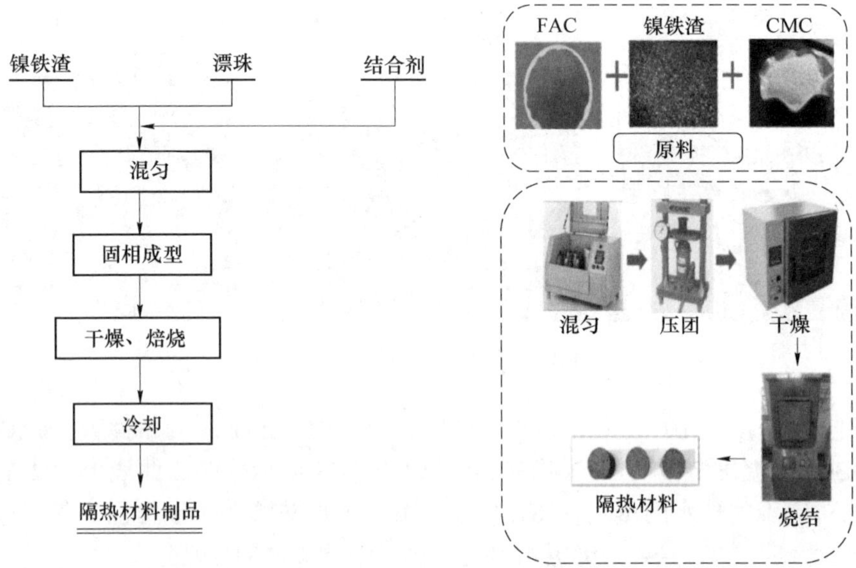

(a) 流程　　(b) 试验步骤

图 5-79　隔热材料制备工艺流程

隔热材料的性能检测指标包括抗压强度、体积密度、显气孔率、吸水率、线收缩率、耐酸碱腐蚀性、热导率和耐火度。其中抗压强度参照 GB/T 5072—2023 进行测定。体积密度和显气孔率利用阿基米德原理，参照 GB/T 2997—2015 进行测定。吸水率参照 ISO 16535：2019 进行测定。线收缩率参照 GB/T 5998—2022 进行测定。耐酸碱腐蚀性参照 GB/T 1970—1996 进行测定。热导率参照 GB/T 5990—2021 使用热线法进行测定。耐火度参照 GB/T 7322—2017 进行检测。

5.2.3　制备顽火辉石-堇青石复相隔热材料

5.2.3.1　漂珠添加量的影响

根据第 3 章热力学分析结果，以由炉镍铁渣为原料在烧结温度为 1200 ℃，烧结时间为120 min，升温速率为 10 ℃/min 的条件下研究了 FAC 添加量（0、15wt.%、20wt.%、25wt.%、30wt.%和 35wt.%）对隔热材料物相、结构和性能的影响。有关 FAC 添加量对隔热材料物相的影响在第 4 章已经进行了讨论，在此不再赘述。

利用 SEM-EDS 研究 FAC 添加量为 0、15wt.%、20wt.%、25wt.%、30wt.%和 35wt.%所获隔热材料的微观结构，结果如图 5-80 所示。

图 5-80（a）所示为 FAC 添加量为 0 时隔热材料的 SEM-EDS 图。由图可知，当不添加 FAC 时，隔热材料主要由 3 种物相组成，黑色的镁橄榄石相（点 F）、白色不规则的镁铁橄榄石相（点 O）以及结晶状的顽火辉石相（点 E）。此外，

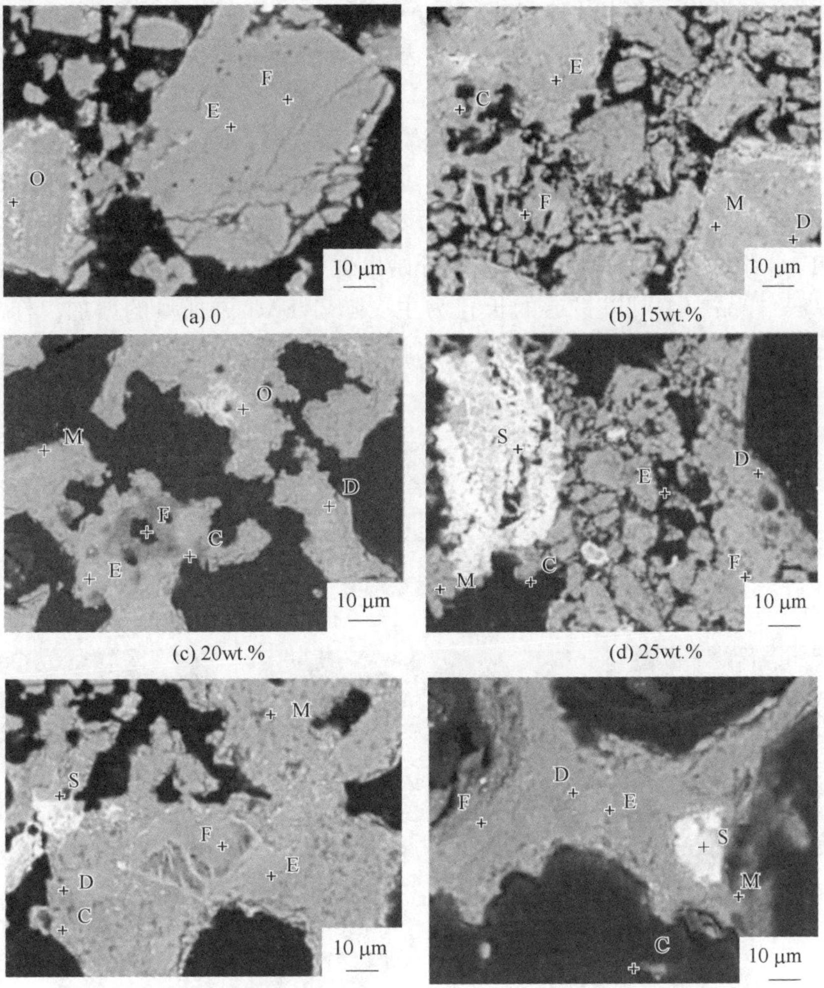

图 5-80 不同 FAC 添加量下隔热材料的 SEM-EDS 分析

C—方石英；D—堇青石；E—顽火辉石；F—镁橄榄石；M—莫来石；S—尖晶石

还有部分微小的尖晶石相分布在隔热材料中。

与 FAC 添加量 0 的隔热材料相比，FAC 添加量为 15wt.%的隔热材料物相间的界限较分明，堇青石相和方石英相开始出现[34-35]，这是由于电炉镍铁渣中的 MgO 在高硅环境下与 SiO_2 反应优先形成顽火辉石[36-37]。图 5-80（d）所示为 FAC 添加量为 25wt.%的隔热材料的 SEM-EDS 图。与前述隔热材料相比，FAC 添加量为 25wt.%的隔热材料中没有明显的镁铁橄榄石相，堇青石物相（点 D）增多，表明电炉镍铁渣与 FAC 反应完全。

图 5-80（e）（f）所示为 FAC 添加量为 30wt.%和 35wt.%时所获隔热材料的

SEM-EDS 分析结果。隔热材料的晶相仅有顽火辉石相、堇青石相和方石英相。晶界变得清晰，尖晶石颗粒尺寸增大，表明 FAC 参与顽火辉石、堇青石和尖晶石的反应。

隔热材料中的孔洞结构分为闭孔结构和开孔结构。FAC 作为轻质造孔剂在隔热材料中的作用主要是引入孔洞，改变隔热材料的结构。从图 5-81 中可以看出孔道结构演化过程。当 FAC 添加量为 0～20wt.%，材料中的孔洞以孤立单孔为主；当 FAC 添加量为 25wt.%，体系中开始出现贯通孔；当 FAC 添加量逐渐增加至35wt.%，样品中主要以贯通的长孔为主。随着 FAC 添加量的增加，样品的孔隙率和孔径逐渐增大，在 25wt.%时，增加的速率放缓。

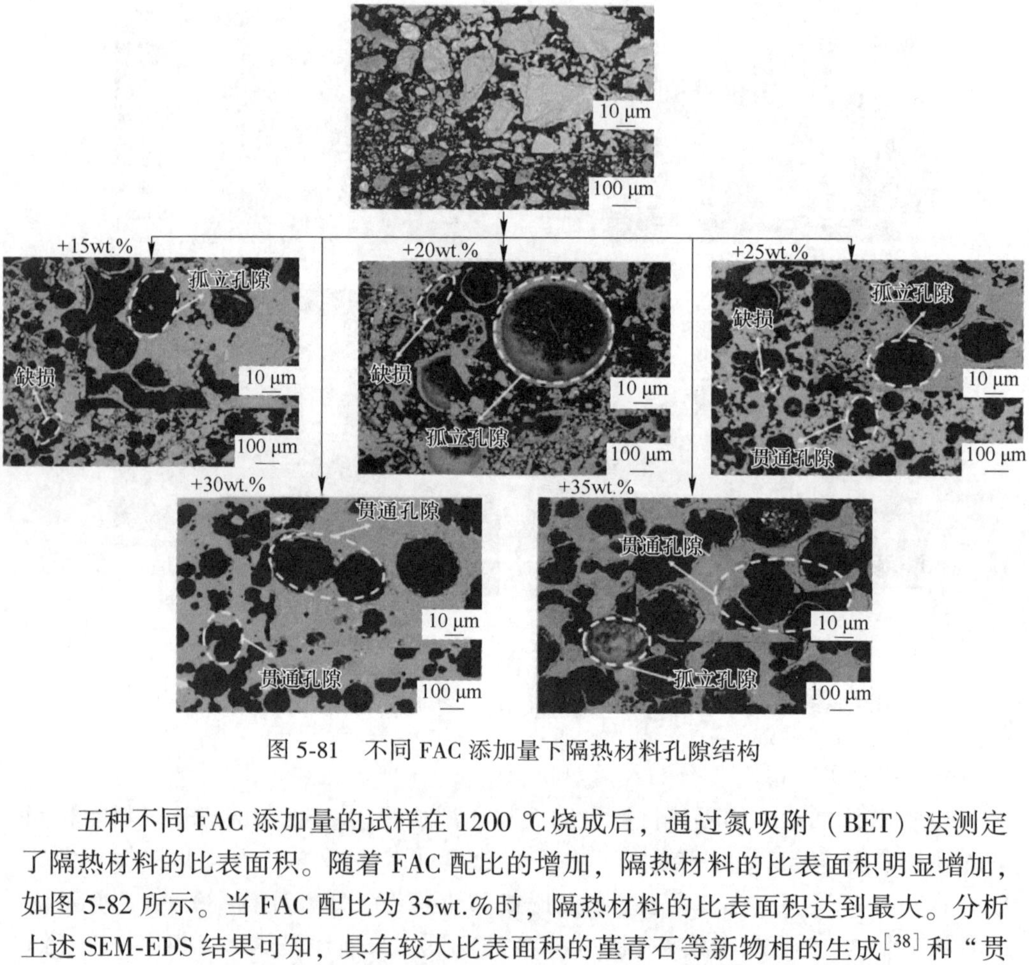

图 5-81　不同 FAC 添加量下隔热材料孔隙结构

五种不同 FAC 添加量的试样在 1200 ℃烧成后，通过氮吸附（BET）法测定了隔热材料的比表面积。随着 FAC 配比的增加，隔热材料的比表面积明显增加，如图 5-82 所示。当 FAC 配比为 35wt.%时，隔热材料的比表面积达到最大。分析上述 SEM-EDS 结果可知，具有较大比表面积的堇青石等新物相的生成[38]和“贯通孔”的产生改变了隔热材料的结构，导致比表面积增加。

图 5-83 所示为 FAC 添加量对隔热材料性能的影响。从图中可以看出，隔热材料的体积密度与吸水率变化趋势相反。当 FAC 添加量由 0 增加到 25wt.%时，

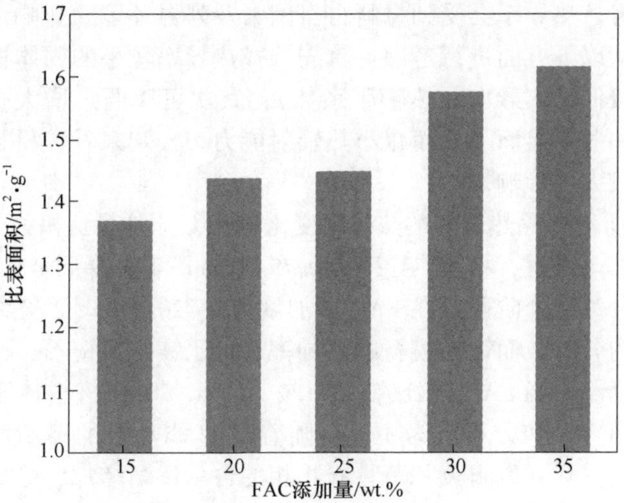

图 5-82 FAC 添加量对隔热材料 BET 比表面积的影响

隔热材料的体积密度逐渐降低而抗压强度逐渐增大至 49 MPa，这是因为隔热材料中存在较高的顽火辉石相，并且孔道结构以孤立的单闭合气孔为主，具有较高的强度。当 FAC 添加量不断增加至 35wt.%，隔热材料体系中方石英含量逐渐增加，而顽火辉石相逐渐减少，这是因为顽火辉石不断与 FAC 中的 SiO_2 和 Al_2O_3 发生反应生成堇青石。电炉镍铁渣与 FAC 发生反应，形成较多的贯通长孔使得闭合气孔结构被破坏，导致隔热材料的气孔率逐渐增加，体积密度不断降低而抗压强度下降。

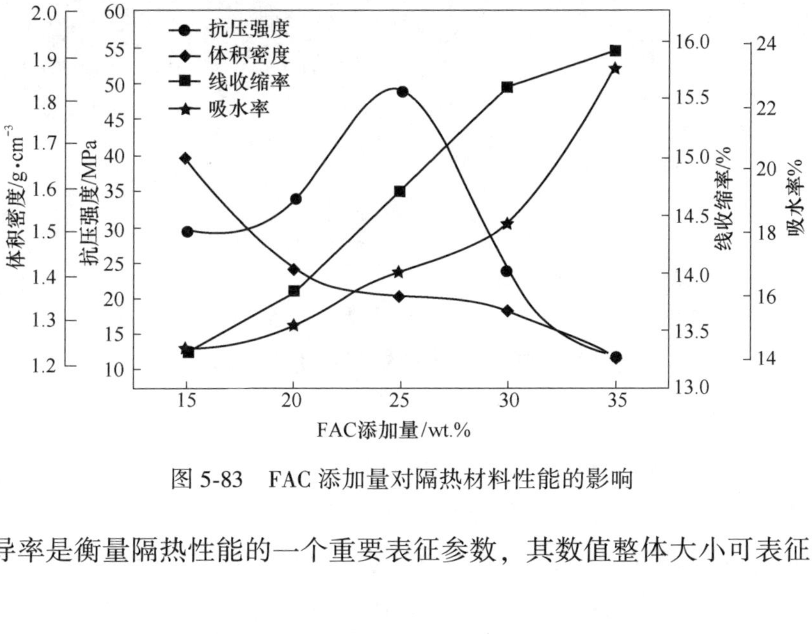

图 5-83 FAC 添加量对隔热材料性能的影响

热导率是衡量隔热性能的一个重要表征参数，其数值整体大小可表征材料的隔热性能的优劣。热导率会受到材料自身因素及外界环境的影响。提高材料的隔热性能一般可从以下方面进行考虑：首先选择热导率较小的固体材料（材料主体物相组成具有较低的热导率和热膨胀系数）；其次可以通过增大孔隙率，缩小孔径来增大反射和散射界面，从而减小热辐射能力。宏观来看，材料的显微结构对其热导率也有较大的影响。

如图 5-84 所示，隔热材料的热导率变化与 FAC 添加量负相关。当 FAC 含量由 15wt.%增加到 35wt.%时，材料热导率由 0.75 W/(m·K) 降低至 0.28 W/(m·K)。具体分析可以分为两个阶段，在 FAC 添加量为 0~20wt.%时，烧结体系中主要发生镁铁橄榄石的分解，而镁橄榄石的热导率远低于镁铁橄榄石，因此隔热材料的热导率逐渐下降。而当 FAC 配比在 25wt.%~35wt.%时，材料体系中主要物相是以顽火辉石、堇青石和方石英为主，且随着 FAC 添加量的不断增加，顽火辉石物相的含量逐渐下降，方石英和堇青石物相的含量逐渐增加，导致热导率减小趋势放缓。

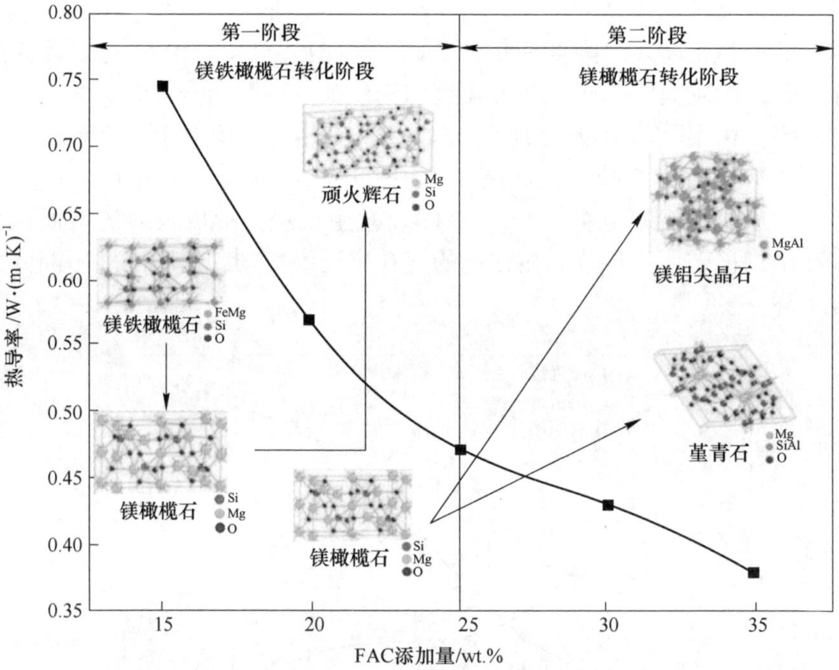

图 5-84　FAC 添加量对隔热材料热导率的影响

如图 5-85 所示，FAC 添加量在 0~25wt.%时，隔热材料气孔率迅速增加。随着 FAC 添加量的继续增加，特别是当 FAC 添加量达到 35wt.%时，隔热材料中形成大量的通长孔，此时的开口气孔率达到最高（46.8%）。一般情况下，减少孔径可以有效降低材料的热导率。图 5-86 给出了所获隔热材料的传热机理示意图。

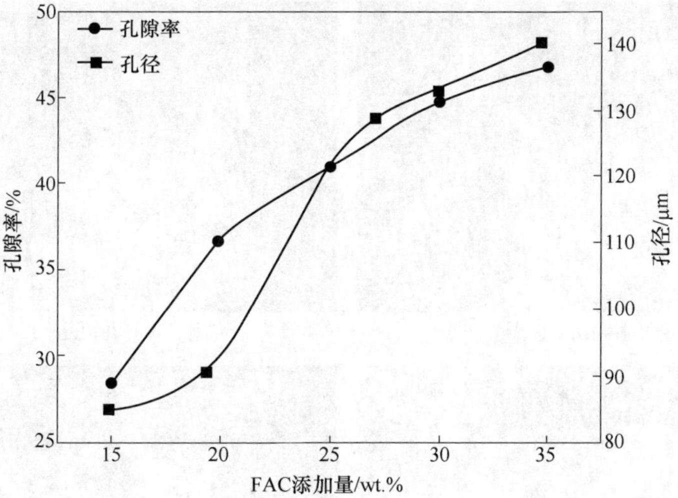

图 5-85 FAC 添加量对隔热材料孔隙率和孔径变化的影响

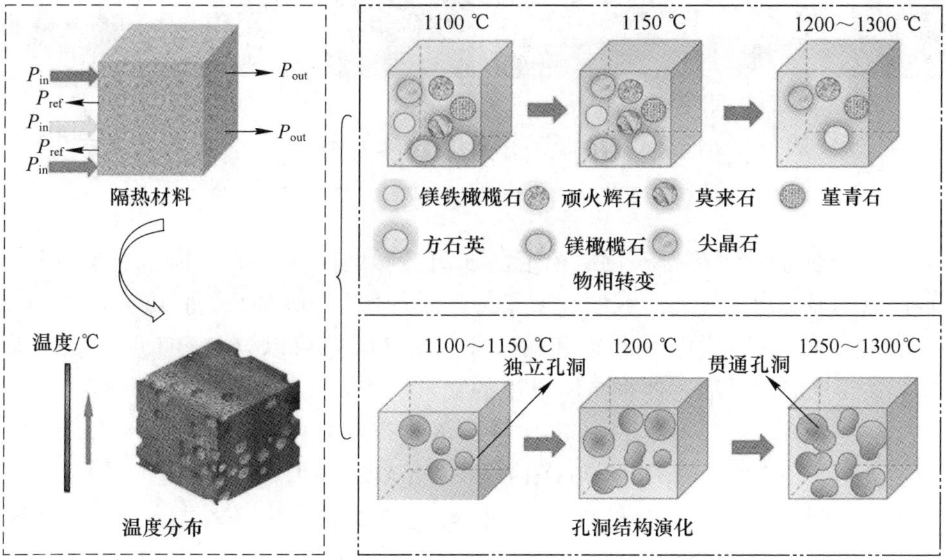

图 5-86 电炉镍铁渣添加 FAC 制成的隔热材料的传热机理示意图

隔热材料耐高温性能也是衡量材料品质的关键指标。根据薛群虎等人[39]编写的《耐火材料》，若材料的耐火度（refractoriness）>1200 ℃，则材料可满足“高温要求”。图 5-87 所示为样品在灰熔仪内的照片。随着 FAC 添加量的不断增加，其耐火度不断降低。由于样品的耐火度均大于 1200 ℃，因此得到的样品可被称为“轻质隔热材料”。

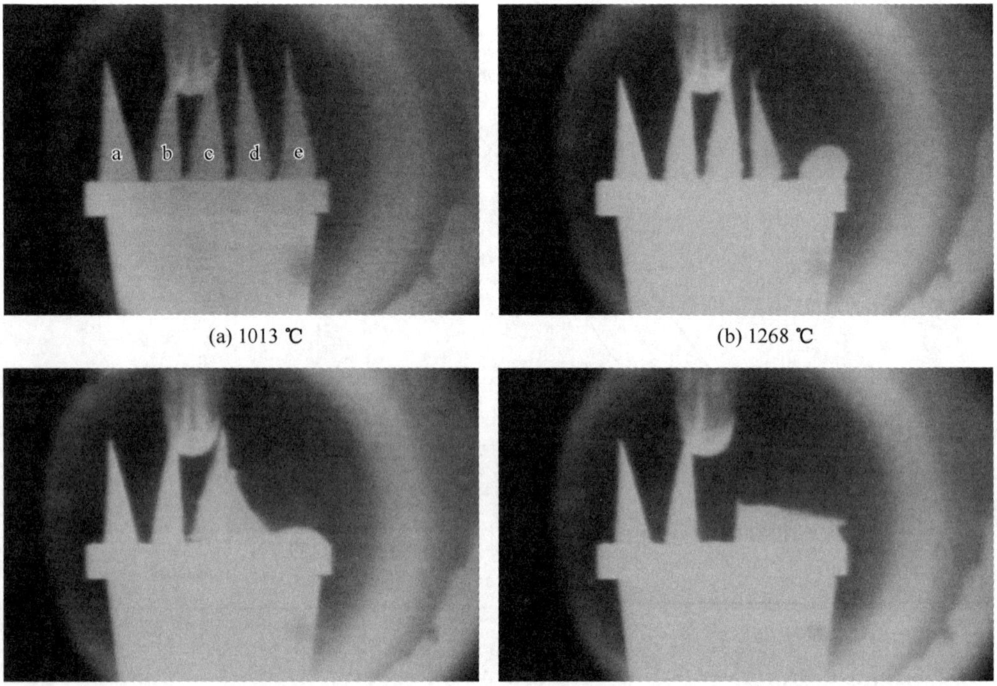

(a) 1013 ℃　(b) 1268 ℃

(c) 1295 ℃　(d) 1318 ℃

图 5-87　不同 FAC 添加量下隔热材料的耐火度

a—15wt.%；b—20wt.%；c—25wt.%；d—30wt.%

FAC 添加量对隔热材料化学稳定性（耐酸碱腐蚀性）的影响如图 5-88 所示。所有样品均显示出良好的耐碱性（质量损失率均低于 5wt.%）。将 NaOH（20wt.%）溶液沸腾 1 h，酸性氧化物 SiO_2 和两性氧化物 Al_2O_3 可以与 NaOH 反应。沸腾的 NaOH 溶液将加快反应。体系中所发生的化学反应可以简单的表达如下：

$$SiO_2 + NaOH = Na_2SiO_3 + H_2O \tag{5-7}$$

$$Al_2O_3 + NaOH = 2NaAlO_2 + H_2O \tag{5-8}$$

另外，结果表明，隔热材料产品的耐酸性不如耐碱性，这是因为隔热材料通常包含大量的碱性氧化物，例如 CaO、MgO、Fe_2O_3、Na_2O、K_2O 等。总的来说，隔热材料的耐碱腐蚀性能随着 FAC 添加量逐渐降低。这是因为硫酸溶液中的 H^+ 会与隔热材料中的碱金属离子发生反应[40]。另外，因为烧结体系中生成了大量的 $MgSiO_3$（顽火辉石）阻止氢氧化钠溶液中的 OH^- 进一步腐蚀隔热材料[41]。隔热材料耐酸碱腐蚀性能的主要影响因素是隔热材料的微观组织[42]。随着 FAC 添加量逐渐增加，隔热材料的孔隙率逐渐增加，孔径也逐渐增大，这也会导致水和酸溶液的侵入，强化了侵蚀效应[43-44]。

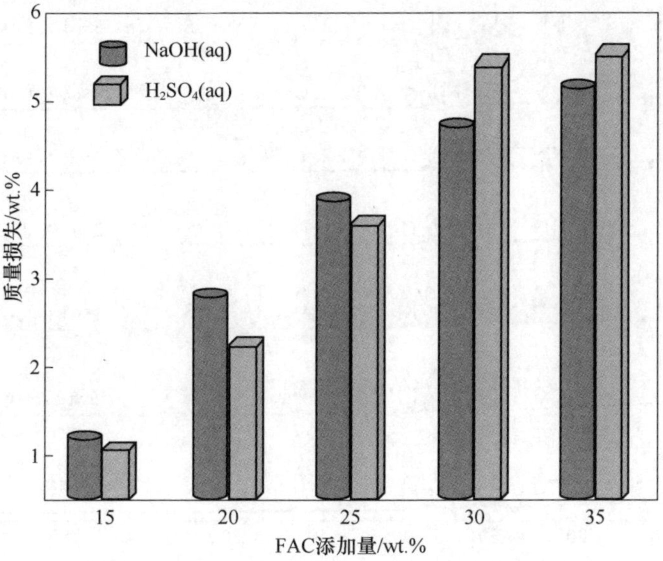

图 5-88 FAC 添加量对隔热材料耐酸碱腐蚀性的影响

根据烧结体系反应热力学分析、传热性能和机械性能表征结果可知，FAC 能诱导烧结体系生成顽火辉石、堇青石和方石英等物相，并且对孔道结构的演化起到重要的影响。研究表明，当 FAC 添加量为 25wt.%时，隔热材料的热学性能、力学性能和使用性能达到最佳。

FAC 添加量对高炉镍铁渣制备隔热材料也具有十分重要的影响。图 5-89 所示为 FAC 添加量对隔热材料物相转变的影响。当 FAC 添加量为 0 时，隔热材料主要的物相是镁黄长石（A）、钙铝黄长石（G）、镁酸铝尖晶石（S）。这是因为烧结过程中 CaO、SiO_2、MgO 和 Al_2O_3 之间相互反应，生成了镁黄长石和钙铝黄长石。当 FAC 的添加量增加到 5wt.%时，形成了钙长石（$CaAl_2Si_2O_8$）和透辉石（$CaMgSi_2O_6$）。当 FAC 的添加量达到 15wt.%时，除钙长石和透辉石外，其他晶相的衍射峰强度逐渐降低，表明 FAC 的添加对钙长石和透辉石的形成和发展具有促进作用。

为进一步确定 FAC 添加量对相变的影响，通过对相应的 XRD 图谱进行全谱拟合，获得了隔热材料中主要晶相的含量[45]，如图 5-90 所示。在不添加 FAC 的情况下，镁黄长石、尖晶石、钙铝黄长石、钙长石和透辉石的含量分别为 49.4wt.%、27.9wt.%、14.7wt.%、2.7wt.%和 5.7wt.%。随着 FAC 的添加，钙长石和透辉石的含量不断增加，而镁黄长石、尖晶石和钙铝黄长石的含量则同时减少。当 FAC 的添加量达到 35wt.%时，镁黄长石、尖晶石、钙铝黄长石、钙长石

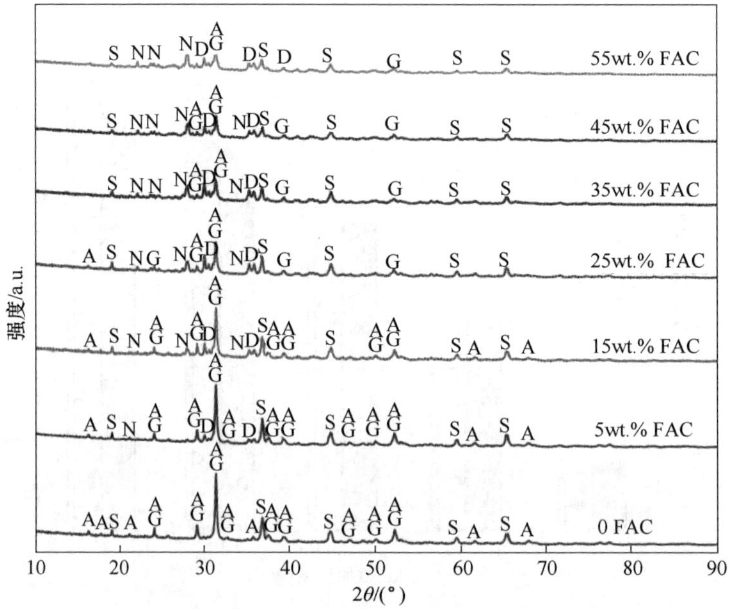

图 5-89　FAC 添加量对隔热材料物相组成的影响

A—镁黄长石；D—透辉石；G—钙铝黄长石；N—钙长石；S—镁酸铝尖晶石

和透辉石的含量分别变为 12.3wt.%、18.4wt.%、6.6wt.%、27.1wt.%和 35.6wt.%。将 FAC 的添加量进一步提高到 55wt.%时，镁黄长石、尖晶石、钙铝黄长石、钙长石和透辉石的含量分别变为 16.4wt.%、17.3wt.%、7.3wt.%、34.3wt.%和 24.8wt.%。

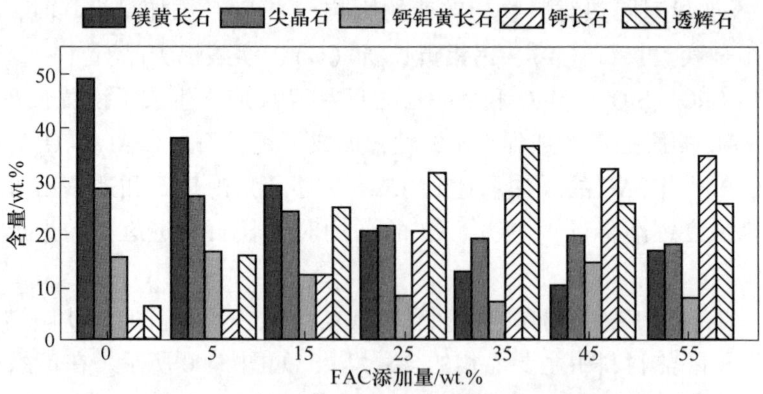

图 5-90　FAC 添加量对隔热材料物相组成的影响

不同 FAC 添加量的隔热材料的 SEM-EDS 分析结果如图 5-91 所示。根据 EDS 分析，点 1、点 2、点 4、点 8~11、点 16、点 17 和点 20 的 Al/Mg 摩尔比接近 2，表明存在铝酸镁尖晶石（$MgAl_2O_4$）。此外，其他点的分析表明镁、钙、硅和铝的摩尔比接近，说明钙铝黄长石、镁黄长石、钙长石和透辉石可能同时存在。此外，随着 FAC 添加量的增加，孔隙数量和尺寸也在不断增加，将对烧结后所得材料的性能产生重大影响。

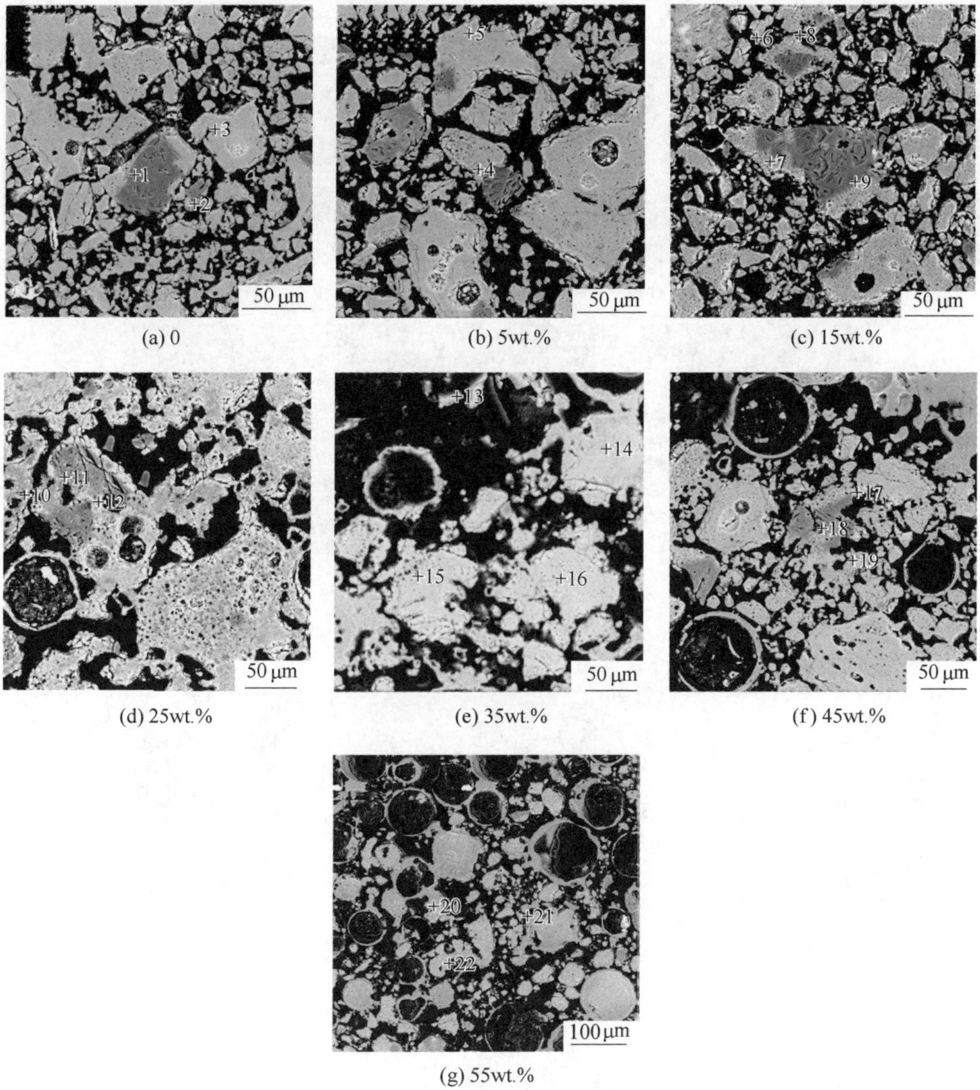

图 5-91 不同 FAC 添加量下隔热材料的 SEM-EDS 分析

对添加了不同 FAC 的隔热材料的孔隙分布进行了统计，如图 5-92 和图 5-93 所示。随着 FAC 添加量的增加，材料中孔隙的数量和尺寸也随之增加。当不添加 FAC 时，材料显示出相对致密的小孔结构[46]，平均孔径为 12.43 μm。随着 FAC 添加量的增加，尤其是低添加量时，孔的数量和大小明显增加。当 FAC 添加量增加到 15wt.%时，平均孔径增加到 68.92 μm。当 FAC 的添加量超过15wt.%时，孔径增长缓慢。例如，添加 55wt.% 的 FAC 时，材料的平均孔径仅为 82.36 μm。

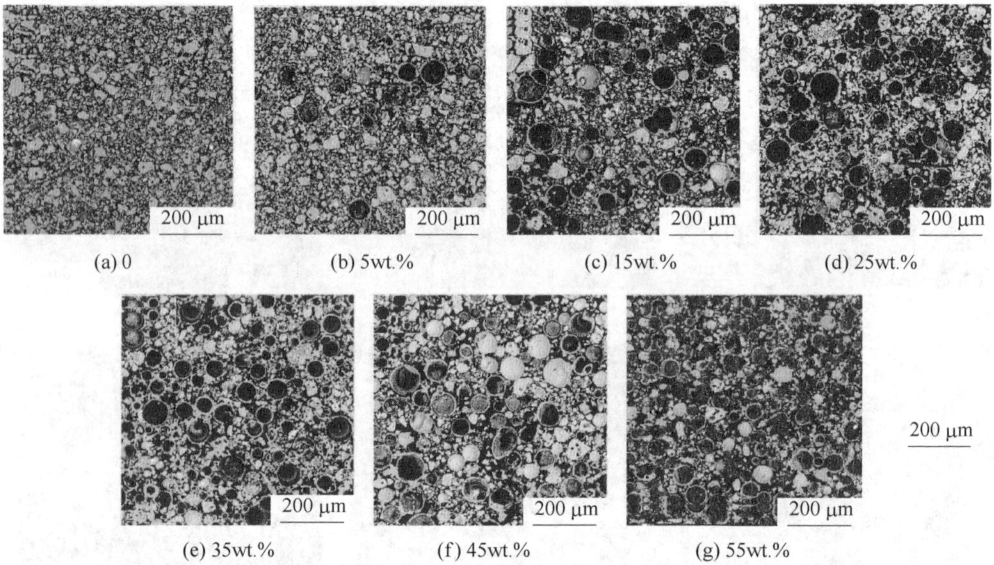

图 5-92　不同 FAC 添加量下隔热材料孔隙结构

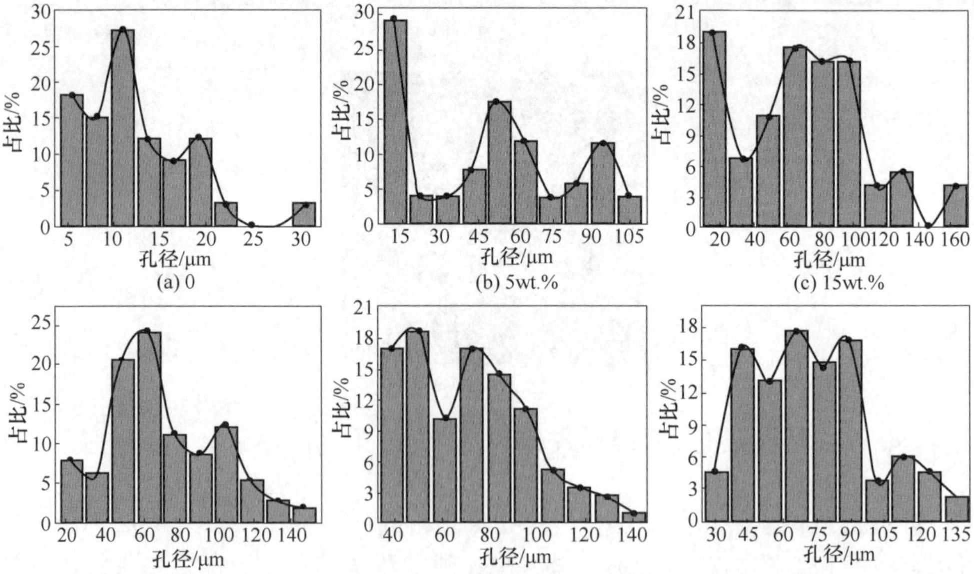

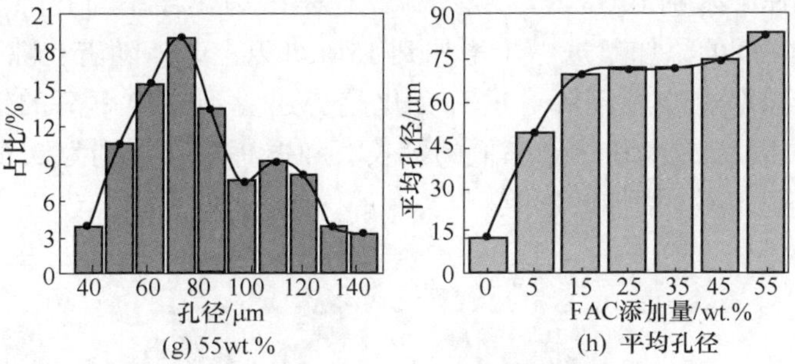

图 5-93 不同 FAC 添加量下隔热材料孔隙尺寸分布

如图 5-94 所示，研究了添加 FAC 对隔热材料显气孔率、吸水率、抗压强度和体积密度的影响。当不添加 FAC 时，材料的显气孔率、吸水率、抗压强度和体积密度分别为 39.04%、21.94%、34.54 MPa 和 1.81 g/cm^3。显气孔率和吸水率随着 FAC 添加量的增加而增加，而抗压强度和体积密度呈现相反的趋势。当 FAC 的添加量为 55wt.% 时，它们分别为 50.24%、51.95%、4.39 MPa 和 0.98 g/cm^3。如前所述，这些结果可以用 FAC 的中空球形结构来解释，增加其添加量会使材料的多孔结构增加，从而导致显气孔率和吸水率增加。出于同样的原因，抗压强度和体积密度也有所下降[47]。

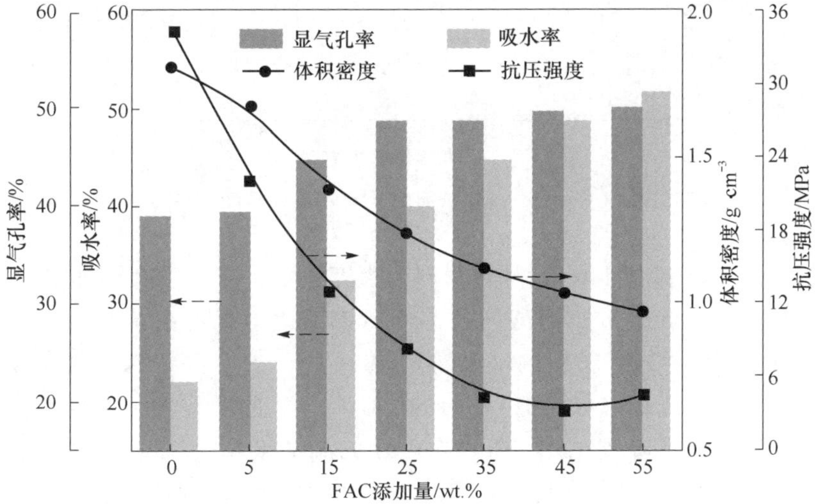

图 5-94 FAC 添加量对隔热材料性能的影响

热导率是隔热材料的一项重要特性。它取决于相组成和微观结构，尤其是孔隙的数量、大小和分布[48]。图 5-95 所示为添加 FAC 后隔热材料热导率的变化。没有添加 FAC 时，热导率为 0.68 W/(m · K)。当 FAC 的添加量增加到 15wt.%

时，热导率迅速下降到 0.33 W/(m · K)，这是因为热导率与孔隙数量和大小成反比[49]。当 FAC 的添加量进一步增加到 15wt.%以上时，随着孔隙数量和大小的轻微增加，热导率也略有下降。这一变化趋势还受到热导率高的铝酸镁尖晶石（6.95 W/(m · K)）减少和热导率低的钙长石和透辉石（分别为 3.67 W/(m · K) 和 3.10 W/(m · K)）增加的影响[29]。

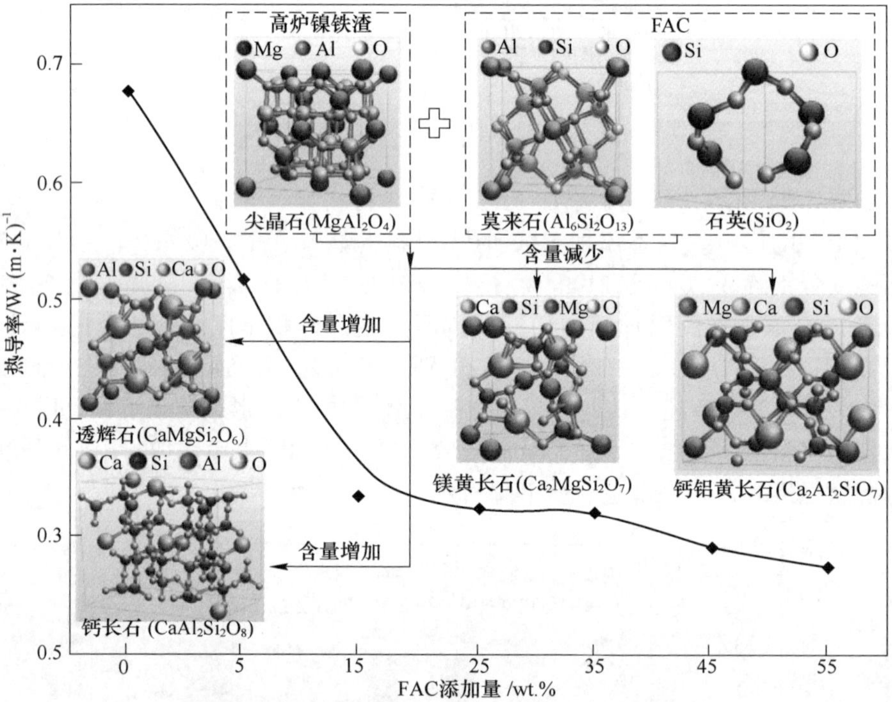

图 5-95 FAC 添加量对隔热材料热导率的影响

图 5-96 所示为添加 FAC 后隔热材料耐火度的变化。在没有添加 FAC 的情况下，由于存在高熔点相，如铝酸镁尖晶石（2135 ℃）、钙铝黄长石（1544 ℃）和镁黄长石（1450 ℃），材料的耐火度为 1386 ℃[50-52]。随着 FAC 添加量增加到 25wt.%，由于低熔点相（如透辉石（1391 ℃）[53]）的明显增加和镁铝尖晶石的减少，耐火度逐渐下降到 1221 ℃。当 FAC 的添加量超过 25wt.%时，透辉石减少，钙铝黄长石和钙长石（1540～1580 ℃[54-56]）增加，导致耐火度增加。当 FAC 的添加量为 55wt.%时，耐火度上升至 1256 ℃。

根据上述结果，将 FAC 与高炉镍铁渣按照一定比例混合并通过烧结可以获得高质量的隔热材料。当 FAC 的添加量为 15wt.%时，材料的综合性能最好，符合中国国家耐火材料/保温材料标准《中国国家耐火材料/绝热材料生产标准》（GB/T 26538—2011）和《中国黑色冶金工业标准》（YB/T 386—2020）的要求。

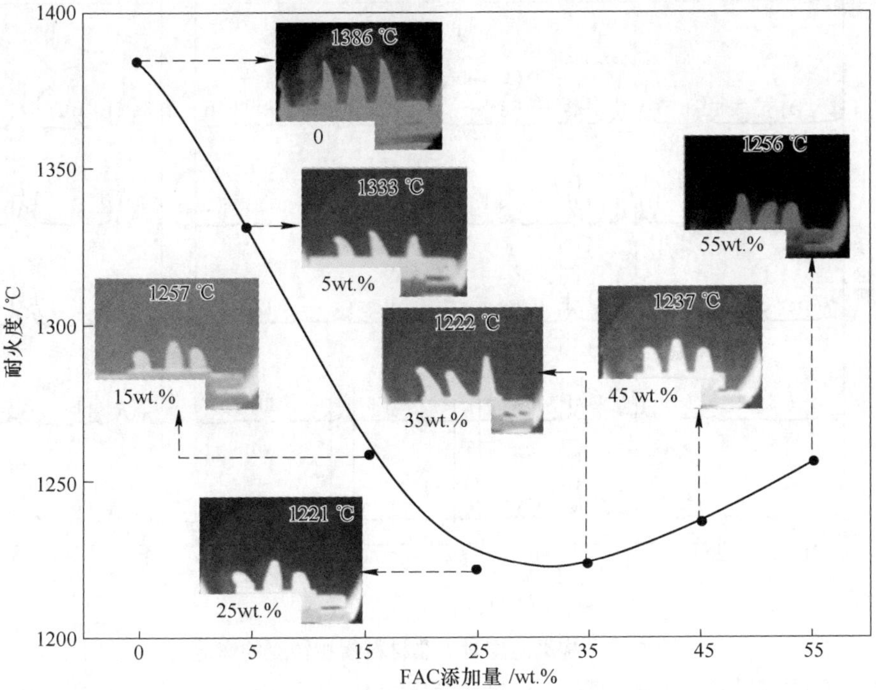

图 5-96　FAC 添加量对隔热材料耐火度的影响

它的体积密度低（1.38 g/cm^3 vs. 1.50 g/cm^3）、抗压强度高（12.98 MPa vs. 6 MPa）、热导率低（0.33 W/(m·K) vs. 0.65 W/(m·K)）。与商用黏土基隔热材料（GB/T 3994—2013）相比，热导率更小（0.33 W/(m·K) vs. 0.65 W/(m·K)）。

5.2.3.2　烧结温度的影响

在 FAC 添加量为 25wt.%，烧结时间为 120 min，升温速率为 10 ℃/min 的条件下，研究了烧结温度（1100 ℃、1150 ℃、1200 ℃、1250 ℃和 1300 ℃）对隔热材料性能的影响。

图 5-97 所示为烧结温度对隔热材料物相转变的影响。当烧结温度为 1100 ℃时，隔热材料的主要物相是镁铁橄榄石（点 O）、顽火辉石相（点 E）、镁橄榄石（点 F）、堇青石（点 D），还有少量的尖晶石（点 S），表明电炉镍铁渣与 FAC 中的 SiO_2 和 Al_2O_3 没有完全发生反应。当温度升高到 1200 ℃，镁铁橄榄石分解完全，形成镁橄榄石相和顽火辉石相，表明当烧结温度为 1200 ℃时，电炉镍铁渣开始与 FAC 发生反应生成堇青石和顽火辉石。随着烧结温度的不断升高，隔热材料的主要物相不发生改变，方石英物相的衍射峰强度不断减弱，这也从侧面证实 FAC 中的 SiO_2 与电炉镍铁渣中的金属氧化物发生反应，而堇青石和顽火辉石的衍射峰强度不断增强。

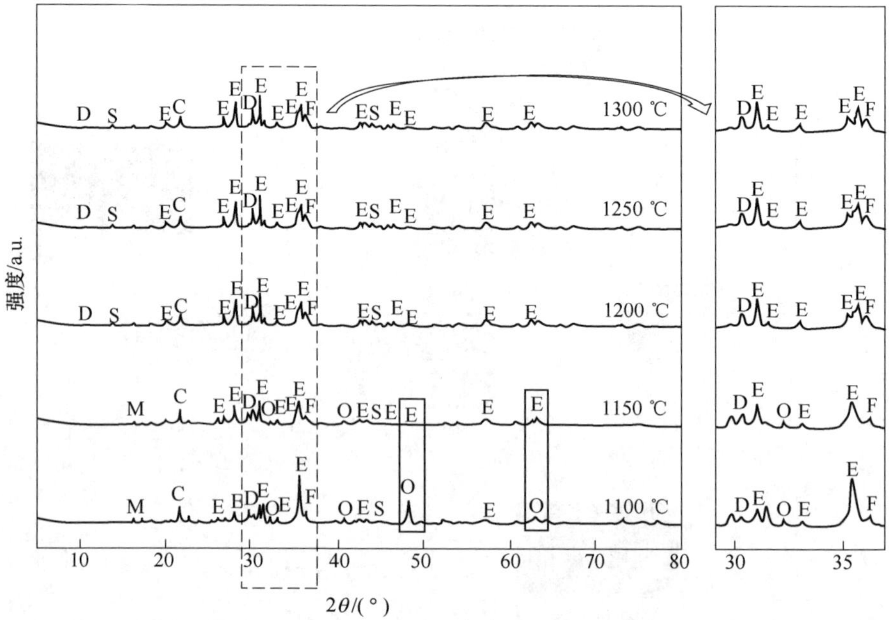

图 5-97　烧结温度对隔热材料物相转变的影响

C—方石英；D—堇青石；E—顽火辉石；F—镁橄榄石；O—镁铁橄榄石；M—莫来石；S—尖晶石

当 FAC 的添加量为 25wt.% 时，电炉镍铁渣在不同烧结温度下的隔热材料结果如图 5-98 所示。从图中可以看出，当烧结温度低于 1250 ℃时，隔热材料表面呈现出较为明显的灰黄色。当温度不断升高到 1250 ℃，团块呈黑色且体积收缩率突然变大，表明 FAC 不断参与反应。然而当烧结温度从 1250 ℃到 1350 ℃时，表面温度过高，材料内部出现了大量液相，线收缩率增大。

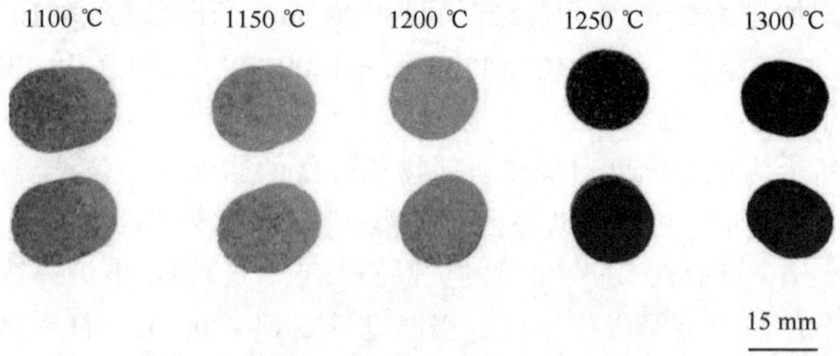

图 5-98　烧结温度对隔热材料形貌的影响

为进一步对比分析烧结温度对隔热材料微观结构的影响，图 5-99 所示为 1100 ℃、1150 ℃、1200 ℃、1250 ℃和 1300 ℃下所得隔热材料的 SEM-EDS 分析。烧结温度为 1100 ℃的隔热材料 SEM-EDS 图为 5-99（a），其主要物相是镁铁橄榄石（点O）、顽火辉石相（点E），方石英（点C）主要分布在FAC外壳处，还有少量的堇青石（点D）。可以看出，电炉镍铁渣和FAC组分在该温度下反应极差。当烧结温度为1150 ℃，其主要物相依然是镁铁橄榄石（点O）、顽火辉石相（点E）、方石英（点C）、堇青石（点D），还有少量的镁铁铬尖晶石（点S），其生成反应如式（5-9）所示[43]。

$$5MgO + 3Cr_2O_3 + 2Fe_2O_3 = 5MgFe_{0.8}Cr_{1.2}O_4 \tag{5-9}$$

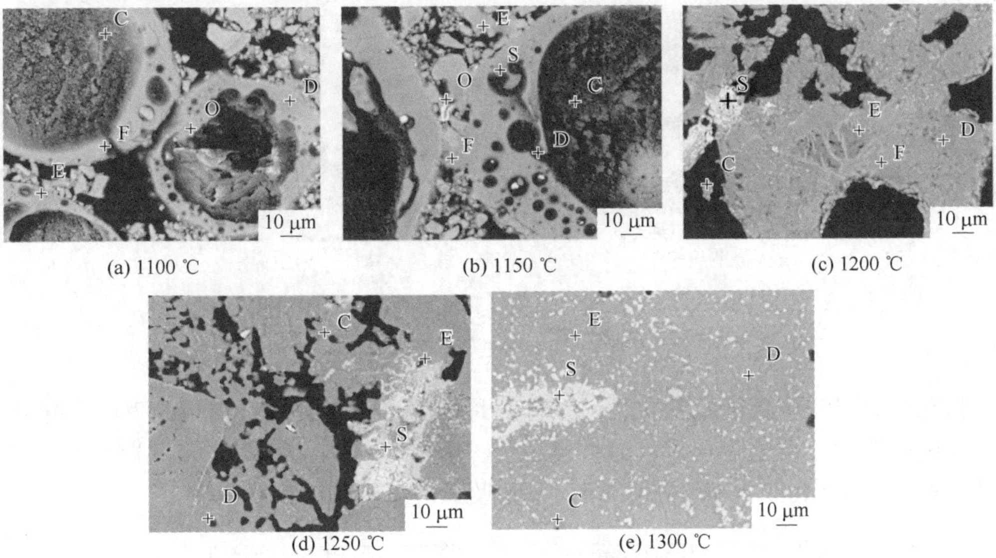

图5-99 不同烧结温度下的隔热材料的SEM-EDS分析

C—方石英；D—堇青石；E—顽火辉石；F—镁橄榄石；M—莫来石；S—尖晶石

当烧结温度为1200 ℃，隔热材料中的主要物相是顽火辉石、堇青石、方石英和少量的镁橄榄石，表明镁铁橄榄石物相分解完全生成了顽火辉石物相。继续提高烧结温度至1300 ℃，尖晶石含量不断增加，而堇青石和顽火辉石物相的颗粒尺寸也明显增大，表明升高烧结温度有利于尖晶石、堇青石和顽火辉石的发育。

从图5-100中可以看出随着烧结温度的升高，隔热材料孔道结构发生变化。此外，1100~1150 ℃时可以看到完整的FAC外壳，说明此时电炉镍铁渣与FAC尚未完全发生反应；在1200~1250 ℃烧结时，FAC外壳由于完全与电炉镍铁渣发生反应而消失；在1300 ℃时隔热材料的气孔率最低，抗压强度达到最高[44]。

由图5-101中可以看出，在1100~1200 ℃时体积密度增加幅度较小，此时隔热材料样品中的气孔消失一部分，并产生大量体积收缩，孔隙率下降。在1200~1300 ℃烧结温度范围下，隔热材料的体积密度大幅度增加，一方面是由于隔热

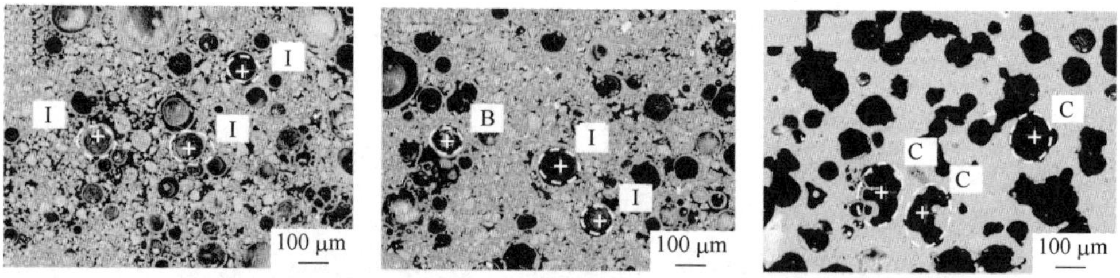

(a) 1100 ℃　(b) 1150 ℃　(c) 1200 ℃　(d) 1250 ℃　(e) 1300 ℃

图 5-100　烧结温度对隔热材料的孔道结构演化的影响

B—破损 FAC；C—连通孔；I—孤立孔

材料在烧结过程中逐渐致密化，另一方面是因为伴随有尖晶石物相的生成，导致体积密度增加。由于隔热材料追求憎水性，吸水率与体积密度呈负相关关系，根据行业标准（GB/T 26538—2011），一般吸水率需要低于 25%。

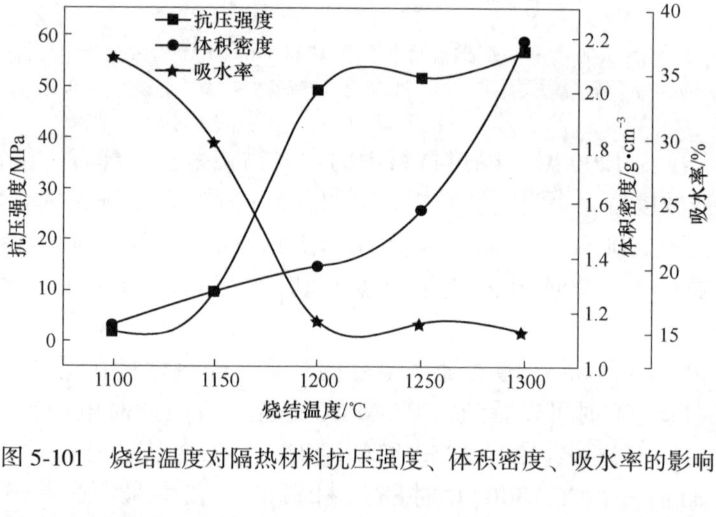

图 5-101　烧结温度对隔热材料抗压强度、体积密度、吸水率的影响

随着烧结温度的升高，隔热材料的抗压强度增大。当烧结温度从 1200 ℃继续升高到 1300 ℃，隔热材料中部分微小气孔被排除，而大气孔孔径逐渐变大，孔壁厚度逐渐增加，隔热材料的抗压强度提高。综合考虑能耗因素，选择 1200 ℃为最佳烧结温度。

图 5-102 所示为烧结温度对隔热材料热导率的影响。当烧结温度从 1100 ℃升高到 1200 ℃（阶段Ⅰ）时，隔热材料的热导率从 0.20 W/(m · K) 升高到 0.47 W/(m · K)。这主要是因为烧结温度的提高促进了反应的进行。这期间主要发生镁铁橄榄石的氧化分解反应，但是反应尚未完全，隔热材料中以镁铁橄榄石、莫来石、方石英、堇青石和顽火辉石为主要物相。当烧结温度升高到 1200 ℃时，镁铁橄榄石完全氧化分解，与 FAC 中的 SiO_2 和 Al_2O_3 发生反应。当继续升高温度至 1300 ℃时（阶段Ⅱ），隔热材料的热导率从 0.47 W/(m · K) 升高到 0.62 W/(m · K)。这是因为具有较高热导率的方石英含量不断增加，而具有较低热导率的堇青石和顽火辉石物相逐渐减少，因此热导率增加速度放缓。

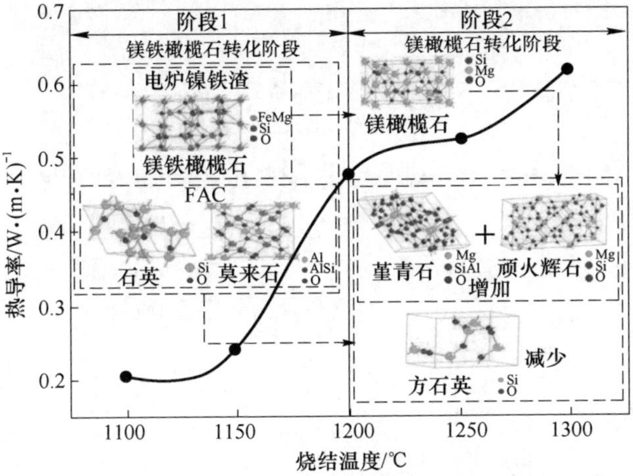

图 5-102　烧结温度对隔热材料热导率的影响

图 5-103 所示为烧结温度对隔热材料孔洞演化的影响。由于电炉镍铁渣中的金属氧化物与 FAC 中的 SiO_2 和 Al_2O_3 不断发生反应，在物相转变的同时孔径逐渐增大。当烧结温度从 1100 ℃升高至 1200 ℃时，孔隙率下降了 8%和孔径急剧增加了 40 μm，而从 1200 ℃升高至 1300 ℃，其变化速度逐渐放缓（孔隙率下降了 2%，孔径增加了 5 μm），这也导致热导率的增加速度放缓。

图 5-104 所示为烧结温度对隔热材料化学稳定性（耐酸碱腐蚀性）的影响。由图可知，可能由于较高烧结温度下所获材料的结构更加致密，从而限制了隔热材料与硫酸或氢氧化钠的反应。此外，在相同的烧结温度下，该材料对碱的耐受性比对酸的耐受性低，推测为隔热材料中的部分顽火辉石和堇青石与溶液中的 NaOH 发生反应。

烧结温度对于高炉镍铁渣制备隔热材料也有着重要的影响。图 5-105 所示为不同烧结温度（1000 ~ 1200 ℃）下制备的隔热材料的 XRD 图。在 1000 ℃烧结后，隔热材料的主要物相为镁黄长石（$Ca_2MgSi_2O_7$）、透辉石（$CaMgSi_2O_6$）、钙

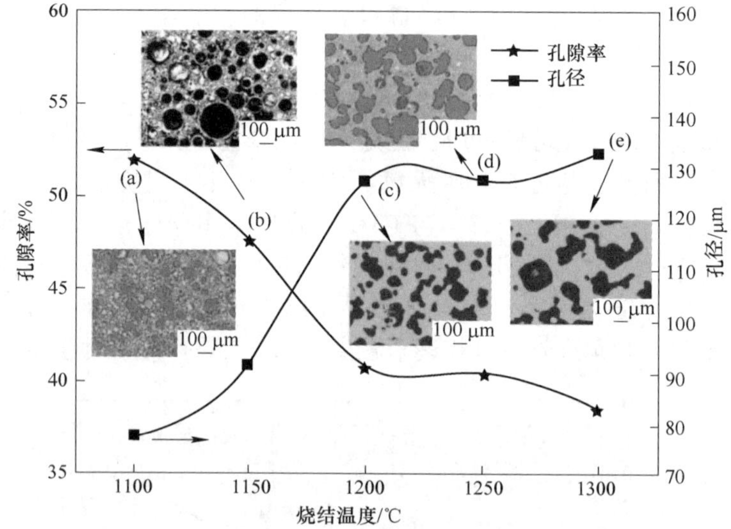

图 5-103　烧结温度对隔热材料孔隙率和孔径的影响

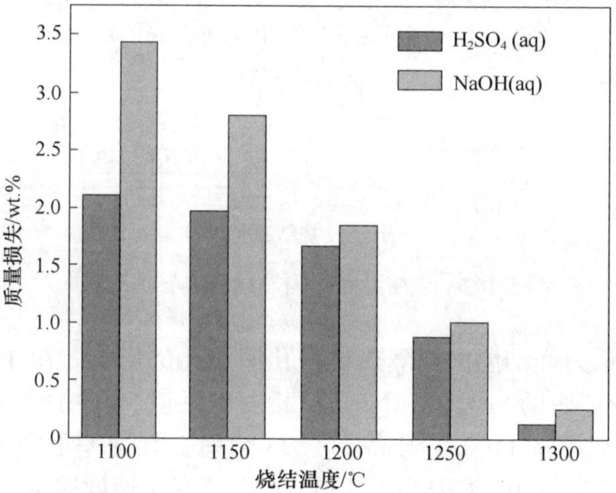

图 5-104　烧结温度对隔热材料耐酸碱腐蚀性的影响

铝黄长石（$Ca_2Al_2SiO_7$）、钙长石（$CaAl_2Si_2O_8$）和镁铝尖晶石（$MgAl_2O_4$）。镁黄长石、钙铝黄长石、钙长石和透辉石的生成与 CaO、MgO、Al_2O_3 和 SiO_2 之间的相互作用有关。随着烧结温度的升高，镁黄长石和钙铝黄长石的衍射峰强度降低，这是由于长石矿物在 1100 ℃左右形成熔点较低的共晶混合物。钙长石衍射峰的数量和强度随着烧结温度的升高而增加，这是由于高温（>1000 ℃）促进了 Si^{4+} 离子的扩散，并使钙铝黄长石转变为钙长石。此外，透辉石的衍射峰强度升高，这是由于钙长石含量相对减少所致。

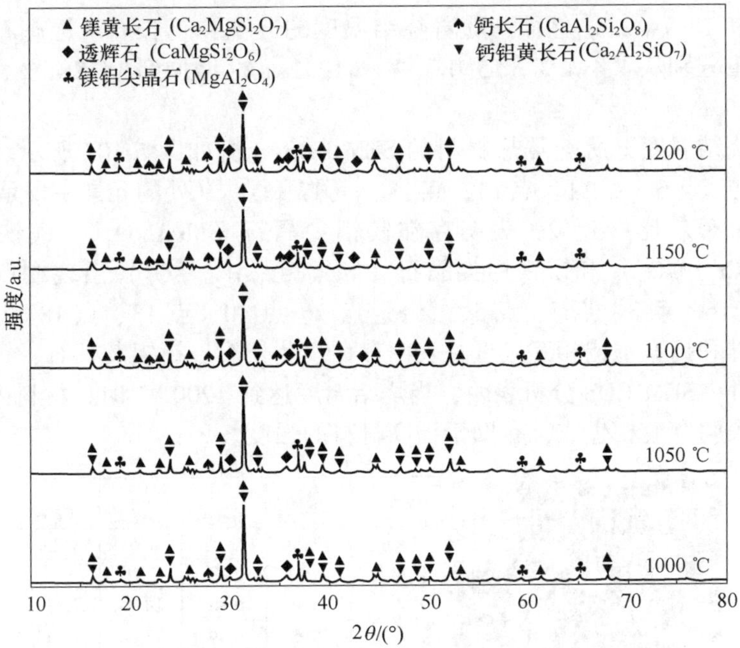

图 5-105 不同烧结温度下所获隔热材料的 XRD 图谱

为了进一步确定烧结温度对隔热材料相变的影响，还通过对上述 XRD 图进行全谱拟合来确定相关相的含量，如图 5-106 所示。当烧结温度从 1000 ℃升至

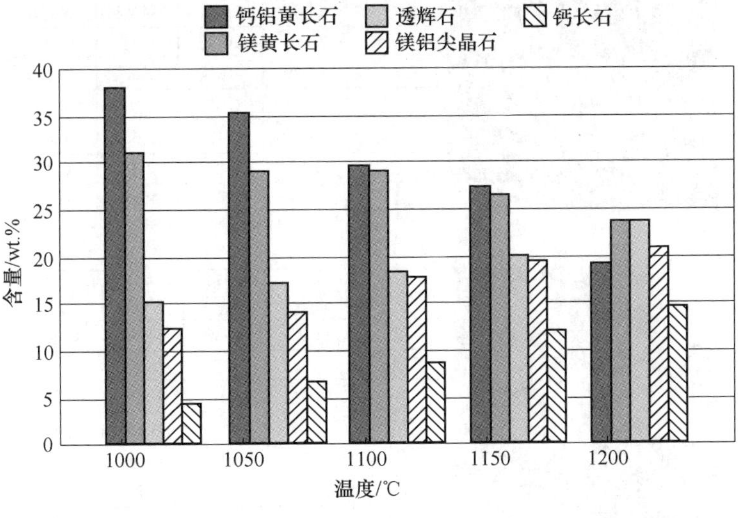

图 5-106 不同烧结温度下所获隔热材料的物相含量

1200 ℃时，镁黄长石和钙铝黄长石的含量分别从 30. 8wt.%和 37. 6wt.%降至 23. 3wt.%和 18. 7wt.%。然而，随着烧结温度的升高，钙长石、透辉石和镁铝尖晶石的含量分别从 4. 4wt.%、15. 0wt.% 和 12. 1wt.% 增加到 14. 2wt.%、23. 3wt.% 和 20. 4wt.%。

不同烧结温度下所获隔热材料的 SEM-EDS 分析如图 5-107 所示。EDS 分析显示，点 1、点 6、点 11、点 14、点 15、点 17 和点 19 处的元素主要是 O、Mg 和 Al，Al/Mg 摩尔比接近 2，表明存在镁铝尖晶石（$MgAl_2O_4$）。镁铁铬尖晶石（$Mg(Fe_x,Cr_{2-x})O_4$）和镁铁铝尖晶石（$Mg(Fe_x,Al_{2-x})O_4$）出现在点 2、点 7、点 12 和点 16。点 3、点 4、点 5、点 8、点 9、点 10、点 13、点 18 和点 20 处的镁、铝、硅和钙摩尔比相互接近，表明存在镁黄长石、钙铝黄长石、钙长石和透辉石。此外，SEM-EDS 分析表明，当烧结温度达到 1200 ℃ 时，材料内部出现颗粒连接，表明有液相生成，有助于提高材料的强度。

元素	点1 原子分数/%	点2 原子分数/%	点3 原子分数/%	点4 原子分数/%
O	47.28	42.22	48.64	51.29
Mg	15.71	5.22	7.84	6.34
Al	36.35	6.66	14.70	13.19
Si	0.16	0.49	13.00	13.33
Ca	0.15	0.89	15.50	15.59
Cr	0.24	2.22	0.20	0.20
Fe	0.11	42.30	0.12	0.07

(a) 1000 ℃

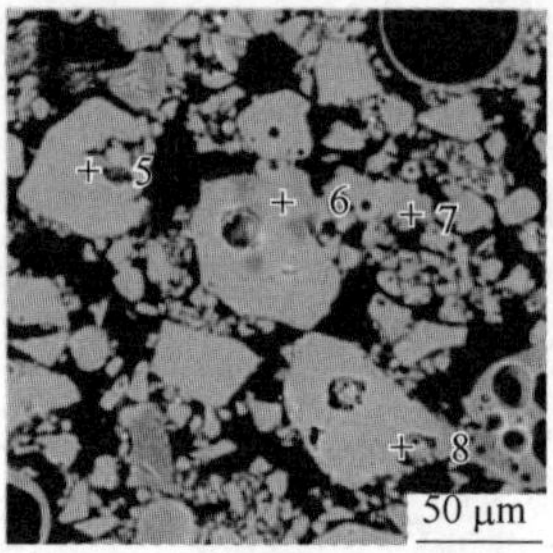

元素	点5 原子分数/%	点6 原子分数/%	点7 原子分数/%	点8 原子分数/%
O	44.97	41.24	44.42	46.46
Mg	8.09	16.73	8.72	6.56
Al	14.89	40.14	2.88	13.39
Si	14.60	0.07	0.10	16.69
Ca	17.20	0.12	0.66	16.56
Cr	0.17	0.85	2.38	0.33
Fe	0.09	0.85	40.83	0.02

(b) 1050 ℃

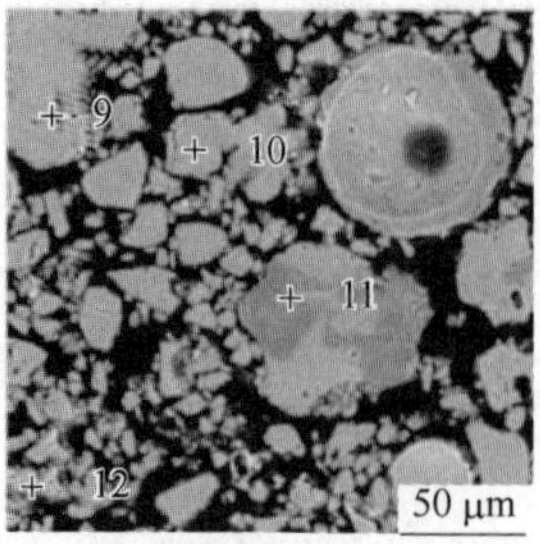

元素	点9 原子分数/%	点10 原子分数/%	点11 原子分数/%	点12 原子分数/%
O	44.97	46.39	41.76	41.52
Mg	7.59	7.25	16.83	12.13
Al	14.68	14.08	40.08	5.81
Si	15.65	15.03	0.13	4.88
Ca	16.71	16.89	0.14	3.84
Cr	0.29	0.21	0.75	2.25
Fe	0.10	0.14	0.32	29.57

(c) 1100 ℃

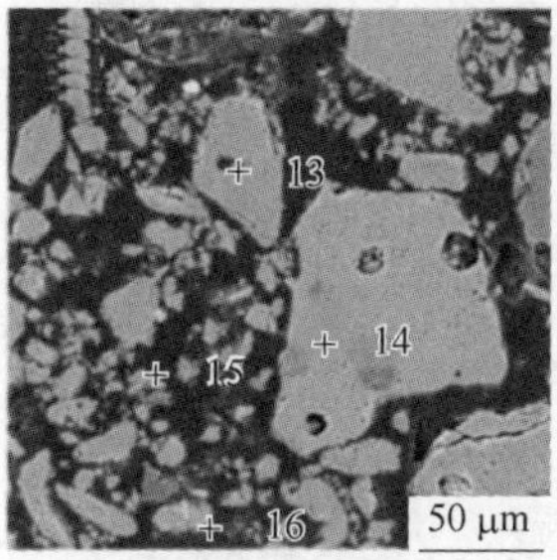

元素	点13原子分数/%	点14原子分数/%	点15原子分数/%	点16原子分数/%
O	46.93	41.23	42.50	45.60
Mg	7.21	16.85	16.93	8.81
Al	13.83	36.94	39.46	8.52
Si	15.05	1.11	0.03	5.39
Ca	16.54	0.65	0.12	4.34
Cr	0.29	2.29	0.92	2.89
Fe	0.15	0.93	0.04	24.44

(d) 1150 ℃

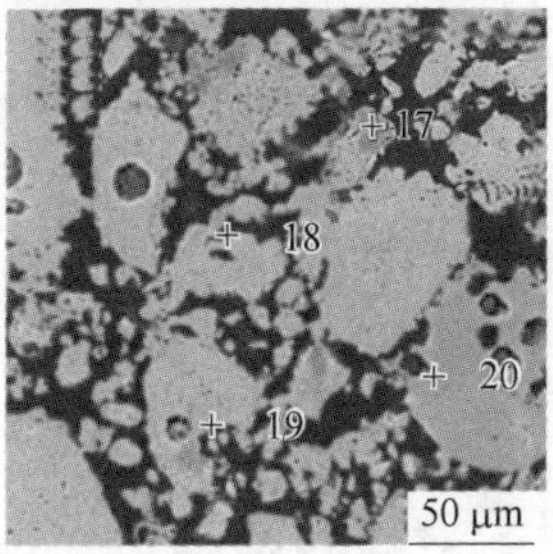

元素	点17原子分数/%	点18原子分数/%	点19原子分数/%	点20原子分数/%
O	41.79	46.51	41.02	46.57
Mg	17.30	6.71	16.44	6.60
Al	40.37	12.46	40.36	15.91
Si	0.11	16.35	0.07	13.70
Ca	0.23	17.43	0.08	16.38
Cr	0.20	0.25	1.26	0.28
Fe	0.01	0.29	0.77	0.56

(e) 1200 ℃

图 5-107 不同烧结温度下所获隔热材料的 SEM-EDS 分析

为了进一步明确烧结温度对隔热材料结构的影响，对孔隙的大小和分布进行了统计，结果如图 5-108 所示。随着烧结温度从 1000 ℃增加到 1200 ℃，平均孔

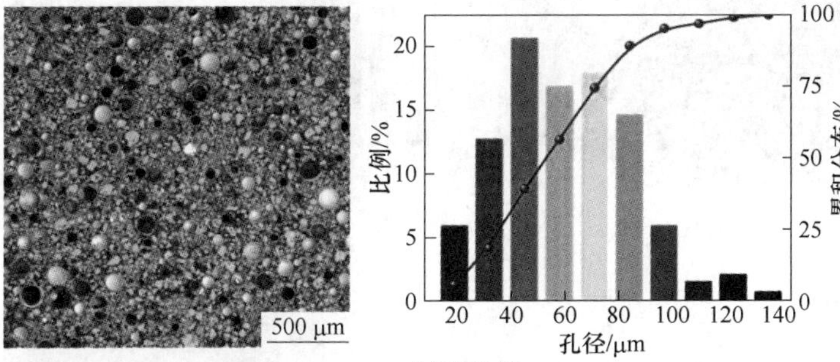

(a) 1000 ℃

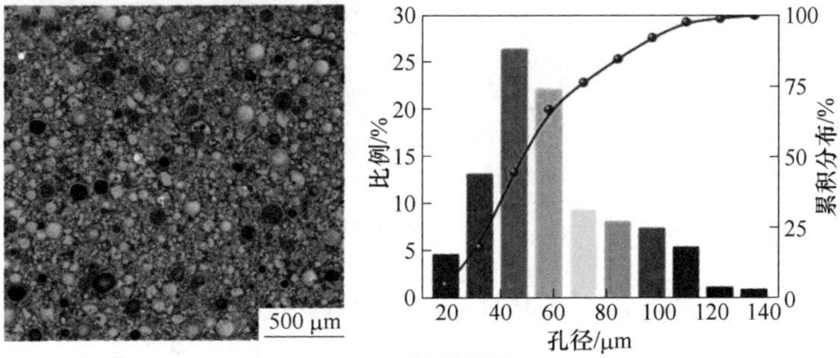

(b) 1050 ℃

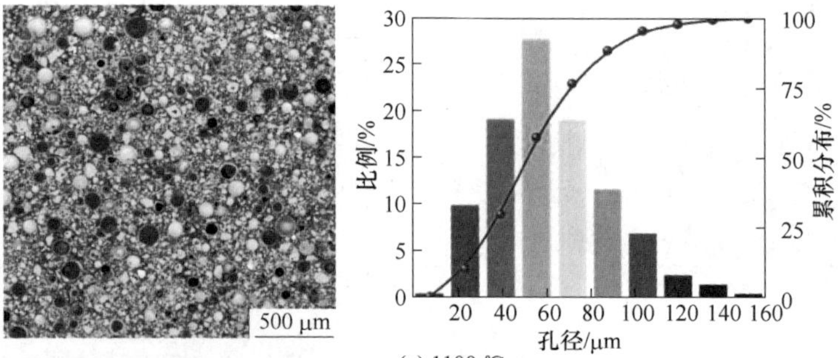

(c) 1100 ℃

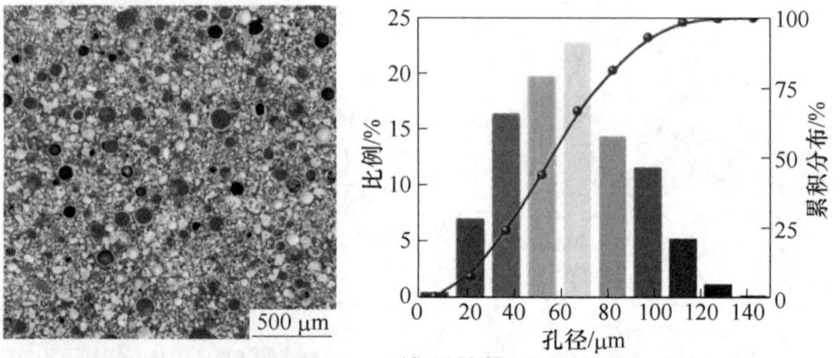

(d) 1150 ℃

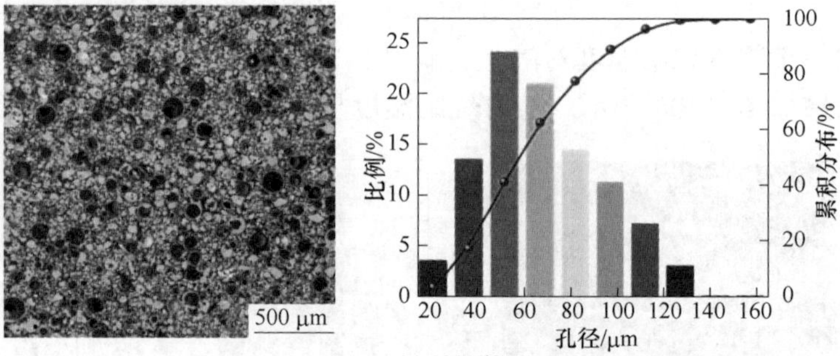

(e) 1200 ℃

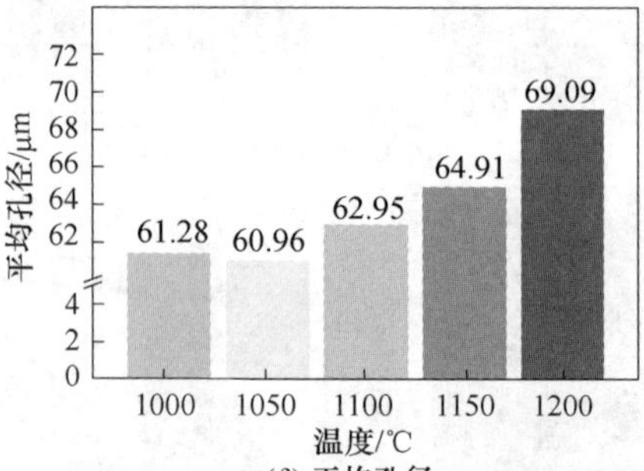

(f) 平均孔径

图 5-108　隔热材料的微观结构和孔隙分布

径从 62.18 μm 增加到 69.09 μm。这一现象可归因于烧结温度的升高促进了液相的形成，使孔隙得以合并和扩张。

图 5-109 所示为不同烧结温度下隔热材料的显孔隙率、吸水率、体积密度、线收缩率和抗压强度。随着烧结温度的升高，显气孔率和吸水率先增大，然后减小。当烧结温度为 1050 ℃ 时，显气孔率和吸水率达到最大值，分别为 46.59% 和 34.22%。体积密度的变化趋势与显气孔率和吸水率的变化趋势相反。通常，线收缩率和抗压强度与容重呈正相关。因此，随着烧结温度的升高，体积密度、线收缩率和抗压强度先降低后升高。当烧结温度为 1100 ℃时，体积密度、线收缩率和抗压强度分别达到最小值 1.34 g/cm^3、0.53% 和 2.83 MPa。

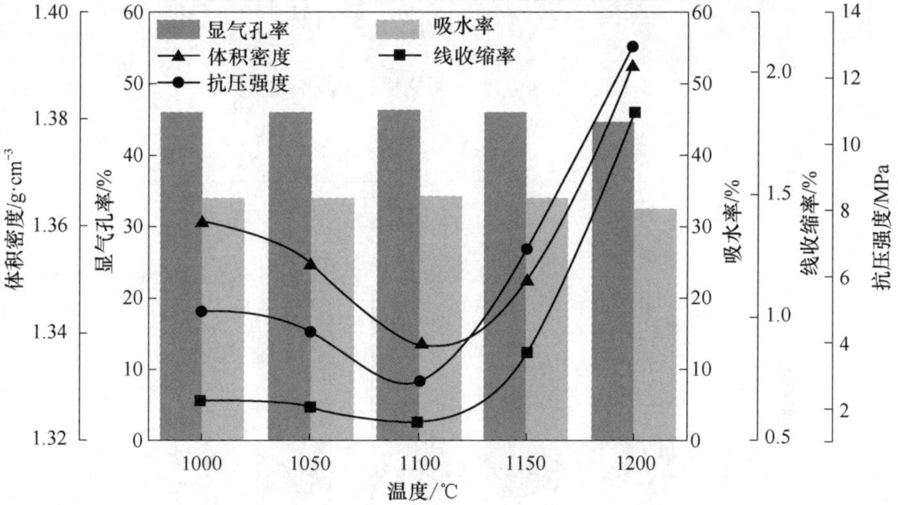

图 5-109 烧结温度对隔热材料的显气孔率、吸水率、体积密度、线收缩率和抗压强度的影响

热导率是评价材料隔热性能的一个重要参数。图 5-110 所示为隔热材料在室温（25 ℃）和高温（800 ℃）下的热导率。随着烧结温度从 1000 ℃升至 1100 ℃，材料在 25 ℃和 800 ℃时的热导率分别从 0.296 W/(m·K) 和 0.394 W/(m·K) 降至 0.285 W/(m·K) 和 0.386 W/(m·K)。当烧结温度升至 1200 ℃时，材料在25 ℃和 800 ℃下的热导率分别升至 0.33 W/(m·K) 和 0.49 W/(m·K)。显气孔率和孔径是影响材料热导率的关键因素，二者呈负相关。

为了明确隔热材料的耐高温性能，对其耐火度进行了测定，结果如图 5-111 所示。随着烧结温度从 1000 ℃升至 1200 ℃，隔热材料耐火度从 1266 ℃降至 1257 ℃。耐火度的下降可归因于透辉石（熔点：1391 ℃）含量的增加以及镁黄长石和钙铝黄长石（熔点：1454 ℃和 1593 ℃）含量的减少。这些变化直接影响了材料的性能。

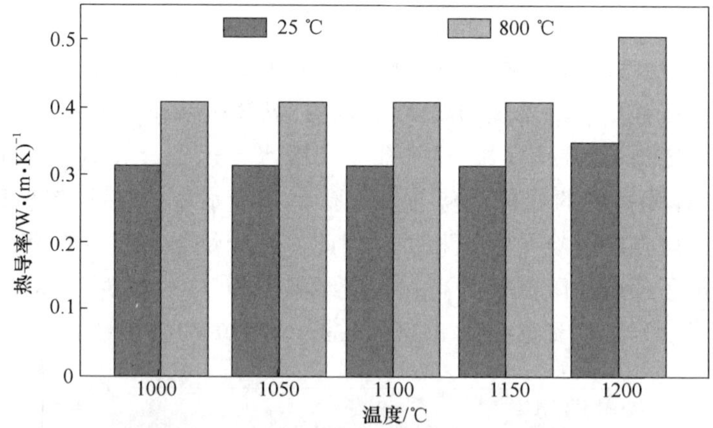

图 5-110　烧结温度对隔热材料热导率的影响

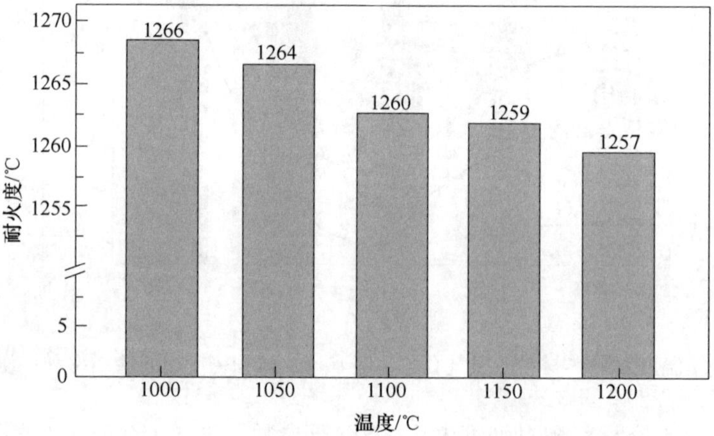

图 5-111　烧结温度对隔热材料的耐火度的影响

根据上述结果，在高炉镍铁渣中添加 15wt.%的 FAC 并在烧结温度和时间分别为 1100 ℃和 2 h 的条件下能够获得综合性能最佳的隔热材料，其显气孔率、吸水率、体积密度、线收缩率和抗压强度分别为 46. 59%、34. 22%、1. 34 g/cm^3、0. 53%和 2. 83 MPa。此外，隔热材料在室温（25 ℃）和高温（800 ℃）下的热导率仅为 0. 285 W/(m · K) 和 0. 386 W/(m · K)，耐火度高达 1260 ℃。

5. 2. 3. 3　烧结时间的影响

在 FAC 添加量为 25wt.%，烧结温度为 1200 ℃，升温速率为 10 ℃/min 的条件下研究了烧结时间（0 min，90 min，120 min，150 min 和 180 min）对隔热材料性能的影响。

图 5-112 所示为烧结时间对隔热材料物相转变的影响。当烧结时间为 0 min 时，隔热材料的主要物相是顽火辉石相（点 E）、尖晶石物相（点 S，主要是镁铁铬尖晶石），还有少量的镁橄榄石（点 F）、莫来石（点 M），表明 FAC 中的莫来石尚未完全和电炉镍铁渣发生反应。当烧结时间增加到 90 min，镁铁铬尖晶石物相的衍射峰逐渐降低，顽火辉石物相的衍射峰逐渐增强。当烧结时间继续增加到 120 min，莫来石物相的衍射峰消失，而堇青石物相的衍射峰开始出现，表明电炉镍铁渣已经开始完全与 FAC 中的 Al_2O_3 和 SiO_2 发生反应。值得注意的是，当继续延长烧结时间至 150~180 min，少量钙长石物相开始出现，这对隔热材料的性能也会有一定的影响。

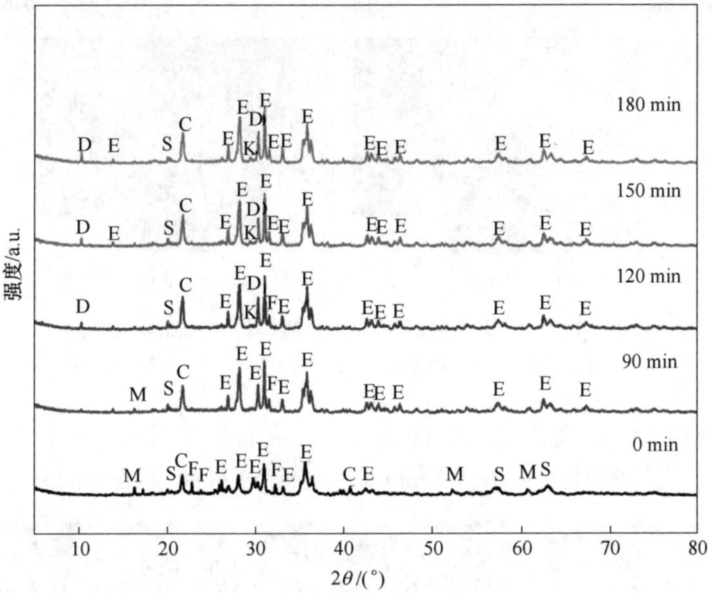

图 5-112　烧结时间对隔热材料物相组成的影响

C—方石英；D—堇青石；E—顽火辉石；F—镁橄榄石；M—莫来石；K—钙长石；S—尖晶石

为了进一步研究烧结时间对隔热材料性能的影响，对比分析烧结时间为 0 min、90 min、120 min、150 min 和 180 min 的隔热材料的微观结构，如图 5-113 所示。烧结时间为 0 min 的隔热材料 SEM-EDS 图如图 5-113（a）所示，其主要物相是顽火辉石（点 E）、镁铁铬尖晶石相（点 S），方石英（点 C）和莫来石（点 M）主要分布在 FAC 外壳处，还有少量的镁橄榄石（点 F）。可以看出电炉镍铁渣和 FAC 组分在该烧结时间下反应极差。当烧结时间为90 min，其主要物相依然是顽火辉石相（点 E）、方石英（点 C）、莫来石（点 M），镁铁铬尖晶石（点 S）。继续延长烧结时间至 120 min，隔热材料中的主要物相是顽火辉石、堇青石、方石英和少量的镁橄榄石和镁铁铬尖晶石，表明电炉镍铁渣中的金属氧化物与 FAC 完全发生反应。当烧结时间继续延长至 150~180 min，方解石物相开始出现，从图中可以看出尖晶石含量不断下降，而堇青石和顽火辉石物相的颗粒尺寸明显增大。

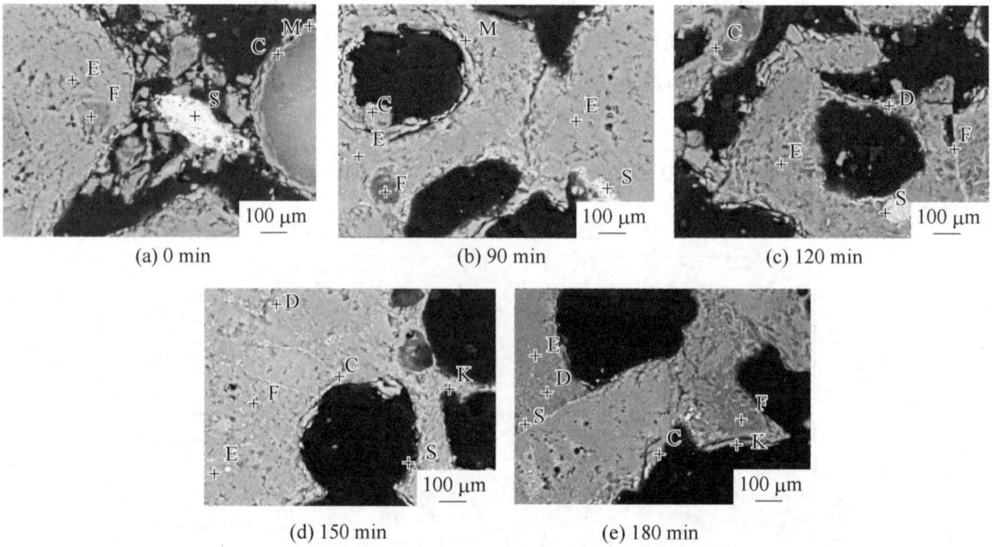

图 5-113　不同烧结时间下所获隔热材料的 SEM-EDS 分析

C—方石英；D—堇青石；E—顽火辉石；F—镁橄榄石；M—莫来石；S—尖晶石

如图 5-114 所示，随着烧结时间的延长，贯通长孔成为主要孔洞结构。从图中可以看出，当烧结时间为 0~90 min 时，隔热材料尚未完全烧结，因为比较完

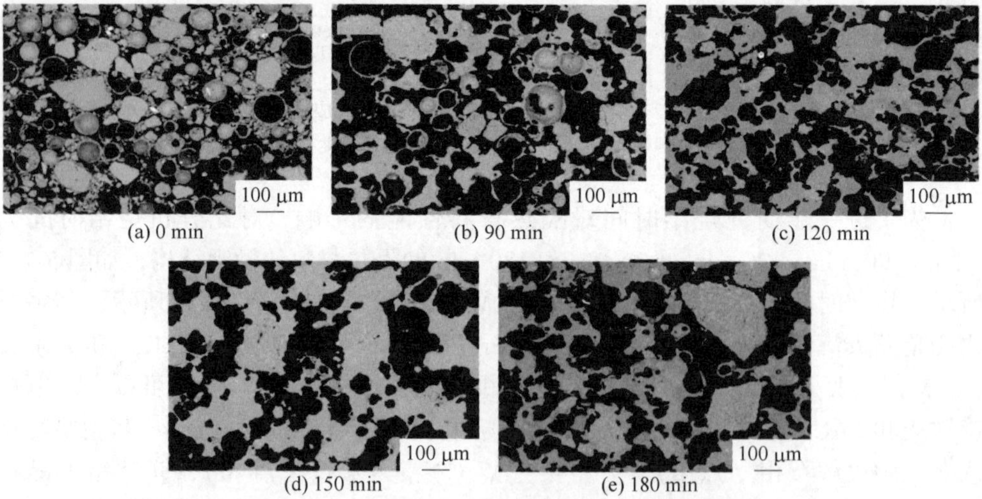

图 5-114　烧结时间对隔热材料的孔道结构的影响

整的 FAC 外壳清晰可见，FAC 颗粒未烧结致密，此时材料的各项性能均较差；在烧结时间为 120~180 min，隔热材料基本烧结完全。烧结时间的继续延长导致隔热材料的表面裂纹和气孔较多，这对隔热材料的性能产生一定的影响。

烧结时间也是影响隔热材料性能的重要因素之一。图 5-115 表明，当烧结时间分别为 0 min、90 min、120 min、150 min 和 180 min 时，随着烧结时间的适当延长，体积密度和抗压强度逐渐增加。当烧结时间为 120 min 时，体积密度略微有所下降，但是当烧结时间延长至 150 min 时，体积密度急剧上升。当烧结时间为 150~180 min 时，抗压强度基本保持不变。与体积密度和抗压强度变化不同，随烧结时间的延长，吸水率呈现逐步下降的趋势。

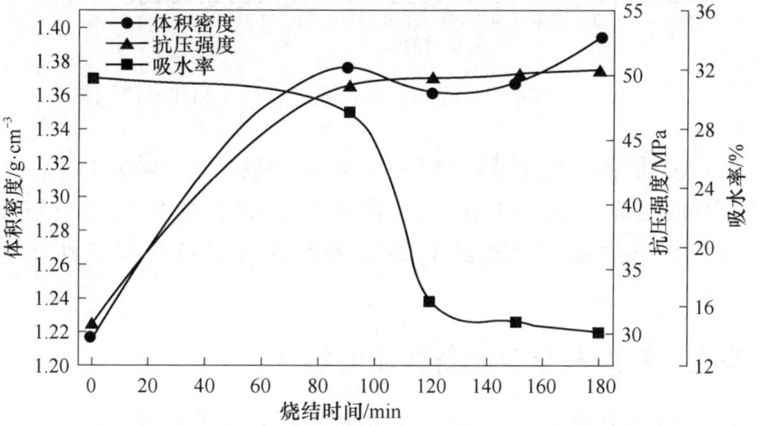

图 5-115　烧结时间对隔热材料体积密度、抗压强度、吸水率的影响

图 5-116 所示为烧结时间对隔热材料孔隙率、孔径及热导率的影响。当烧结时间从 0 min 增加到 90 min 时，隔热材料的孔隙率从 44.3%降低到 40.9%，而孔径从 98.3 μm 急剧增长到 127.2 μm，隔热材料的热导率从 0.37 W/(m·K) 升高到 0.41 W/(m·K)。这主要是因为烧结时间的延长促进了烧结反应的进行。这期间反应尚未完全，隔热材料中以莫来石、方石英、尖晶石和顽火辉石为主要物相。当烧结时间增加到 120 min 时，电炉镍铁渣与 FAC 中的 SiO_2 和 Al_2O_3 发生反应。当继续增加烧结时间至 180 min 时，隔热材料的孔隙率从 40.9%降低到 38.4%，而孔径增速放缓，从 127.3 μm 增长到 134.2 μm，隔热材料的热导率从 0.47 W/(m·K) 升高到 0.49 W/(m·K)。这是因为具有较高热导率的方石英含量不断增加，而具有较低热导率的堇青石和顽火辉石物相逐渐减少，因此热导率增加速度放缓。

综合热学性能、力学性能和使用性能来看，当烧结时间为 120 min 时所获材料整体性能最佳。

上述结果表明，根据镍铁渣的物理化学特性，选择 FAC 为添加剂，通过研

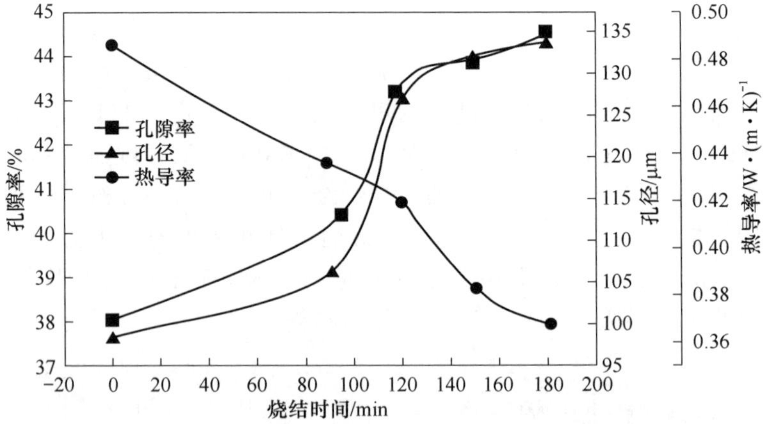

图 5-116　烧结时间对隔热材料孔隙率、孔径和热导率的影响

究镍铁渣与 FAC 制备隔热材料过程中主要物相转变规律以及材料结构和性能变化机制，形成了镍铁渣与 FAC 联合制备轻质隔热材料的理论与技术。通过调控 FAC 用量、烧结温度和烧结时间等因素成功制备获得了性能优良的隔热材料。

5.3　镍铁渣与粉煤灰复合制备微晶玻璃

由第 3、4 章的分析可知，以电炉镍铁渣为主要研究对象，以高硅和高铝的粉煤灰（coal fly ash，以下简称 CFA）为调质剂，通过设计合适的原料体系组分，经过熔态改质、浇铸成型、退火和热处理，有望制备出以顽火辉石为主相、尖晶石为强化相的微晶玻璃，实现熔态电炉镍铁渣的原位转化及高效增值利用，为大幅度提高镍铁渣的使用量并消耗部分粉煤灰固废，降低生产成本及能耗提供新思路。根据此思路，开展了镍铁渣与粉煤灰复合制备微晶玻璃研究。

5.3.1　原料性能

制备微晶玻璃的主要原料为电炉镍铁渣，其主要物化性能详见第 2 章。此外，在微晶玻璃制备过程中，所需添加剂 CFA 的主要化学成分如表 5-21 所示。由表可知，CFA 含有 53.49wt.% SiO_2 和 33.77wt.% Al_2O_3，以及少量 CaO（3.89wt.%）、Fe_2O_3（2.92wt.%）、TiO_2（1.60wt.%）和 K_2O（1.39wt.%）。

表 5-21　CFA 的主要化学成分　　(wt.%)

成分	SiO_2	Al_2O_3	CaO	Fe_2O_3	TiO_2	K_2O	MgO	Na_2O	P_2O_5
含量	53.49	33.77	3.89	2.92	1.60	1.39	0.49	0.25	0.17

图 5-117 所示为 CFA 的 XRD 图谱和粒度分布曲线。由图可知，CFA 的主要物相为莫来石（mullite，$Al_6Si_2O_{13}$）和石英（quartz，SiO_2）。CFA 的比表面积（S）为 0.206 m^2/g，表面积平均粒径（D）为 75.582 μm。

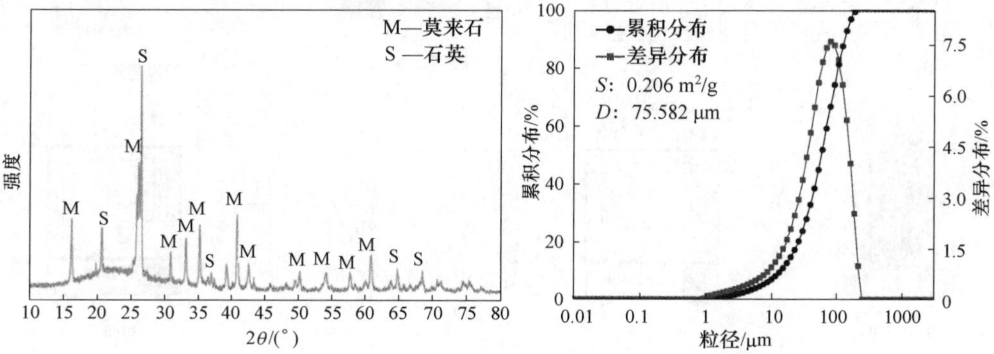

(a) XRD图谱　(b) 粒度分布

图 5-117　CFA 的 XRD 图谱和粒度分布曲线

CFA 的微观结构如图 5-118 所示。CFA 颗粒的大部分颗粒保持圆球状，表面光滑，没有产生过度粉碎现象。

图 5-118　CFA 的微观结构

5.3.2　研究方法

在制备微晶玻璃过程中，首先需制备其前驱体，即基础玻璃或母玻璃。这些基础玻璃具有与微晶玻璃相同的化学组成。为了评估 CFA 含量的影响，通过将 CFA 含量控制在 20wt.%～35wt.%来生产一系列具有可变组成的基础玻璃和相应的微晶玻璃。首先将特定质量比的电炉镍铁渣和 CFA 混合，将所得混合物转移到刚玉坩埚中，并在马弗炉中于 1550 ℃下熔融 3 h。选择少量的均质玻璃熔体在冷水中淬火以获得基础玻璃，通过 DSC 分析以确定合适的结晶温度。将剩余的玻璃熔体浇铸到尺寸为 65 mm × 22 mm × 10 mm 的不锈钢模具中，该模具在 650 ℃下预热，在 650 ℃下退火 2 h 以释放热应力。根据 DSC 分析结果，玻璃熔体随后在目标温度下结晶以获得微晶玻璃，升温速率为 5 ℃/min，保持时间为 2 h。试验流程如图 5-119 所示。

微晶玻璃的性能检测指标包括体积密度、抗折强度、线收缩率和耐酸碱腐蚀性。其中体积密度利用阿基米德原理，参照 GB/T 2997—2015 进行测定。抗折强度参照 GB/T 37781—2019 进行测定。线收缩率参照 GB/T 5998—2022 进行测定。耐酸碱腐蚀性参照 JC/T 2283—2014 进行测定。

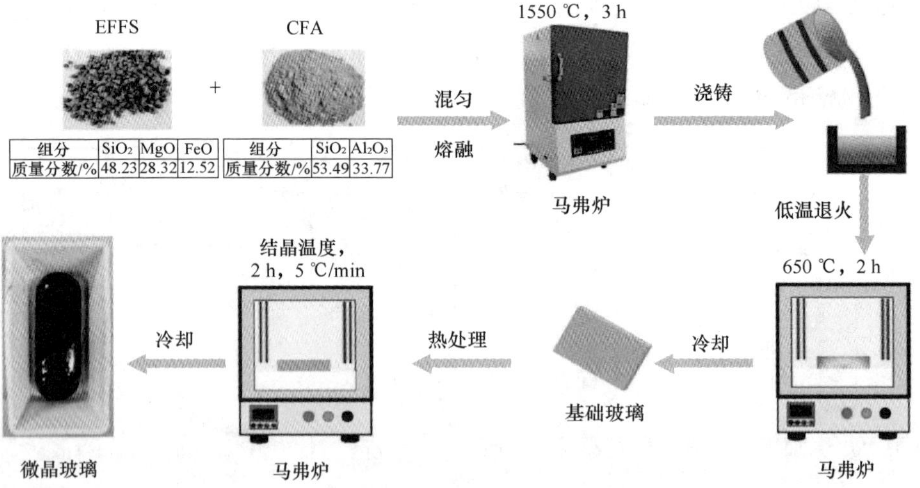

图 5-119　微晶玻璃制备工艺流程

5.3.3　制备顽火辉石-尖晶石复相微晶玻璃

原料配比直接影响微晶玻璃的基本性能。利用 CFA 对熔渣进行改质处理，必须优化原料配比来得到高性能微晶玻璃。表 5-22 所示为设计的微晶玻璃产品对应的原料配比。

表 5-22　微晶玻璃化学组成　（wt.%）

样品	电炉镍铁渣配比	CFA 配比	CaO	SiO_2	MgO	FeO	Al_2O_3	Cr_2O_3
GC-1	80	20	3.75	49.28	22.75	10.02	8.57	1.67
GC-2	75	25	3.76	49.55	21.36	9.39	10.15	1.57
GC-3	70	30	3.76	49.81	19.97	8.76	11.72	1.46
GC-4	65	35	3.77	50.07	18.58	8.12	13.30	1.36

图 5-120 所示为 GC-1～GC-4 对应的基础玻璃样品的 DSC 曲线，其升温速率为 10 ℃/min。由图可知，所有样品均出现了单结晶峰，表明可以形成单一主晶相[19]。GC-1～GC-4 对应的结晶温度分别为 862 ℃、871 ℃、883 ℃和 884 ℃。随着 CFA 含量的增加，结晶峰向更高温度方向移动且结晶峰的强度降低，这表明基础玻璃的结晶程度降低[55]。这一现象的发生是因为随着 CFA 含量的增加，电炉镍铁渣含量降低，电炉镍铁渣中的网络修饰离子 Ca^{2+} 和 Mg^{2+} 含量降低，阻止了［Si—O］网络的破坏[57]。

为了进一步分析原料配比对基础玻璃产生的影响，采用拉曼光谱分析确定了基础玻璃样品的离子结构单元[58]。基础玻璃结构主要由［SiO_4］四面体组成，该

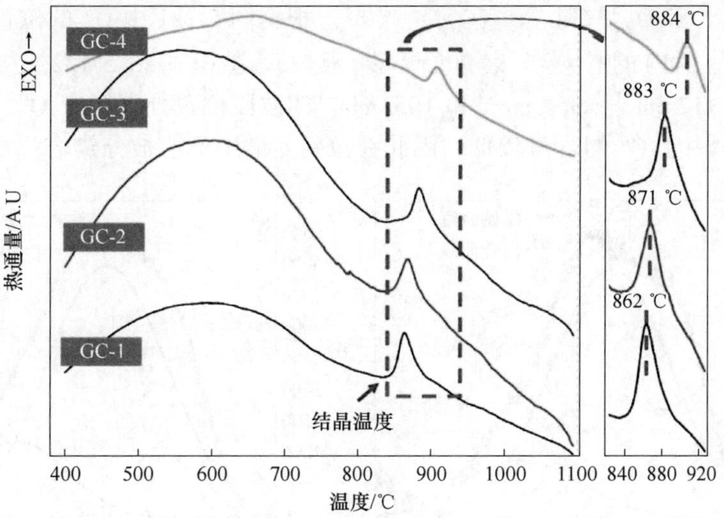

图 5-120 GC-1～GC-4 对应的基础玻璃的 DSC 曲线

四面体具有不同的结构单元：$[SiO_4]^{4-}$、$[Si_2O_7]^{6-}$、$[Si_3O_9]^{6-}$和 $[Si_4O_{10}]^{4-}$，分别代表单体结构、二聚体结构、链结构和层状结构[4]。通过计算玻璃网络的聚合程度可以揭示基础玻璃的结晶倾向，进而从微观确定原料配比对微晶玻璃综合性能的影响。玻璃网络的聚合程度可以通过计算 Q^n 的相对含量来确定，其中 $n=0$、1、2、3、4，分别代表 $[SiO_4]^{4-}$、$[Si_2O_7]^{6-}$、$[Si_3O_9]^{6-}$、$[Si_4O_{10}]^{4-}$和 $[SiO_2]$[20,59]。

图 5-121 为不同组成的基础玻璃样品的拉曼光谱。图中在 850～880 cm^{-1}、900～920 cm^{-1}、950～980 cm^{-1}和 1050～1100 cm^{-1}波段分别代表着 $[SiO_4]^{4-}$、

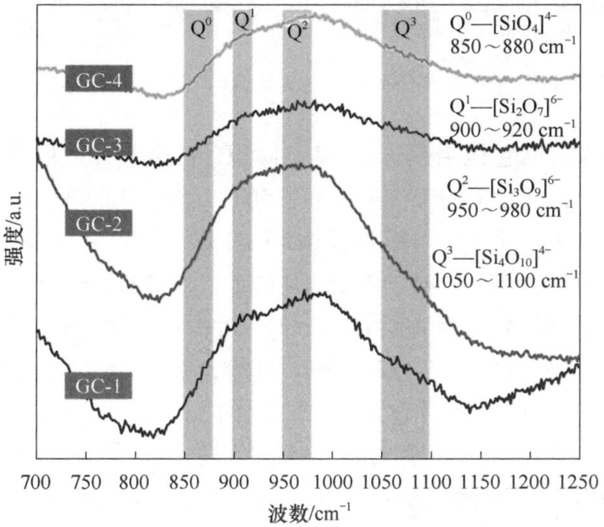

图 5-121 GC-1～GC-4 对应的基础玻璃的拉曼光谱

$[Si_2O_7]^{6-}$、$[Si_3O_9]^{6-}$和 $[Si_4O_{10}]^{4-}$[60-61]。根据图 5-121 中 Q^n 的位置，对 800～1200 cm^{-1}范围内的拉曼光谱进行高斯函数反卷积（图 5-122），结果显示，860 cm^{-1}、912 cm^{-1}、964 cm^{-1}和 1053 cm^{-1}的波段位置分别对应 Q^0、Q^1、Q^2 和 Q^3。此外，由于 Q^4 的含量较低，因此在拉曼光谱中不能被分辨[58]。

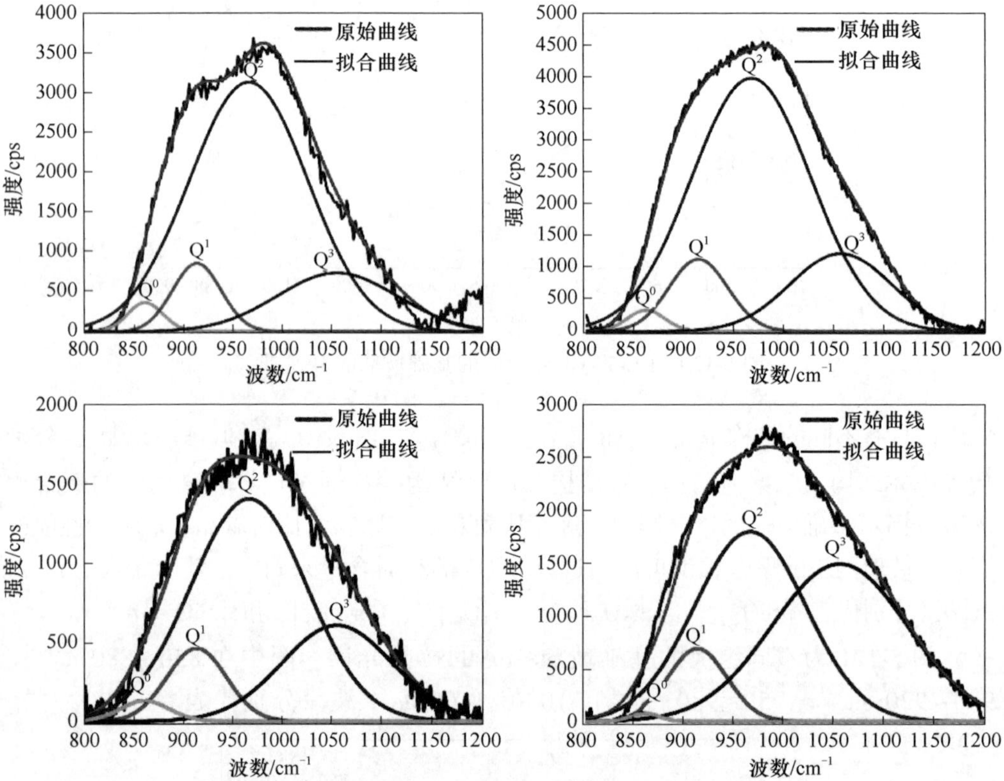

图 5-122　GC-1～GC-4 对应的基础玻璃的拉曼光谱的反卷积

根据图 5-122 的反卷积结果，Q^n 单元面积、K 值及 ln$K$ 数值列于表 5-23。从表 5-23 中可以看出，GC-1 的 Q^n 分别为 2.50、7.98、72.33、17.19；GC-2 的 Q^n 分别为 1.81、9.77、70.13、18.29；GC-3 的 Q^n 分别为 1.32、10.15、63.32、25.20；GC-4 的 Q^n 分别为 0.47、9.06、44.95、45.52。随 CFA 含量的增加，Q^0 面积逐渐减小，Q^1 面积先增大后减小，Q^2 面积逐渐减小，Q^3 面积逐渐增大。Q^n 的面积分数变化趋势如图 5-122 所示。显然，Q^3 单元的相对含量随着 CFA 含量的增加而增加，Q^2 单元相对含量下降。同时，Q^0 和 Q^1 的对应单元对 CFA 含量的依赖性较弱。这是因为随着 CFA 含量的增加，网络修饰离子 Ca^{2+}、Mg^{2+} 的总含量降低，降低了玻璃网络的解聚度。这一结果与 DSC 分析结果一致。随着 CFA 含量的增加，玻璃网络的结构由链式转变为层状，表明玻璃网络结构的强度增强。玻璃网络的聚合度可以用一个参数 K 来估计，即平衡常数，它与 Q^n 值的关系如下：$K=[Q^0][Q^3]^2/[Q^2]^3$[60-61]。相反，玻璃熔体解聚度通常用 ln$K$ 来评价。其值越小，说明解聚程度越高（图 5-123），结晶倾向越高。随着 CFA 含量的增加，ln$K$ 值先降低后升高。当 CFA 含量为 25wt.%时，ln$K$ 值最小，说明此时结晶趋势最强。

表 5-23 Q^n 单元面积、K 值及 ln$K$ 数值

样品	Q^0	Q^1	Q^2	Q^3	K	ln$K$
GC-1	2.50	7.98	72.33	17.19	0.00195	-6.24
GC-2	1.81	9.77	70.13	18.29	0.00176	-6.34
GC-3	1.32	10.15	63.32	25.20	0.00330	-5.71
GC-4	0.47	9.06	44.95	45.52	0.01063	-4.54

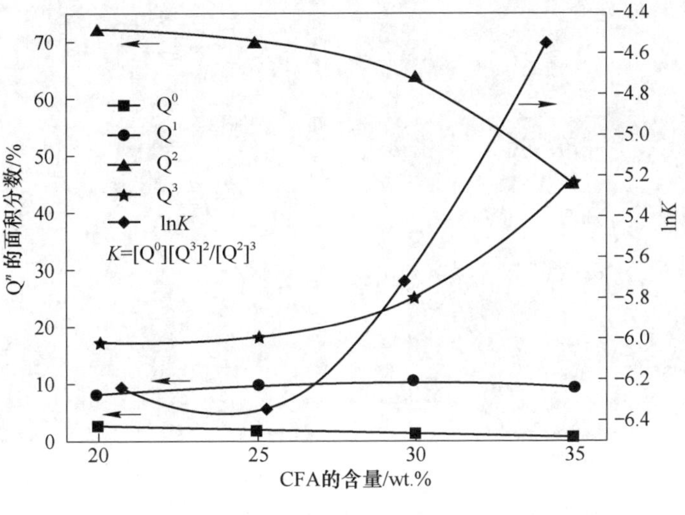

图 5-123 Q^n 单元结构面积分数和 ln$K$ 随 CFA 含量的变化

为了进一步探讨原料配比对微晶玻璃的影响，利用 SEM-EDS 研究了 GC-1 至 GC-4 的微观结构（图 5-124）。从图中可以观察到 GC-1 中存在许多小的球形颗粒，大小不一。与 GC-1 相比，GC-2 的晶粒尺寸大小更加均匀且更加致密。在 GC-3 中，颗粒由球形结构转变为块状结构。这是因为随着电炉镍铁渣含量降低，导致顽火辉石结构中镁含量降低，使得 Mg^{2+} 与 Fe^{3+} 的同构取代有关。值得注意的是，在 GC-4 中出现了棱柱状结构的晶体颗粒，与 Mg^{2+} 被 Al^{3+} 取代有关。有研究表明透辉石（$CaMgSi_2O_6$）晶体具有球形结构，钙长石（$CaAl_2Si_2O_8$）晶体具有板棱柱状结构[62]，从两者化学分子式可以看出，当 Al^{3+} 代替 Mg^{2+} 进入晶体会导致其微观形貌发生变化。结合 XRD 图谱 EDS 能分析谱可知，GC-4 的主要物

(a) GC-1

(b) GC-2

(c) GC-3

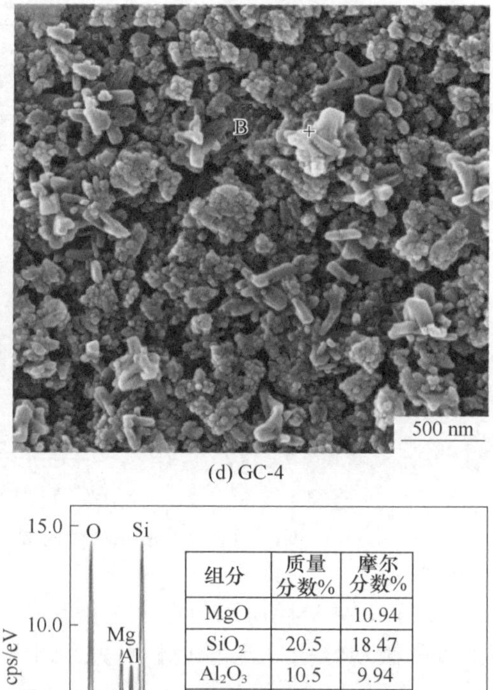

(d) GC-4

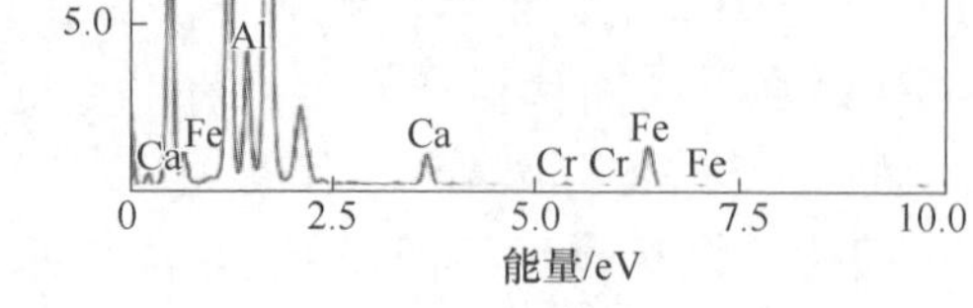

(e) 点A

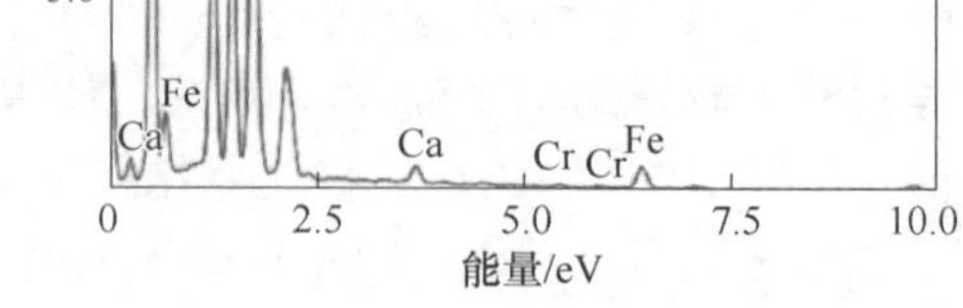

(f) 点B

图 5-124　GC-1～GC-4 的 SEM-EDS 分析

相为铝顽火辉石。因此 GC-4 微观结构改变时由于铝离子的同构现象导致平板柱状晶体的形成。EDS 分析表明，GC-1 中 A 点的 Al_2O_3 和 MgO 含量分别为 6.71wt.%和 16.46wt.%，而 GC-4 中 B 点的 Al_2O_3 和 MgO 含量分别为10.5wt.%和 10.6wt.%。可以证明 Mg^{2+}和 Al^{3+}离子发生取代。

为进一步表征微晶玻璃的微观结构，通过原子力显微镜（AFM）技术分析确定了其二维形貌（图 5-125（a））和三维形貌（图 5-125（b））。从图中可以看出，GC-1 和 GC-2 均具有大量球状晶粒团簇，而 GC-3 颗粒呈块状，体积较大，符合 SEM 观察结果。与其他样品不同，GC-4 呈棱柱状结构，结晶度低。以上结果同样证实了顽火辉石中 Mg^{2+}被 Fe^{3+}取代会引起微观组织由球状结构转变为晶粒尺寸较大的块状结构，而 Mg^{2+}被 Al^{3+}取代会引起类似于板柱状结构的变化。

图 5-125 GC-1~GC-4 的 2D 形貌和 3D 形貌

图 5-126 所示为 CFA 含量对微晶玻璃性能的影响。从图中可以看到，随着 CFA 含量从 20wt.%增加到 35wt.%，微晶玻璃样品的密度先从 3.05 g/cm³ 增加到 3.11 g/cm³，然后从 3.11 g/cm³ 下降到 3.01 g/cm³。抗折强度变化趋势相似，最大值为 116 MPa。这一现象与微观结构的变化有关。如上文所述，随着 CFA 含量的增加，GC-2 的晶粒更加均匀致密。因此，抗折强度大大提高。随着 CFA 含量的不断增加，GC-4 的显微组织向棱柱状结构转变，导致其抗折强度显著降低至 72 MPa，这与 Mg^{2+}、Fe^{3+}和 Al^{3+}等金属离子的同构取代密切相关。随着 CFA 含量的增加，晶相中 Al^{3+}含量的增加会促进柱状结构的形成[62]，从而降低抗折强度。

随着 CFA 含量从 20wt.%增加到 35wt.%（GC-1~GC-4），微晶玻璃样品的耐酸性从 99.96%增加到 99.99%，这是因为样品中含有氧化钙、氧化镁、氧化铁、

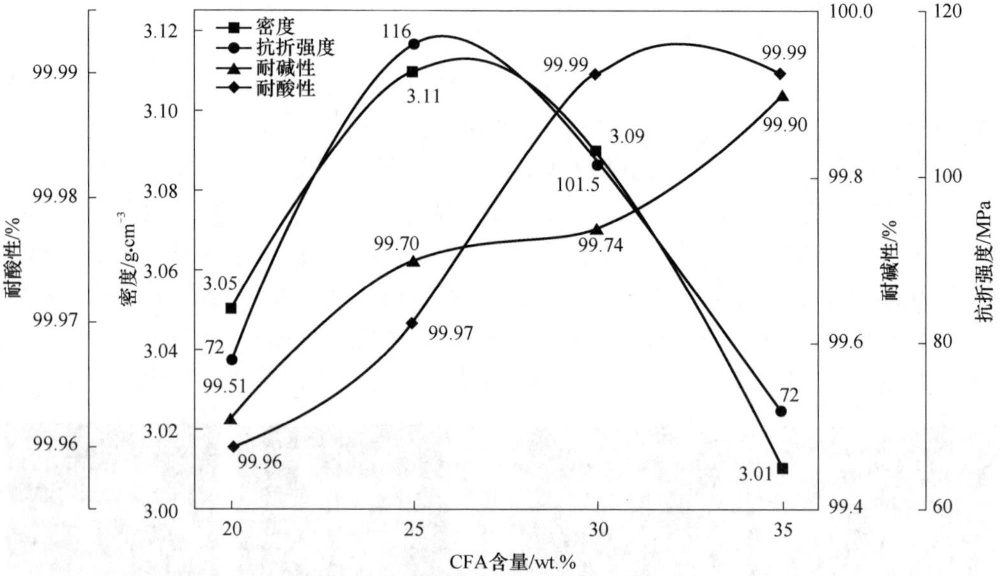

图 5-126　CFA 含量对微晶玻璃密度、抗折强度、耐酸性和耐碱性的影响

氧化钾等碱性氧化物，能与硫酸发生反应[63]：

$$RO + H_2SO_4 = RSO_4 + H_2O \tag{5-10}$$

$$R_2O + H_2SO_4 = R_2SO_4 + H_2O \tag{5-11}$$

$$R_2O_3 + 3H_2SO_4 = R_2(SO_4)_3 + 3H_2O \tag{5-12}$$

式中，R 代表 Ca、Mg、Fe、K 等离子。因此，电炉镍铁渣含量越低，镁离子和铁离子含量大量减少，所以其耐酸性越来越高。有研究表明，SiO_2 含量较高的玻璃基体表现出更好的耐酸性能，因为与桥氧（BO）相比，非桥氧（NBO）更容易被酸阳离子（H^+）攻击[57]。从拉曼分析中可知，GC-3、GC-4 中桥氧含量更高。因此，GC-3、GC-4 等 SiO_2 含量较高的微晶玻璃在酸性溶液中具有较好的耐化学性。同样，耐碱性也随着 CFA 含量的增加而增加，且均在 99.50%以上。出现这种现象有两个原因：首先，样品玻璃基体中的 $[SiO_4]^{4-}$ 单元容易被 OH^- 分解[64]。结合拉曼光谱分析，$[SiO_4]^{4-}$ 单元的减少会促进耐碱性能的提高。其次，CFA 中的碱金属离子与 OH^- 结合形成耐碱层，随着耐碱层厚度的增加，对化学腐蚀具有抑制作用[57]。因此，当 CFA 添加量为 25wt.%时所得微晶玻璃具有最佳性能。

在微晶玻璃制备过程中，特别是制备大规格的板材微晶玻璃，在基础玻璃热处理晶化过程中通常会发生变形。建筑装饰用微晶玻璃板材的变形主要表现为：（1）板材两头下翘，板材中间向上突起；（2）板材四角下翘，中部向上突起。这两种微晶玻璃板材变形与其内部结构和热处理工艺存在密切联系[65]。

事实上，高温熔融后进行冷却处理，这一过程中将不可避免地在基础玻璃结构内部产生应力。玻璃相会存在明显的迁移调整过程。若玻璃相的调整过程跟不上温度的变化速度，就会造成大量的残余应力停留在基础玻璃中。在热处理时，当残余应力累积到一定程度，就会造成微晶玻璃产生形变。所以，消除基础玻璃中存在的残余应力是解决其形变产生的关键[66]。因此，在基础玻璃成型后进行退火处理至关重要。

首先，研究了退火温度（500 ℃、550 ℃、600 ℃和650 ℃）对于微晶玻璃形变的影响。图 5-127 所示为退火温度对基础玻璃长度方向保持率和宽度方向保持率的影响。从图中可以看出，随着退火温度的升高，宽度方向保持率先升高后降低；长度方向保持率没有明显变化规律。当退火温度为 600 ℃时，宽度方向和长度方向的形变最小，分别为 97.40% 和 96.64%。因此，选择退火温度为 600 ℃最为适宜。

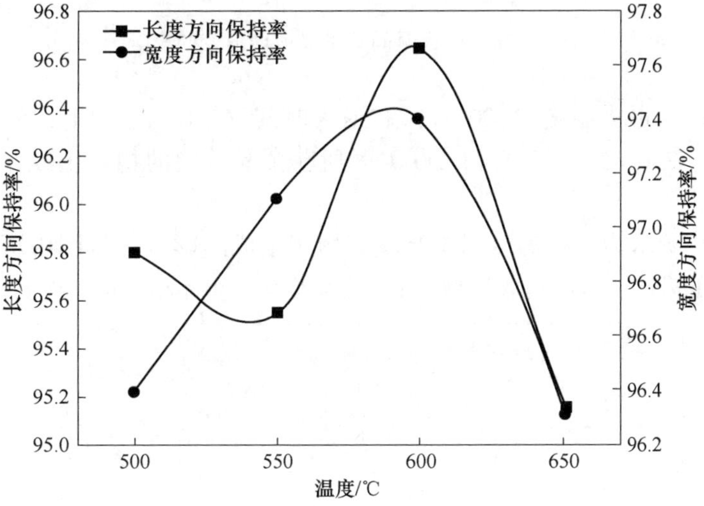

图 5-127 退火温度对微晶玻璃形变的影响

退火时间对基础玻璃中残余应力消除也有显著影响。图 5-128 所示为退火时间（1 h、2 h、3 h、4 h）对基础玻璃长度方向保持率和宽度方向保持率的影响。从图中可以明显看出，随着退火时间的增加，长度方向和宽度方向的线收缩率皆呈现先升高后降低的趋势。当退火 2 h 时，微晶玻璃形变最小，分别为 97.40% 和 96.64%。因此选择退火 2 h 作为后续试验条件。

基础玻璃在析晶过程中，一般要经过晶核形成（形核或核化）和晶体生长（晶化）两个阶段[67-68]。形核温度决定了晶核的数量，进而影响微晶玻璃的结构和性能。形核温度的选择不当会导致晶体析出。通常，最佳的形核温度在 T_G 以上 50~100 ℃。因此，为了确定最佳的形核温度，在已优化原料配比（CFA 添加

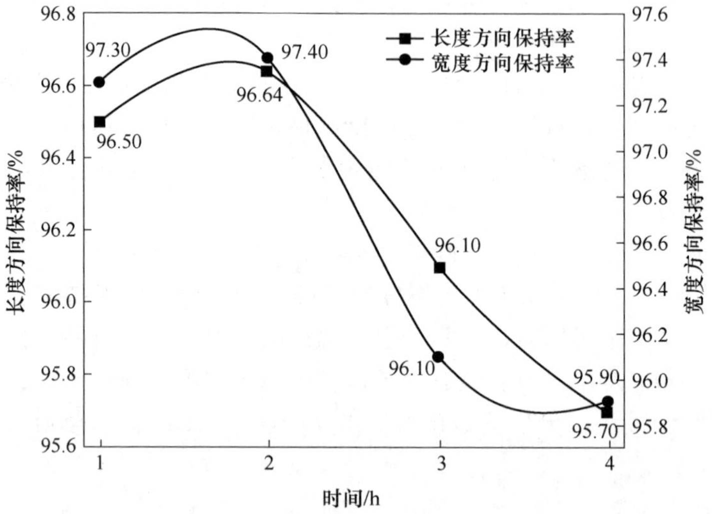

图 5-128　退火时间对微晶玻璃形变的影响

量为 25wt.%）、退火温度（600 ℃）和退火时间（2 h）基础上，研究了形核温度为 700 ℃、730 ℃、760 ℃和 790 ℃时所获微晶玻璃的物相组成、微观结构和材料性能。

图 5-129 所示为形核温度对微晶玻璃物相组成的影响。从图中可以看出，随着形核温度的升高，微晶玻璃的物相没有发生变化，主晶相为顽火辉石（$MgSiO_3$），

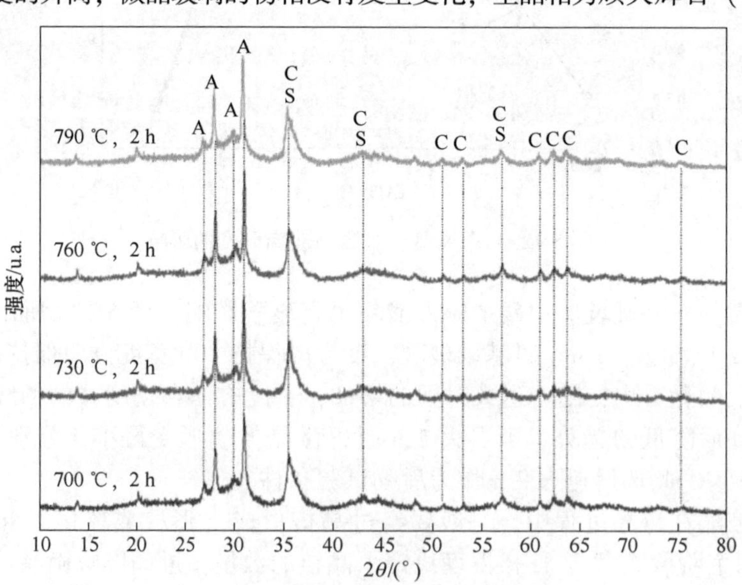

图 5-129　形核温度对微晶玻璃物相组成的影响
A—顽火辉石；S—尖晶石；C—铝顽火辉石

同时还含有少量尖晶石（$MgCr_{0.4}Fe_{1.6}O_4$）和铝顽火辉石（$Mg_{0.96}Al_{0.027}SiO_3$）。随着形核温度从 700 ℃增加到 790 ℃，可以明显看出顽火辉石相的衍射峰强度增强，说明提高形核温度有利于基础玻璃中更多顽火辉石相晶核的形成，以促进其在结晶过程中的生长。

为了研究形核温度对微晶玻璃微观结构的影响，对形核温度为 700 ℃、730 ℃、760 ℃、790 ℃时所获微晶玻璃的微观结构进行 SEM 分析，如图 5-130 所示。结合 XRD 分析可知，由于微晶玻璃的物相并没有发生明显变化，其微观结构皆呈球形颗粒状。从图 5-130 可以看出，随着形核温度从 700 ℃升高到 730 ℃，晶粒尺寸逐渐减小，结构变得致密。这是因为随着形核温度的升高，在形核阶段能够析出更多的顽火辉石晶核，因此在结晶生长过程中，在相同区域内晶体的尺寸更加均匀细小。当形核温度为 760 ℃时，可以看出晶粒尺寸变得更加均一。

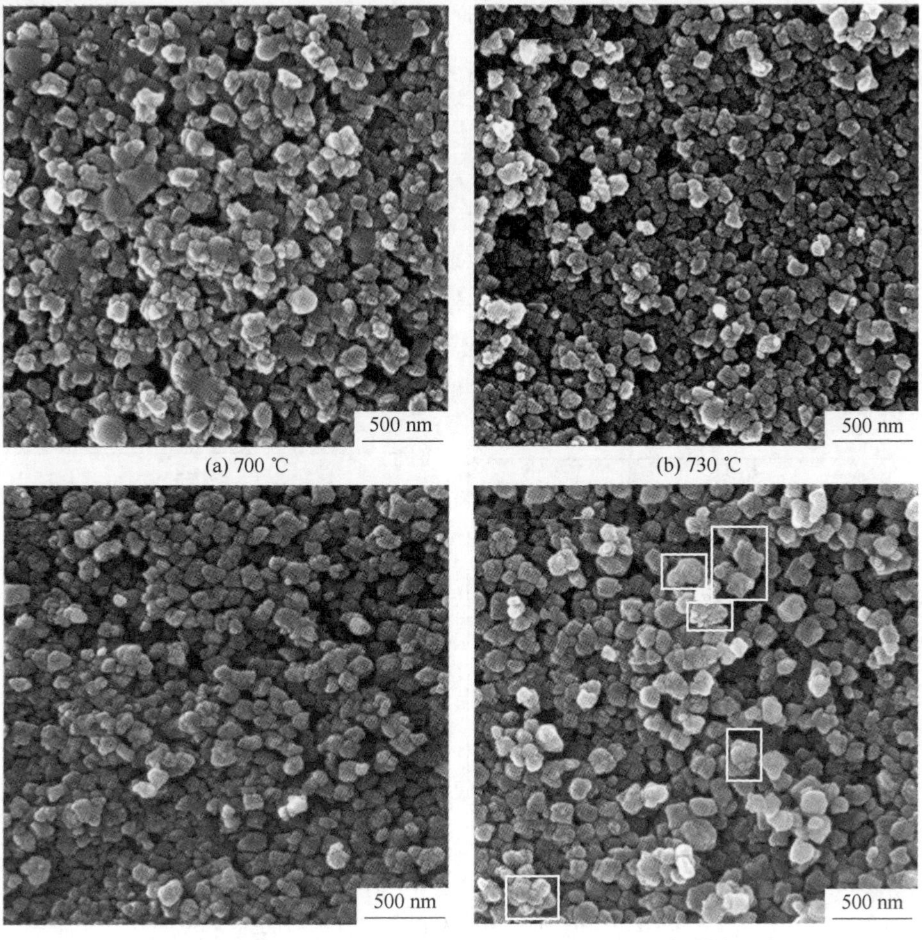

图 5-130 形核温度对微晶玻璃微观结构的影响

随着形核温度的继续升高，晶粒尺寸明显变大，同时出现晶粒聚集团簇现象。这是因为形核温度的升高，在形核阶段促使更多的顽火辉石晶核的析出，在结晶生长过程中，在相同区域内晶体生长发生相互挤压，使得晶粒发生聚集团簇。

为了定量描述形核温度对顽火辉石晶粒尺寸的影响，采用软件 Image J 对其进行了晶粒尺寸统计分析，如图 5-131 所示。从图中可以看出，当形核温度为 700 ℃时，尺寸占比最多为 100～140 nm 的晶粒，为 42%，其次为 60～100 nm 的晶粒，占 30%，还有相当一部分 140～180 nm 的晶粒，占比为 21%。当形核温度为 730 ℃时，可以看出晶粒尺寸变小且更加均匀。其中，60～100 nm 的晶粒占比为 45%，20～60 nm 的晶粒占 31%，100～140 nm 的晶粒占 19%。当形核温度为 760 ℃时，60～140 nm 的晶粒合计占比为 82%，尺寸更加均匀。当形核温度升高到 790 ℃时，晶粒尺寸明显变大，100～140 nm 的晶粒占比超过一半（53%）。

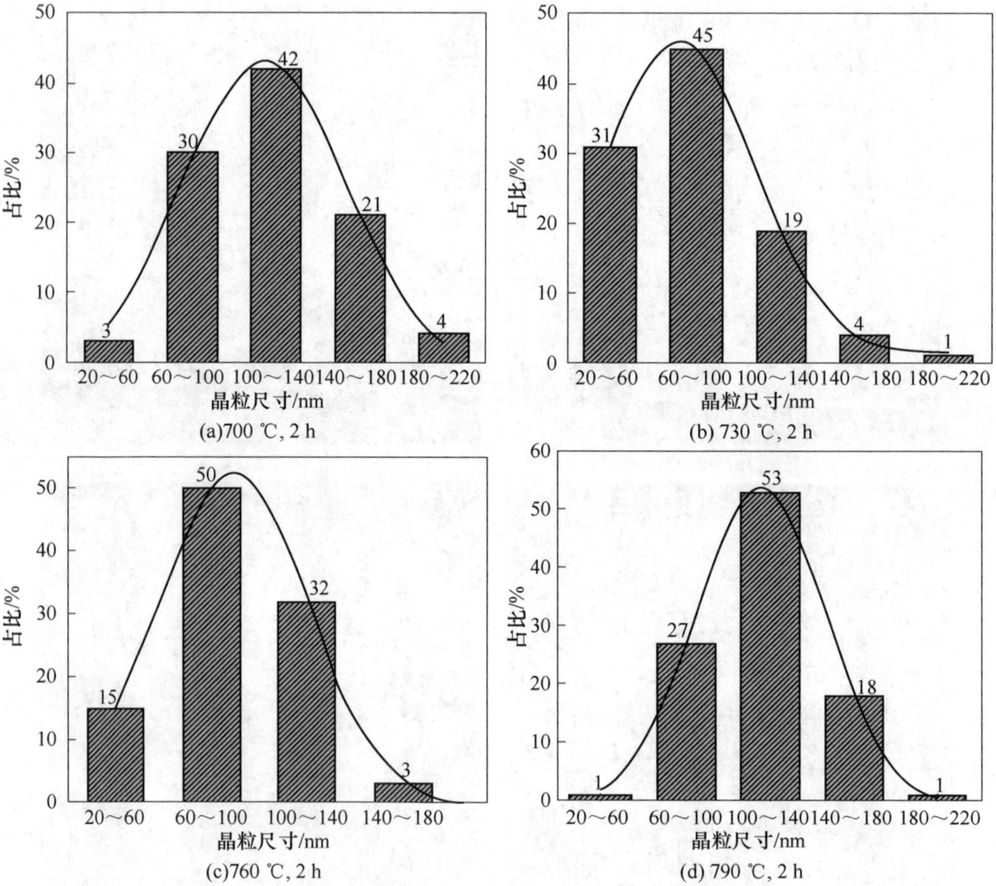

(a)700 ℃, 2 h　(b) 730 ℃, 2 h　(c)760 ℃, 2 h　(d) 790 ℃, 2 h

图 5-131　形核温度对晶粒尺寸的影响

图 5-132 所示为形核温度对微晶玻璃性能的影响。从图中可以看到，随着形核温度从 700 ℃增加到 790 ℃，微晶玻璃样品的密度从 3.11 g/cm^3 增加到 3.16 g/cm^3。从微观结构演变中可知，随着形核温度的升高，结构变得更加致密，导致微晶玻璃的密度升高。随着形核温度的升高，微晶玻璃的抗折强度先上升后下降，当温度为 760 ℃，抗折强度达到最大为 135 MPa。抗折强度下降是因为在 790 ℃形核时，在微晶玻璃的微观结构中，晶粒之间发生聚集团簇，严重影响了样品的抗折强度。微晶玻璃的耐酸耐碱性大体呈现相同变化趋势，都随着温度的升高而升高，这是因为辉石类晶相具有良好的耐腐蚀性。从 XRD 和 SEM 分析可知，随着形核温度的升高，顽火辉石相的衍射峰强度逐渐升高，表明其结晶程度更高，生成了更多的顽火辉石。因此，微晶玻璃的耐腐蚀性逐渐提高。从图 5-133 中可以看出，随着形核温度的提高，微晶玻璃的硬度增加。综合上述分析，当形核温度为 760 ℃时所得微晶玻璃具有最佳性能。

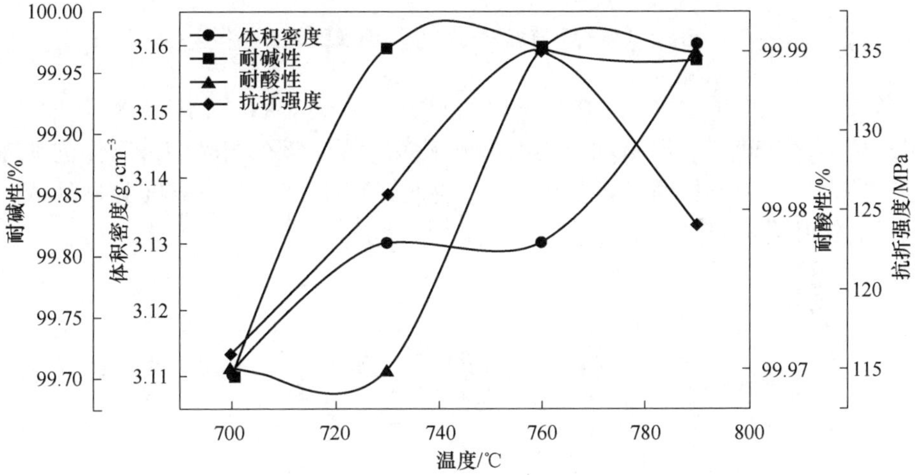

图 5-132 形核温度对微晶玻璃体积密度、抗折强度、耐酸性和耐碱性的影响

形核时间对晶粒尺寸和分布有很大的影响。过长的形核时间会产生过多的晶核，在晶体生长过程中，相同区域内的晶核相互挤压，会导致晶核聚团簇使得微晶玻璃性能下降。因此，为了确定最佳的形核时间，在已优化原料配比（CFA 添加量为 25wt.%）、退火温度（600 ℃）、退火时间（2 h）和形核温度（760 ℃）的基础上，研究了形核时间（1 h、2 h、3 h 和 4 h）对微晶玻璃的物相组成、微观结构和材料性能的影响。

图 5-134 所示为形核时间对微晶玻璃物相组成的影响。从图中可以看出，随着形核时间的延长，微晶玻璃的物相没有发生显著变化，主晶相为顽火辉石（$MgSiO_3$），同时还含有少量尖晶石（$MgCr_{0.4}Fe_{1.6}O_4$）和铝顽火辉石（$Mg_{0.96}Al_{0.027}SiO_3$）。

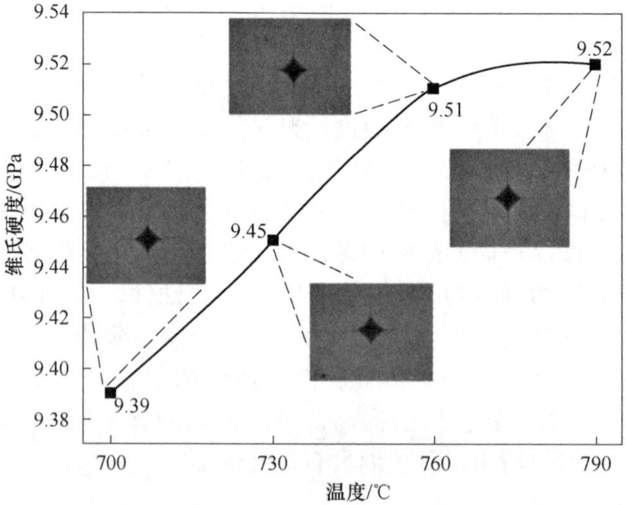

图 5-133　形核温度对微晶玻璃硬度的影响

随着形核时间从 1 h 增加到 2 h，可以明显看出顽火辉石相的衍射峰强度增强，说明延长形核时间有利于基础玻璃中形成更多的顽火辉石相晶核，以促进其在结晶过程的生长。当形核时间延长到 4 h，顽火辉石相的衍射峰强度明显降低，说明该样品的结晶度降低。

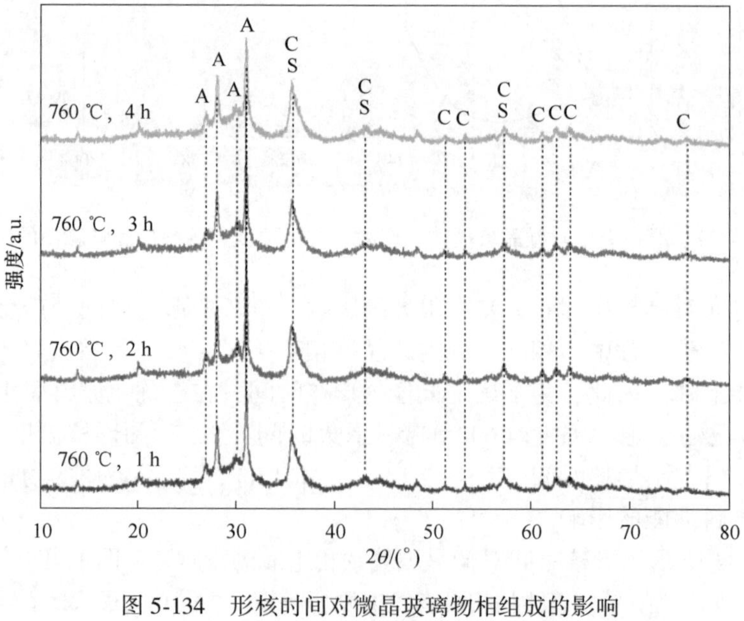

图 5-134　形核时间对微晶玻璃物相组成的影响

A—顽火辉石；S—尖晶石；C—铝顽火辉石

为了研究形核时间对微晶玻璃微观结构的影响，分别对形核时间为 1 h、2 h、3 h 和 4 h 的条件下所获微晶玻璃的微观结构进行分析，如图 5-135 所示。从上述 XRD 分析中可知微晶玻璃的物相并没有发生变化，所以其微观结构皆呈现球形颗粒状。从图 5-135 可以看出，随着形核时间从 1 h 升高到 2 h，晶粒轮廓更加明显，晶粒尺寸变大，结构变得致密。从形核时间 1 h 的 SEM 图中可以看到，还有大片晶粒被玻璃相黏结在一起（方框区域），这是因为形核时间过短，顽火辉石相晶核未完全从基础玻璃中析出，导致残余玻璃相过多。当形核时间为 3 h 时，可以看出晶粒尺寸更加细小，结构变得更加致密。这是因为随着形核时间的延长，在形核阶段能够析出更多的顽火辉石晶核，在结晶生长过程中的相同区域内，晶体的尺寸更加均匀细小。随着形核时间的继续延长，可以看出晶粒尺寸不均匀分布，出现大小晶粒相间的现象。这是因为形核时间过长，在形核阶段

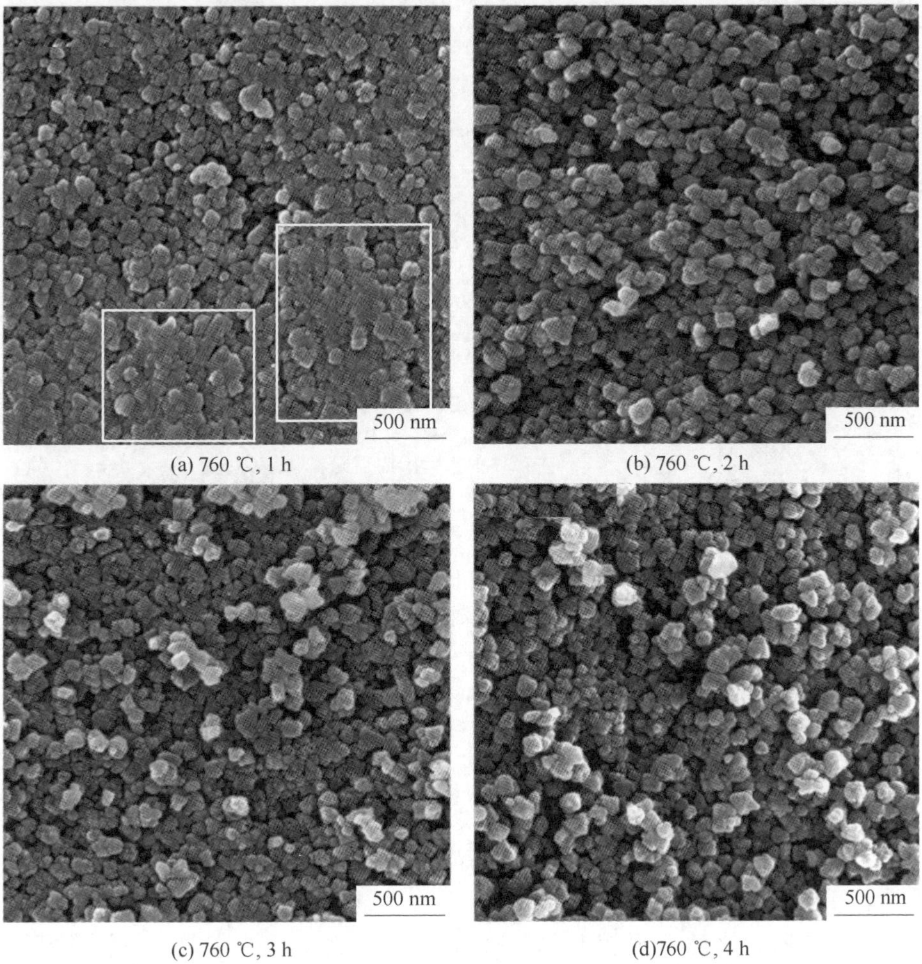

(a) 760 ℃, 1 h (b) 760 ℃, 2 h (c) 760 ℃, 3 h (d)760 ℃, 4 h

图 5-135 形核时间对微晶玻璃微观结构的影响

析出更多的顽火辉石晶核，在结晶生长过程中相同区域内，晶体生长发生相互挤压，导致部分晶核来不及生长完全。因此，晶粒尺寸大小不一。

图 5-136 所示为形核时间对顽火辉石相晶粒尺寸的影响。从图中可以看出，当形核时间为 1 h 时，尺寸占比最多为 60～100 nm 的晶粒，为 48%；其次为 100～140 nm 的晶粒，占 24%，还有相当一部分 20～60 nm 的晶粒，占比为 23%。当形核时间为 2 h 时，晶粒尺寸变大且更加均匀。其中，60～100 nm 的晶粒占比为 50%，100～140 nm 的晶粒占 32%，这充分说明晶粒生长更完全。当形核时间为 3 h 时，60～100 nm 的晶粒占 48%，100～140 nm 的晶粒尺寸占比减小，20～60 nm 的晶粒占比升高，这说明晶粒尺寸变小且更加均匀。当形核时间提高到 4 h 时，晶粒尺寸明显变大，100～140 nm 的晶粒提高到 37%。

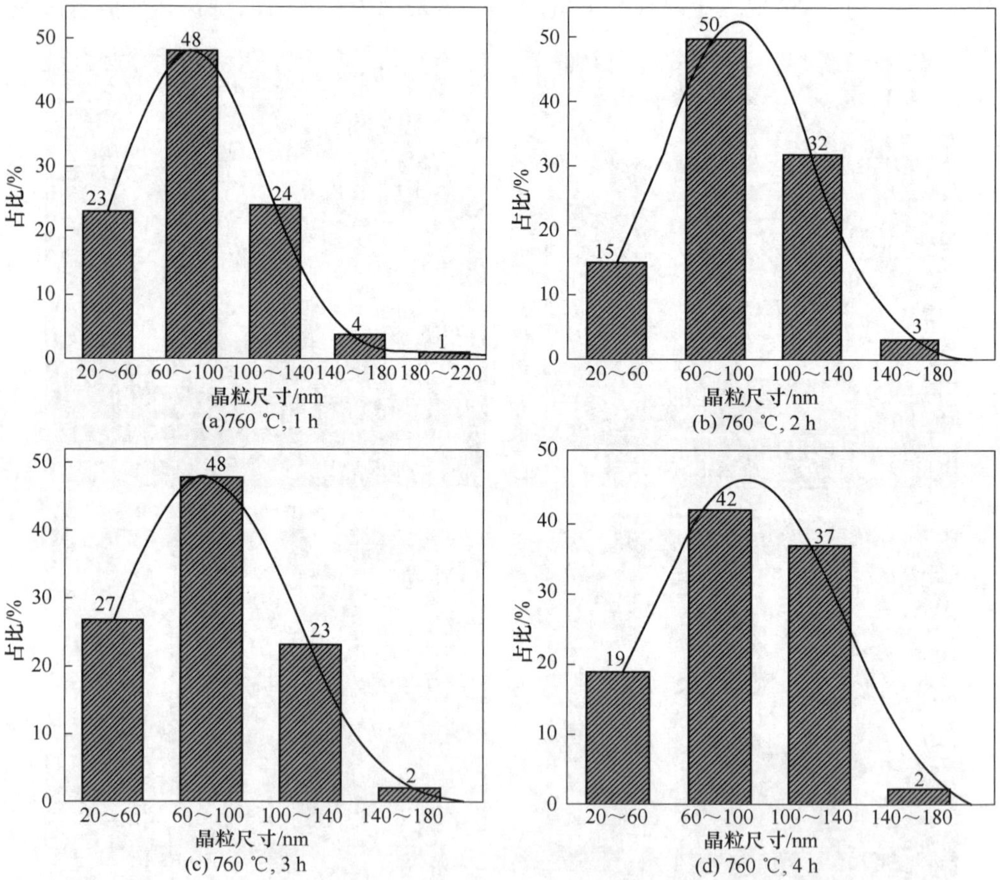

图 5-136　形核时间对晶粒尺寸的影响

图 5-137 所示为随着形核时间的改变微晶玻璃性能的变化。从图中可以看到，随着形核时间的延长，微晶玻璃样品的密度呈现先升高后降低的趋势。当形

核时间为 3 h 时，密度达到最大值为 3. 17 g/cm^3。从微观结构演变中可知，随着形核时间的提高，结构变得更加致密，导致微晶玻璃的密度升高。当形核时间为 4 h 时，样品密度下降是由于晶粒尺寸过大使得样品结构不够致密。随着形核时间的延长，微晶玻璃的抗折强度表现为先上升后下降，当时间为 3 h，抗折强度达到最大为 175 MPa。抗折强度之所以在形核时间 4 h 时下降，是因为微晶玻璃的晶粒尺寸不均，严重影响了样品的抗折强度。微晶玻璃的耐酸性随着时间的延长而升高，耐碱性则呈现先升高后降低的趋势。微晶玻璃的硬度当形核时间为 3 h 时，微晶玻璃的耐酸和耐碱性达到最大值，分别为 99. 99% 和 99. 97%。图 5-138 所示为微晶玻璃维氏硬度的变化。从图中可以看出，随着形核时间的提高，其

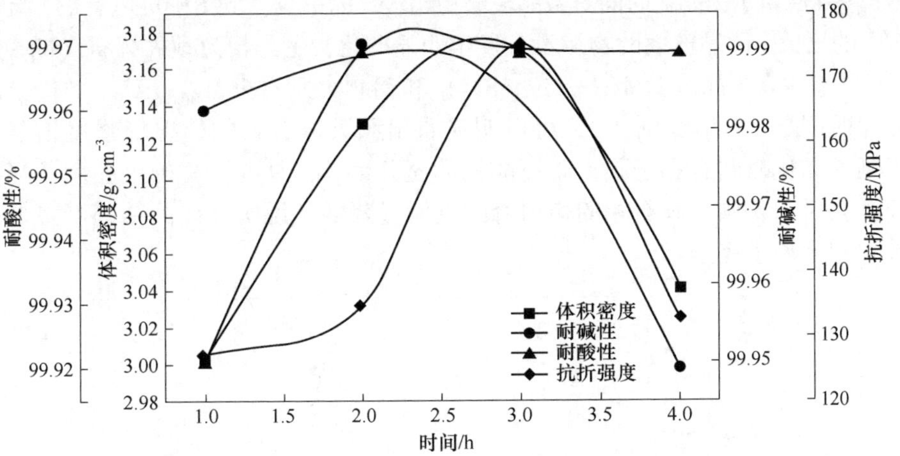

图 5-137　形核时间对微晶玻璃体积密度、抗折强度、耐酸性和耐碱性的影响

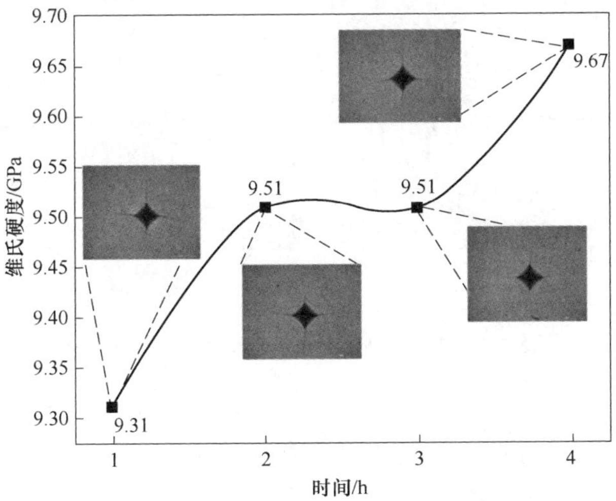

图 5-138　形核时间对微晶玻璃硬度的影响

维氏硬度也逐渐升高。综合以上分析，当形核时间为 3 h 时所得微晶玻璃具有最佳性能。

晶化时间（有时称结晶时间）被认为是影响晶粒大小、数目和分布的关键因素之一。它有时会导致晶体转变，继而改变主晶相。适当的晶化时间可以促进晶核的生长，制备出结构致密、性能优良的微晶玻璃[69]。因此，为了确定最佳的晶化时间，在已优化的原料配比（CFA 添加量为 25wt.%）、退火温度（600 ℃）、退火时间（2 h）、形核温度（760 ℃）和形核时间（3 h）等条件的基础上，研究了晶化时间分别为 1 h、2 h、3 h 和 4 h 的条件下所获微晶玻璃的物相组成、微观结构和材料性能。

图 5-139 所示为晶化时间对微晶玻璃物相转变的影响。从图中可以看出，随着晶化时间的延长，微晶玻璃的物相没有发生明显变化，主晶相为顽火辉石（$MgSiO_3$），同时还含有少量尖晶石（$MgCr_{0.4}Fe_{1.6}O_4$）和铝顽火辉石（$Mg_{0.96}Al_{0.027}SiO_3$）。随着晶化时间从 1 h 增加到 2 h，可以明显看出顽火辉石相的衍射峰强度增强，说明了延长晶化时间有利于顽火辉石晶粒的充分生长，具有更高的结晶度。当继续延长晶化时间，顽火辉石相的衍射峰强度明显降低，说明该样品结晶度降低，顽火辉石相生长不完全。

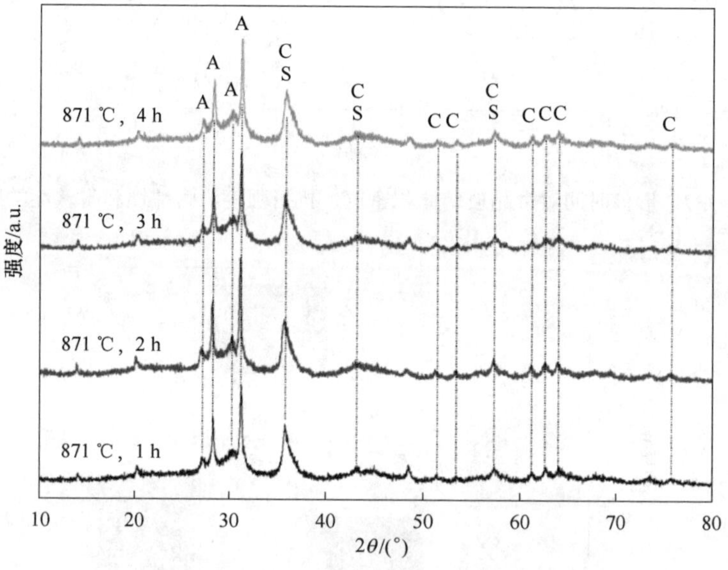

图 5-139　晶化时间对微晶玻璃物相组成的影响

A—顽火辉石；S—尖晶石；C—铝顽火辉石

为了研究晶化时间对微晶玻璃微观结构的影响，分别对晶化时间为 1 h、2 h、3 h 和 4 h 的微晶玻璃的微观结构进行 SEM 分析，如图 5-140 所示。根据 XRD 分析可知微晶玻璃的物相并没有发生变化，所以其微观结构皆呈现球形颗粒状。从图 5-140 可以看出，随着晶化时间从 1 h 升高到 2 h，晶粒轮廓更加明显，晶粒尺寸均匀。从结晶时间为 1 h 的 SEM 图中可以看到，还有许多细小晶粒，这是因为结晶时间过短，顽火辉石相晶粒生长不完全。当结晶时间为3 h 时，晶粒尺寸均匀，结构变得更加致密。这是因为随着结晶时间的延长，晶粒能够得到充分生长，但由于生长空间有限，晶粒随着晶化时间的延长，四周发生相互挤压导致晶粒发生团簇聚集，对微晶玻璃的综合性能将产生不利影响。当晶化时间为4 h 时，由于晶化时间过长，晶核在生长过程中相互挤压，导致部分晶核来不及生长完全，使得晶粒尺寸都较小且发生大片聚集团簇。

(a) 871 ℃, 1 h　(b) 871 ℃, 2 h

(c) 871 ℃, 3 h　(d) 871 ℃, 4 h

图 5-140　晶化时间对微晶玻璃微观结构的影响

图 5-141 所示为晶化时间对顽火辉石晶粒尺寸的影响。从图中可以看出，当晶化时间为 1 h 时，尺寸占比最多为 60～100 nm 的晶粒，为 55%，其次为 20～

60 nm 的晶粒，占 28%，还有小部分 100～140 nm 的晶粒，占比为 16%。当晶化时间为 2 h 时，可以看出晶粒生长完全，尺寸变大且更加均匀。其中，60～100 nm 的晶粒占比为 48%，20～60 nm 的晶粒占 27%，100～140 nm 的晶粒占 23%，这充分说明晶粒生长更完全。当晶化时间为 3 h 时，当晶化时间为 4 h 时，20～60 nm 的晶粒占 62%，20～60 nm 的晶粒占 23%，100～140 nm 的晶粒占 15%，60～100 nm 的晶粒占比提高到 66%。

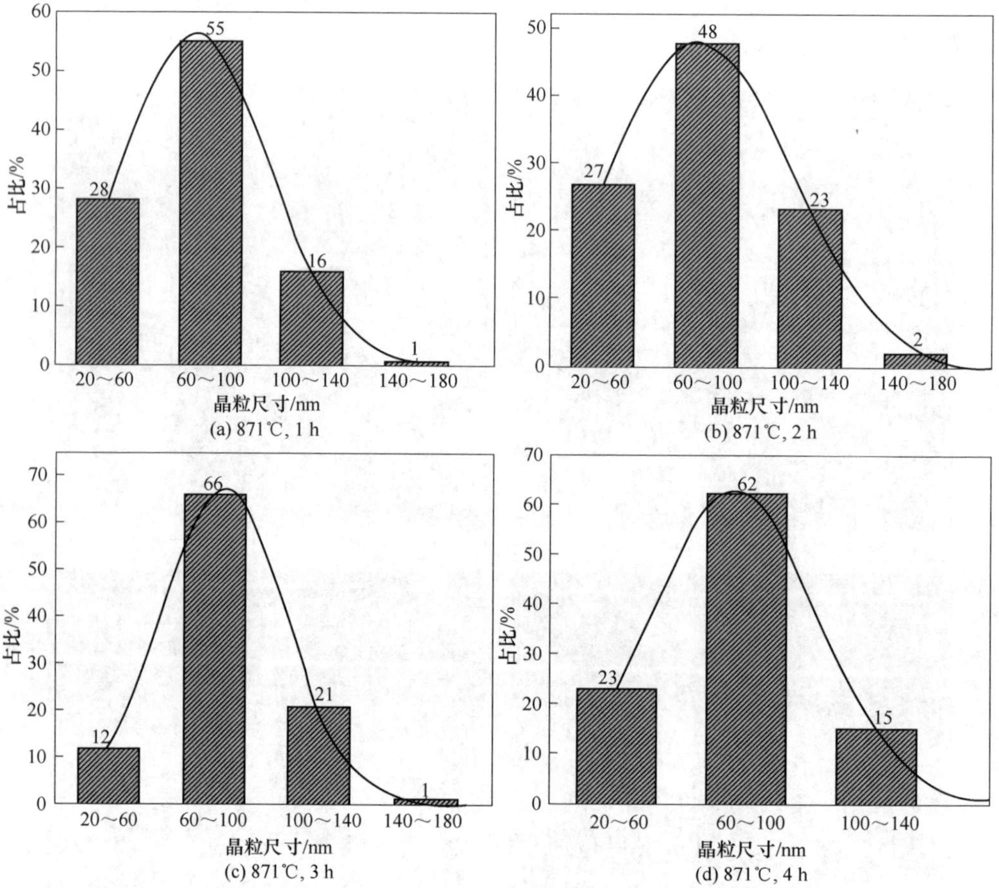

图 5-141　晶化时间对晶粒尺寸的影响

图 5-142 所示为随着晶化时间的改变微晶玻璃性能的变化。从图中可以看到，随着晶化时间的延长，微晶玻璃样品的密度呈现先升高后降低的趋势。当形核时间为 2 h 时，密度达到最大值为 3. 17 g/cm^3。从微观结构演变中可知，随着晶化时间的提高，晶粒尺寸均匀且结构变得更加致密，导致微晶玻璃的密度升高。当晶化时间超过 3 h 时，样品密度下降是由于晶粒生长不完全导致微晶玻璃结构不够稳固。随着晶化时间的延长，微晶玻璃的抗折强度先上升后下降，当时

间为 2 h，抗折强度达到最大为 175 MPa。抗折强度在结晶时间超过 2 h 时下降，是因为在微晶玻璃的微观结构中晶粒生长不够完全，严重影响了样品的抗折强度。微晶玻璃的耐酸性、耐碱性和硬度（图 5-143）随着晶化时间的延长呈现先升高后降低的趋势。当晶化时间为 2 h 时，微晶玻璃的耐酸和耐碱性和硬度达到最大值，分别为 99.99%、99.97%和 9.51 GPa。因此，当晶化时间为 2 h 时所得微晶玻璃具有最佳性能。

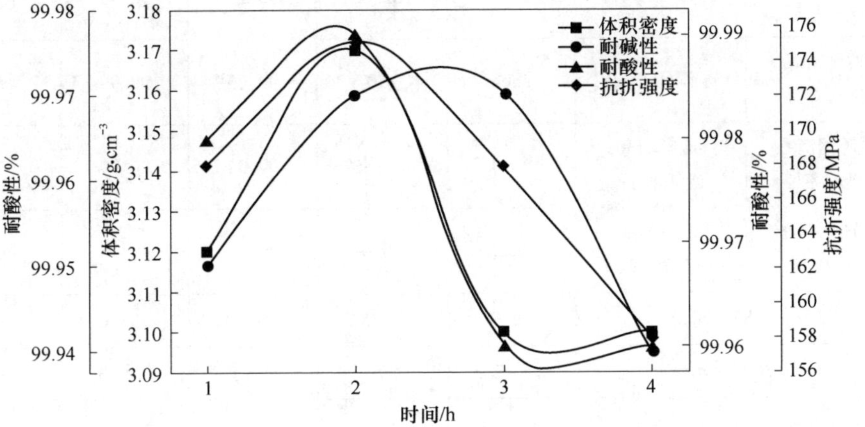

图 5-142 晶化时间对微晶玻璃体积密度、抗折强度、耐酸性和耐碱性的影响

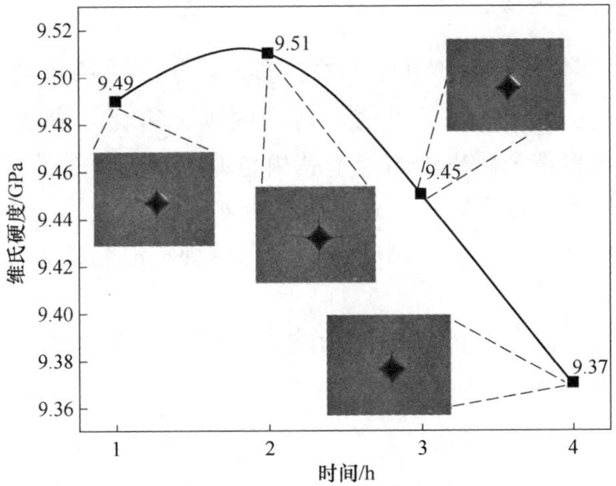

图 5-143 晶化时间对微晶玻璃硬度的影响

表 5-24 列举了几种文献中利用冶金渣制备的微晶玻璃的性能及相关技术标准。从表中可以看出，制备的微晶玻璃密度要高于其他研究且满足技术标准，抗折强度和耐酸耐碱性要优于大部分相关研究所制备的微晶玻璃且满足 JC/T 2283—2014 和 JC/T 2097—2011 行业标准。

表 5-24　微晶玻璃性能比较

原料	物相	产品性能				参考文献
		ρ/g · cm^{-3}	σ* /MPa	*ACR*† /%	*AlR*§ /%	
高炉渣+尾矿+飞灰	透辉石	2.89	175.29	95.91	97.35	[70]
高炉渣+石英砂+纯试剂	透辉石+辉石	2.78	182.86	95.21	98.43	[71]
钢渣+粉煤灰+石英砂	透辉石+辉石	2.64	110	99.75	99.99	[57]
不锈钢渣+纯试剂	透辉石+钙黄长石	2.94	137.83	99.92	99.99	[72]
不锈钢渣+尾矿	透辉石+铝黄长石	2.73	156.01	99.43	98.75	[73]
JC/T 2283—2014		>2.9	>175	>96.0	>98.0	—
JC/T 2097—2011		2.6~2.8	>70	>96.0	>98.0	—
熔态电炉镍铁渣+粉煤灰	顽火辉石+尖晶石	3.17	175	99.99	99.97	本书

注：*—抗折强度；†—耐酸性；§—耐碱性。

电炉镍铁渣中不仅含有 MgO、FeO、Al_2O_3 等金属氧化物，同时还有含有 Cr^{3+} 等重金属离子。固化处理是目前流行的固废无害化处置技术[67-68]。利用冶金渣制备微晶玻璃将重金属离子固定于晶相与玻璃相中便是技术之一，但目前大多数研究对于使用冶金废弃物作为微晶玻璃原料，其重金属浸出率等影响产品安全性的参数检测经常未被考虑。因此，需对电炉镍铁渣制备微晶玻璃中重金属的固化机理进行研究。

为研究氧化铬对制备微晶玻璃的影响，利用纯试剂、电炉镍铁渣和 CFA 分别配制了 Cr_2O_3 含量 0、0.4wt.%、0.8wt.%、1.2wt.%、1.6wt.%和 2.0wt.% 6 个样品（表 5-25）。

表 5-25　不同 Cr_2O_3 含量基础玻璃的化学组成　　（wt.%）

样品	CaO	SiO_2	MgO	FeO	Al_2O_3	Cr_2O_3
Cr0	3.76	49.55	21.36	9.39	10.15	0
Cr0.4	3.76	49.55	21.36	9.39	10.15	0.4
Cr0.8	3.76	49.55	21.36	9.39	10.15	0.8

续表 5-25

样品	CaO	SiO_2	MgO	FeO	Al_2O_3	Cr_2O_3
Cr1. 2	3. 76	49. 55	21. 36	9. 39	10. 15	1. 2
Cr1. 6	3. 76	49. 55	21. 36	9. 39	10. 15	1. 6
Cr2. 0	3. 76	49. 55	21. 36	9. 39	10. 15	2. 0

图 5-144 所示为 6 个样品不同升温速率的 DSC 曲线。从图中可以看出，当 Cr_2O_3 含量为 0 时，存在一个明显的吸热峰，不存在放热峰。随着 Cr_2O_3 含量的

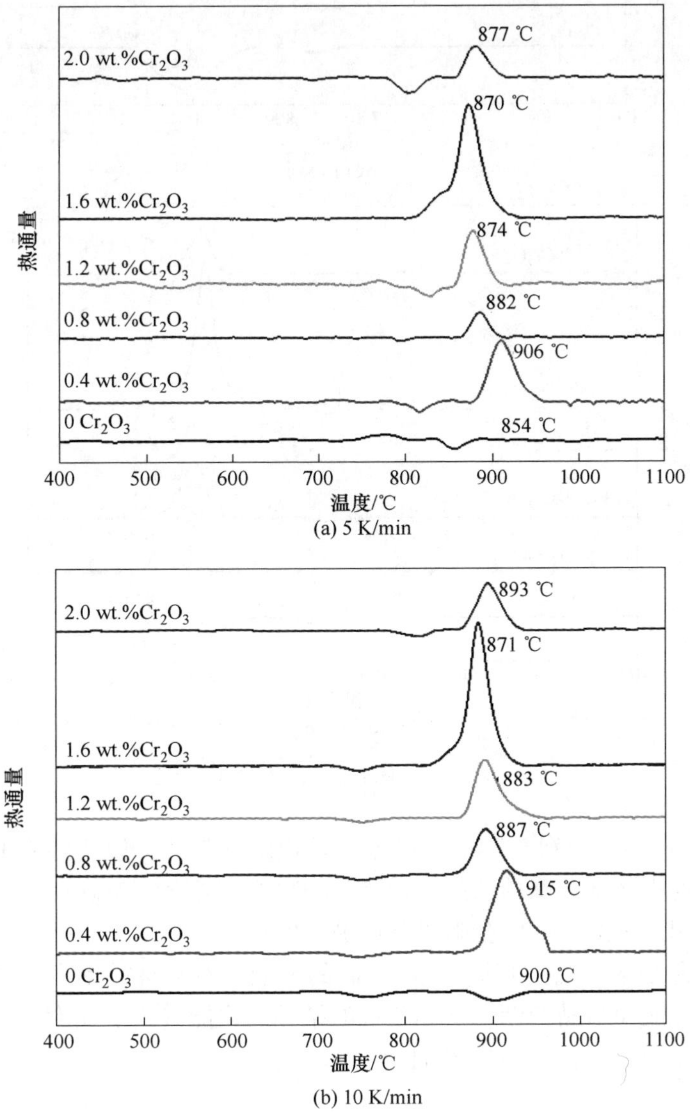

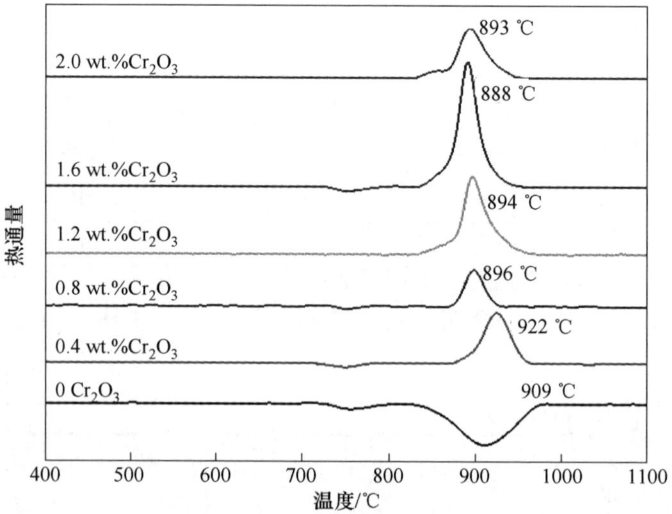

(c) 15 K/min

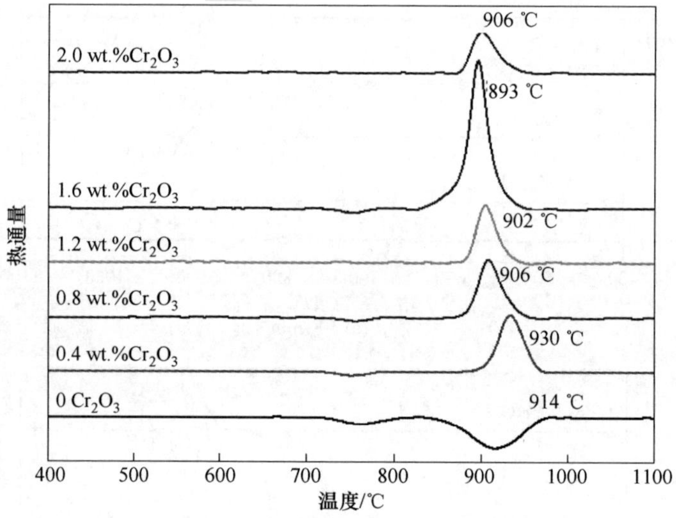

(d) 20 K/min

图 5-144　不同升温速率的 DSC 曲线

逐渐升高 1.6wt.%，基础玻璃的结晶温度呈现降低趋势，说明随着 Cr_2O_3 含量的提高，能够促进基础玻璃的结晶。但当 Cr_2O_3 含量高于 1.6wt.%，结晶温度又开始上升，说明过量的 Cr_2O_3 会阻碍基础玻璃的析晶。

为了研究 Cr_2O_3 含量对基础玻璃结晶的影响，对其结晶动力学进行研究，确定其结晶活化能和结晶指标。基础玻璃的结晶活化能（E_c）和结晶系数（n）可由 Kissinger 和 Augis-Bennett 方程计算[74]：

$$\ln\left(\frac{T_p^2}{\alpha}\right)=\frac{E_c}{RT_p}+\ln\frac{E_c}{R}-\ln\nu \tag{5-13}$$

$$n=\frac{2.5RT_p^2}{\Delta T\times E_c} \tag{5-14}$$

式中，T_p 为结晶温度；α 为 DSC 曲线的升温速率；ν 为有效频率因子；R 为气体常数；ΔT 为 DSC 结晶放热峰的半高宽；n 为结晶指数，可以用来描述基础玻璃的结晶方式，n 的值接近 1 的时候为表面结晶，接近 3 时为整体结晶[75]。

图 5-145 所示为 ln（T_p^2/α）与 $1000/T_p$ 之间的线性关系。根据拟合直线的斜率确定结晶活化能 E_c（表 5-26）。E_c 是基础玻璃转化为晶相的能垒，低 E_c 能够促进成核和晶体生长。

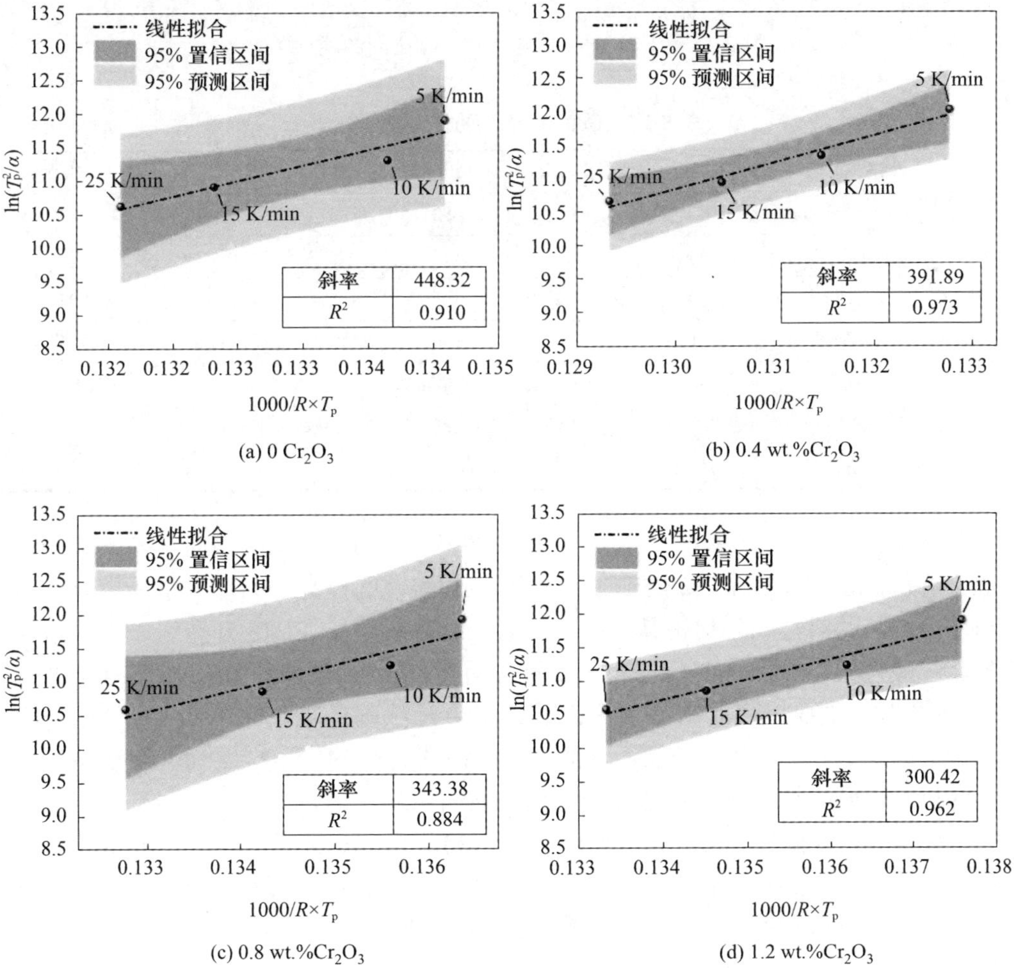

(a) 0 Cr_2O_3　(b) 0.4 wt.%Cr_2O_3

(c) 0.8 wt.%Cr_2O_3　(d) 1.2 wt.%Cr_2O_3

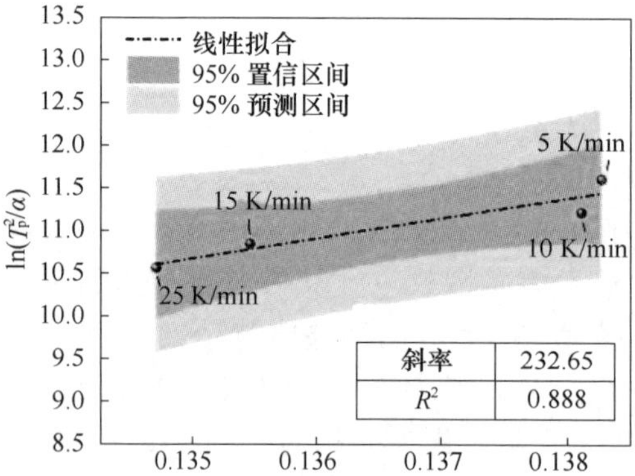

(e) 1.6 wt.%Cr_2O_3

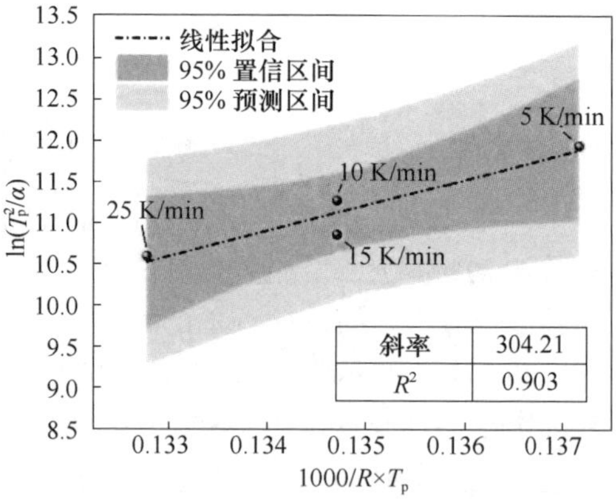

(f) 2.0 wt.%Cr_2O_3

图 5-145　ln（T_p^2/α）与 $1000/T_p$ 之间的线性关系

表 5-26　Cr0～Cr2.0 的 T_p、E_c 和 R^2

样品		Cr0	Cr0.4	Cr0.8	Cr1.2	Cr1.6	Cr2.0
T_p/℃	α=5 K/min	854	906	882	874	870	877
	α=10 K/min	900	915	877	883	871	893
	α=15 K/min	909	922	896	894	888	893
	α=20 K/min	914	930	906	902	893	906
E_c/kJ · mol^{-1}		448.23	391.89	343.38	300.42	232.65	304.21
R^2/min^{-1}		0.910	0.973	0.884	0.962	0.888	0.903
n/10 K · min^{-1}		0.215	1.09	1.53	1.78	2.76	1.79

从表 5-26 中可以看出，随着 Cr_2O_3 含量从 0 增加到 1.6wt.%时，基础玻璃的活化能从 448.23 kJ/mol 降低到 232.65 kJ/mol，说明提高 Cr_2O_3 含量能够降低基础玻璃结晶的活化能，促进其结晶。同时，结晶系数从 0.215 升高到 2.76，说明随着 Cr_2O_3 含量的增加，基础玻璃从表面析晶变为整体析晶。当 Cr_2O_3 低于 1.6wt.%时，主要以表面结晶为主，晶核主要是从基础玻璃表面析出。当 Cr_2O_3 含量提高到 2.0wt.%时，结晶活化能上升，说明过高的 Cr_2O_3 含量会阻碍基础玻璃的析晶，同时结晶方式从整体结晶变为表面结晶。

图 5-146 所示为 Cr_2O_3 含量对微晶玻璃物相组成的影响。当 Cr_2O_3 含量为 0 时，主要物相为堇青石，还有少部分顽火辉石和尖晶石。随着 Cr_2O_3 含量提高到 0.4wt.%时，样品的主要物相变为顽火辉石相，次晶相为尖晶石相，同时还出现一个弱小的堇青石衍射峰，表明 Cr_2O_3 能够诱导电炉镍铁渣中的镁橄榄石与 CFA 反应生成顽火辉石相，同时避免堇青石相的生成。随着 Cr_2O_3 含量的进一步提

高，堇青石相完全消失，只存在顽火辉石相和尖晶石相。以上从侧面说明，Cr_2O_3 的存在能够抑制 Al^{3+}进入顽火辉石中，避免 Al^{3+}代替 Mg^{2+}导致微晶玻璃力学性能下降。

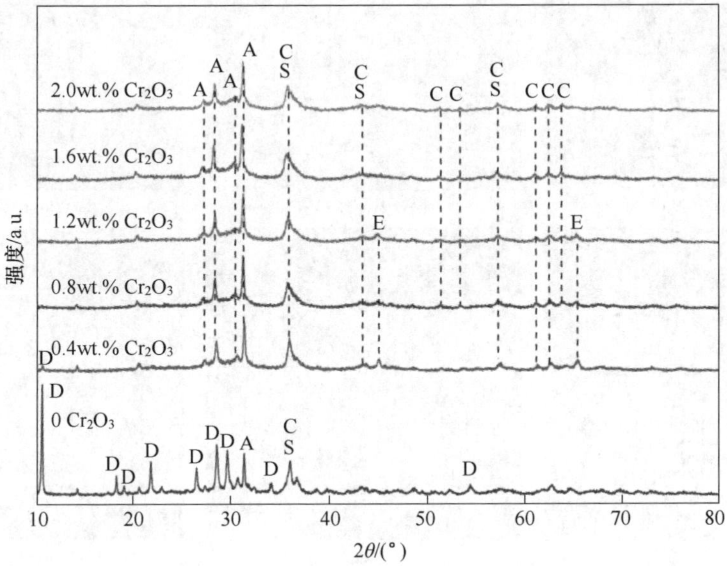

图 5-146　Cr_2O_3 含量对微晶玻璃物相组成的影响

A—顽火辉石；S—尖晶石；C—铝顽火辉石；D—堇青石；E—尖晶石（$MgAl_2O_4$）

为了进一步探讨 Cr_2O_3 含量对微晶玻璃微观结构的影响，利用 SEM 技术研究了不同 Cr_2O_3 含量微晶玻璃的微观结构，如图 5-147 所示。从图中可以看出，当不添加 Cr_2O_3 时样品的形貌为板片状，结构中空松散。随着 Cr_2O_3 含量提高到 0.4wt.%，板片状形貌消失，出现球状颗粒，但是结晶不完全，还有大片玻璃相存在，会严重影响微晶玻璃的性能。随着 Cr_2O_3 含量进一步提高，顽火辉石晶粒生长更加完全，尺寸大小更加均匀且结构变得更加致密。这一现象说明 Cr_2O_3 能够降低顽火辉石的结晶活化能促进其晶粒生长，但是过量的 Cr_2O_3 会阻碍顽火辉石相的结晶生长，从 2.0wt.% Cr_2O_3 含量的微晶玻璃的 SEM 图可以看出，还出现晶粒聚集团簇的现象。

图 5-148 所示为 Cr_2O_3 含量对微晶玻璃基本性能的影响。从图中可以看出，当不添加 Cr_2O_3 时，样品的抗折强度非常差，这与堇青石相松散的板片状结构有关。同时，样品的耐腐蚀性能也非常低。随着 Cr_2O_3 含量的提高，样品的性能随之提高，说明顽火辉石相相比于堇青石相拥有更好的力学性能与化学性能。对于抗折强度而言，随着 Cr_2O_3 含量的提高，样品的晶粒尺寸均匀且结构变得更加致密，因此抗折强度大幅度提高。当其含量超过 2.0wt.%，会导致晶粒尺寸不均匀，

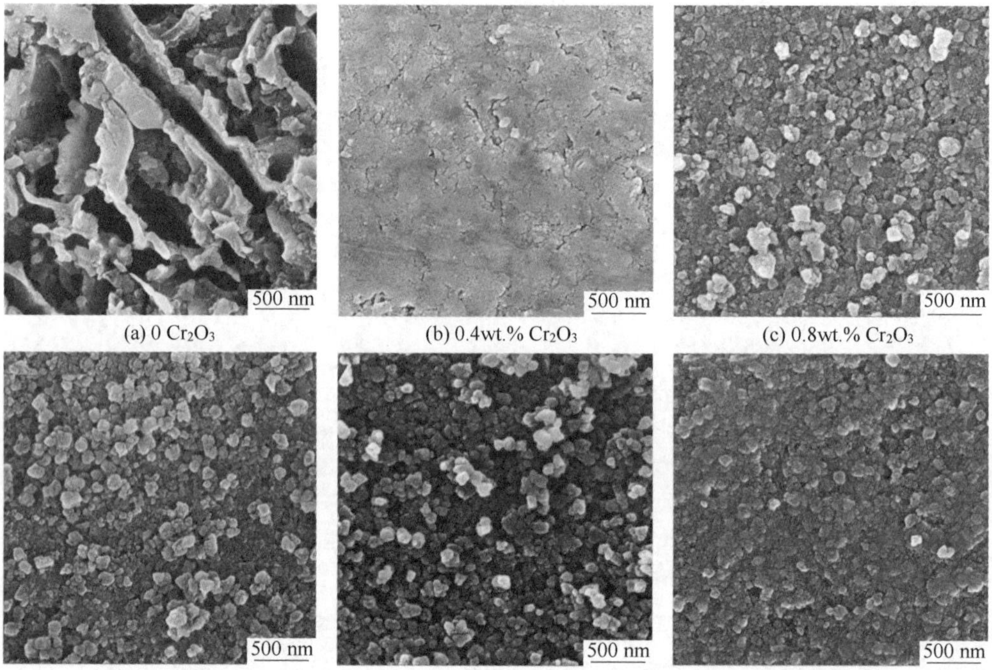

(a) 0 Cr_2O_3　(b) 0.4wt.% Cr_2O_3　(c) 0.8wt.% Cr_2O_3

(d) 1.2wt.% Cr_2O_3　(e) 1.6wt.% Cr_2O_3　(f) 2.0wt.% Cr_2O_3

图 5-147　Cr_2O_3 含量对微晶玻璃微观结构的影响

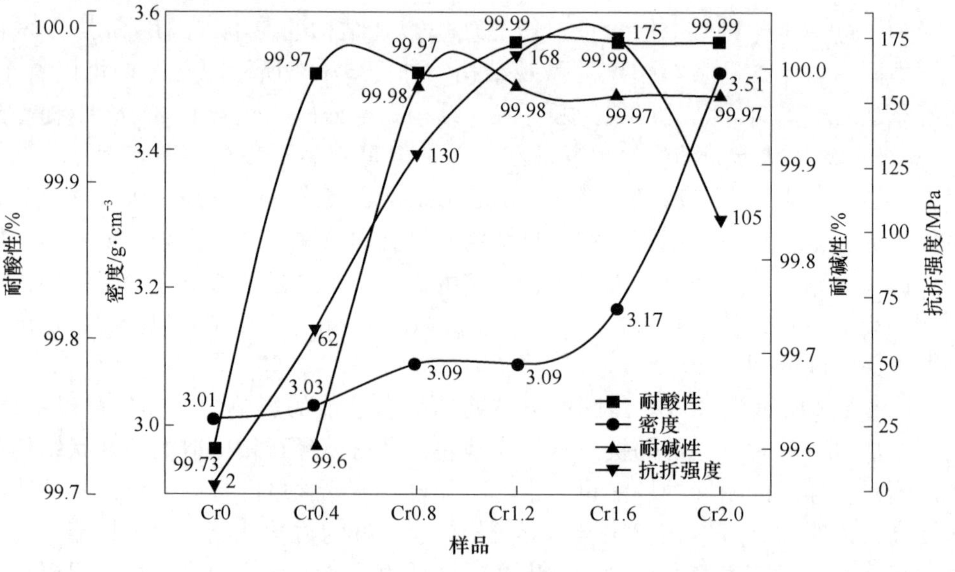

图 5-148　Cr_2O_3 含量对微晶玻璃基本性能的影响

存在许多未长大的晶粒，引起抗折强度的下降。当 Cr_2O_3 含量超过1.2wt.% 时，可以发现样品的耐碱性有轻微降低。结合 XRD 图谱结果推测，这一现象的发生与 $MgAl_2O_3$ 相的消失有关。前文提到，Cr_2O_3 能够抑制 Al^{3+} 进入顽火辉石相，避免 Al^{3+} 代替 Mg^{2+} 导致微晶玻璃力学性能下降。结合 XRD 和样品的力学性能分析，Cr_2O_3 的存在能够抑制镁离子和铝离子的反应，促使铝离子保留在玻璃相中。图 5-149 所示为 Cr_2O_3 含量对微晶玻璃维氏硬度的影响。从图中可以看出，随 Cr_2O_3 含量的升高，其硬度呈现先上升后下降的趋势。在尖晶石中，$MgAl_2O_3$ 相对于 $MgCr_2O_3$ 来说硬度更高。微晶玻璃的硬度下降可能是因 $MgAl_2O_3$ 相消失导致。

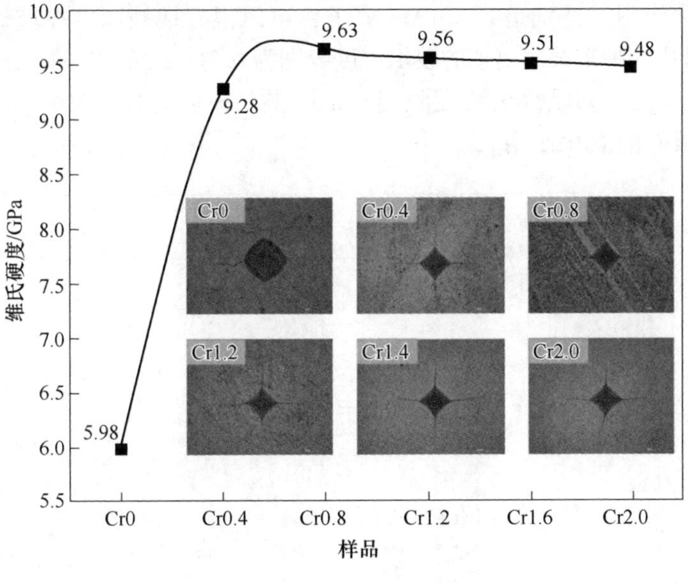

图 5-149 Cr_2O_3 含量对微晶玻璃硬度的影响

采用醋酸缓冲液溶液法（HJ/T 300—2007）检测材料中重金属元素的溶出性和迁移性。为了探讨重金属的浸出程度和固化效果，采用元素浸出率 η 来定量描述：

$$\eta = C_{TCLP}/C_{T0} \tag{5-15}$$

式中，C_{TCLP}代表样品毒性浸出浓度；C_{T0}代表样品中重金属总浓度。浸出步骤为：以液固比为 20：1 向每个样品中加入乙酸缓冲液（pH 值为 2.88），然后在旋转振动筛中混合 18 h。所有溶液经 0.45 μm 滤膜过滤得到浸出液，之后用电感耦合等离子体质谱法（ICP-MS-7000，美国）测定浸出液中的重金属含量。表 5-27 列举了 Cr、Mn、Ni、Zn 金属离子在相关标准中的浸出限度。

表 5-27　重金属离子浸出标准　(mg/L)

标准	Cr	Mn	Ni	Zn
GB 8978—1996	1. 5	5. 0	1. 0	5. 0
HJ 766—2015	2. 0	3. 6	3. 8	6. 4
GB 18598—2019	15	n/r	5. 0	100

图 5-150 所示为电炉镍铁渣、基础玻璃和微晶玻璃中 Cr、Mn、Ni、Zn 四种金属离子的浸出浓度。从图中可以看出，在电炉镍铁渣中，除了 Zn 离子外，全部超过浸出标准限度，说明电炉镍铁渣的直接堆存或填埋具有很高的潜在环境风险。而基础玻璃的重金属离子浸出浓度大大降低，说明基础玻璃对重金属离子具有很好的固化作用，特别是 Zn 和 Mn 离子，可以很好地被固定在玻璃相中。所制备的微晶玻璃中四种重金属离子的浸出浓度分别为 0. 71 mg/L、3. 34 mg/L、0. 96 mg/L 和 0. 49 mg/L，皆满足浸出浓度限制，证明微晶玻璃对 Cr、Mn、Ni、Zn 四种金属离子也有很好的固化作用。

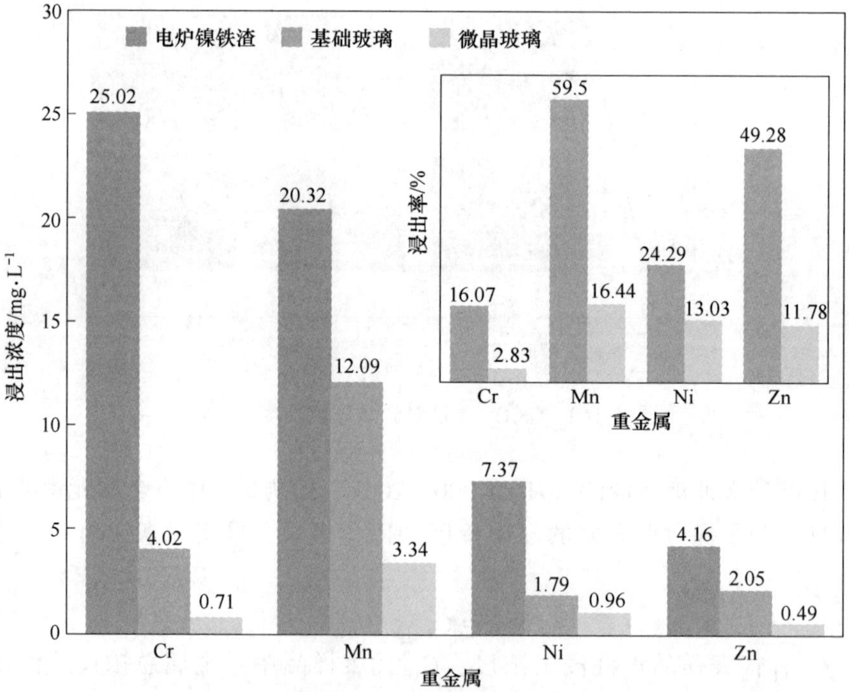

图 5-150　重金属离子浸出浓度

从浸出率可以看出，相比于基础玻璃，微晶玻璃对于四种金属离子具有更好的固定作用。这种作用对于 Cr 离子的固定最为明显，这是因为电炉镍铁渣中的

Cr_2O_3 可作为形核剂，Cr 离子进入尖晶石中，不仅能够促进顽火辉石相的析晶，也能将其固定在尖晶石相中减少潜在的环境风险。总体而言，熔态电炉镍铁渣制备的复相微晶玻璃能够有效固化重金属离子，满足安全标准。

在基础玻璃和微晶玻璃中，重金属离子的存在形式可分为：弱酸态（aci-soluble）、可还原态（reducible）、可氧化态（oxidizable）和残渣态（residual）。四种形态的重金属分布对于其浸出行为和环境的潜在毒性风险具有强烈影响。采用欧洲共同体标准物质局 BCR 提取法来测定 Cr、Mn、Ni、Zn 四种金属离子化学形态，提取顺序如表 5-28 所示。

表 5-28 BCR 提取法

步骤	化学原理	萃取剂	条件
1	酸溶	CH_3COOH（0.11 mol/L）	23 ℃±3 ℃，震荡 16 h
2	还原	$NH_2OH \cdot HCl$（0.5 mol/L）	23 ℃±3 ℃，震荡 16 h
3	氧化	H_2O_2（8.8 mol/L，pH=2~3），CH_3COONH_4（pH=2.0±0.1，2 mol/L HNO_3）	23 ℃±3 ℃，震荡 16 h
4	残留	HF、$HClO_4$、HCl、HNO_3	—

图 5-151 所示为电炉镍铁渣、基础玻璃和微晶玻璃中四种重金属离子的化学形态分布。从图中可以看出，在电炉镍铁渣中 Cr 离子几乎全部以弱酸态形式存在，而基础玻璃中 Cr 离子主要以可氧化态（53.16wt.%）和残渣态（45.73wt.%）存在，说明玻璃相对于 Cr 离子的固化主要是将弱酸态的 Cr 转化为可氧化态和残渣

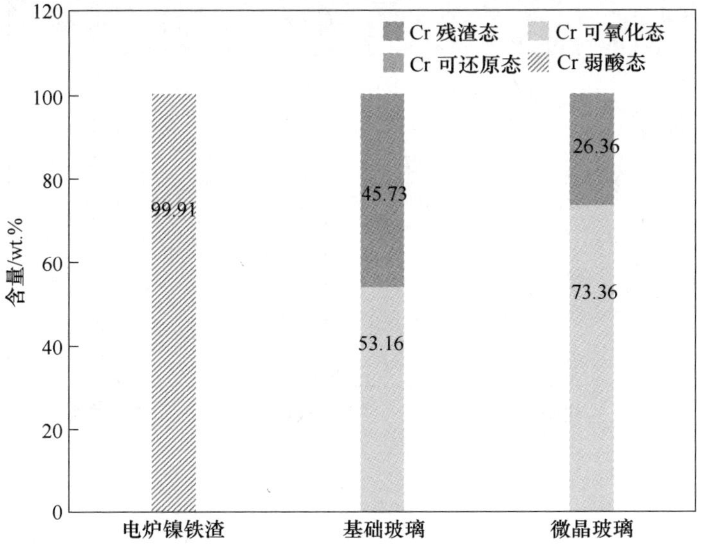

(a) Cr

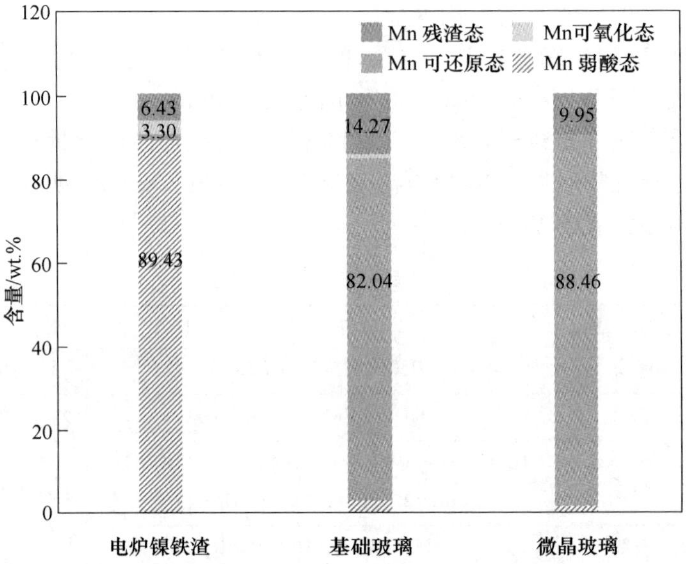
120
100
80
60
40
20
0
含量/wt.%
Mn 残渣态
Mn可氧化态
Mn 可还原态
Mn 弱酸态
6.43
3.30
89.43
14.27
82.04
9.95
88.46
电炉镍铁渣
基础玻璃
微晶玻璃

(b)Mn

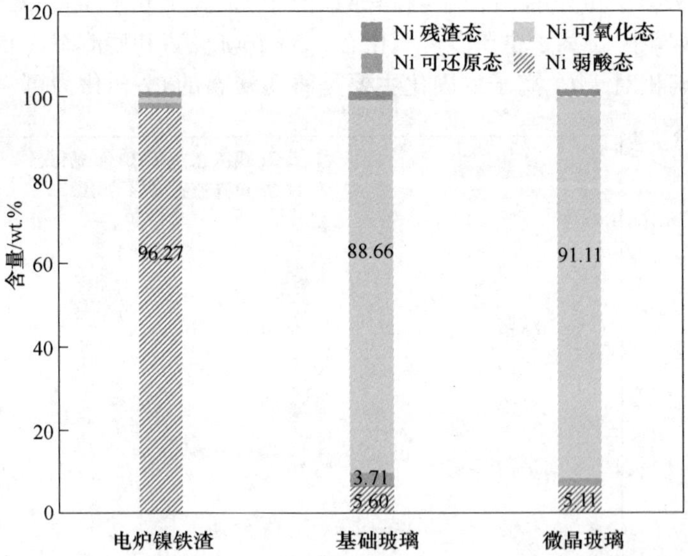
120
100
80
60
40
20
0
含量/wt.%
Ni 残渣态
Ni 可氧化态
Ni 可还原态
Ni 弱酸态
96.27
88.66
3.71
5.60
91.11
5.11
电炉镍铁渣
基础玻璃
微晶玻璃

(c) Ni

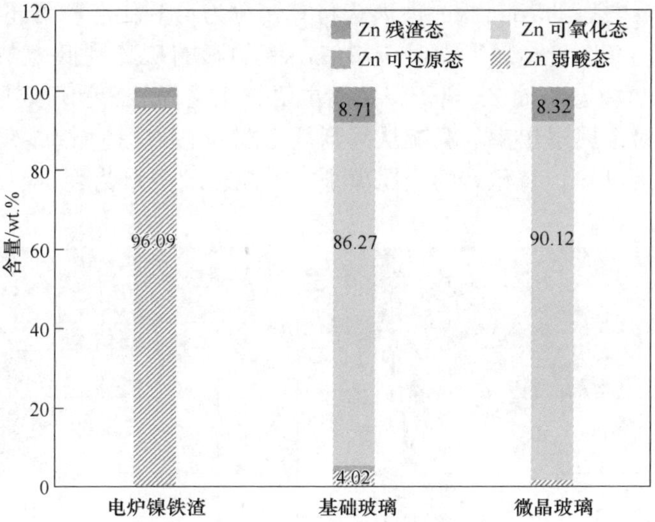

(d) Zn

图 5-151 四种重金属形态在原材料、基础玻璃和微晶玻璃中的分布

态。微晶玻璃对 Cr 离子的固化效果进一步提高，是因为在微晶玻璃中可氧化态的 Cr 含量进一步升高。这一现象表明 Cr 最稳定的状态为可氧化态。在电炉镍铁渣中 Mn 离子主要存在形态也为弱酸态，同时还存在小部分残渣态（6.43wt.%）和可氧化态（3.30wt.%）。在基础玻璃中 Mn 离子主要以可还原态（82.04%）和残渣态（14.27%），说明玻璃相对于 Mn 离子的固化主要是将弱酸态的 Mn 离子转化为可还原态和残渣态。在微晶玻璃中可还原态的 Mn 进一步升高，说明微晶玻璃对于 Mn 的固化是将其余形态的 Mn 转化为可还原态。Ni 离子在电炉镍铁渣中大部分以弱酸态形式存在，同时还存在小部分残渣态和可还原态。在基础玻璃中，Ni 主要以可氧化态存在，说明玻璃相对于 Ni 的固定是将其从弱酸态转化为可氧化态。微晶玻璃中可氧化态 Ni 离子含量进一步提高，说明其最稳定的状态为可氧化态。Zn 离子同 Ni 离子相似，其最稳定状态也为可氧化态。

为进一步探讨每种重金属离子浸出率与其化学形态之间的关系，采用相关性分析（correlation analysis，CA）探讨。图 5-152 所示为浸出率与四种化学形态之间的关系。红色表示正相关，蓝色则为负相关，数字越大说明该元素形态与浸出率的相关性越强，起到主要作用，反之越弱。从图中可以看出，电炉镍铁渣中 Cr 的浸出率高主要与弱酸态的铬有关。微晶玻璃对于 Cr 的固定主要是将其转化为氧化态和残渣态。四种金属形态对金属浸出率的影响从高到低为弱酸态>可还原态>残渣态>可氧化态。而对于 Mn 离子而言，弱酸态和可氧化态更容易浸出，而微晶玻璃能将其转化为可还原态固定在玻璃相和晶相中。四种金属形态对金属浸出率的影响从高到低为可氧化态>弱酸态>残渣态>可还原态。对 Ni 离子浸出起主要作用的是弱酸态的 Ni，微晶玻璃能将其转化为可氧化态和可还原态固定在玻璃相和晶相中。其四种金属形态对金属浸出率的影响从高到低为弱酸态>残渣态>可还原态>可氧化态。而 Zn 离子浸出的主要作用是弱酸态和可还原态的 Zn，其四种金属形态对金属浸出率的影响从高到低为弱酸态>可还原态>残渣态>可氧化态。从以上分析可知，氧化态的金属离子在微晶玻璃中最为稳定。

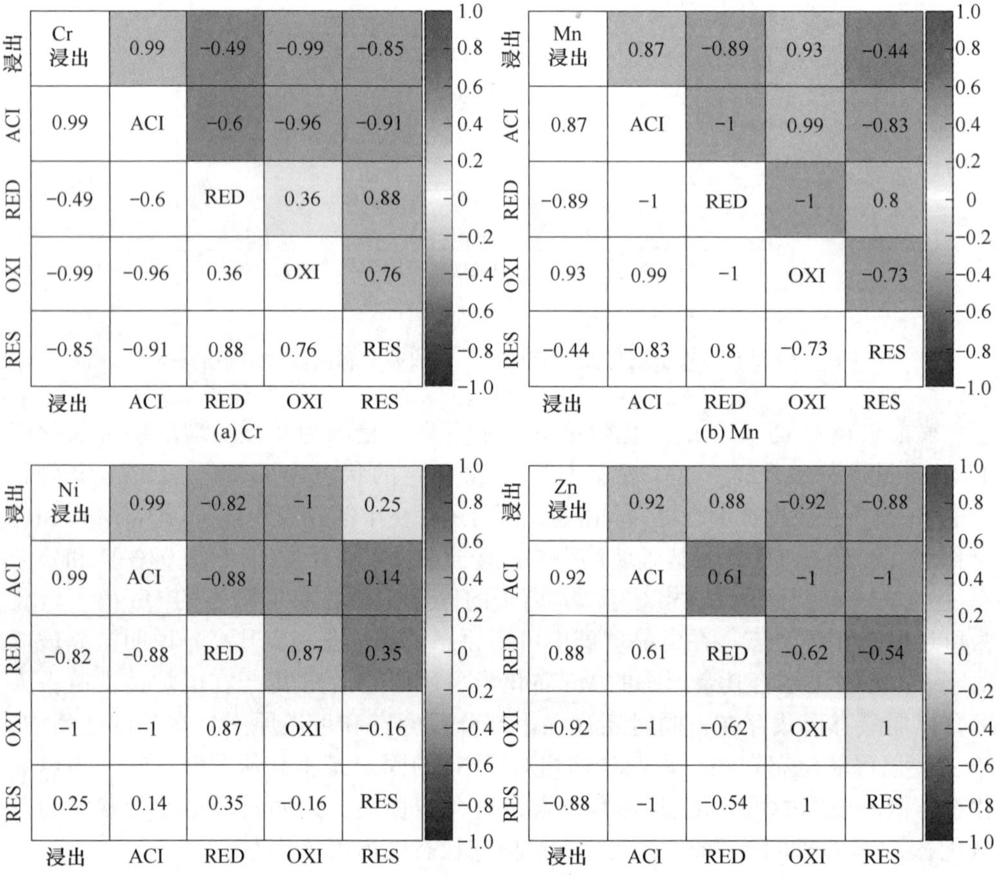

(a) Cr　(b) Mn　(c) Ni　(d) Zn

图 5-152　重金属离子浸出率与化学形态的相关性分析

RES—残渣态；OXI—可氧化态；RED—可还原态；ACI—弱酸态

为探讨重金属环境毒性的变化，采用重金属综合毒性模型（synthesis toxicity index model，STIM）来表征电炉镍铁渣、基础玻璃和微晶玻璃中重金属的综合毒性，并将潜在有毒元素指数（T）用于环境风险评价，模型计算公式为：

$$T = \sum_{r=1}^{n} [T_r \times (\sum_{i=1}^{m} E_i \times Q_r^i \times 10^{-6})] \tag{5-16}$$

式中，T_r 为第 r 个金属的响应系数，其中 Cr 为 2，Mn 为 1，Ni 为 5，Mn 为 1[76-77]；n 为重金属种类，$n=4$；m 为金属形态，$m=4$；E_i 为第 i 种形态的生物有效性系数，弱酸态（$i=1$）为 7，可还原态（$i=2$）为 5，可氧化态（$i=3$）为 2，残渣态（$i=4$）为 0[78]；Q_r^i 为第 r 个重金属的 i 形态含量。

图 5-153 所示为电炉镍铁渣、基础玻璃和微晶玻璃中单个金属元素的毒性指数及潜在有毒元素指数。潜在有毒元素指数 T 数值越大说明毒性越强。从图中可以看出，不论是单个金属还是潜在有毒元素指数 T，电炉镍铁渣的综合毒性都要大于基础玻璃、大于微晶玻璃。该模型指数充分说明微晶玻璃能够很好地固定电炉镍铁渣中存在的四种重金属离子，将其从不稳定状态转化为稳定状态。

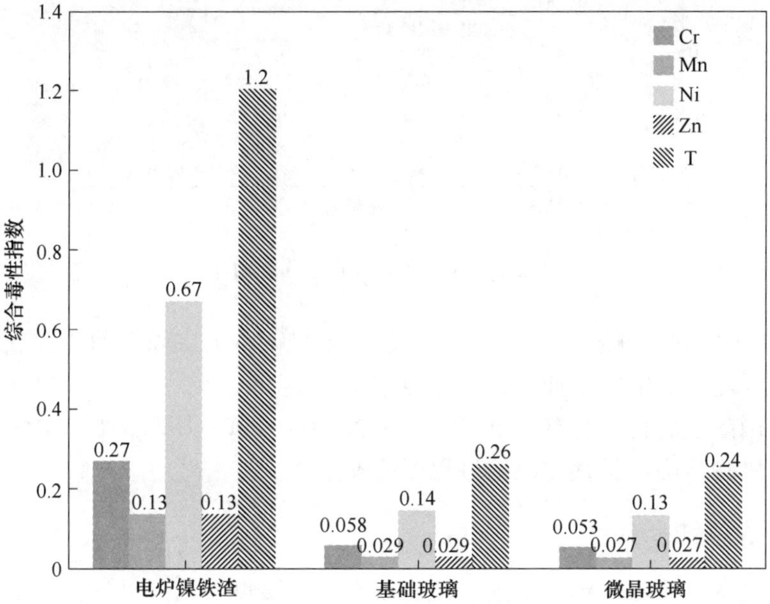

图 5-153 单个金属元素的毒性指数及潜在有毒元素指数（T）

为评估重金属在环境中的迁移能力，以 F_1、F_2、F_3 和 F_4 分别表示弱酸态、可还原态、可氧化态和残渣态，$(F_3+F_4)/(F_1+F_2)$ 的比值越大说明其迁移能力越小，在环境中的生态风险越低[78]。图 5-154 所示为电炉镍铁渣、基础玻璃和微晶玻璃中四种重金属的迁移能力。从图中可以看出，Cr、Ni、Zn 三种金属的迁移能力均是微晶玻璃小于基础玻璃和电炉镍铁渣，表明微晶玻璃在环境中的生态风险非常低，也说明三重金属离子被有效固化在玻璃相和晶相中。虽然 Mn 离子在微晶玻璃中的比值略低于基础玻璃，但总体而言，微晶玻璃风险更低。

上述研究表明，以熔渣为原料，以粉煤灰作为调质剂所制备出的复相微晶玻璃具有抗折强度高、耐酸耐碱性好等特点。其不仅实现了熔渣的原位转化，而且

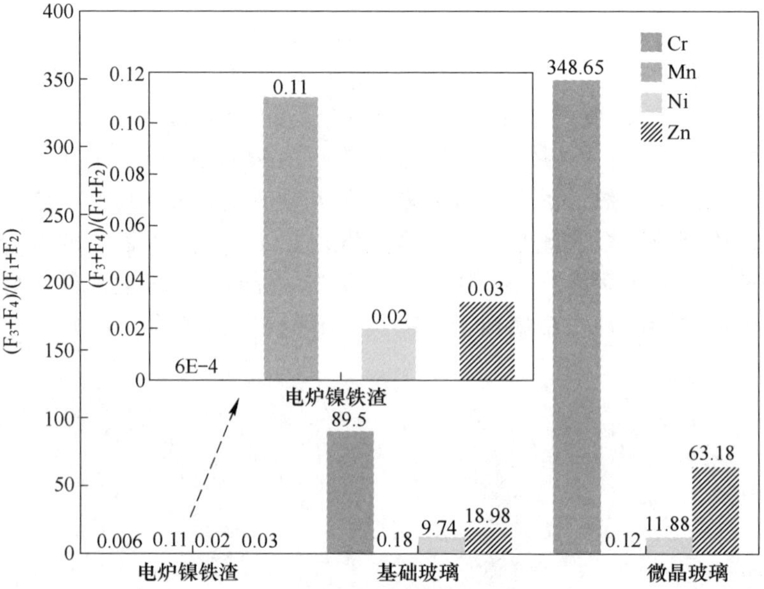

图 5-154　重金属的迁移能力

突破了 CMAS 系微晶玻璃基础配比的限制，实现两种大宗固废的协同利用。所得微晶玻璃性能优于中国工业用微晶玻璃板行业标准（JC/T 2097—2011）和中国建筑装饰微晶玻璃行业标准（JC/T 872—2019）。同时，微晶玻璃中的重金属离子无浸出风险，确保了其在使用过程中的安全性。

5.4　本章总结

通过系统研究镍铁渣直接制备耐火材料、隔热材料和微晶玻璃，成功将镍铁渣转化为可利用的高值功能材料。基于添加剂/改质剂以及热工制度对相应材料物相组成、微观结构和使用性能的影响分析，形成了完整的镍铁渣制备耐火材料、隔热材料和微晶玻璃的理论与技术路线，为镍铁渣的资源化利用提供了切实可行的方案。对于制备耐火材料，通过添加高 MgO 含量的镁砂，调控烧结制度将镍铁渣转化为了镁橄榄石型耐火材料，其综合性能满足商业耐火材料的标准。利用镍铁渣组成和粒度特性，通过颗粒级配并引入铝酸钙水泥成功将镍铁渣转化为 $MgO-Al_2O_3-SiO_2$ 浇注料。在制备隔热材料过程中，向镍铁渣中引入中空结构的粉煤灰漂珠，促进了材料多孔结构的形成，通过调控漂珠添加量和烧结制度，将镍铁渣转化为了低热导率的轻质隔热材料。通过向熔态镍铁渣中引入粉煤灰对其进行改质，经退火和热处理后获得了以顽火辉石为主相，尖晶石为强化相的复相微晶玻璃。在镍铁渣材料化过程中，铬元素均以尖晶石的形式稳定存在于材料中，无浸出风险，保障了材料在使用过程中的安全性。上述研究拓宽了镍铁渣的利用路线，为相关冶金渣的资源化利用提供了可借鉴的技术方案。

参 考 文 献

[1] 中国耐火材料行业协会.2022年全国耐火材料行业生产运行情况［J］. 耐火材料，2023，57（3）：204.

[2] Tavangarian F，Emadi R，Shafyei A. Influence of mechanical activation and thermal treatment time on nanoparticle forsterite formation mechanism［J］. Powder Technology，2010，198（3）：412-416.

[3] Tavangarian F，Emadi R. Mechanical activation assisted synthesis of pure nanocrystalline forsterite powder［J］. Journal of Alloys and Compounds，2009，485（1/2）：648-652.

[4] Sembiring S，Simanjuntak W，Situmeang R，et al. Preparation of refractory cordierite using amorphous rice husk silica for thermal insulation purposes［J］. Ceramics International，2016，42（7）：8431-8437.

[5] Ptáek P，Lang K，Frantiek O，et al. Preparation and properties of enstatite ceramic foam from talc［J］. Journal of the European Ceramic Society，2014，34（2）：515-522.

[6] 李楠，顾志华，赵惠忠. 耐火材料学［M］. 北京：冶金工业出版社，2010.

[7] Karhu M，Talling B，Piotrowska P，et al. Ferrochrome slag feasibility as a raw material in refractories：Evaluation of thermo-physical and high temperature mechanical properties［J］. Waste and Biomass Valorization，2020，11：7147-7157.

[8] Kurda R，Salih A，Shakor P，et al. Mix design of concrete：Advanced particle packing model by developing and combining multiple frameworks［J］. Construction and Building Materials，2022，320：126218.

[9] 李保亮，王月华，潘东，等. 电弧炉镍铁渣砂和镍铁渣粉的组成特性与适用性分析［J］. 材料导报，2019，33（22）：3752-3756.

[10] Myhre B，Hundere A M. The use of particle size distribution in development of refractory castables［C］//Proceedings of XXV Alafar Congress，1996.

[11] 王诚训，贺文贵，宋希文，等. 耐火浇注料及其技术发展［M］. 北京：冶金工业出版社，2015.

[12] Kasper J，Bastian M，Dannert C. Influence of the type of phosphate additive and its concentration on the setting kinetics of CA cement bonded refractory castables with special regard to the resulting pH value［J］. Open Ceramics，2023，15：100412.

[13] Park S M，Jang J G，Son H M，et al. Stable conversion of metastable hydrates in calcium aluminate cement by early carbonation curing［J］. Journal of CO_2 Utilization，2017，21：224-226.

[14] Koehler A，Rößler C，Neubauer J，et al. Phase and porosity changes in a calcium aluminate cement and alumina system under hydrothermal conditions［J］. Ceramics International，2023，49：4659-4667.

[15] Xu L，Liu Y，Chen M，et al. An accurate correlation between high-temperature performance

and cement content of the high-alumina refractory castables [J]. Ceramics International, 2020, 48: 22560-22566.

[16] Luz A P, Lopes S, Gomes D T, et al. High-alumina refractory castables bonded with novel alumina-silica-based powdered binders [J]. Ceramics International, 2018, 44: 9159-9167.

[17] Wang Z, Shi Z, Wang W, et al. Synthesis of $MgSiO_3$ ceramics using natural desert sand as SiO_2 source [J]. Ceramics International, 2019, 45: 13865-13873.

[18] Ptáček P, Lang K, Šoukal F, et al. Preparation and properties of enstatite ceramic foam from talc [J]. Journal of the European Ceramic Society, 2014, 34: 515-522.

[19] Mielcarek W, Nowak-Woźny D, Prociów K. Correlation between $MgSiO_3$ phases and mechanical durability of steatite ceramics [J]. Journal of the European Ceramic Society, 2004, 24: 3817-3821.

[20] Vela E, Peiteado M, García F, et al. Sintering behaviour of steatite materials with barium carbonate flux [J]. Ceramics International, 2007, 33: 1325-1329.

[21] Jin X, Chang J, Zhai W, et al. Preparation and characterization of clinoenstatite bioceramics [J]. Journal of the American Ceramic Society, 2010, 94: 66-70.

[22] Nath M, Song S, Garbers-Craig A M, et al. Phase evolution with temperature in chromium-containing refractory castables used for waste melting furnaces and Cr(Ⅵ) leachability [J]. Ceramics International, 2018, 44: 20391-20398.

[23] López-Perales J F, José E, Contreras F J, et al. Partial replacement of a traditional raw material by blast furnace slag in developing a sustainable conventional refractory castable of improved physical-mechanical properties [J]. Journal of Cleaner Production, 2021, 306: 127266.

[24] Jin X, Chang J, Zhai W, et al. Preparation and characterization of clinoenstatite bioceramics [J]. Journal of the American Ceramic Society, 2011, 94: 66-70.

[25] Sadeghbeigi R. Refractory lining systems: Fluid catalytic cracking handbook, third ed. [M]. Oxford: Butterworth-Heinemann, 2012.

[26] Yang L, Peng Z, Huang Y, et al. Co-utilization of ferronickel slag and fly ash cenosphere for production of superior thermal insulation materials [J]. Ceramics International, 2021, 47: 10019-10026.

[27] Opeil C P, Consolmagno G J, Britt D T. The thermal conductivity of meteorites: New measurements and analysis [J]. Icarus, 2010, 208: 449-454.

[28] Samadi H, García E. Thermal conductivity of plasma sprayed forsterite/mullite coatings [J]. Ceramics International, 2014, 40: 13995-13999.

[29] Jie C, Liu H, Wang Z, et al. Structure and properties of lightweight magnesia refractory castables with porous matrix [J]. Ceramics International, 2021, 47: 7880-7887.

[30] 宋晓光. 轻质微孔耐火材料制备及性能的研究 [D]. 安徽: 安徽工业大学, 2013.

[31] Danish A, Mosaberpanah M. Influence of cenospheres and fly ash on the mechanical and durability properties of high-performance cement mortar under different curing regimes [J]. Construction and Building Materials, 2021, 279: 122458.

[32] Blanco F, Garcõa P, Mateos P, et al. Characteristics and properties of lightweight concrete

manufactured with cenospheres [J]. Cement and Concrete Research, 2000, 30: 1715-1722.

[33] Ranjbar N, Kuenzel C. Cenospheres: A review [J]. Fuel, 2017, 207: 1-12.

[34] 杨磊. 镍铁渣制备高温轻质隔热材料的基础研究 [D]. 长沙: 中南大学, 2021.

[35] Yang L, Peng Z, Huang Y, et al. Preparation of thermal insulation materials from ferronickel slag with addition of fly ash cenosphere [C] //Characterization of Minerals, Metals, and Materials 2020. Springer International Publishing, 2020: 217-226.

[36] 王彦惠, 陈树江, 李国华, 等. 轻烧 MgO 粉加入量对镁铁铝复合尖晶石合成的影响 [J]. 耐火材料, 2018 (4): 284-287.

[37] 张文泽. 电熔镁橄榄石结构, 性能和应用的研究 [D]. 武汉: 武汉科技大学, 2013.

[38] 韩桢. 高性能堇青石陶瓷的制备及影响因素分析 [D]. 长春: 吉林大学, 2017.

[39] 薛群虎. 耐火材料 [M]. 2 版. 北京: 冶金工业出版社, 2009.

[40] Fang L. Chinese ceramics [M]. Cambridge: Cambridge University Press, 2011.

[41] 周琦, 王枫成, 南雪丽, 等. 碱金属氧化物对镍渣微晶玻璃性能的影响 [J]. 兰州理工大学学报, 2010, 36 (6): 17-20.

[42] 吴春丽, 张深根, 杨健, 等. CaO/SiO_2 质量比对不锈钢渣微晶玻璃析晶及性能的影响 [J]. 材料导报, 2015, 29 (18): 84-88.

[43] Peng Z, Tang H, Augustine R, et al. From ferronickel slag to value-added refractory materials: A microwave sintering strategy [J]. Resources, Conservation and Recycling, 2019, 149: 521-531.

[44] 杨梅, 王立久. 多孔微晶玻璃的制备、性能及用途 [J]. 材料导报, 2007 (S3): 418-421.

[45] Tang H, Peng Z, Shang W, et al. Preparation of refractory materials from electric furnace ferronickel slag and blast furnace ferronickel slag: A comparison [J]. Journal of Environmental Chemical Engineering, 2022, 10: 107929.

[46] Fu L, Yue J, Liu W, et al. Analysis and experiment of sintering and densification of magnesia particles [J]. Chemical Engineering Science, 2023, 268: 118396.

[47] Le D H A, Pásztory Z. An overview of factors influencing thermal conductivity of building insulation materials [J]. Journal of Building Engineering, 2021, 44: 102604.

[48] Kurniati E O, Pederson F, Kim H J. Application of steel slags, ferronickel slags, and copper mining waste as construction materials: A review [J]. Resources, Conservation and Recycling, 2023, 198: 107175.

[49] Liu J, Li Y, Li Y, et al. Effects of pore structure on thermal conductivity and strength of alumina porous ceramics using carbon black as pore-forming agent [J]. Ceramics International, 2016, 42: 8221-8228.

[50] Ni C, Fan H, Wang X, et al. Thermal conductivity prediction of $MgAl_2O_4$: A non-equilibrium molecular dynamics calculation [J]. Journal of Iron and Steel Research International, 2020, 27: 500-505.

[51] 王东旭, 陈裕辉, 王洋, 等. MgO 含量对高钠煤灰熔融特性的影响 [J]. 化工进展, 2018, 37: 1392-1401.

[52] Osborn E F, Schairer J F. The ternary system pseudo-wollastonite-akermanite-gehlenite [J]. American Journal of Science, 1941, 239: 715-763.

[53] Kang M, Kang S. Effects of Al_2O_3 addition on physical properties of diopside based glass-ceramics for LED packages [J]. Ceramics International, 2012, 38: 551-555.

[54] Li F, Xu M, Wang T, et al. An investigation on the fusibility characteristics of low-rank coals and biomass mixtures [J]. Fuel, 2015, 158: 884-890.

[55] 尚文兴. 熔态镍铁渣制备顽火辉石/尖晶石复相微晶玻璃基础研究 [D]. 长沙: 中南大学, 2022.

[56] Zhou H, Luo Z, Liu D, et al. Effect of biomass ashes on sintering characteristics of high/low melting bituminous coal ash [J]. Fuel Processing Technology, 2019, 189: 62-73.

[57] Liu Z, Zong Y, Ma H, et al. Effect of (CaO+MgO)/SiO_2 ratio on crystallisation and properties of slag glass-ceramics [J]. Advances in Applied Ceramics, 2014, 113 (7): 411-418.

[58] 曹永, 曹辉, 黄玉楼, 等. 一种镍铁渣超高强混凝土及其制备方法. 中国, CN201610014393.0 [P]. 2018-03-30.

[59] Luo Z, He F, Zhang W, et al. Effects of fluoride content on structure and properties of steel slag glass-ceramics [J]. Materials Chemistry and Physics, 2020, 242: 122531.

[60] Mysen B O, Virgo D. Solubility mechanisms of carbon dioxide in silicate melts: A Raman spectroscopic study [J]. American Mineralogist, 1980, 65 (9/10): 885-899.

[61] Mysen B. Physics and chemistry of silicate glasses and melts [J]. European Journal of Mineralogy, 2003, 15 (5): 781-802.

[62] Yang Z, Xia J, He Y, et al. Preparation and crystallization of glass-ceramics derived from iron-rich copper slag [J]. Journal of Alloys and Compounds, 2013, 574: 354-360.

[63] Wang Z, Xu C, Wang S, et al. Utilization of magnetite tailings as aggregates in asphalt mixtures [J]. Construction and Building Materials, 2016, 114: 392-399.

[64] Melcher M, Schreiner M. Statistical evaluation of potash-lime-silica glass weathering [J]. Analytical and Bioanalytical Chemistry, 2004, 379 (4): 628-639.

[65] 何峰, 杨虎, 刘小青, 等. 微晶玻璃制备与应用 [M]. 北京: 化学工业出版社, 2017.

[66] Shang W, Peng Z, Huang Y, et al. Production of glass-ceramics from metallurgical slags [J]. Journal of Cleaner Production, 2021, 317: 128220.

[67] Zha X, Ning J, Saafi M, et al. Effect of supercritical carbonation on the strength and heavy metal retention of cement-solidified fly ash [J]. Cement and Concrete Research, 2019, 120: 36-45.

[68] Zhang M, Guo M, Zhang B, et al. Stabilization of heavy metals in MSWI fly ash with a novel dithiocarboxylate-functionalized polyaminoamide dendrimer [J]. Waste Management, 2020, 105: 289-298.

[69] Deng L, Zhang X, Zhang M, et al. Effect of CaF_2 on viscosity, structure and properties of CaO-MgO-Al_2O_3-SiO_2 slag glass ceramics [J]. Journal of Non-Crystalline Solids, 2018, 500: 310-316.

[70] Deng L, Du J. Effects of system size and cooling rate on the structure and properties of sodium

borosilicate glasses from molecular dynamics simulations [J]. Journal of Chemical Physics, 2018, 148 (2): 024504.
[71] Chen L, Ge X, Long Y, et al. Crystallization and properties of high calcium glass-ceramics synthesized from ferromanganese slag [J]. Journal of Non-Crystalline Solids, 2020, 532: 119864.
[72] Zhang S, Zhang Y, Qu Z. Physicochemical property and chromium leaching behavior in different environments of glass ceramics prepared from AOD stainless steel slag [J]. Journal of Alloys and Compounds, 2019, 805: 1106-1116.
[73] White W B, Minser D G. Raman spectra and structure of natural glasses [J]. Journal of Non-Crystalline Solids, 1984, 67 (1/2/3): 45-59.
[74] Kissinger H E. Variation of peak temperature with heating rate in differential thermal analysis [J]. Journal of Research of the National Bureau of Standards, 1956, 57 (4): 217-221.
[75] Park Y J, Heo J. Nucleation and crystallization kinetics of glass derived from incinerator fly ash waste [J]. Ceramics International, 2002, 28 (6): 669-673.
[76] Zhao S, Wen Q, Zhang X, et al. Migration, transformation and solidification/stabilization mechanisms of heavy metals in glass-ceramics made from MSWI fly ash and pickling sludge [J]. Ceramics International, 2021, 47 (15): 21599-21609.
[77] Hakanson L. An ecological risk index for aquatic pollution control. A sedimentological approach [J]. Water Research, 1980, 14 (8): 975-1001.
[78] 孔明, 韩巍, 纪中新, 等. 碱浸钢丝污泥热处理后的重金属形态及浸出特性 [J]. 环境科学研究, 2018, 31 (5): 961-966.

6　镍铁渣材料化的微波强化

镍铁渣中含有的氧化亚铁和三氧化二铬，均具有较好的微波吸收能力，保证了镍铁渣在微波加热前期的快速升温与化学反应的快速进行。此外，镍铁渣中的氧化亚铁、三氧化二铬、三氧化二铝与氧化铁反应生成的镁铁尖晶石、镁铬尖晶石、镁铝尖晶石等高熔点组分具有优异的微波吸收能力，进一步提高了镍铁渣吸波性能，增强了反应体系内部的热效应，加快了反应进程，缩短了反应时间，提升了材料的使用性能。因此，研究微波外场加热对镍铁渣材料化过程的影响，有望丰富镍铁渣制备耐火材料、隔热材料和微晶玻璃的理论与技术体系，拓宽镍铁渣利用领域。

6.1　微波强化镍铁渣制备耐火材料

第 3 章的热力学计算、第 4 章的材料设计以及第 5 章镍铁渣烧结制备耐火材料的研究结果表明，在镁质添加剂的作用下，通过烧结能够将镍铁渣转化为耐火材料。结合第 2 章镍铁渣吸波性能研究可知，电炉镍铁渣具有良好的微波吸收性能，更适合利用微波烧结工艺制备耐火材料。鉴于微波选择性加热效应，有望促进耐火材料中镁铝尖晶石和镁铬尖晶石等强吸波物相的生成，增强材料的性能。另外，微波还具有体积性加热的特点，有助于在材料内部实现成分和结构的均匀化，进一步提升其整体性能。依据此思路，开展了微波强化镍铁渣制备耐火材料研究。

6.1.1　原料性能

微波强化镍铁渣制备耐火材料研究所使用的主要原料为电炉镍铁渣，其基本物化性能详见第 2 章。添加剂镁砂的基本物化性能详见 5. 1. 1 节所述。

6.1.2　研究方法

微波烧结制备耐火材料的试验流程同 5. 1. 2 节所述，其区别在于耐火材料的烧成是在微波炉中进行。微波炉频率为 2. 45 GHz，最大功率为 2500 W。

所得耐火材料的性能检测指标包括耐火度、抗压强度、体积密度、显气孔率和抗热震性。其中耐火度检测标准参照 GB/T 7322—2017 进行检测。体积密度和显气孔率利用阿基米德原理，参照 GB/T 2997—2015 进行测定。抗压强度参照 GB/T

5072—2008 进行测定。抗热震性参照 GB/T 30873—2014 使用水急冷法进行测定。

6.1.3 微波强化制备镁橄榄石型定形耐火砖

以制备镁橄榄石型定形耐火砖为主要目标，分别研究了镁砂添加量、微波烧结温度、微波烧结时间、氧化铬（Cr_2O_3）和氧化铝（Al_2O_3）添加量对耐火材料制备过程和性能的影响。

6.1.3.1 镁砂添加量的影响

在微波烧结温度为 1350 ℃，烧结时间为 20 min，升温速率为16 ℃/min 的条件下，研究镁砂添加量（0、5wt.%、20wt.%、25wt.%和35wt.%）对耐火材料性能的影响。图 6-1 所示为不同镁砂添加量下混合物在 25～1400 ℃温度范围内的 TG-DSC 曲线变化。从图 6-1（a）可以看出，混合物在 25～500 ℃之间由于自由蒸发水脱除失重，在 500～1200 ℃之间由于铁橄榄石氧化增重。在 1200～1350 ℃温度范围内由于尖晶石相以及液相的形成失重。从图 6-1（b）可以看出，混合物在 25～1400 ℃范围内存在 3 个吸热峰和 2 个放热峰，吸热峰分别来源于自由蒸发水的脱除（150～180 ℃），镁铁橄榄石的分解（970～1110 ℃）以及含硅、铁、铝、钙液相的形成（1299～1320 ℃）。放热峰分别来源于铁橄榄石中 FeO 的氧化（850～900 ℃）以及体系中尖晶石的形成（1200～1230 ℃）[1]。通过对比研究表明，

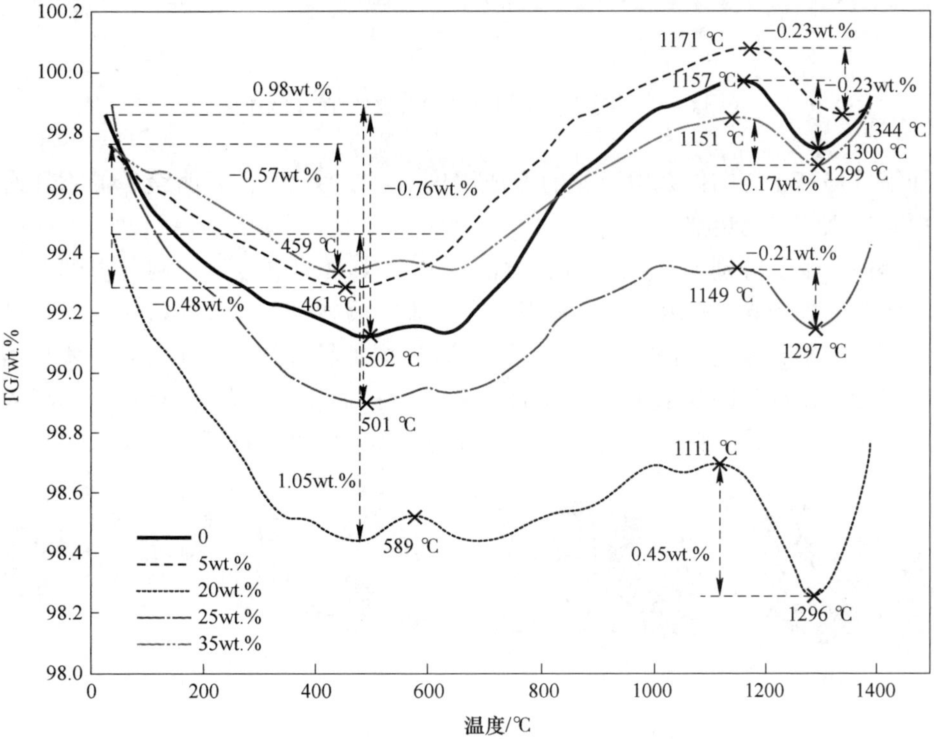

(a)TG

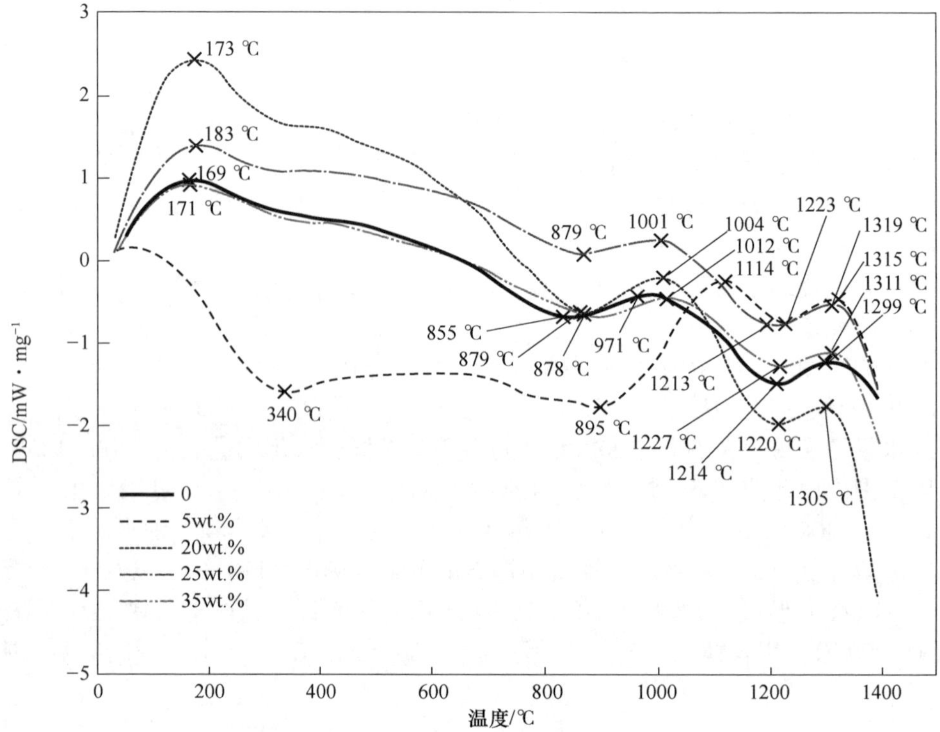

(b)DSC

图 6-1　不同镁砂添加量下混合物的 TG-DSC 曲线

添加镁砂提高了烧结体系中液相的形成温度（>1299 ℃），表明镁砂的添加有利于提高烧结体系的熔点[2]。

镁砂添加量分别为 0、5wt.%、25wt.%和 35wt.%时微波烧结制备得到的耐火材料实物图如图 6-2 所示。可以发现，当不添加镁砂时，耐火材料团块在烧结过程中发生熔融，表明其高温性能较差。当镁砂添加量增加到 5wt.%时，团块熔融程度降低，仅部分团块表面发生粘连现象。当镁砂添加量超过 25wt.%，耐火材料团块未发生粘连现象，表明加入镁砂有利于提高耐火材料高温性能。

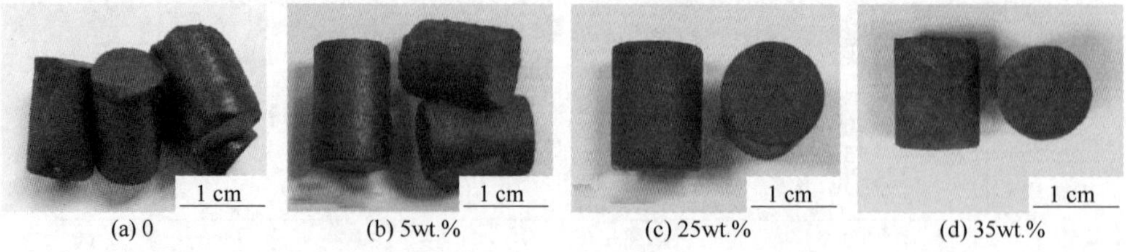

(a) 0　(b) 5wt.%　(c) 25wt.%　(d) 35wt.%

图 6-2　镁砂添加量对耐火材料形貌的影响

图 6-3 所示为镁砂添加量对耐火材料物相组成的影响。当镁砂添加量为 0 时，耐火材料的主要物相是镁铁橄榄石相（O）、镁橄榄石相（F）、顽火辉石相（E）和镁铁铬尖晶石相（N）。镍铁渣中部分镁铁橄榄石的氧化和分解形成了镁橄榄石相，而渣中吸波性能较强的氧化物（Cr_2O_3>Fe_2O_3>MgO）在微波烧结过程中相互反应形成尖晶石相[3-4]，这与前面的反应体系热力学行为及 TG-DSC 分析结果一致。

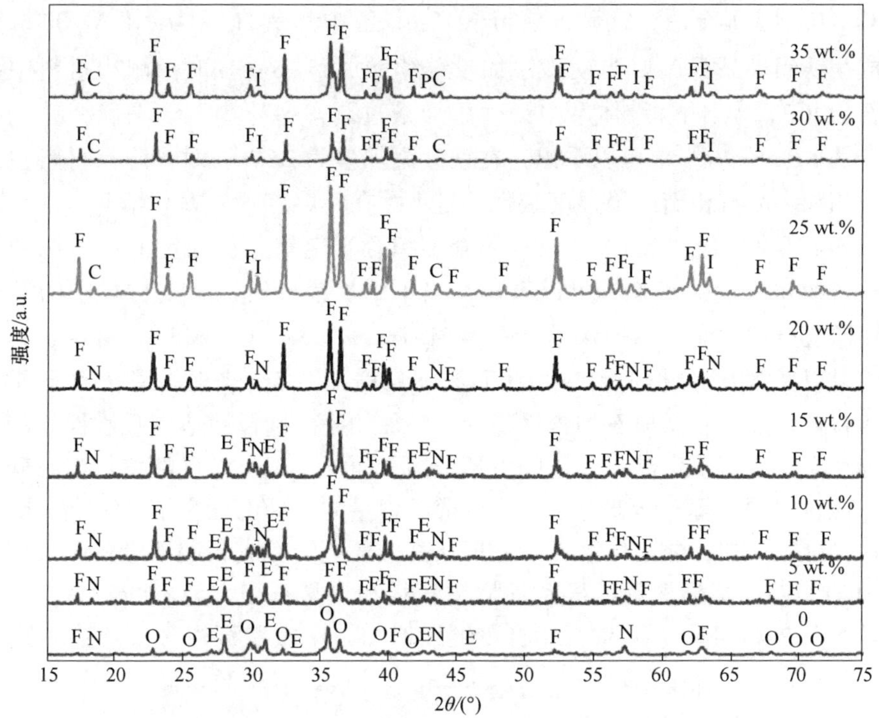

图 6-3 镁砂添加量对电炉镍铁渣微波烧结制备耐火材料物相组成的影响

F—镁橄榄石；C— 镁铬尖晶石；I—镁铁铝尖晶石；E—顽火辉石；P—方镁石；O—橄榄石；N—镁铁铬尖晶石

当镁砂添加量增加到 5wt.%时，耐火材料中镁铁橄榄石相消失，镁橄榄石相（F）增加，表明镁砂促进了镁铁橄榄石的分解。同时，添加的镁砂中的 MgO 不断与电炉镍铁渣中 Fe_2O_3 和 Cr_2O_3 反应，形成了更多尖晶石相（N）。微波电场对离子扩散的强促进作用可能是导致该耐火材料中复合尖晶石相形成的原因[3-5]。此外，顽火辉石相衍射峰强度增强，这是因为在高硅环境下，分解生成的镁橄榄石与 SiO_2 反应形成了 $MgSiO_3$[6]。

当镁砂添加量继续增加（>5wt.%），耐火材料中的顽火辉石相的衍射峰强度不断降低直至消失，尖晶石相和镁橄榄石相的衍射峰强度不断增强，表明尖晶石相的含量不断增加，并且随着体系环境逐渐转向高镁环境。

当镁砂添加量增加到25wt.%时，耐火材料中的主要物相是镁橄榄石相（F）、镁铬尖晶石（C）和镁铁铝尖晶石相（I）。新尖晶石相的形成可能是因为随着烧结体系中 MgO 含量的增加，电炉镍铁渣中金属氧化物按吸波性能由强到差（Cr_2O_3>Fe_2O_3>Al_2O_3）不断与 MgO 反应形成尖晶石，直至吸波性能最差的金属氧化物被完全反应[3-7]，形成镁铬尖晶石和镁铁铝尖晶石[8]。另外，当烧结体系中的 Cr_2O_3 反应完全后，镁砂也会与电炉镍铁渣中剩余的 Fe_2O_3 和 Al_2O_3 继续反应生成镁铁铝尖晶石[9]。当镁砂添加量继续增加到35wt.%时，耐火材料中出现方镁石相（P），表明烧结体系中镁砂添加量过剩，这与热力学平衡相计算结果一致。从 XRD 分析结果可以看出，在镁砂添加量为25wt.%时，耐火材料中的镁橄榄石相和尖晶石相衍射峰强度最强，且不存在低熔点顽火辉石相。

图6-4所示为根据 XRD 结果利用全谱拟合半定量分析确定的镁砂添加量对耐火材料物相含量的影响。可以看出，当不添加镁砂时，耐火材料中的顽火辉石、镁橄榄石和尖晶石相的含量分别为51. 7wt.%、38. 5wt.%和9. 8wt.%，这与热力学结果以及 XRD 分析一致。当镁砂添加量增加至5wt.%时，顽火辉石相和尖晶石相含量增加，镁橄榄石相含量降低。添加的镁砂选择性地与吸收性好的金属氧化物反应，保证了尖晶石含量的不断升高，而顽火辉石含量的增加与高硅环境下镁橄榄石向顽火辉石转变有关，镁橄榄石含量的下降也证实了这一点。随着镁砂添加量继续增加，烧结体系环境逐渐从高硅环境转变成高镁环境，顽火辉石不断与 MgO 反应生成橄榄石，导致镁橄榄石相和尖晶石相含量不断提高。当镁砂添加量大于20wt.%时，尖晶石相含量继续增加，镁橄榄石相含量开始降低，顽

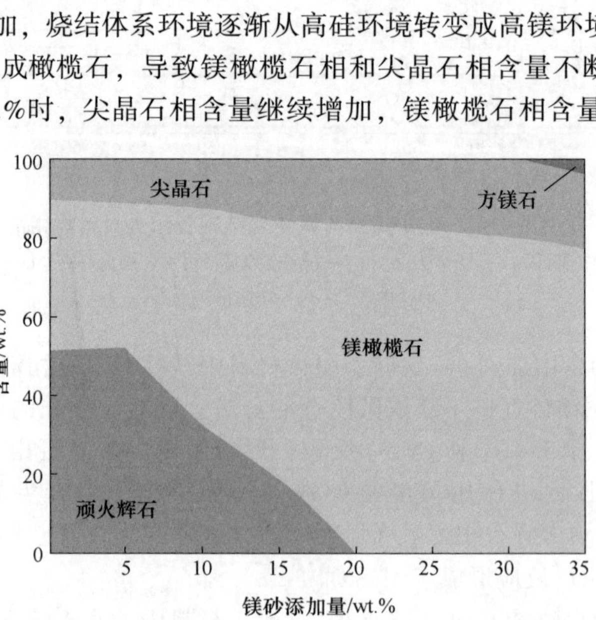

图6-4　镁砂添加量对耐火材料物相含量的影响

火辉石相消失，这是由于添加的镁砂优先与吸波性能优异的氧化物反应，导致体系中 MgO 含量降低。当镁砂添加量增加至 35wt.%时，耐火材料中出现方镁石相，表明镁砂过量。

为了进一步探究镁砂对耐火材料的影响，利用 SEM-EDS 和 XRD 研究 1350 ℃烧结温度下，镁砂添加量不同时制备的耐火材料微观结构，结果如图 6-5~图 6-9 所示。

图 6-5 所示为镁砂添加量为 0 时所获耐火材料的 SEM-EDS 图。可以发现，未

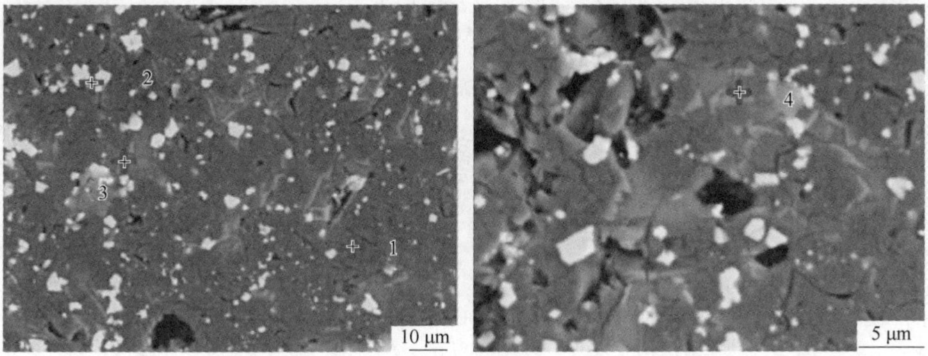

(a)SEM图

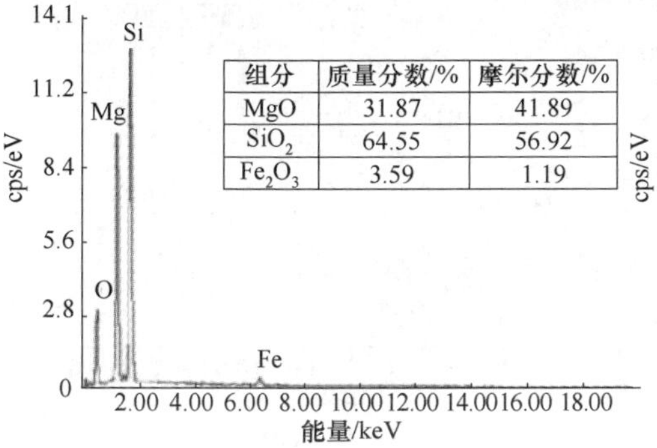

组分	质量分数/%	摩尔分数/%
MgO	31.87	41.89
SiO_2	64.55	56.92
Fe_2O_3	3.59	1.19

(b)点1

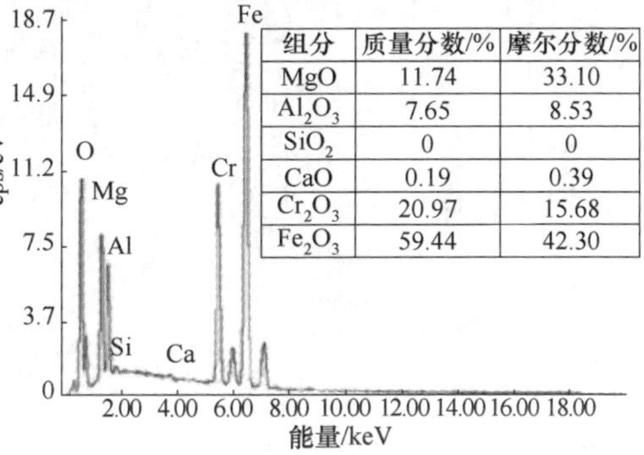

组分	质量分数/%	摩尔分数/%
MgO	11.74	33.10
Al_2O_3	7.65	8.53
SiO_2	0	0
CaO	0.19	0.39
Cr_2O_3	20.97	15.68
Fe_2O_3	59.44	42.30

(c)点2

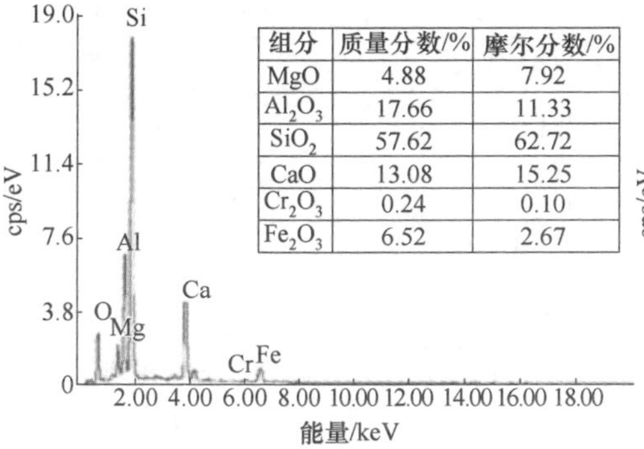

组分	质量分数/%	摩尔分数/%
MgO	4.88	7.92
Al_2O_3	17.66	11.33
SiO_2	57.62	62.72
CaO	13.08	15.25
Cr_2O_3	0.24	0.10
Fe_2O_3	6.52	2.67

(d)点3

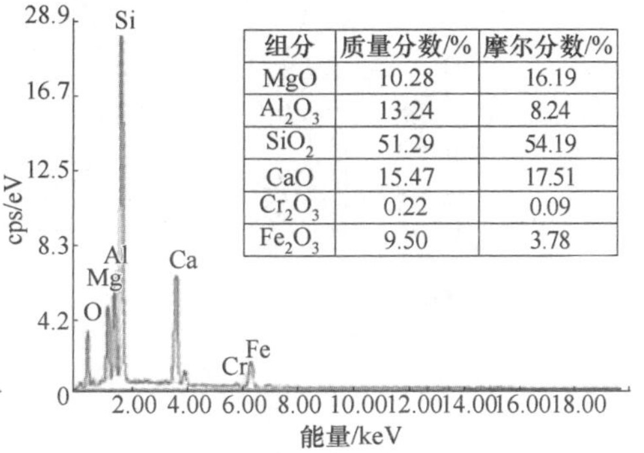

组分	质量分数/%	摩尔分数/%
MgO	10.28	16.19
Al_2O_3	13.24	8.24
SiO_2	51.29	54.19
CaO	15.47	17.51
Cr_2O_3	0.22	0.09
Fe_2O_3	9.50	3.78

(e)点4

图 6-5　镁砂添加量为 0 时电炉镍铁渣微波烧结制备耐火材料的 SEM-EDS 分析

添加镁砂时，耐火材料主要由 4 个物相组成，黑色的镁橄榄石相（点 1），白色不规则尖晶石相（点 2），含铁、铬、铝的无定形高硅玻璃相（点 3），以及结晶状的顽火辉石相（点 4）。高硅玻璃相连结镁橄榄石相和尖晶石相，尖晶石相分布在整个耐火材料中。

与镁砂添加量 0 的耐火材料相比（图 6-5），镁砂添加量为 5wt.%时（图 6-6）所获耐火材料的物相间的界限较分明。顽火辉石相（点 4）含量明显增加，充填

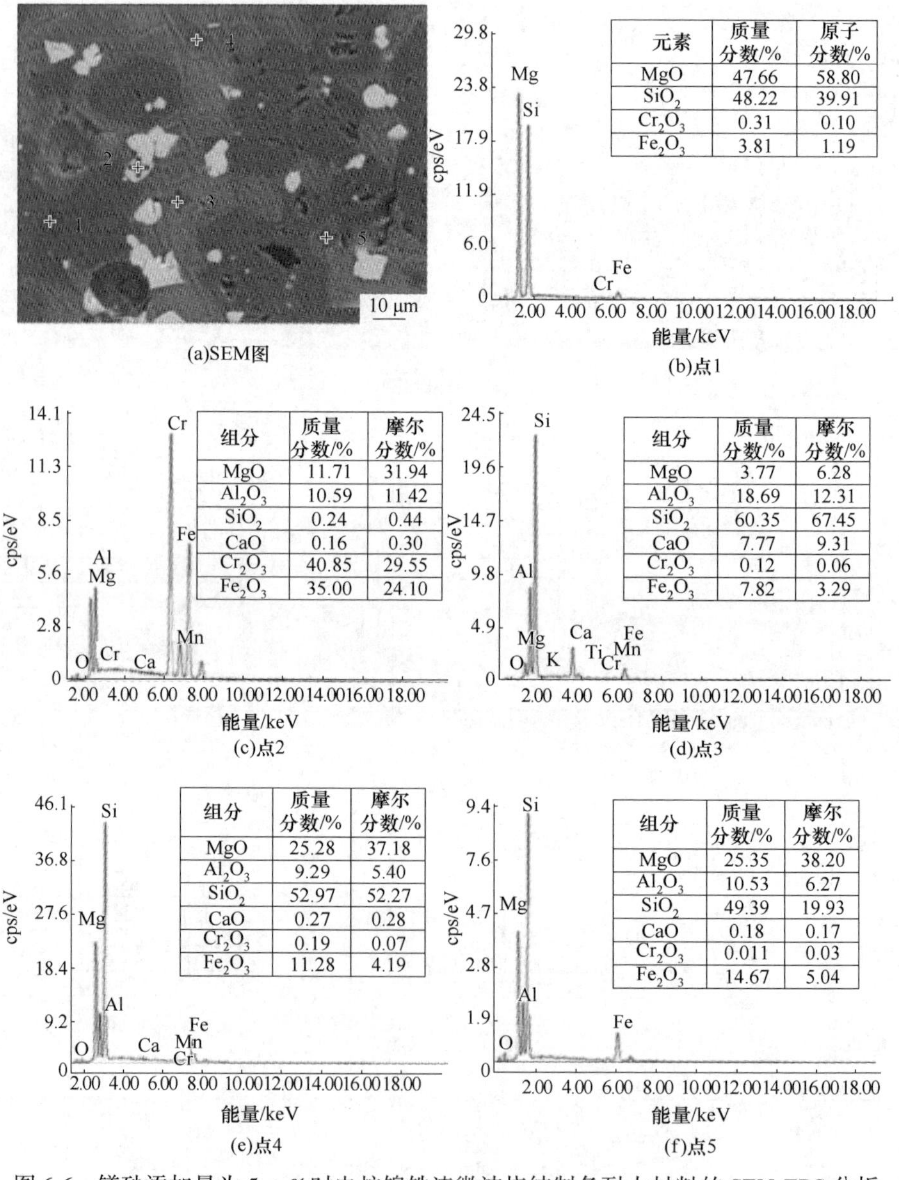

(b)点1

元素	质量分数/%	原子分数/%
MgO	47.66	58.80
SiO_2	48.22	39.91
Cr_2O_3	0.31	0.10
Fe_2O_3	3.81	1.19

(c)点2

组分	质量分数/%	摩尔分数/%
MgO	11.71	31.94
Al_2O_3	10.59	11.42
SiO_2	0.24	0.44
CaO	0.16	0.30
Cr_2O_3	40.85	29.55
Fe_2O_3	35.00	24.10

(d)点3

组分	质量分数/%	摩尔分数/%
MgO	3.77	6.28
Al_2O_3	18.69	12.31
SiO_2	60.35	67.45
CaO	7.77	9.31
Cr_2O_3	0.12	0.06
Fe_2O_3	7.82	3.29

(e)点4

组分	质量分数/%	摩尔分数/%
MgO	25.28	37.18
Al_2O_3	9.29	5.40
SiO_2	52.97	52.27
CaO	0.27	0.28
Cr_2O_3	0.19	0.07
Fe_2O_3	11.28	4.19

(f)点5

组分	质量分数/%	摩尔分数/%
MgO	25.35	38.20
Al_2O_3	10.53	6.27
SiO_2	49.39	19.93
CaO	0.18	0.17
Cr_2O_3	0.011	0.03
Fe_2O_3	14.67	5.04

图 6-6　镁砂添加量为 5wt.%时电炉镍铁渣微波烧结制备耐火材料的 SEM-EDS 分析

在镁橄榄石相（点 1）、尖晶石相（点 2）以及高硅玻璃相（点 3）之间，与上述 XRD 分析结果一致。这是由于 MgO 在高硅环境下与 SiO_2 反应优先形成顽火辉石[6,9]，也从侧面解释了镁橄榄石相含量下降的原因。

图 6-7 所示为镁砂添加量为 20wt.%时耐火材料的 SEM-EDS 图。与前述耐火

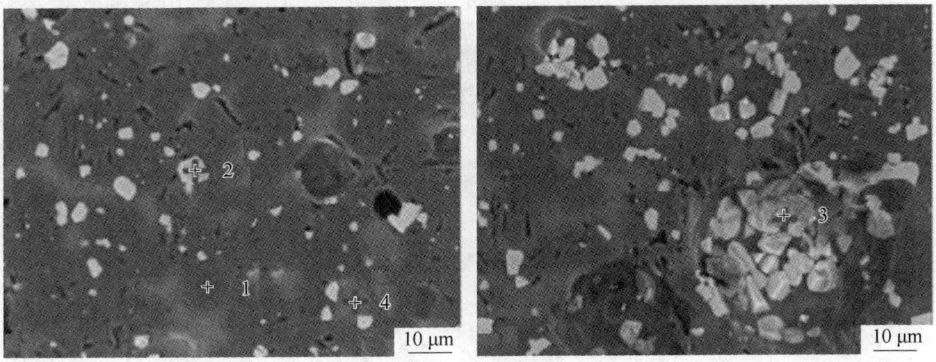

(a)SEM图

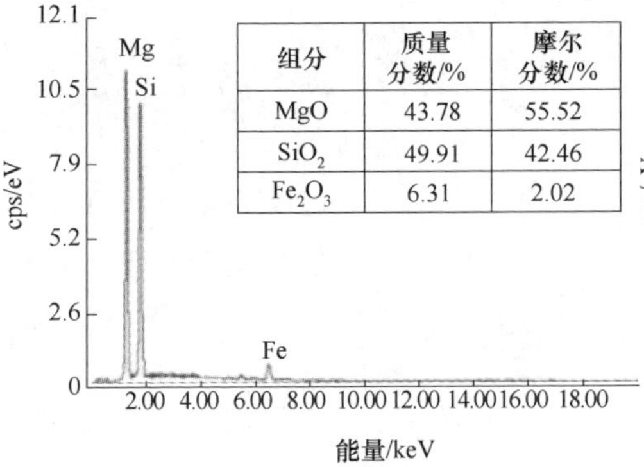

组分	质量分数/%	摩尔分数/%
MgO	43.78	55.52
SiO_2	49.91	42.46
Fe_2O_3	6.31	2.02

(b)点1

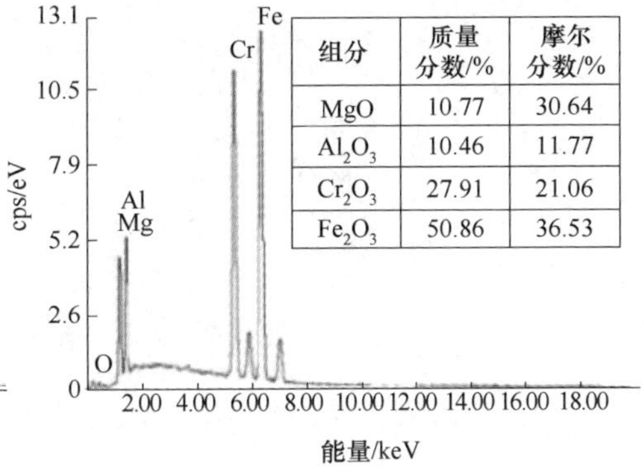

组分	质量分数/%	摩尔分数/%
MgO	10.77	30.64
Al_2O_3	10.46	11.77
Cr_2O_3	27.91	21.06
Fe_2O_3	50.86	36.53

(c)点2

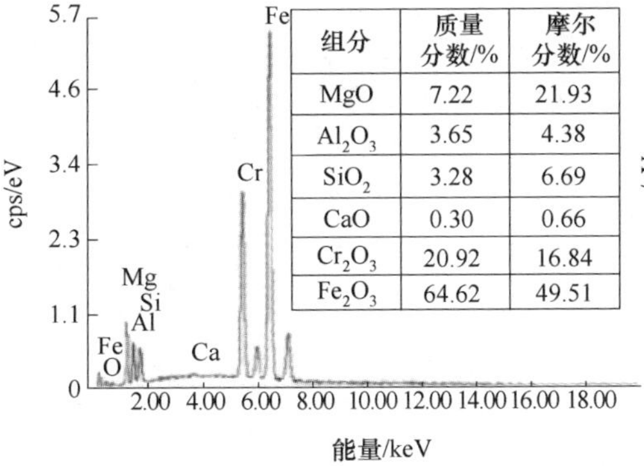

组分	质量分数/%	摩尔分数/%
MgO	7.22	21.93
Al_2O_3	3.65	4.38
SiO_2	3.28	6.69
CaO	0.30	0.66
Cr_2O_3	20.92	16.84
Fe_2O_3	64.62	49.51

(d)点3

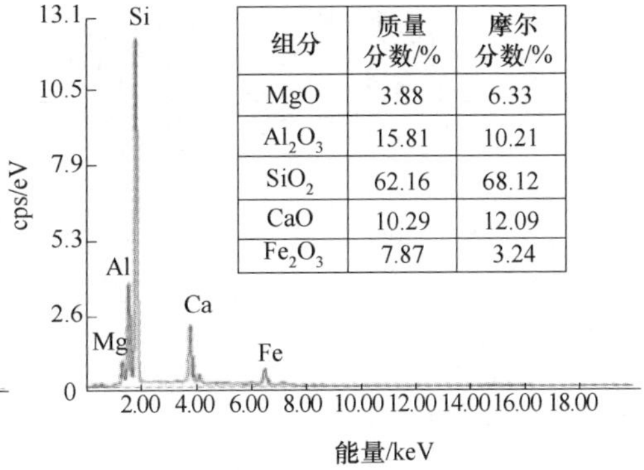

组分	质量分数/%	摩尔分数/%
MgO	3.88	6.33
Al_2O_3	15.81	10.21
SiO_2	62.16	68.12
CaO	10.29	12.09
Fe_2O_3	7.87	3.24

(e)点4

图 6-7　镁砂添加量为 20wt.%时电炉镍铁渣微波烧结制备的耐火材料的 SEM-EDS 分析

材料（镁砂添加量为 0 和 5wt.%）相比，镁砂添加量为 20wt.%的耐火材料中没有明显的顽火辉石相，镁橄榄石相（点 1）增多，尖晶石相（点 2）尺寸变大，表明添加的镁砂参与尖晶石相和镁橄榄石相的形成和发育，与图 6-4 物相含量变化结果一致。

图 6-8 所示为镁砂添加量为 25wt.%时所获耐火材料的 SEM-EDS 图。耐火材料

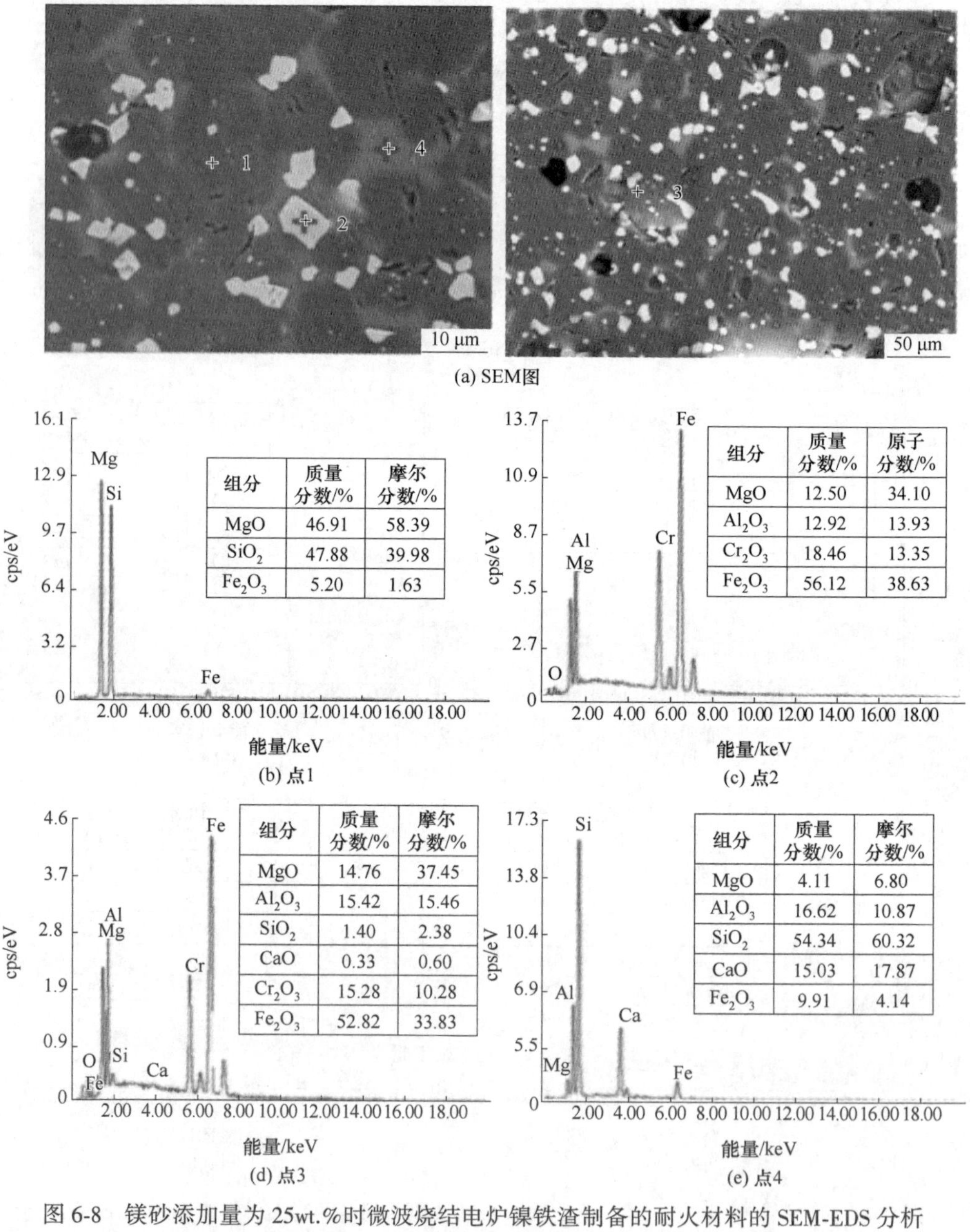

(b) 点1

组分	质量分数/%	摩尔分数/%
MgO	46.91	58.39
SiO_2	47.88	39.98
Fe_2O_3	5.20	1.63

(c) 点2

组分	质量分数/%	原子分数/%
MgO	12.50	34.10
Al_2O_3	12.92	13.93
Cr_2O_3	18.46	13.35
Fe_2O_3	56.12	38.63

(d) 点3

组分	质量分数/%	摩尔分数/%
MgO	14.76	37.45
Al_2O_3	15.42	15.46
SiO_2	1.40	2.38
CaO	0.33	0.60
Cr_2O_3	15.28	10.28
Fe_2O_3	52.82	33.83

(e) 点4

组分	质量分数/%	摩尔分数/%
MgO	4.11	6.80
Al_2O_3	16.62	10.87
SiO_2	54.34	60.32
CaO	15.03	17.87
Fe_2O_3	9.91	4.14

图 6-8　镁砂添加量为 25wt.%时微波烧结电炉镍铁渣制备的耐火材料的 SEM-EDS 分析

的物相只有镁橄榄石相（点 1）、尖晶石相（点 2）以及高硅玻璃相（点 3）。晶界变得清晰，材料中分布的孔隙减少。镁橄榄石相和尖晶石相尺寸增大。

图 6-9 所示为镁砂添加量为 35wt.%时所获耐火材料的 SEM-EDS 图。耐火材料中既有规则形状的尖晶石相（点 2），也存在不规则呈连续状的尖晶石相（点 3）。耐火材料孔隙尺寸变大，分布变得不均匀，这可能是因为尖晶石的大量形成

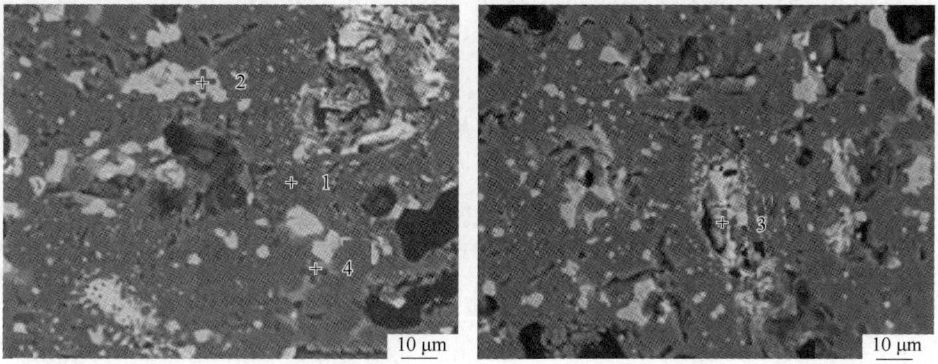

(a) SEM图

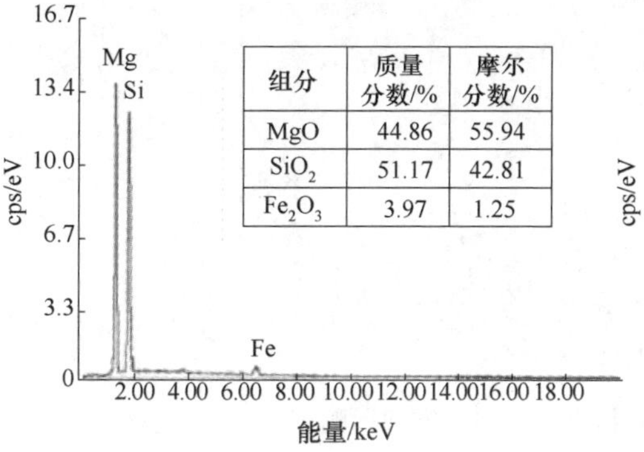

组分	质量分数/%	摩尔分数/%
MgO	44.86	55.94
SiO_2	51.17	42.81
Fe_2O_3	3.97	1.25

(b) 点1

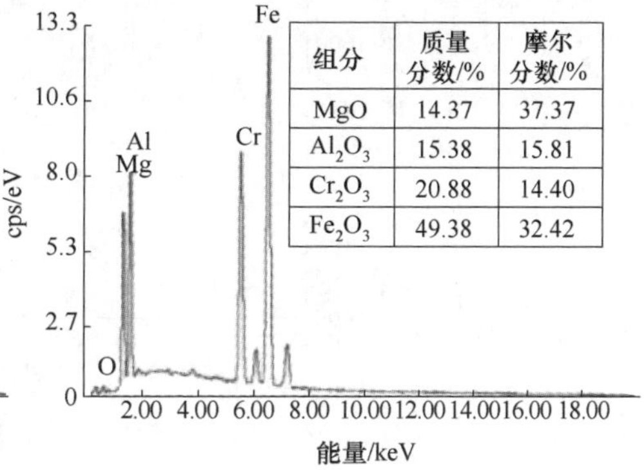

组分	质量分数/%	摩尔分数/%
MgO	14.37	37.37
Al_2O_3	15.38	15.81
Cr_2O_3	20.88	14.40
Fe_2O_3	49.38	32.42

(c) 点2

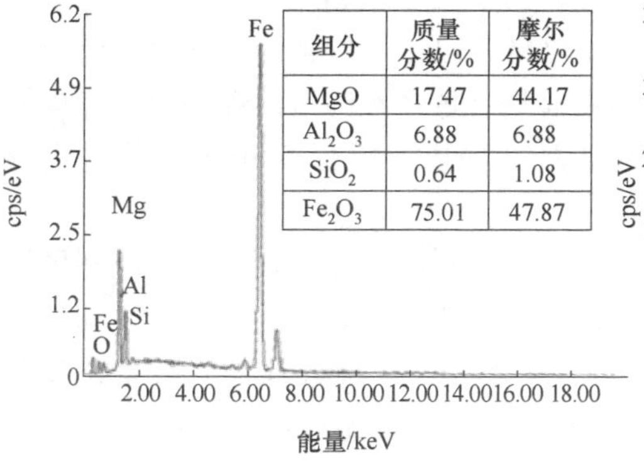

组分	质量分数/%	摩尔分数/%
MgO	17.47	44.17
Al_2O_3	6.88	6.88
SiO_2	0.64	1.08
Fe_2O_3	75.01	47.87

(d) 点3

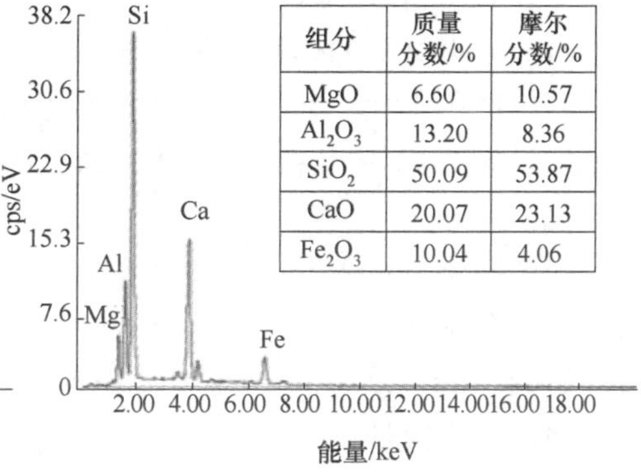

组分	质量分数/%	摩尔分数/%
MgO	6.60	10.57
Al_2O_3	13.20	8.36
SiO_2	50.09	53.87
CaO	20.07	23.13
Fe_2O_3	10.04	4.06

(e) 点4

图 6-9　镁砂添加量为 35wt.%时电炉镍铁渣微波烧结制备的耐火材料的 SEM-EDS 分析

导致耐火材料体积膨胀过大引起。

图 6-10 所示为镁砂添加量对耐火材料耐火度的影响。耐火度的变化可以分为两个阶段（阶段Ⅰ和阶段Ⅱ）。当镁砂添加量从 0 增加到 25wt.%（阶段Ⅰ时，耐火材料的耐火度从 1438 ℃升高至 1730 ℃，满足耐火度的基本要求（1580 ℃）。根据对耐火材料物相组成分析可知，在这一阶段，电炉镍铁渣中低熔点顽火辉石相（1543 ℃）消失，低熔点液相（<1543 ℃）含量不断降低，高熔点镁橄榄石相（1890 ℃）和尖晶石相（1713~2350 ℃）含量随镁砂添加量增加而增加，这极大地提高了耐火材料的高温性能。当镁砂添加量继续增加至 35wt.%（阶段Ⅱ）时，耐火材料中的镁橄榄石相和尖晶石相含量增加不明显，因此耐火材料的耐火度维持在 1730 ℃左右。

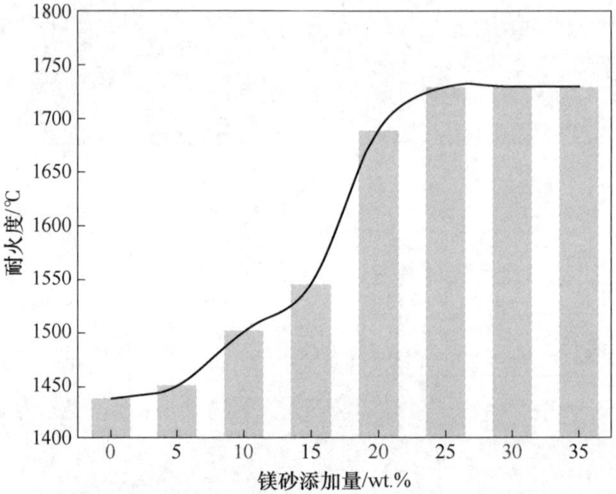

图 6-10　镁砂添加量对耐火材料耐火度的影响

图 6-11 所示为镁砂添加量对耐火材料致密性和抗压强度的影响。从图中可以看出，耐火材料的体积密度与抗压强度变化趋势相同，与显气孔率变化趋势相反。由于体积密度、显气孔率和抗压强度测试要求耐火材料具备规则形状，而镁砂添加量为 0 的耐火材料表面熔融，因此无法对其体积密度和显气孔率进行检测。

当镁砂添加量由 5wt.%增加到 10wt.%时，耐火材料的体积密度和抗压强度降低，显气孔率增加。这是因为镁砂添加量为 5wt.%时，耐火材料中存在较高的顽火辉石相（52. 6wt.%）和高硅玻璃连结相，导致耐火材料具有较高的致密性和抗压强度。当镁砂增加到 10wt.%时，耐火材料中尖晶石相和镁橄榄石相含量大幅度增加，玻璃相含量降低，造成一定程度上的体积膨胀，恶化了耐火材料致密性和抗压强度。当镁砂添加量继续增加时（10wt.%~25wt.%），耐火材料中致密

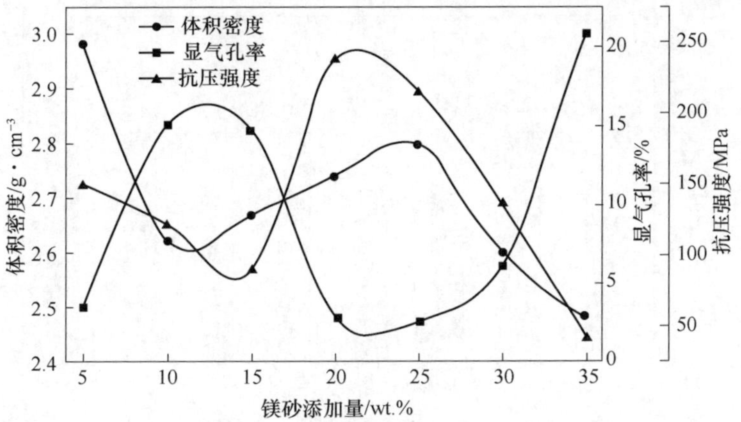

图 6-11　镁砂添加量对耐火材料体积密度、显气孔率、抗压强度的影响

性和强度较高的镁橄榄石相含量不断增加，低强度顽火辉石相和液相含量不断降低，持续提高耐火材料致密性和抗压强度。但是，当镁砂添加量继续增加时（>25wt.%），尖晶石相含量的继续增加（>17.8wt.%）以及镁橄榄石相含量的降低（<82.2wt.%），导致耐火材料出现较大的体积膨胀，恶化了耐火材料致密性和抗压强度。

图 6-12 所示为镁砂添加量对耐火材料抗热震性的影响。由图可知，当镁砂添加量从 0 增加到 10wt.%时，耐火材料的抗热震循环次数从 3 次增加到 5 次。这是因为当镁砂添加量为 0 时，耐火材料中的主要物相是热膨胀系数较大的镁橄榄石和顽火辉石相[1]，耐火材料抗热震性较差。随着镁砂添加量不断增加（0~10wt.%），耐火材料中尖晶石相含量持续增长（9.8wt.%~12wt.%）。尖晶石与镁橄榄石之间的热膨胀失配引起晶粒周围产生微裂纹，提高了材料的抗热震性[10]。当镁砂添加量继续增加至 15wt.%时，顽火辉石相和玻璃相含量不断降低以及抗热震性较差的镁橄榄石相含量增加使得材料的综合抗热震性下降[11-12]。当镁砂添加量继续增加（20wt.%~35wt.%），耐火材料中尖晶石相含量继续增加以及镁橄榄石相含量降低，促进了耐火材料抗热震性的提高[13]。

由上述研究结果可知，添加镁砂能促进顽火辉石相向镁橄榄石相转变，同时增加尖晶石相含量，这不仅能显著提高烧结体系的高温性能，而且能改善烧结体系的整体吸波性能，有利于微波烧结。镁砂添加量对耐火材料高温性能和力学性能的研究表明，镁砂作为镁质耐火原料，通过调控耐火材料中各物相含量变化，如镁橄榄石相、尖晶石相和顽火辉石相实现耐火材料性能优化。研究结果表明，当镁砂添加量为 25wt.%时，耐火材料的耐火度和强度较高，致密性较好。因此，当镁砂添加量为 25wt.%时制备得到的耐火材料性能最佳。

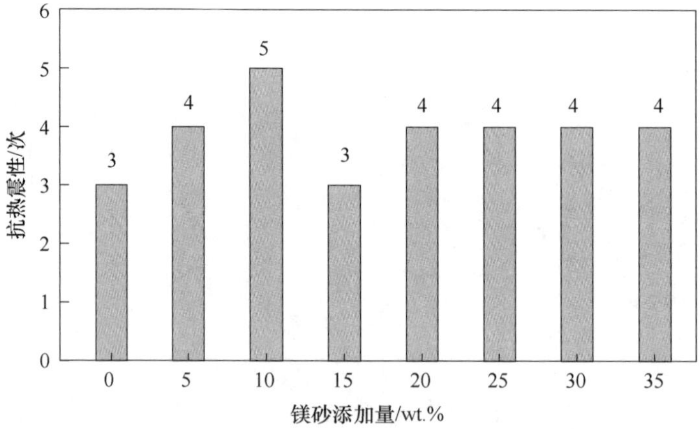

图 6-12　镁砂添加量对耐火材料抗热震性的影响

6.1.3.2　微波烧结温度的影响

在镁砂添加量为 25wt.%，烧结时间为 20 min，升温速率为 16 ℃/min 的条件下，研究了烧结温度（900 ℃、1000 ℃、1100 ℃、1200 ℃、1300 ℃、1350 ℃和 1400 ℃）对耐火材料性能的影响。渣在不同微波烧结温度下所获耐火材料实物图如图 6-13 所示。从图中可以看出，当烧结温度低于 1300 ℃时（图6-13（e）），耐火材料表面呈现出较为明显的类似于纯镁砂烧结的黄色（图 6-13（h）），且烧结温度越低样品表面越疏松和不平整，表明烧结温度低于1300 ℃时，体系中添加的镁砂没有完全参与反应。当温度不断升高，团块呈黑色且表面越来越紧实且平整，表明烧结反应较完全。但是，当温度升高到1400 ℃时，样品表面出现粘连，无法进行性能检测，表明烧结温度过高。

图 6-13　微波烧结温度对耐火材料形貌的影响

图 6-14 所示为微波烧结温度对耐火材料物相组成的影响。当烧结温度为 900 ℃ 时，耐火材料的主要物相是镁铁橄榄石（O）、镁橄榄石（F）和方镁石相（P），表明电炉镍铁渣中的镁铁橄榄石在 900 ℃时没有完全分解，镁砂中的 MgO 也没有完全参与反应。当烧结温度升高到 1000 ℃时，镁铁橄榄石相（O）分解加强，形成较多镁橄榄石相（F），而添加的镁砂与 SiO_2 反应形成顽火辉石

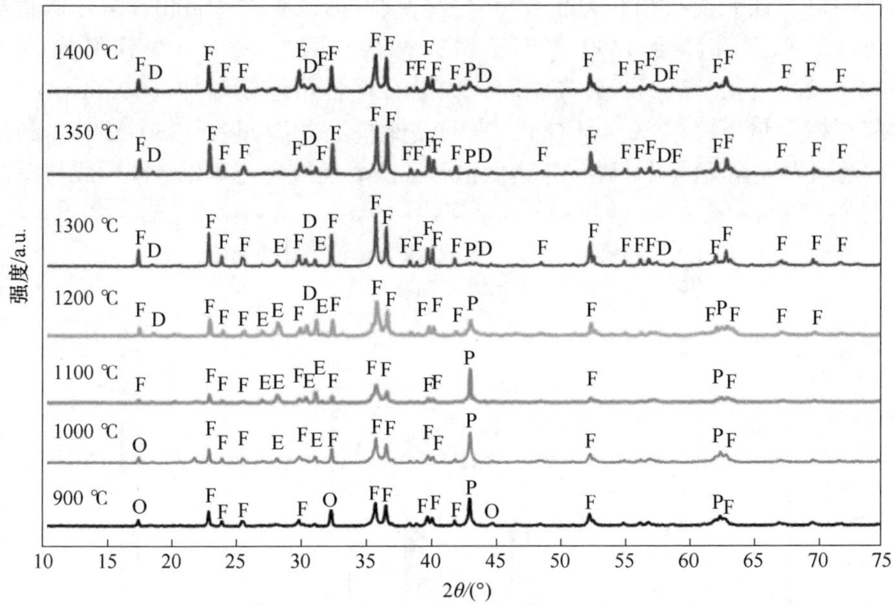

图 6-14 微波烧结温度对耐火材料物相组成的影响

E—顽火辉石；F—镁橄榄石；D—尖晶石；O—橄榄石；P—方镁石

相（E）。方镁石相衍射峰强度增强，表明温度升高促进了烧结体系中未反应的方镁石相的结晶与发育。当烧结温度继续升高至 1200 ℃时，耐火材料的主要物相变成镁橄榄石相（F）、顽火辉石相（E）、尖晶石相（D）和方镁石相（P），表明当微波烧结温度为 1200 ℃时，镁砂开始与电炉镍铁渣中 Fe_2O_3、Al_2O_3 及 Cr_2O_3 等氧化物发生反应形成尖晶石相，与 TG-DSC 分析结果一致。方镁石相的衍射峰强度变弱也从侧面证实镁砂与金属氧化物发生反应。当微波烧结温度从 1200 ℃增加至 1400 ℃时，耐火材料的主要物相不发生改变，尖晶石相（D）衍射峰强度不断增强，镁橄榄石相（F）衍射峰强度也不断增加，在 1350 ℃时达到最强。继续升高温度至 1400 ℃时，衍射峰强度反而变弱，表明烧结温度为 1350 ℃，镁橄榄石相的形成与发育较好。

图 6-15 所示为根据 XRD 结果进行全谱拟合所获物相含量。从图中可以看出，当烧结温度从 900 ℃升高至 1000 ℃时，镁铁橄榄石相含量下降，镁橄榄石相、方镁石相含量增加，表明烧结温度高有利于镁铁橄榄石分解形成镁橄榄石。

当烧结温度继续增加到 1100 ℃时，方镁石相含量继续增加（28wt.%），镁橄榄石相含量降低（27.3wt.%），且出现顽火辉石相（44.7wt.%）。当烧结温度继续增加至 1200 ℃时，镁橄榄石相增加（42.9wt.%），顽火辉石相和方镁石相含量下降，且出现尖晶石相（8.1wt.%），表明升高温度有利于 MgO 与电炉镍铁渣反应形成尖晶石相和镁橄榄石相，与 XRD 分析结果吻合。随着烧结温度继续升高（>1200 ℃），镁橄榄石相和尖晶石相含量持续增加，顽火辉石相含量降低直至消失。当烧结温度升高至 1350 ℃时，耐火材料中只有 82.2wt.%镁橄榄石相和 17.8wt.%尖晶石相。进一步升高温度，尖晶石相含量继续增加（19.6wt.%），而镁橄榄石相含量下降（80.4wt.%），表明镁橄榄石相含量在 1350 ℃时达到最大值。这是因为尖晶石的吸波性优于镁橄榄石，随着反应进行可以继续形成与发育。

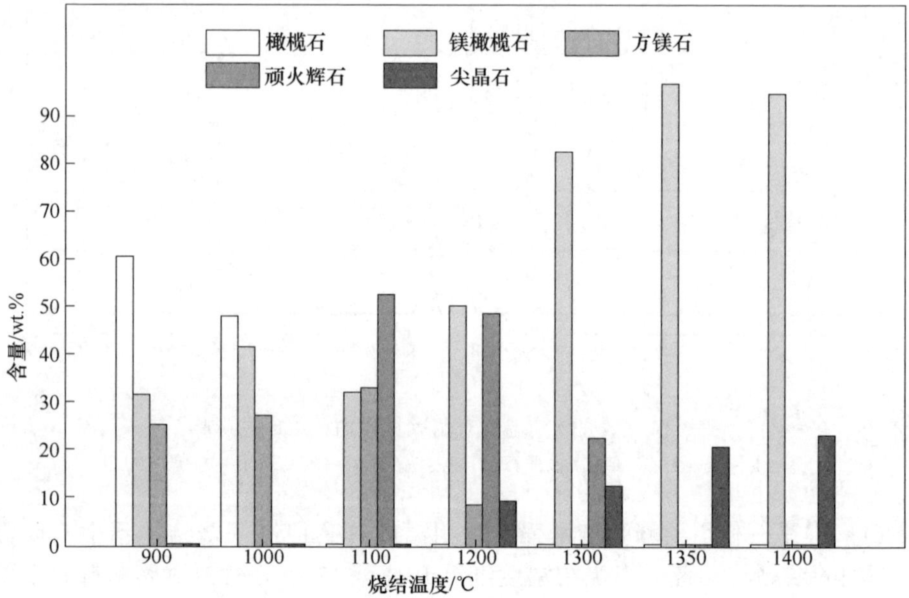

图 6-15　微波烧结温度对耐火材料物相含量的影响

为了进一步研究烧结温度对耐火材料性能的影响，对比分析烧结温度为 900 ℃、1200 ℃、1350 ℃和 1400 ℃的耐火材料的微观结构，如图 6-16、图 6-17、图 6-8 和图 6-18 所示。图 6-16 所示为微波烧结温度为 900 ℃时制备的耐火材料的 SEM-EDS 图，其主要物相是顽火辉石相（点 1）、硅镁过渡相（点 2 和点 3）和方镁石相（点 4）。可以看出耐火材料的电炉镍铁渣和镁砂颗粒组分在该温度下的烧结反应较差。

图 6-17 所示为微波烧结温度为 1200 ℃时制备的耐火材料的 SEM-EDS 图。该温度下，电炉镍铁渣和镁砂的烧结反应较明显，但耐火材料中存在较多孔隙。耐火材料的主要物相是镁橄榄石相（点 1）、顽火辉石相（点 2）、尖晶石相（点 3）、

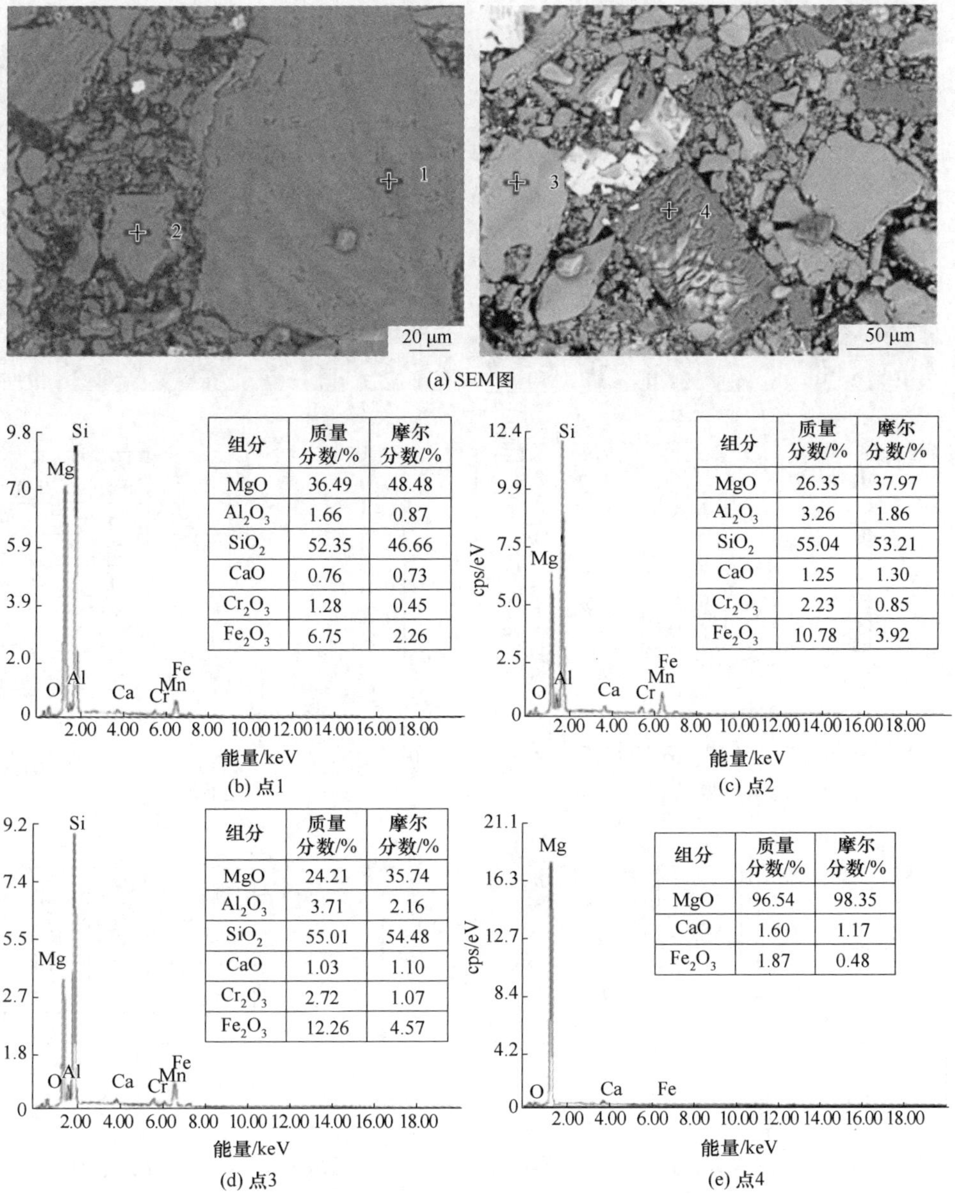

图 6-16 烧结温度为 900 ℃时制备的耐火材料的 SEM-EDS 分析

方镁石相（点 4）。白色尖晶石颗粒尺寸较小，表明尖晶石晶粒在该温度下发育不完全。此外，烧结温度过低导致耐火材料中存在未完全反应的方镁石相（点 4），方镁石相外层生成一圈铁含量较高的尖晶石相（点 3），这是由微波吸收性较好且含量较高的 Fe_2O_3 与镁砂中 MgO 反应形成的尖晶石环。

烧结温度为 1350 ℃时制备的耐火材料的 SEM-EDS 分析如图 6-8 所示。耐火

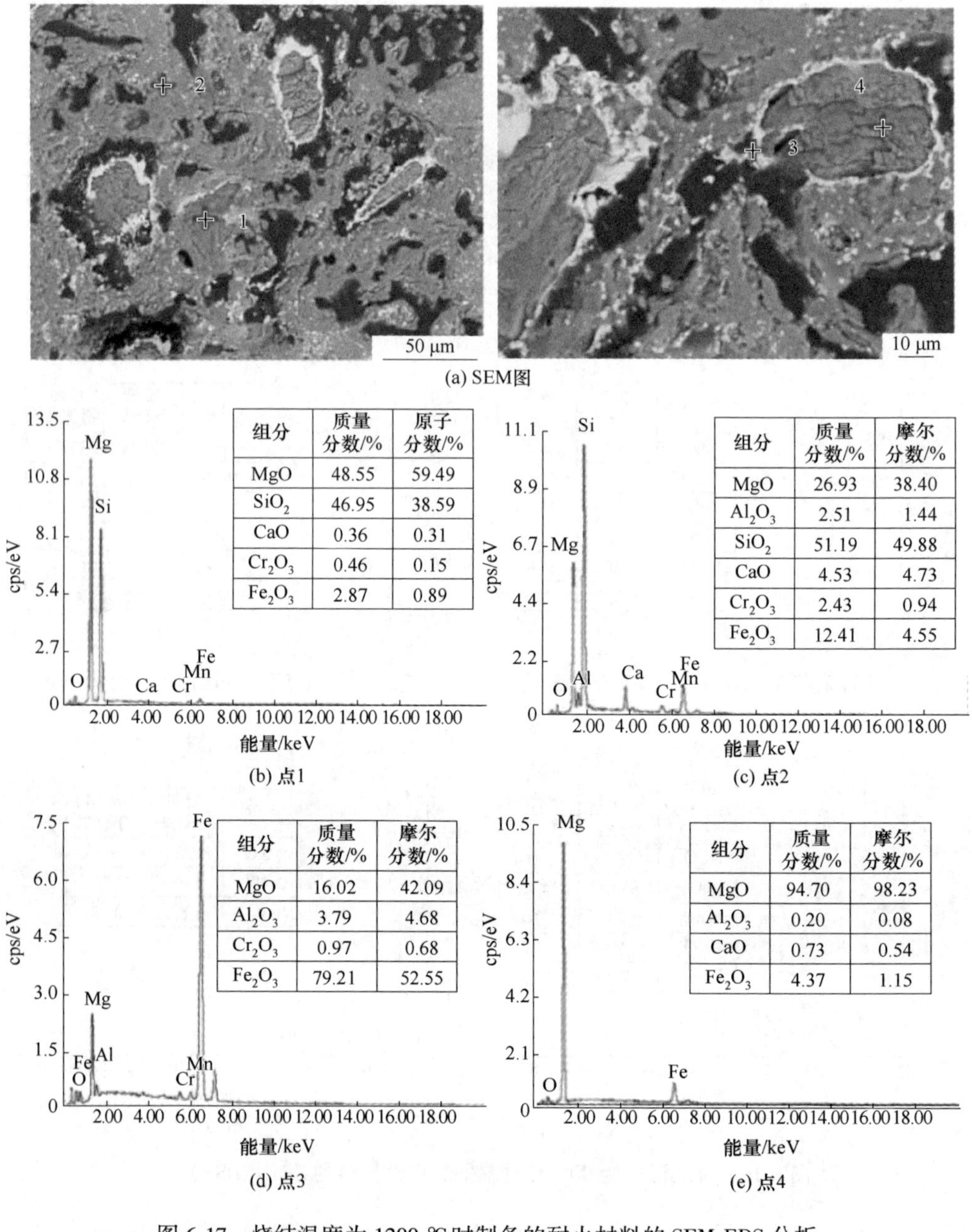

(b) 点1

组分	质量分数/%	原子分数/%
MgO	48.55	59.49
SiO_2	46.95	38.59
CaO	0.36	0.31
Cr_2O_3	0.46	0.15
Fe_2O_3	2.87	0.89

(c) 点2

组分	质量分数/%	摩尔分数/%
MgO	26.93	38.40
Al_2O_3	2.51	1.44
SiO_2	51.19	49.88
CaO	4.53	4.73
Cr_2O_3	2.43	0.94
Fe_2O_3	12.41	4.55

(d) 点3

组分	质量分数/%	摩尔分数/%
MgO	16.02	42.09
Al_2O_3	3.79	4.68
Cr_2O_3	0.97	0.68
Fe_2O_3	79.21	52.55

(e) 点4

组分	质量分数/%	摩尔分数/%
MgO	94.70	98.23
Al_2O_3	0.20	0.08
CaO	0.73	0.54
Fe_2O_3	4.37	1.15

图 6-17　烧结温度为 1200 ℃时制备的耐火材料的 SEM-EDS 分析

材料主要由镁橄榄石相、尖晶石相（点 2 和点 3）以及高硅玻璃相（点 5）组成。与图 6-16 和图 6-17 对比可知，在烧结温度 1350 ℃下制备的耐火材料各相间的分界比较明显，且出现高硅玻璃相连结在镁橄榄石和尖晶石相之间，表明耐火材料在 1350 ℃烧结温度下形成液相。液相的形成促进耐火材料晶粒间的连结更加紧密。此外，单个独立的尖晶石颗粒尺寸也明显增大，分布在整个耐火材料中，表明升高微波烧结温度有利于尖晶石的发育与长大。

图 6-18 所示为微波烧结温度为 1400 ℃时制备的耐火材料的 SEM-EDS 图。

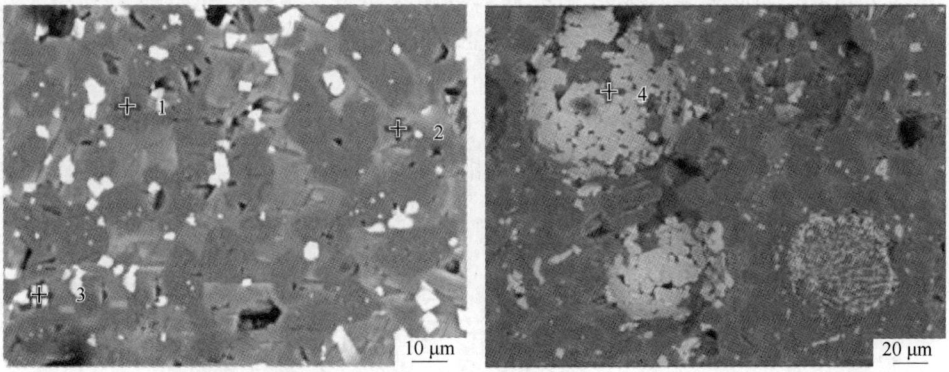

(a) SEM图

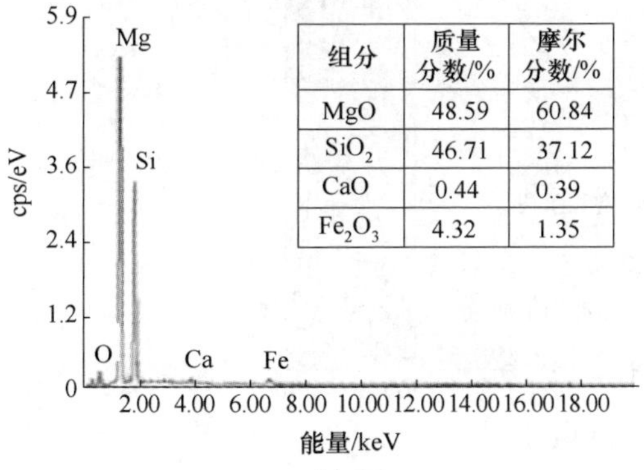

组分	质量分数/%	摩尔分数/%
MgO	48.59	60.84
SiO_2	46.71	37.12
CaO	0.44	0.39
Fe_2O_3	4.32	1.35

(b) 点1

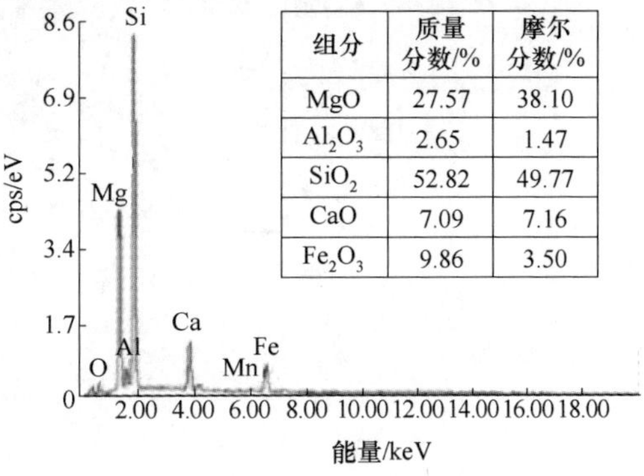

组分	质量分数/%	摩尔分数/%
MgO	27.57	38.10
Al_2O_3	2.65	1.47
SiO_2	52.82	49.77
CaO	7.09	7.16
Fe_2O_3	9.86	3.50

(c) 点2

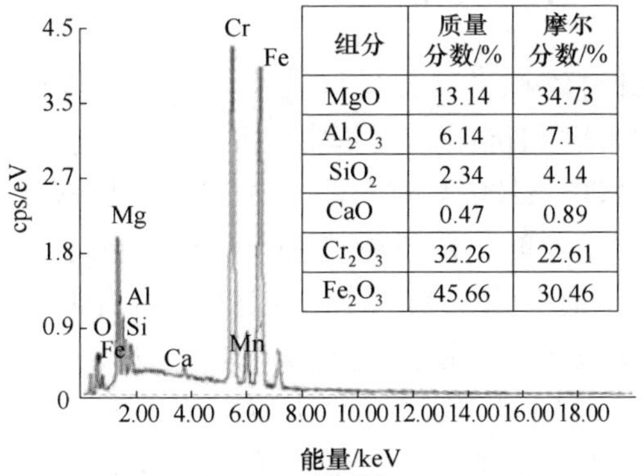

组分	质量分数/%	摩尔分数/%
MgO	13.14	34.73
Al_2O_3	6.14	7.1
SiO_2	2.34	4.14
CaO	0.47	0.89
Cr_2O_3	32.26	22.61
Fe_2O_3	45.66	30.46

(d) 点3

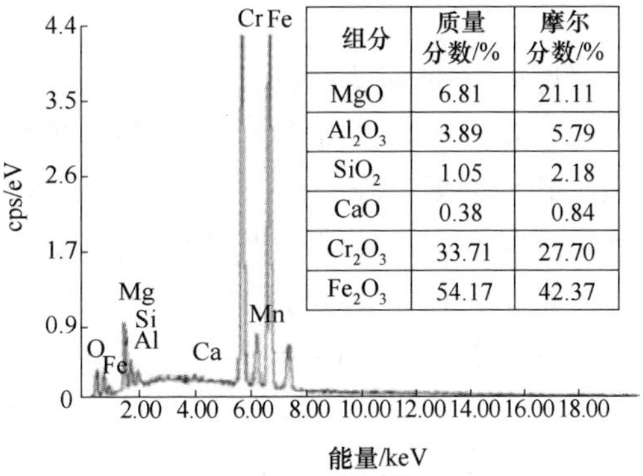

组分	质量分数/%	摩尔分数/%
MgO	6.81	21.11
Al_2O_3	3.89	5.79
SiO_2	1.05	2.18
CaO	0.38	0.84
Cr_2O_3	33.71	27.70
Fe_2O_3	54.17	42.37

(e) 点4

图 6-18 烧结温度为 1400 ℃时电炉镍铁渣微波烧结制备耐火材料的 SEM-EDS 分析

从图中可以看出，耐火材料中镁橄榄石相（点 1）减少，尖晶石相（点 3）和高硅玻璃相（点 2）含量增加，表明烧结温度为 1400 ℃时耐火材料中镁橄榄石相含量下降，尖晶石相和液相含量增加，与图 6-15 的分析结果一致。

图 6-19 所示为微波烧结温度对耐火材料耐火度的影响。当烧结温度从900 ℃升高到 1300 ℃（阶段Ⅰ）时，耐火材料的耐火度从 1657 ℃升高到 1751 ℃，这主要是因为烧结温度升高促进了烧结反应的进行，耐火材料中高熔点镁橄榄石相和尖晶石相分别增加了 43. 5wt.% 和 10. 6wt.%，顽火辉石相含量降低了 25. 6wt.%，提高了耐火材料的耐火度。但是，当烧结温度超过 1300 ℃（阶段Ⅱ）时，耐火材料中开始形成低熔点液相（<1543 ℃），并且液相含量随温度的升高不断增加，降低了耐火材料耐火度。因此，为了保证耐火材料的高温性能和使用性能，微波烧结温度不宜过高。

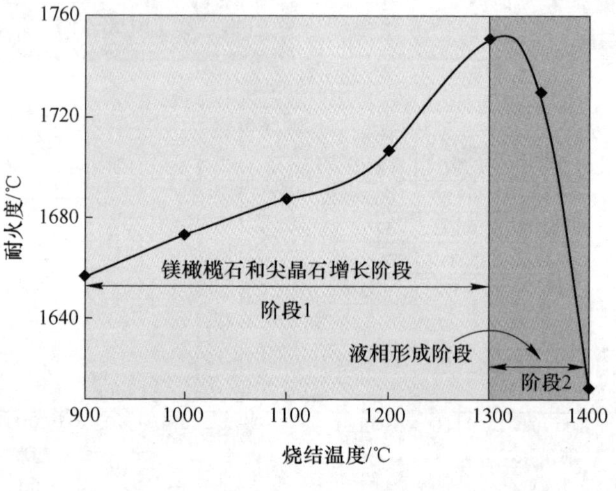

图 6-19　微波烧结温度对耐火材料耐火度的影响

图 6-20 所示为微波烧结温度对耐火材料体积密度、显气孔率、抗压强度的影响。从图中可以看出，耐火材料的体积密度和抗压强度基本上呈现上升趋势，显气孔率呈现下降趋势，且当烧结温度在 900～1200 ℃时，耐火材料的体积密度和抗压强度增加较慢。当烧结温度高于 1200 ℃时，体积密度和抗压强度快速增加。根据上述对耐火材料的物相组成和含量变化分析可知，在烧结温度低于 1200 ℃ 时，烧结体系中原料之间的烧结反应较差，镁橄榄石相含量增加以及方镁石相含量的降低均较为缓慢，不利于耐火材料体积密度和抗压强度的提高。当烧结温度高于 1200 ℃时，耐火材料中高强度镁橄榄石相和尖晶石相含量快速增加、低强度顽火辉石相含量快速降低、玻璃液相的形成均提高了耐火材料的致密性和抗压强度。

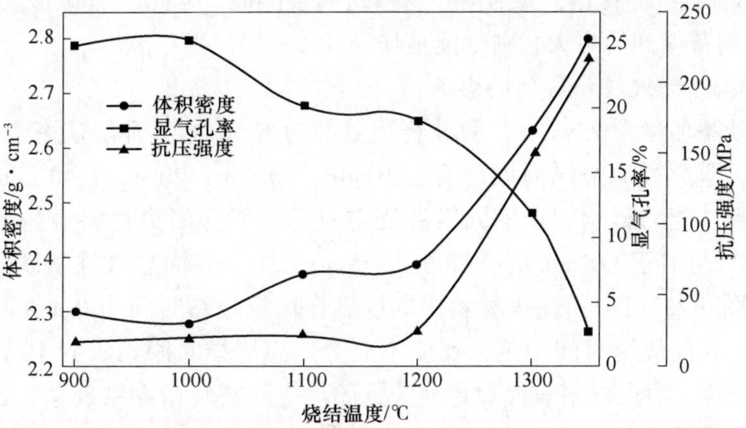

图 6-20　微波烧结温度对耐火材料体积密度、显气孔率、抗压强度的影响

图 6-21 所示为微波烧结温度对耐火材料抗热震性的影响。从图中可以看出，电炉镍铁渣和镁砂原料在 900～1100 ℃温度区间的烧结反应较差，物相间的连结相较少，导致耐火材料的抗热震性较差。当烧结温度升高至 1200 ℃时，耐火材料中形成了热导率较大的尖晶石相（8.1wt.%），促进了晶粒周围微裂纹的形成，提高了耐材料抗热震性[10, 13]。当烧结温度进一步升高，抗热震性较差的镁橄榄石相含量略微下降，尖晶石相含量不断增加，并且耐火材料的孔隙和裂纹分布愈加均匀，有利于形成相互交错的网状结构，增强材料的抗热震性[10,13]。

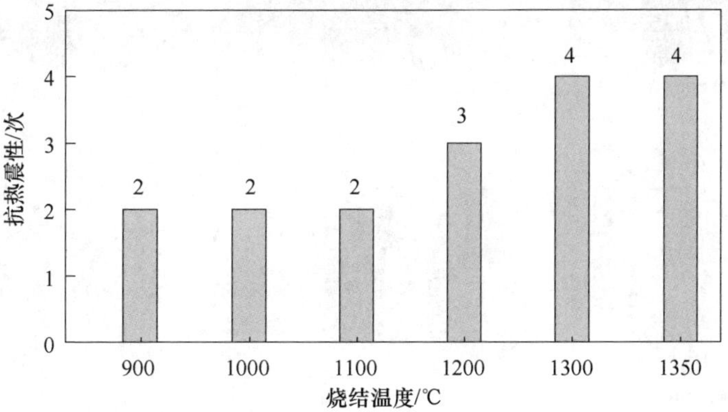

图 6-21　微波烧结温度对耐火材料抗热震性的影响

基于上述研究发现，微波烧结温度对耐火材料的物相组成、微观结构变化以及耐火度、致密性、抗压强度和抗热震性等性能的促进作用并不持续。当微波烧结温度为 1350 ℃时，耐火材料由于含有较高含量的镁橄榄石相和适量尖晶石相，其高温性能和综合机械性能达到最优值。继续升高温度导致耐火材料中的尖晶石

相过量，同时生成液相，致使耐火材料性能下降。因此，当微波烧结温度为1350 ℃时制备得到的耐火材料性能最佳。

6.1.3.3　微波烧结时间的影响

在镁砂添加量为25wt.%，微波烧结温度为1350 ℃，升温速率为16 ℃/min的条件下，研究微波烧结时间（保温0 min、10 min、20 min、40 min、60 min）对耐火材料性能的影响。在不同微波烧结时间下所获耐火材料实物图如图6-22所示。当烧结时间为0 min时（图6-22（a）），团块表面呈现纯镁砂烧结之后的黄色（如图6-22（f）），耐火材料中的镁砂在微波烧结时间为0 min时没有完全参与反应，表明烧结时间不足，反应不充分。当烧结时间延长到10 min时（如图6-22（b）），耐火材料表面黄色变浅，团块之间有轻微黏结现象，表明延长烧结时间促进了镁砂与电炉镍铁渣的烧结反应，但仍未充分反应。当烧结时间继续延长至20 min（图6-22（c）），耐火材料表面平整且致密。当烧结时间大于20 min时，耐火材料之间出现黏结和裂纹现象（图6-22（d）（e）），并且随着烧结时间的延长，粘连和裂纹越来越明显，表明微波烧结时间过长导致耐火材料表面发生熔融现象。

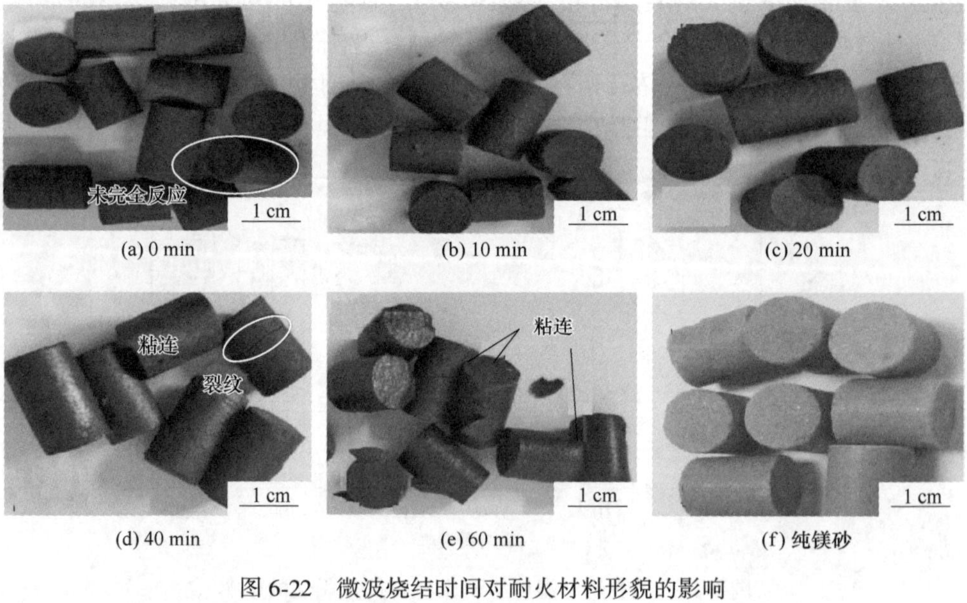

图6-22　微波烧结时间对耐火材料形貌的影响

图6-23所示为微波烧结时间对耐火材料物相组成的影响。当烧结时间为0 min时，耐火材料的主要物相是镁橄榄石相（F）、顽火辉石相（E）、尖晶石相（D）和方镁石相（P），这与前述原因相同，电炉镍铁渣中发生氧化与分解形成镁橄榄石相，添加的镁砂中的MgO与电炉镍铁渣中的Fe_2O_3、Al_2O_3、Cr_2O_3反

应形成尖晶石。随着烧结时间的增加，镁橄榄石相和尖晶石相衍射峰强度增强，顽火辉石衍射峰强度逐渐减弱直至消失，表明延长烧结时间有利于烧结体系中的 SiO_2 和顽火辉石与镁砂充分反应形成镁橄榄石，同时促进尖晶石形成与长大。当烧结时间为 40 min 时，尖晶石衍射峰强度继续增强，镁橄榄石相的衍射峰变弱，表明烧结时间增加促进吸波性能优异的尖晶石相的继续生长与发育。

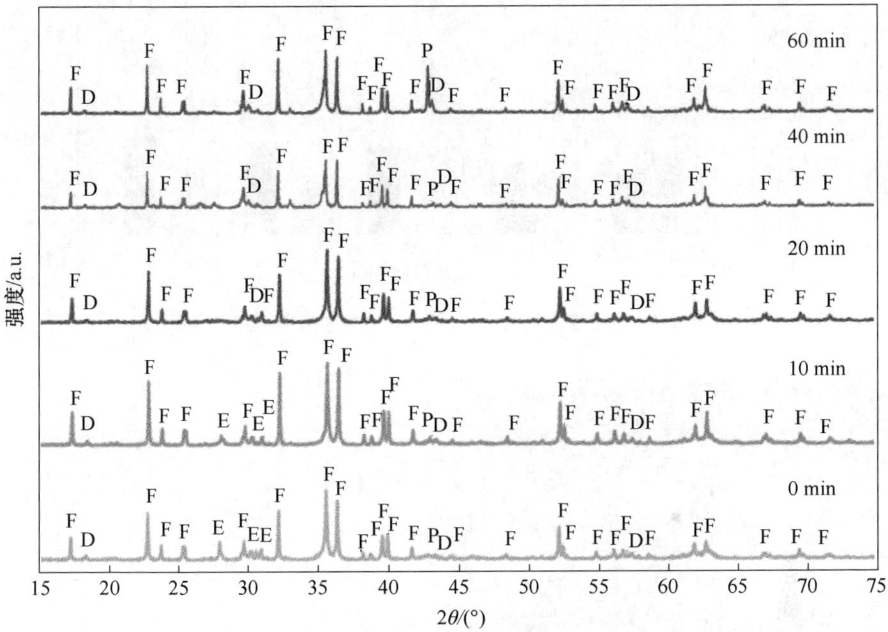

图 6-23　微波烧结时间对耐火材料物相组成的影响
E—顽火辉石；F—镁橄榄石；D—尖晶石；P—方镁石

利用 XRD 全谱拟合分析不同烧结时间所获耐火材料的物相含量，如图 6-24 所示。当烧结时间为 0 min 时，耐火材料中含有镁橄榄石相（61. 8wt.%）、顽火辉石相（26. 5wt.%）、尖晶石相（11. 7wt.%）。随着烧结时间延长至 20 min，耐火材料中的镁橄榄石相和尖晶石相含量不断增加，顽火辉石相含量不断降低，表明延长微波烧结时间有利于顽火辉石相向镁橄榄石相的转变及尖晶石相的形成。当烧结时间为 20 min 时，耐火材料中顽火辉石相消失，尖晶石相含量增加至 17. 8wt.%，镁橄榄石相含量增加至 82. 2wt.%。当烧结时间进一步延长（>20 min），耐火材料中尖晶石含量继续增加（>17. 8wt.%），镁橄榄石相含量开始下降（<82. 2wt.%），表明继续增加微波烧结时间有利于吸波性能更优异的尖晶石相的形成与发育，这与上述 XRD 分析结果一致。

对微波烧结时间分别为 0 min、20 min、40 min 和 60 min 所获耐火材料进行微观结构分析，如图 6-25、图 6-8、图 6-26 和图 6-27 所示。图 6-25 所示为微波

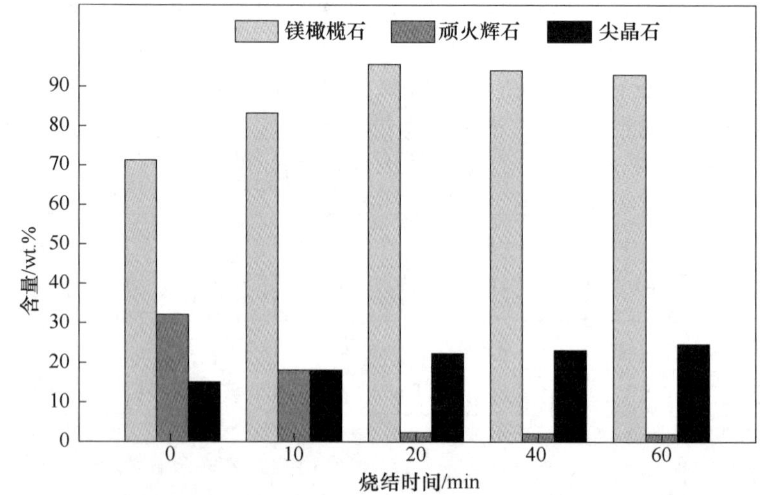

图 6-24　微波烧结时间对耐火材料物相组成的影响

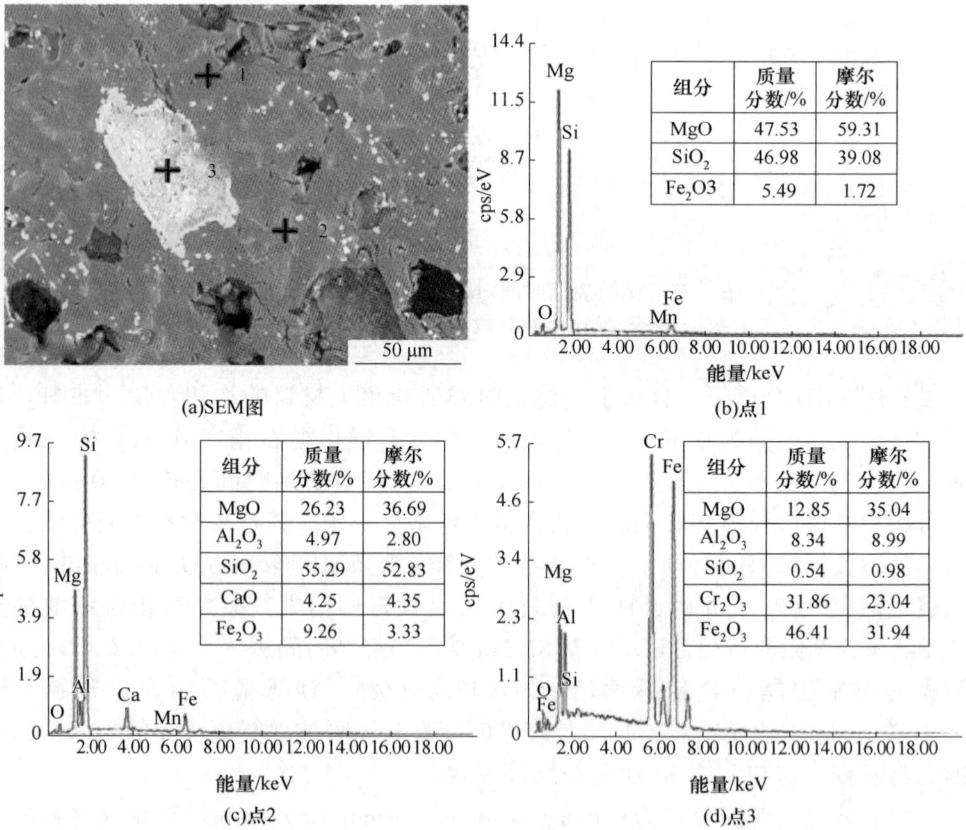

(b)点1

组分	质量分数/%	摩尔分数/%
MgO	47.53	59.31
SiO_2	46.98	39.08
Fe_2O3	5.49	1.72

(c)点2

组分	质量分数/%	摩尔分数/%
MgO	26.23	36.69
Al_2O_3	4.97	2.80
SiO_2	55.29	52.83
CaO	4.25	4.35
Fe_2O_3	9.26	3.33

(d)点3

组分	质量分数/%	摩尔分数/%
MgO	12.85	35.04
Al_2O_3	8.34	8.99
SiO_2	0.54	0.98
Cr_2O_3	31.86	23.04
Fe_2O_3	46.41	31.94

图 6-25　烧结时间为 0 min 时制备的耐火材料的 SEM-EDS 分析

烧结时间为 0 min 所获耐火材料的 SEM-EDS 图。从图中可以看出，耐火材料的主要物相是镁橄榄石相（点 1）、高硅玻璃相（点 2）和尖晶石相（点 3）。耐火材料中尖晶石颗粒较小，分散在整个耐火材料中，表明烧结时间过短，晶粒没有完全长大。

与微波烧结时间为 0 min 时所获耐火材料微观结构相比，微波烧结时间为 20 min 时所获耐火材料（图 6-8）的晶粒尺寸明显增大且均匀分散，同时孔隙尺寸缩小，均匀分布在耐火材料中，表明烧结时间延长促进晶粒生长与发育，强化耐火材料致密性。

图 6-26 所示为微波烧结时间为 40 min 所获耐火材料的 SEM-EDS 图。从图中可以看出，耐火材料的主要物相没有发生改变，依然是镁橄榄石相（点 1）、高硅玻璃相（点 2）和尖晶石相（点 3）。与烧结时间为 20 min 时所获耐火材料 SEM-EDS 图相比，烧结时间为 40 min 所获耐火材料的表面裂纹和气孔较多。

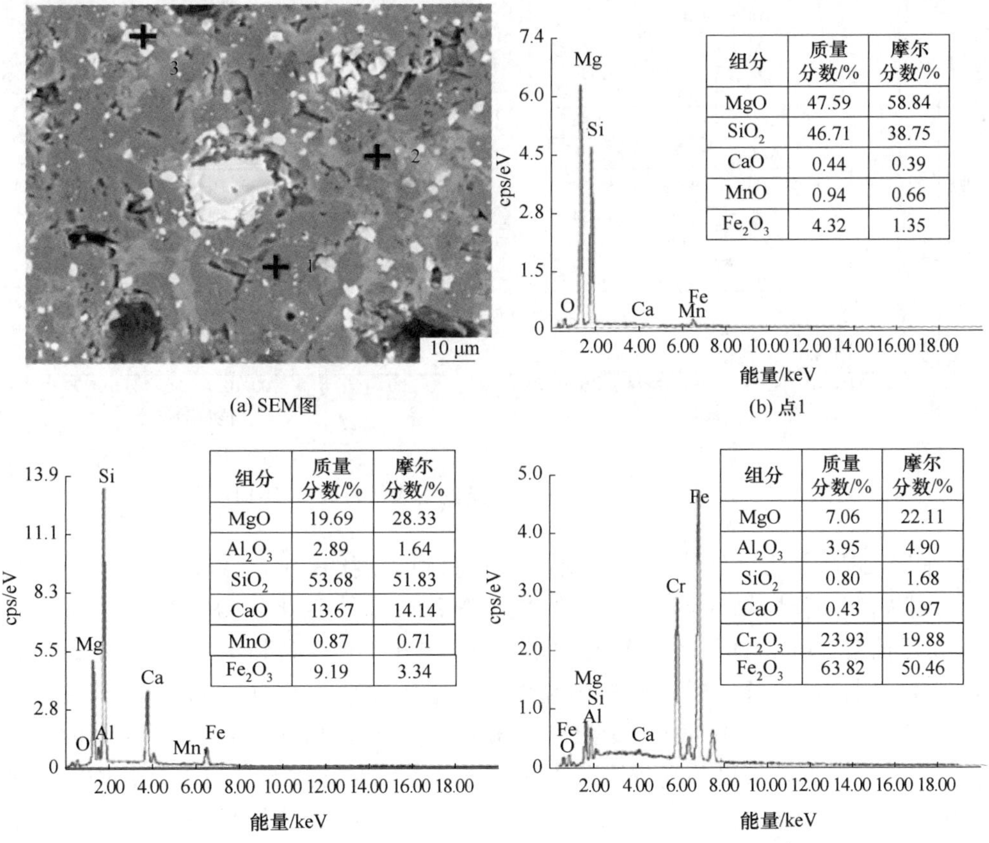

组分	质量分数/%	摩尔分数/%
MgO	47.59	58.84
SiO_2	46.71	38.75
CaO	0.44	0.39
MnO	0.94	0.66
Fe_2O_3	4.32	1.35

组分	质量分数/%	摩尔分数/%
MgO	19.69	28.33
Al_2O_3	2.89	1.64
SiO_2	53.68	51.83
CaO	13.67	14.14
MnO	0.87	0.71
Fe_2O_3	9.19	3.34

组分	质量分数/%	摩尔分数/%
MgO	7.06	22.11
Al_2O_3	3.95	4.90
SiO_2	0.80	1.68
CaO	0.43	0.97
Cr_2O_3	23.93	19.88
Fe_2O_3	63.82	50.46

(a) SEM图 (b) 点1 (c) 点2 (d) 点3

图 6-26 烧结时间为 40 min 时制备的耐火材料的 SEM-EDS 分析

图 6-27 所示为微波烧结时间为 60 min 时所获耐火材料的 SEM-EDS 图。从图

中可以看出，镁橄榄石相（点 1）含量降低，高硅玻璃相（点 2）含量增加，耐火材料中镁橄榄石相和液相中的孔隙明显增加。

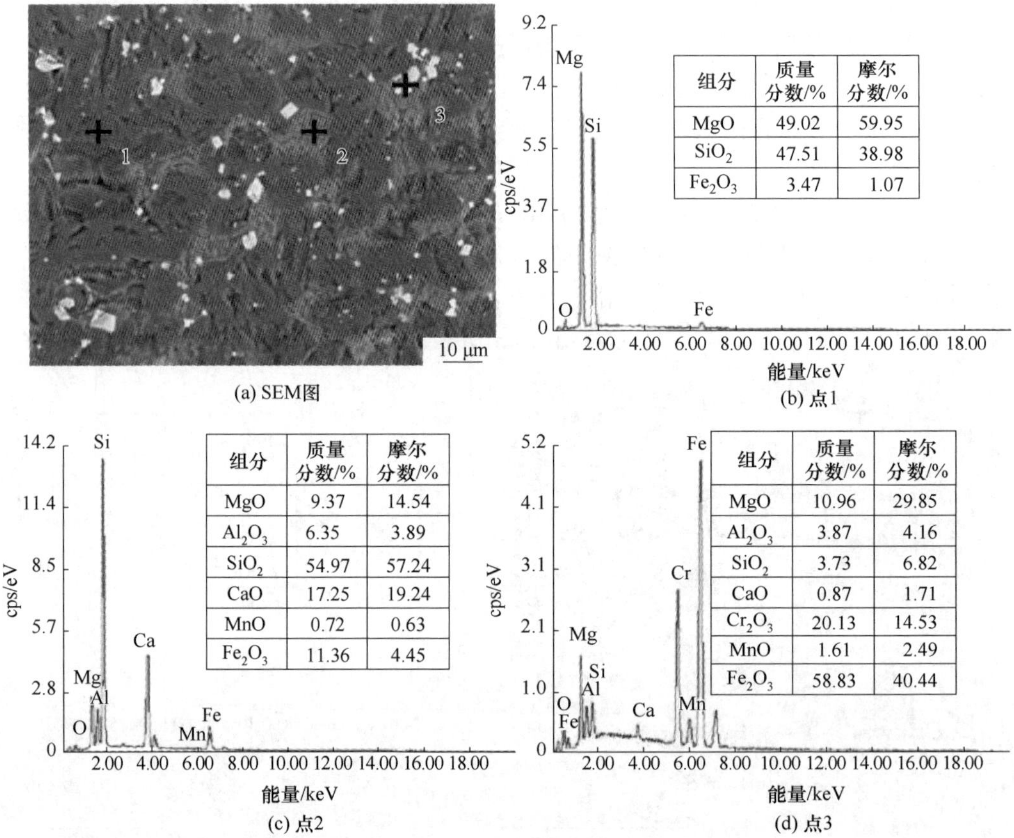

图 6-27　烧结时间为 60 min 时制备的耐火材料的 SEM-EDS 分析

图 6-28 所示为微波烧结时间对耐火材料耐火度的影响。可以看出，耐火材料的耐火度随着烧结时间增长呈现先升高后降低的变化趋势。当烧结时间从 0 min延长至 20 min 时，耐火材料的耐火度从 1701 ℃升高到 1730 ℃，这是因为随着烧结时间的延长，耐火材料中高熔点物相镁橄榄石相（1890 ℃）和尖晶石相（1713~2350 ℃）含量明显增加，低熔点顽火辉石相（1543 ℃）含量明显减低，耐火材料的耐火度显著提高。但是，随着烧结时间过长，耐火材料中镁橄榄石相含量下降，玻璃液相含量的增加，反而降低了耐火材料的耐火度[14-15]。

图 6-29 所示微波烧结时间对耐火材料体积密度、显气孔率、抗压强度的影响。由图可知，烧结时间在 0~60 min 范围内，耐火材料的体积密度和抗压强度呈现先升高后降低的变化趋势，显气孔率变化趋势与二者相反。当烧结时间从 0 min 增加到20 min时，耐火材料中镁橄榄石相含量增加，提高了耐火材料致密

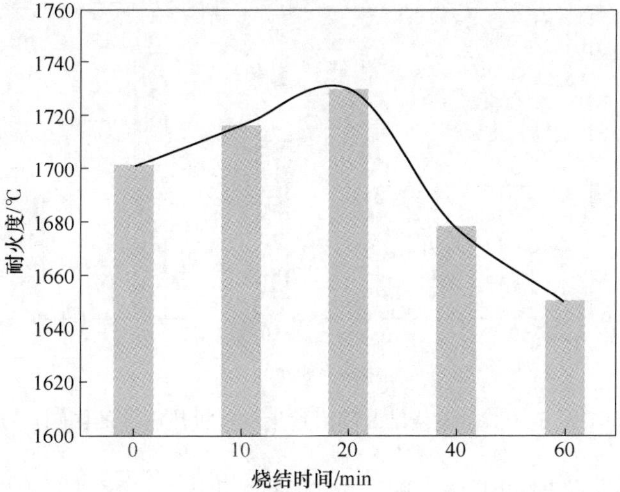

图 6-28　微波烧结时间对耐火材料耐火度的影响

性和强度。但是，当烧结时间超过 20 min，大量尖晶石的形成带来了体积膨胀导致了耐火材料中的孔隙明显增加，降低了耐火材料致密性和抗压强度。

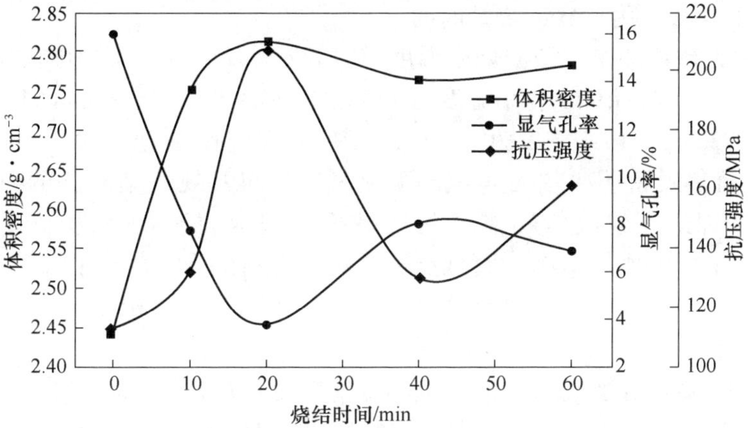

图 6-29　微波烧结时间对耐火材料体积密度、显气孔率、抗压强度的影响

图 6-30 所示为微波烧结时间对耐火材料抗热震性的影响。当烧结时间从 0 min 延长至 10 min 时，抗热震性差的镁橄榄石相和抗热震性良好的尖晶石相含量同步增加，导致耐火材料的抗热震性变化不明显。当烧结时间为 40 min 时，耐火材料中镁橄榄石相含量的降低及尖晶石相含量的增加均较为明显，增大了物相间的热膨胀差异，导致晶粒周围微裂纹的增加，提高了耐火材料的抗热震性。但是，当烧结时间继续增加至 60 min 时，耐火材料中含有过多的尖晶石相（>20wt.%），导致体积膨胀过大，反而降低了耐火材料的抗热震性。

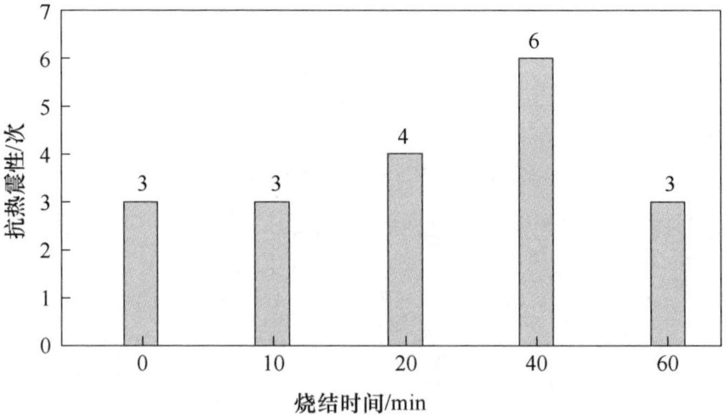

图 6-30　微波烧结时间对耐火材料抗热震性的影响

对不同微波烧结时间下所获耐火材料的物相组成、微观结构以及性能进行分析表明，在电炉镍铁渣微波烧结制备镁橄榄石耐火材料过程中适当延长烧结时间可以促进镁橄榄石相和尖晶石相的形成与发育，提高耐火材料高温性能、致密性、抗热震性及强度等。但是，过长的烧结时间导致的尖晶石相和液相过量，反而恶化耐火材料的性能。因此，从耐火材料的耐火度、致密性等性能的角度综合考虑，选择 20 min 为适宜的烧结时间。

根据对镁砂添加量、微波烧结温度与时间对耐火材料性能影响的研究可知，当镁砂添加量为 25wt.%，烧结温度为 1350 ℃，烧结时间为 20 min 时，可以获得耐火度为 1730 ℃，体积密度为 2. 80 g/cm^3，表观气孔率为 1. 60%，抗压强度为 206 MPa，抗热震循环次数为 4 次的耐火材料。与常规烧结制备的耐火材料相比[7]，电炉镍铁渣微波烧结制备的镁橄榄石耐火材料的耐火度不仅提高了 70 ℃，烧结时间缩短至 1/6，而且显著提高了材料的致密性（由 2. 68 g/cm^3 提高至 2. 80 g/cm^3）和抗压强度（由 96. 28 MPa 提高至 206 MPa）。

6. 1. 3. 4　氧化铬添加量的影响

镁铬砖具备优异的高温性能、抗热震性以及抗渣性[16]。有研究表明，引入适量 Cr_2O_3 至镁橄榄石中，能显著改善其抗热震性和强度[2]。在已知最优参数，即镁砂添加量为 25wt.%，微波烧结温度为 1350 ℃，烧结时间为 20 min，升温速率为 16 ℃/min 的条件下，基于 Cr_2O_3 对反应体系热稳定性的影响，探究 Cr_2O_3 添加量对耐火材料物相组成、微观结构、高温性能以及机械性能的影响，阐明 Cr_2O_3 调控耐火材料性能机理。

从热化学稳定性角度研究 Cr_2O_3 添加量对烧结体系热化学性质的影响，分别检测纯电炉镍铁渣由炉镍铁渣与 25wt.%镁砂混合试样、电炉镍铁渣与 25wt.%镁砂和2wt.%～10wt.% Cr_2O_3 混合试样在 25～1400 ℃的 TG-DSC 曲线变化趋势，结果如图 6-31（a）可以看出，混合物在 25～1400 ℃温度范围内的

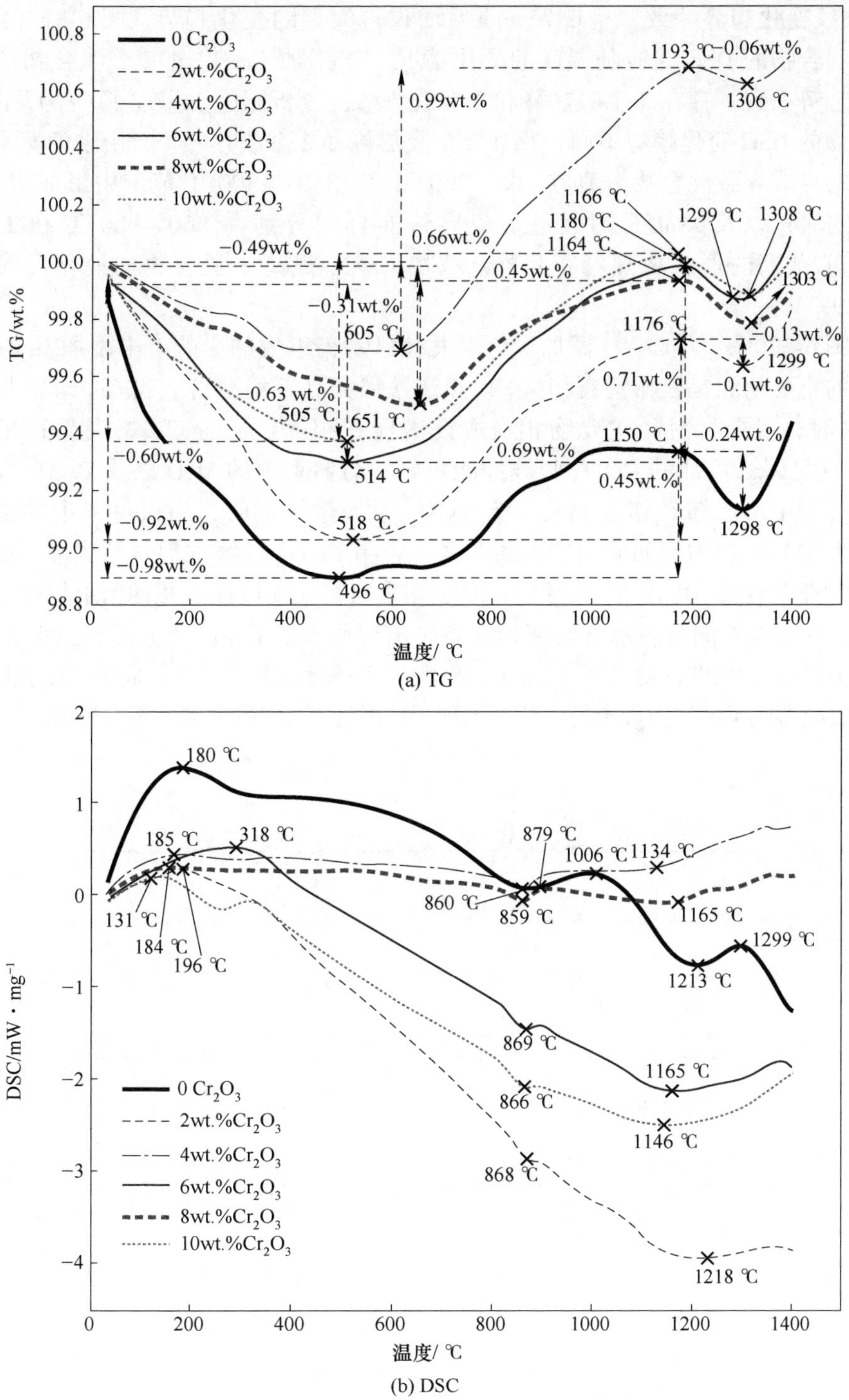

(a) TG

(b) DSC

图 6-31 不同 Cr_2O_3 添加量下混合试样的 TG-DSC 的影响

TG 曲线变化趋势一致，呈现先失重后增重再失重的变化趋势。图 6-31（b）所示为混合物的 DSC 曲线随温度的变化情况。未添加 Cr_2O_3 的 2 个混合物的 DSC 变化趋势一致，存在 3 个吸热峰和 2 个放热峰，分析同上。添加了 Cr_2O_3 的 3 个混合物的 DSC 变化趋势不同，存在 2 个吸热峰和 2 个放热峰。自由水的蒸发以及液相的形成导致混合物分别在 100～200 ℃和 1350～1400 ℃范围内形成吸热峰，FeO 的氧化以及尖晶石的大量形成导致混合物分别在 800～900 ℃和 1150～1200 ℃范围内形成放热峰。此外，添加 Cr_2O_3 提高了混合物的液相形成温度（>1299 ℃）。

图 6-32 所示为 Cr_2O_3 添加量对耐火材料物相组成的影响。未添加 Cr_2O_3 时，材料的主要物相是镁橄榄石相（F）和镁铁铝尖晶石相（I）。当 Cr_2O_3 添加量为 2wt.%时，耐火材料的主要物相变成镁橄榄石相（F）与镁铁铬尖晶石相（点 N）。这是因为添加的 Cr_2O_3 吸波性能较好，与体系中的 MgO 以及 Fe_2O_3 在微波烧结过程中形成镁铁铬尖晶石。当 Cr_2O_3 添加量增加时，耐火材料中的物相不变，但尖晶石相的衍射峰强度不断变强，表明 Cr_2O_3 的添加促进了尖晶石相的生长与发育。当 Cr_2O_3 添加量达到 8wt.%，耐火材料中镁橄榄石相的衍射峰强度开始变弱，而尖晶石的衍射峰不断变强，同时出现顽火辉石相（E），这是因为 Cr_2O_3 不断消耗体系中的 MgO 形成尖晶石，导致体系环境逐渐富硅化，促使二氧化硅与氧化镁反应形成了低熔点顽火辉石相，出现了镁橄榄石和顽火辉石共存的现象。

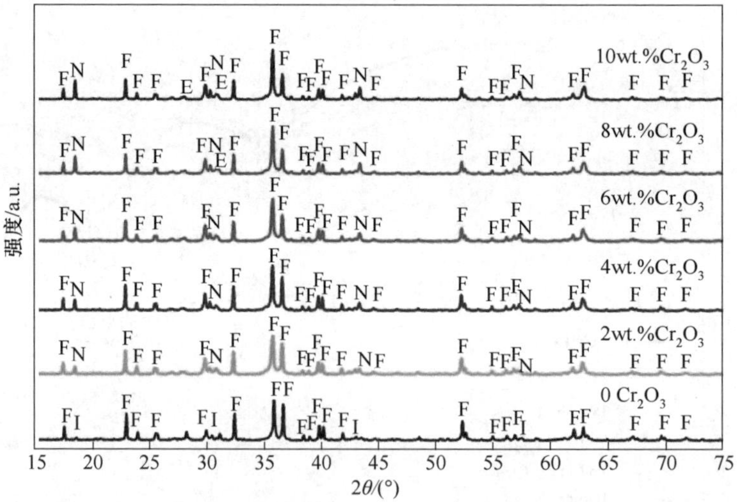

图 6-32　Cr_2O_3 添加量对耐火材料物相组成的影响

E—顽火辉石；F—镁橄榄石；I—镁铁铝尖晶石；N—镁铁铬尖晶石

在温度为 1350 ℃，镁砂添加量为 25wt.%条件下，利用全谱拟合半定量分析法计算 Cr_2O_3 添加量对耐火材料物相含量的影响，如图 6-33 所示。从图中可以看出，随着 Cr_2O_3 添加量的增加，尖晶石相含量不断增加，镁橄榄石相含量不断降低，与热力学平衡相分析结果一致。但是当 Cr_2O_3 添加量达 8wt.%时，耐火材料中出现顽火辉石相，这是因为在微波场中，随着体系环境中 SiO_2 占比增加，非晶相 SiO_2 更易与吸波性能较好的镁橄榄石相反应形成顽火辉石相[16]。

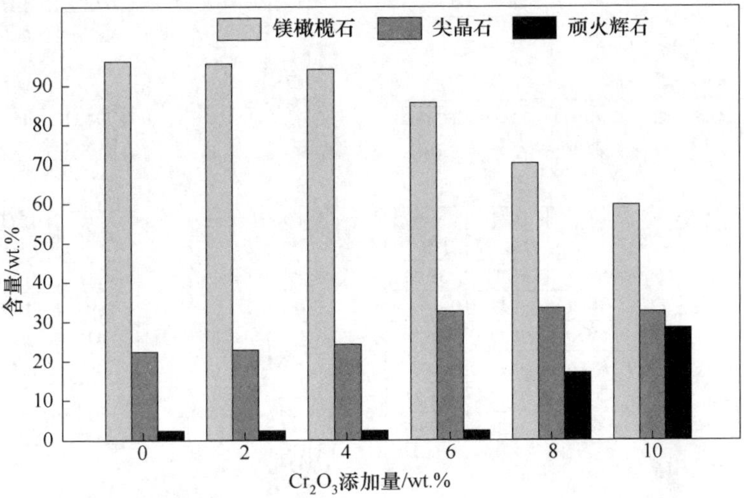

图 6-33　Cr_2O_3 添加量对耐火材料物相含量的影响

为了进一步明确 Cr_2O_3 对镁橄榄石耐火材料微观结构的影响与作用，研究 Cr_2O_3 添加量为 2wt.%～10wt.%时所获耐火材料的 SEM-EDS 变化，结果如图 6-34～图 6-37 所示。当 Cr_2O_3 添加量为 2wt.%时，耐火材料的 SEM-EDS 分析如图 6-34 所示。其主要物相是镁橄榄石相（点 1）、高硅玻璃相（点 2）和尖晶石相（点 3 和点 4）。与未添加 Cr_2O_3 的耐火材料（图 6-8）相比，尖晶石呈两种赋存状态，一种是分散在整个耐火材料中（如点 3），另一种是相互聚集成团状态（如

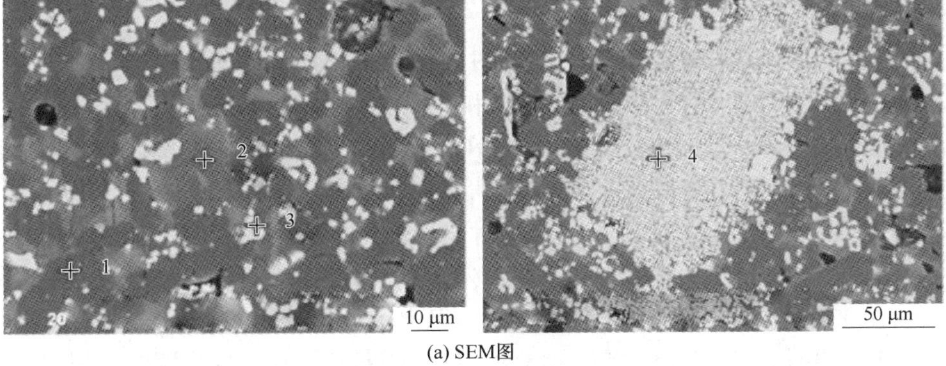

(a) SEM图

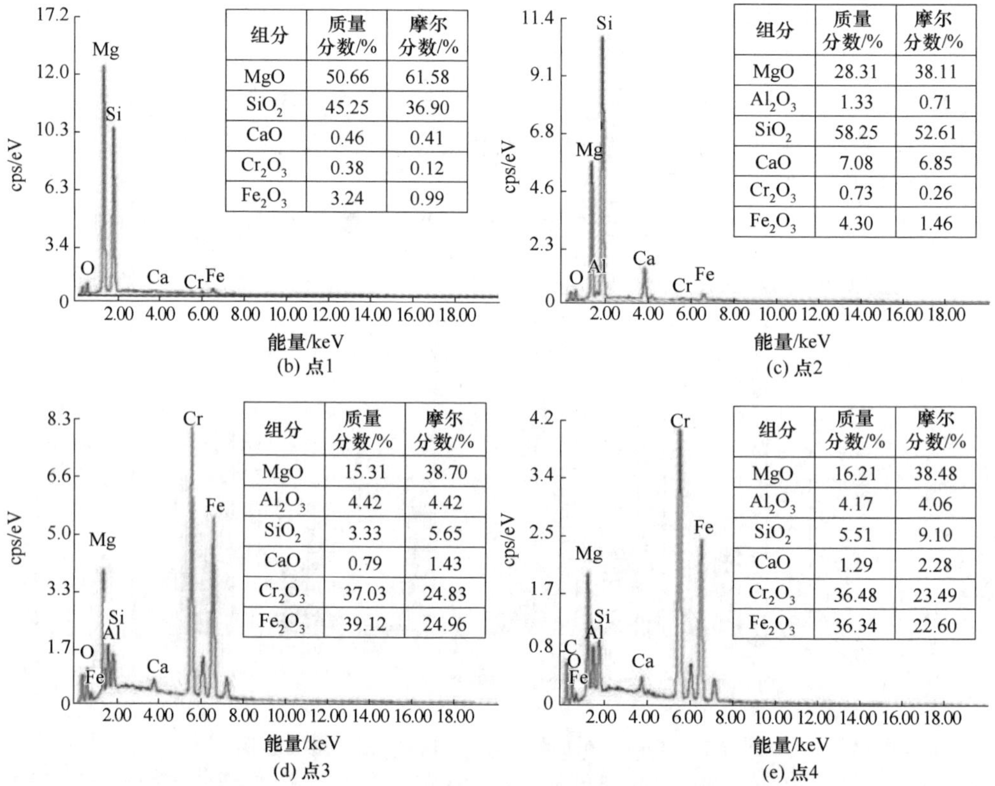

组分	质量分数/%	摩尔分数/%
MgO	50.66	61.58
SiO_2	45.25	36.90
CaO	0.46	0.41
Cr_2O_3	0.38	0.12
Fe_2O_3	3.24	0.99

(b) 点1

组分	质量分数/%	摩尔分数/%
MgO	28.31	38.11
Al_2O_3	1.33	0.71
SiO_2	58.25	52.61
CaO	7.08	6.85
Cr_2O_3	0.73	0.26
Fe_2O_3	4.30	1.46

(c) 点2

组分	质量分数/%	摩尔分数/%
MgO	15.31	38.70
Al_2O_3	4.42	4.42
SiO_2	3.33	5.65
CaO	0.79	1.43
Cr_2O_3	37.03	24.83
Fe_2O_3	39.12	24.96

(d) 点3

组分	质量分数/%	摩尔分数/%
MgO	16.21	38.48
Al_2O_3	4.17	4.06
SiO_2	5.51	9.10
CaO	1.29	2.28
Cr_2O_3	36.48	23.49
Fe_2O_3	36.34	22.60

(e) 点4

图 6-34　Cr_2O_3 添加量为 2wt.%时电炉镍铁渣微波烧结制备耐火材料的 SEM-EDS 分析

点 4）。两种尖晶石的化学成分组成区别不大，均是由 MgO、Cr_2O_3 和 Fe_2O_3 组成的镁铁铬尖晶石。

当 Cr_2O_3 添加量增加到 4wt.%时，耐火材料中未检测到明显的高硅玻璃相，其主要物相为镁橄榄石（点 1）、顽火辉石（点 2）和尖晶石（点 3 和点 4）。高硅玻璃相的消失有助于材料耐火性能的提升，并且由于 Cr_2O_3 添加量的增加，促进了镁铁铬尖晶石的生成（图 6-35）。

当 Cr_2O_3 添加量增加到 6wt.%时，耐火材料主要物相是镁橄榄石相（点 1）、顽火辉石相（点 2）和尖晶石相（点 3 和点 4）。与添加 0~4wt.% Cr_2O_3 的耐火材料相比，该耐火材料尖晶石组成中 Cr_2O_3 含量增加，表明添加的 Cr_2O_3 在微波烧结过程中主要参与尖晶石的形成与发育，SEM-EDS 分析结果如图 6-36 所示。

当 Cr_2O_3 添加量继续增加到 8wt.%时，耐火材料的物相变成镁橄榄石相（点 1）、高硅玻璃相（点 2）、顽火辉石相（点 3）以及尖晶石相（点 4、点 5 和点 6），SEM-EDS 分析结果如图 6-37 所示。与添加 0~6wt.% Cr_2O_3 的耐火材料相比，该耐火材料中尖晶石相和液相含量增加，镁橄榄石相含量降低，同时生成了顽火

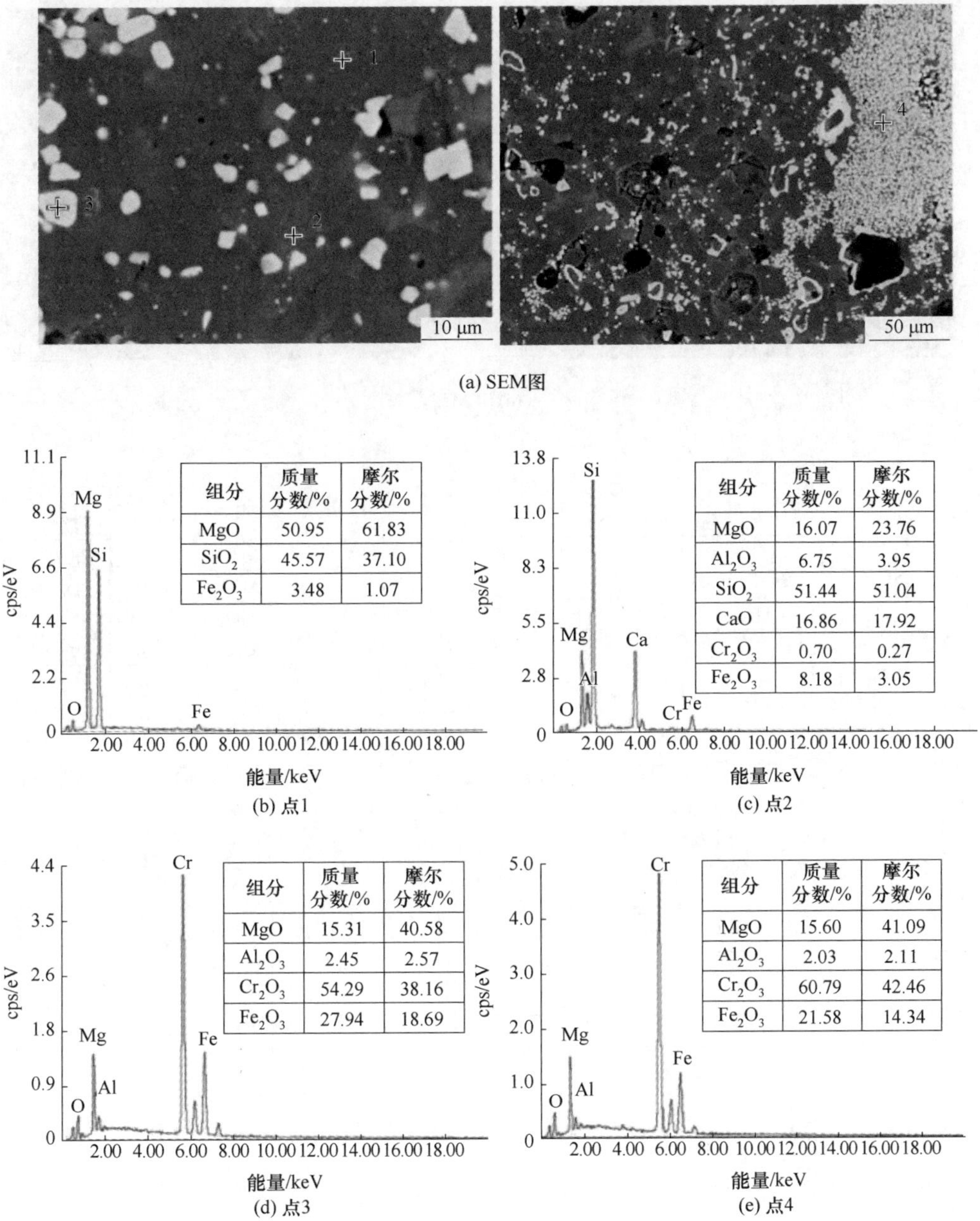

(a) SEM图

(b) 点1

组分	质量分数/%	摩尔分数/%
MgO	50.95	61.83
SiO_2	45.57	37.10
Fe_2O_3	3.48	1.07

(c) 点2

组分	质量分数/%	摩尔分数/%
MgO	16.07	23.76
Al_2O_3	6.75	3.95
SiO_2	51.44	51.04
CaO	16.86	17.92
Cr_2O_3	0.70	0.27
Fe_2O_3	8.18	3.05

(d) 点3

组分	质量分数/%	摩尔分数/%
MgO	15.31	40.58
Al_2O_3	2.45	2.57
Cr_2O_3	54.29	38.16
Fe_2O_3	27.94	18.69

(e) 点4

组分	质量分数/%	摩尔分数/%
MgO	15.60	41.09
Al_2O_3	2.03	2.11
Cr_2O_3	60.79	42.46
Fe_2O_3	21.58	14.34

图 6-35 Cr_2O_3 添加量为 4wt.%时电炉镍铁渣微波烧结制备的耐火材料的 SEM-EDS 分析

辉石相。尖晶石相的过多形成消耗了体系中的 MgO，导致耐火材料中镁橄榄石相含量不断较低，同时形成了较多的顽火辉石相。

当 Cr_2O_3 添加量继续增加至 10wt.%时，耐火材料的主要物相没有发生改变，

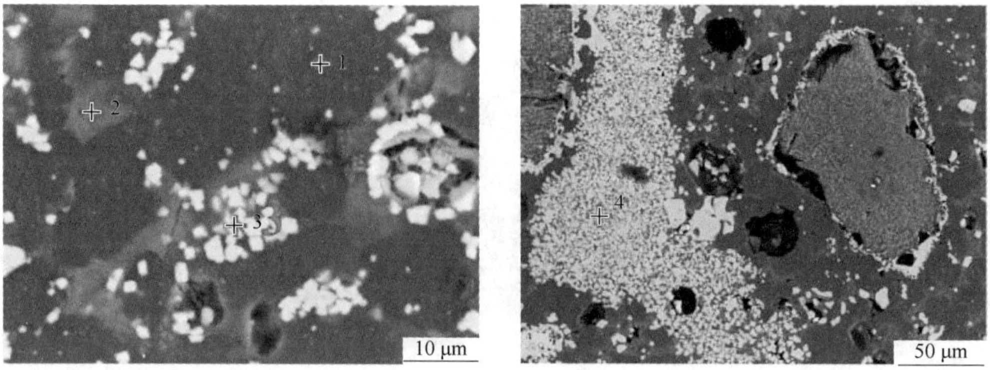

(a) SEM图

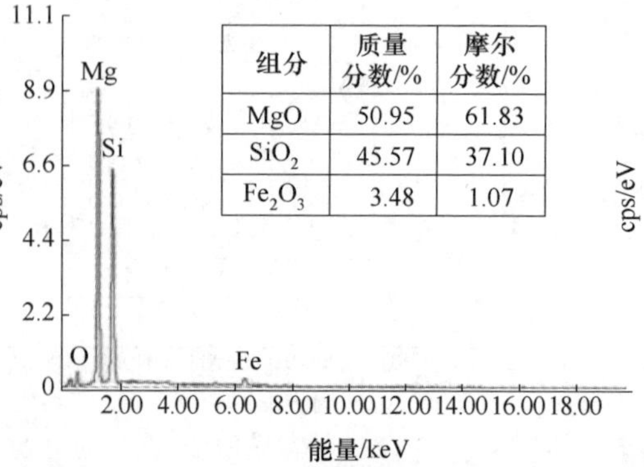

组分	质量分数/%	摩尔分数/%
MgO	50.95	61.83
SiO_2	45.57	37.10
Fe_2O_3	3.48	1.07

(b) 点1

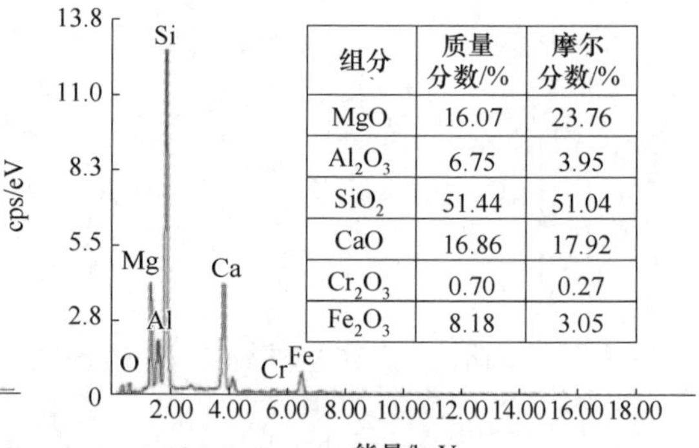

组分	质量分数/%	摩尔分数/%
MgO	16.07	23.76
Al_2O_3	6.75	3.95
SiO_2	51.44	51.04
CaO	16.86	17.92
Cr_2O_3	0.70	0.27
Fe_2O_3	8.18	3.05

(c) 点2

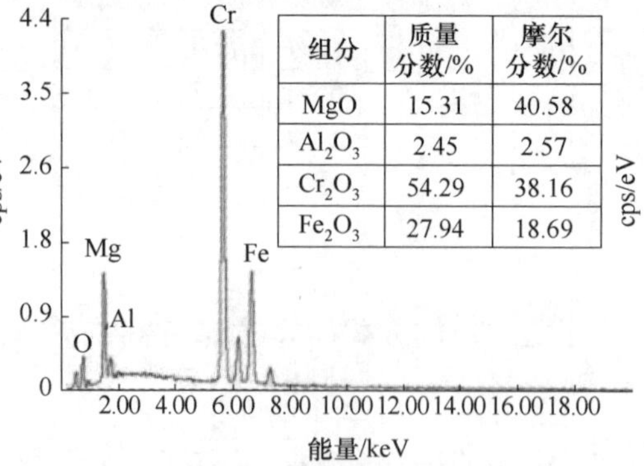

组分	质量分数/%	摩尔分数/%
MgO	15.31	40.58
Al_2O_3	2.45	2.57
Cr_2O_3	54.29	38.16
Fe_2O_3	27.94	18.69

(d) 点3

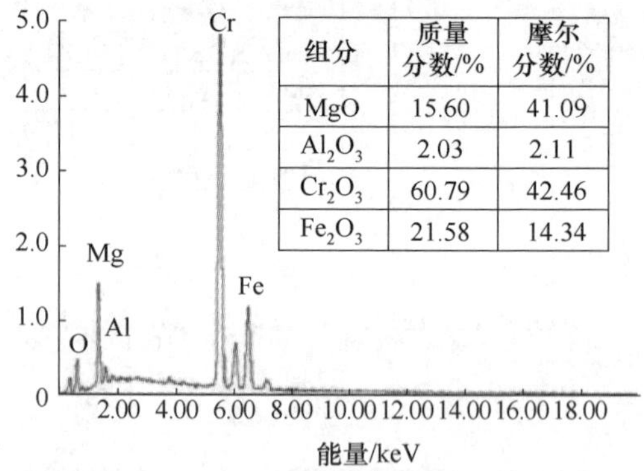

组分	质量分数/%	摩尔分数/%
MgO	15.60	41.09
Al_2O_3	2.03	2.11
Cr_2O_3	60.79	42.46
Fe_2O_3	21.58	14.34

(e) 点4

图 6-36　Cr_2O_3 添加量为 6wt.%时电炉镍铁渣微波烧结制备耐火材料的 SEM-EDS 分析

但是顽火辉石相（点 2）含量明显增加。与 Cr_2O_3 添加量为 8wt.%的耐火材料中的尖晶石相比，该耐火材料的尖晶石相（点 3 和点 4）中 Cr_2O_3 继续升高，表明

添加的 Cr_2O_3 在微波场中继续消耗 MgO 形成尖晶石相，SEM-EDS 分析结果如图 6-38 所示。

图 6-39 所示为 Cr_2O_3 添加量对耐火材料耐火度的影响。从图中可以看出，随着 Cr_2O_3 添加量的不断增加，耐火度的变化分为 2 个阶段。当 Cr_2O_3 添加量从 0 增加到 6wt.%（阶段Ⅰ）时，耐火度从 1730 ℃升高到 1833 ℃。当 Cr_2O_3 添加量继续增加（阶段Ⅱ）时，耐火度反而下降。根据 Cr_2O_3 添加量对耐火材料物相组成与转变分析，当 Cr_2O_3 添加量从 0 增加到 6wt.%，耐火材料中高熔点尖晶石相含量不断增加，提高了耐火材料高温性能。但是，当 Cr_2O_3 添加量大于 6wt.%

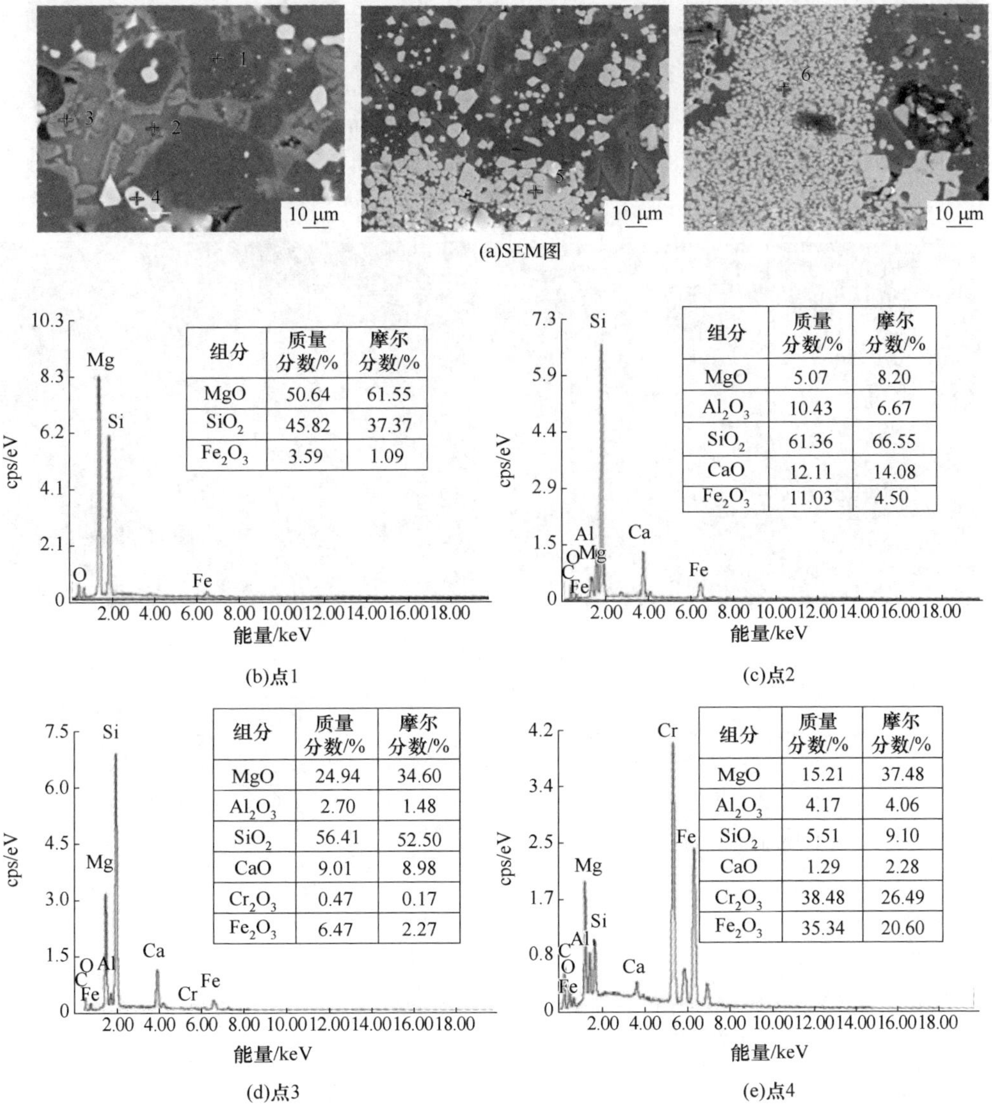

(a)SEM图

组分	质量分数/%	摩尔分数/%
MgO	50.64	61.55
SiO_2	45.82	37.37
Fe_2O_3	3.59	1.09

(b)点1

组分	质量分数/%	摩尔分数/%
MgO	5.07	8.20
Al_2O_3	10.43	6.67
SiO_2	61.36	66.55
CaO	12.11	14.08
Fe_2O_3	11.03	4.50

(c)点2

组分	质量分数/%	摩尔分数/%
MgO	24.94	34.60
Al_2O_3	2.70	1.48
SiO_2	56.41	52.50
CaO	9.01	8.98
Cr_2O_3	0.47	0.17
Fe_2O_3	6.47	2.27

(d)点3

组分	质量分数/%	摩尔分数/%
MgO	15.21	37.48
Al_2O_3	4.17	4.06
SiO_2	5.51	9.10
CaO	1.29	2.28
Cr_2O_3	38.48	26.49
Fe_2O_3	35.34	20.60

(e)点4

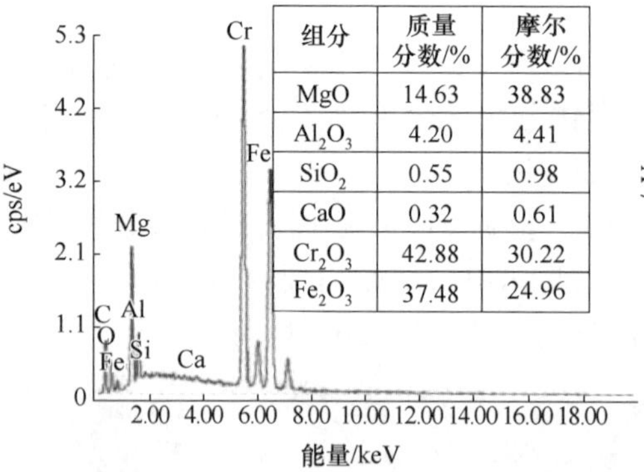

组分	质量分数/%	摩尔分数/%
MgO	14.63	38.83
Al_2O_3	4.20	4.41
SiO_2	0.55	0.98
CaO	0.32	0.61
Cr_2O_3	42.88	30.22
Fe_2O_3	37.48	24.96

(f)点5

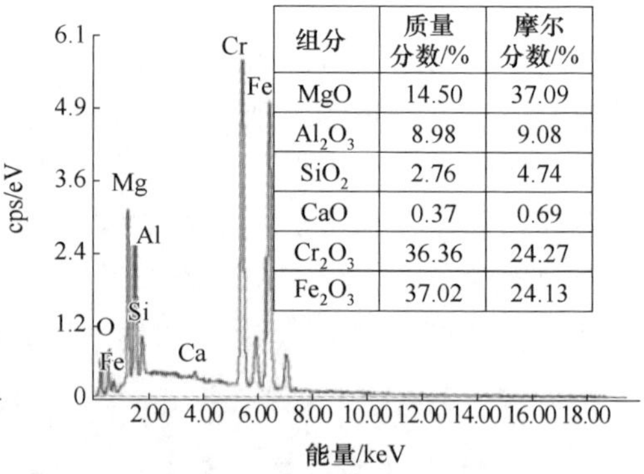

组分	质量分数/%	摩尔分数/%
MgO	14.50	37.09
Al_2O_3	8.98	9.08
SiO_2	2.76	4.74
CaO	0.37	0.69
Cr_2O_3	36.36	24.27
Fe_2O_3	37.02	24.13

(g)点6

图 6-37　Cr_2O_3 添加量为 8wt.%时电炉镍铁渣微波烧结制备耐火材料的 SEM-EDS 分析

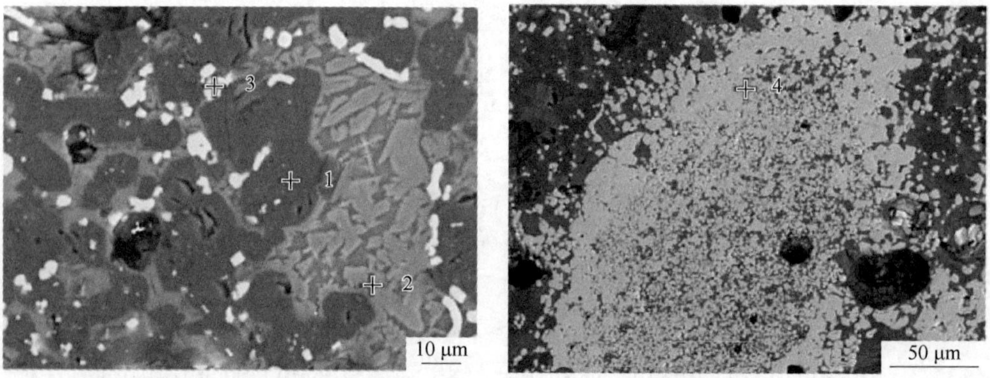

(a)SEM图

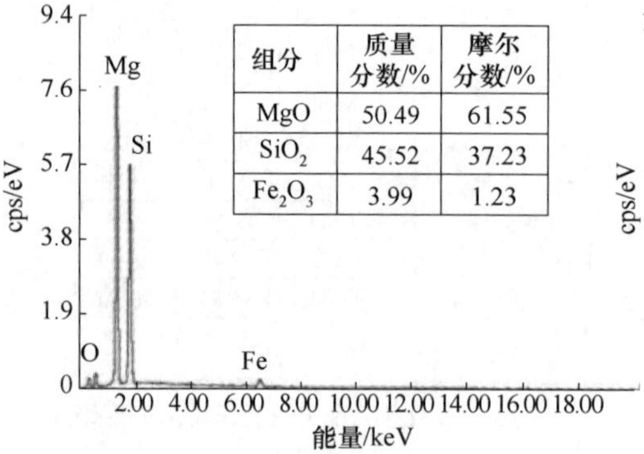

组分	质量分数/%	摩尔分数/%
MgO	50.49	61.55
SiO_2	45.52	37.23
Fe_2O_3	3.99	1.23

(b) 点1

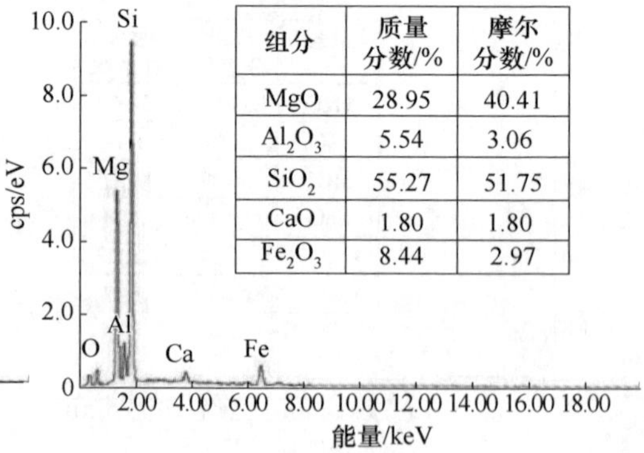

组分	质量分数/%	摩尔分数/%
MgO	28.95	40.41
Al_2O_3	5.54	3.06
SiO_2	55.27	51.75
CaO	1.80	1.80
Fe_2O_3	8.44	2.97

(c) 点2

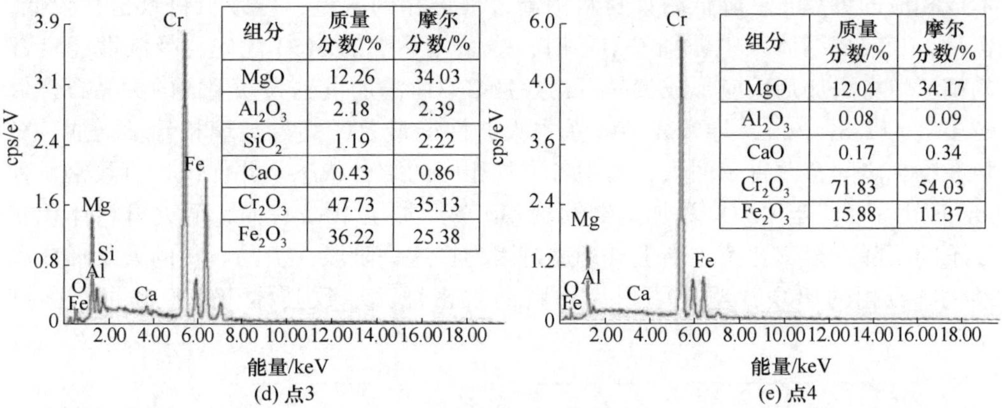

图 6-38 Cr_2O_3 添加量为 10wt.%时电炉镍铁渣微波烧结制备耐火材料的 SEM-EDS 分析

时，耐火材料中顽火辉石相的形成，液相含量的增加以及镁橄榄石相含量的降低恶化了耐火材料高温性能。

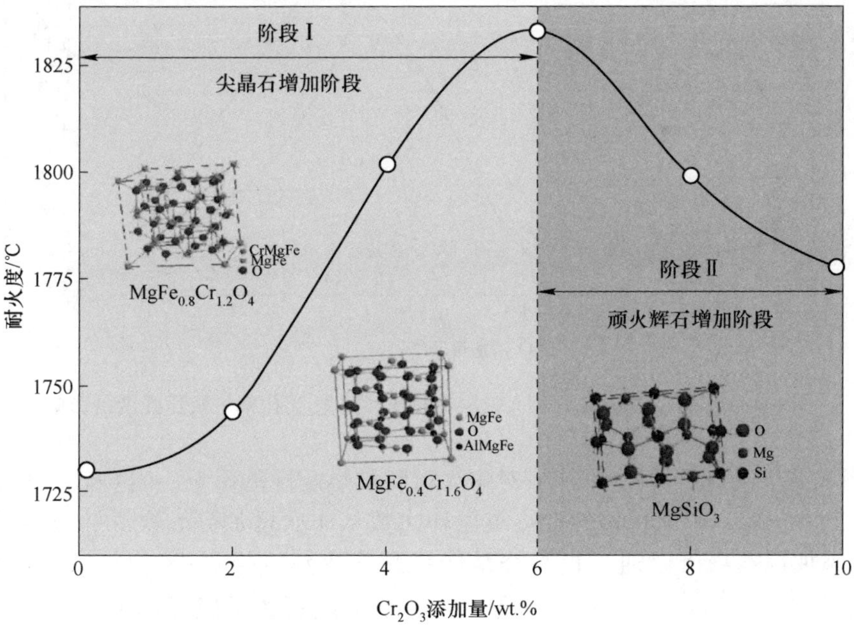

图 6-39 Cr_2O_3 添加量对耐火材料耐火度的影响

图 6-40 所示为 Cr_2O_3 添加量对耐火材料体积密度、显气孔率、抗压强度的影响。从图中可以看出，当 Cr_2O_3 添加量从 0 增加到 4wt.%时，耐火材料体积密度不断升高，显气孔率不断降低，抗压强度略微下降。这是因为当 Cr_2O_3 添加量为 0 时，烧结体系中的镁砂在烧结过程中优先与高硅玻璃相中的金属氧化物反应

形成相应的尖晶石，降低耐火材料中高硅玻璃相的含量，导致材料致密性较低。但是，当向烧结体系中添加 Cr_2O_3 时，烧结体系中的 MgO 优先与吸波性能良好的细 Cr_2O_3 添加剂反应形成尖晶石，并且 Cr_2O_3 添加量越大，生成的尖晶石含量越多（>17.8wt.%），导致烧结体系中吸波性能最差的高硅玻璃相含量增加，充填在物相之间，改善了耐火材料中各个物相间的结合状态，并促进材料致密化程度和强度[17]。当 Cr_2O_3 添加量继续从 4wt.%增加至 10wt.%时，耐火材料体积密度不断下降，显气孔率不断上升。这是因为在这一阶段，尖晶石相的大量形成和顽火辉石相的出现，恶化了耐火材料的致密性，导致其体积密度和抗压强度下降。

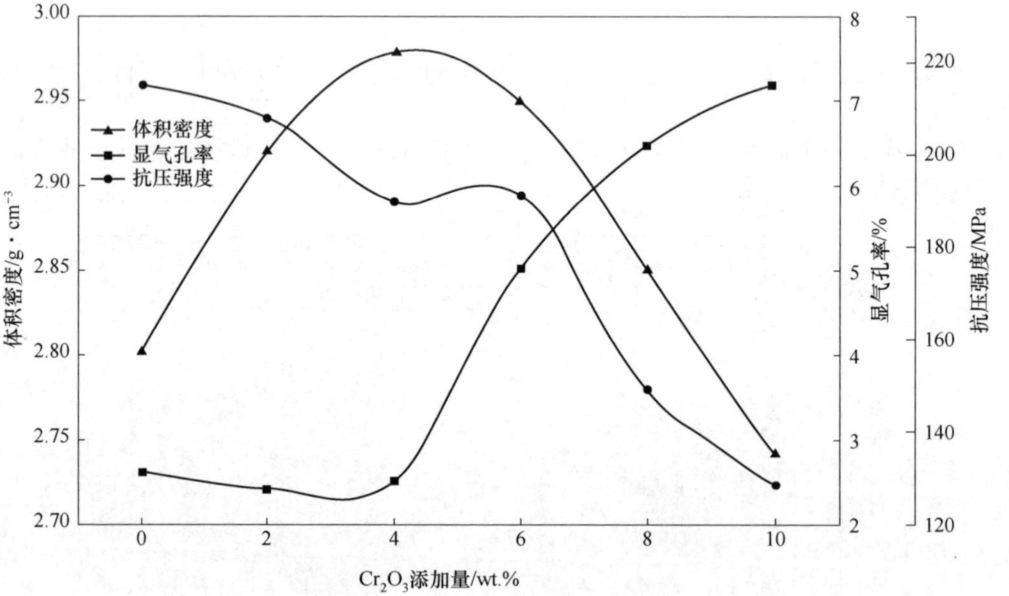

图 6-40　Cr_2O_3 添加量对耐火材料体积密度、显气孔率、抗压强度的影响

图 6-41 所示为 Cr_2O_3 添加量对耐火材料抗热震性的影响。当 Cr_2O_3 添加量从 0 增加到 4wt.%，耐火材料的抗热震循环次数从 4 次增加到 6 次，一方面是因为 Cr_2O_3 添加剂本身可以通过提高烧结体系黏度达到减轻耐火材料结构剥落的目的，提高其抗热震性[2, 17]；另一方面，适量尖晶石的生成促进了晶粒周围微裂纹的形成，有效提高了耐火材料的抗热震性[10]。但是，当 Cr_2O_3 添加量超过4wt.%时，耐火材料液相含量增加，并且形成了顽火辉石相，降低了耐火材料抗热震性。

通过分析 Cr_2O_3 添加量对烧结体系平衡物相含量、热稳定性以及耐火材料性能的影响可知，在烧结体系中添加适量 Cr_2O_3 可以增加耐火材料中尖晶石相含量，显著提高耐火材料高温性能。但是，过量的 Cr_2O_3 会过度消耗镁砂，导致镁橄榄石相含量降低，并产生了顽火辉石，降低耐火材料耐火度和致密性。综合考

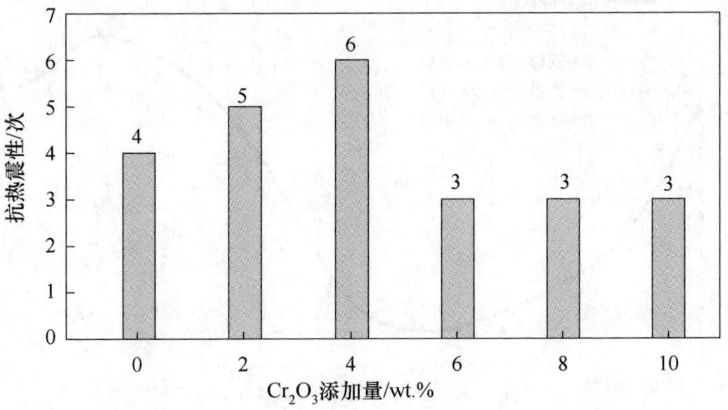

图 6-41　Cr_2O_3 添加量对耐火材料抗热震性的影响

虑各个性能指标可知，当 Cr_2O_3 添加量为 4wt.%时，耐火材料的综合性能最好，可以获得耐火度为 1801 ℃，抗热震循环次数为 6 次，体积密度为 2.97 g/cm^3，显气孔率为 1.4%，抗压强度为 196.7 MPa 的耐火材料。

6.1.3.5　氧化铝添加量的影响

与镁橄榄石相比，镁铝尖晶石具有更高的热导率[18]。因此，在电炉镍铁渣微波烧结制备镁橄榄石耐火材料过程中添加适量镁铝尖晶石可以有效提高材料的热导率，从而提高其抗热震性。在已知最优参数，即镁砂添加量为 25wt.%，微波烧结温度为 1350 ℃，烧结时间为 20 min，升温速率为 16 ℃/min 的条件下，研究了 Al_2O_3 添加量（0、2wt.%、6wt.% 和 10wt.%）对耐火材料的影响。基于 Al_2O_3 对烧结过程热力学平衡相含量变化和热稳定性的影响研究，分析了 Al_2O_3 对耐火材料物相组成的调控作用，揭示其对耐火材料性能的强化作用。

为了进一步确定 Al_2O_3 对烧结体系的影响，分别检测获得了纯电炉镍铁渣、电炉镍铁渣与 25wt.%镁砂混合物、电炉镍铁渣与 25wt.%镁砂和 2wt.%～10wt.% Al_2O_3 混合物在 25～1400 ℃温度范围的 TG-DSC 曲线，结果如图 6-42 所示。从图 6-42（a）可以看出，混合物在 25～700 ℃范围内发生失重，随后一直增重直到温度达到 1200℃左右。从图 6-42（b）可以看出，在 25～1400 ℃温度范围内，添加了 Al_2O_3 的 3 个混合物的 DSC 变化趋势与未添加 Al_2O_3 混合物不一致。添加 Al_2O_3 的 3 个混合物在 25～1400 ℃温度范围内只存在 2 个吸热峰和 1 个放热峰，自由水的蒸发（100～200 ℃）以及液相的形成（1350～1400 ℃）导致吸热峰的形成，FeO 的氧化（800～900 ℃）导致放热峰的形成。此外，与未添加 Al_2O_3 的混合物相比，添加 Al_2O_3 的 3 个混合物的液相形成温度较高，表明添加 Al_2O_3 在一定程度上有利于提高烧结体系熔点。

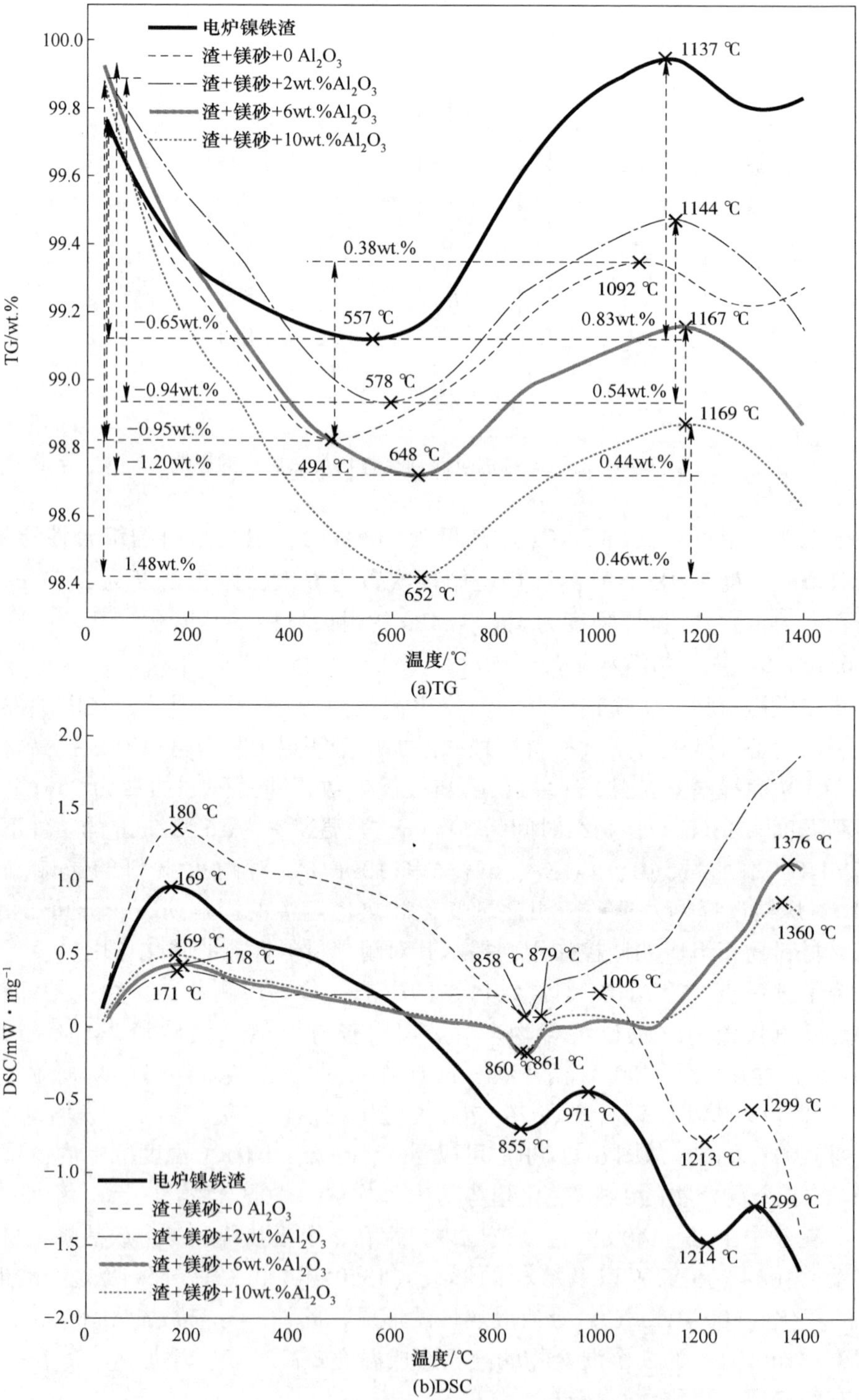

图 6-42　不同 Al_2O_3 添加量下混合物的 TG-DSC 曲线

基于上述结果，在微波烧结温度为 1350 ℃，烧结时间为 20 min，镁砂添加量为 25wt.%条件下，分别添加 2wt.%、6wt.%和 10wt.% Al_2O_3 至烧结体系中，制备得到的耐火材料实物图如图 6-43 所示。从图中可以看出，在上述 Al_2O_3 添加量范围内，耐火材料团块在 1350 ℃烧结温度下均有熔融现象，表明烧结温度过高。因此，在研究 Al_2O_3 对耐火材料性能影响时选取 1250 ℃作为烧结温度，其他条件不变。

(a) 2wt.% Al_2O_3　(b) 6wt.% Al_2O_3　(c) 10wt.% Al_2O_3

图 6-43　1350 ℃下 Al_2O_3 对耐火材料形貌的影响

图 6-44 所示为微波烧结温度为 1250 ℃时 Al_2O_3 添加量对耐火材料物相组成的影响。从图中可以看出，当 Al_2O_3 添加量为 0 时，耐火材料的主要物相是镁橄榄石相（F）、顽火辉石相（E）、镁铝尖晶石相（M）和镁铁铝尖晶石相（I）。

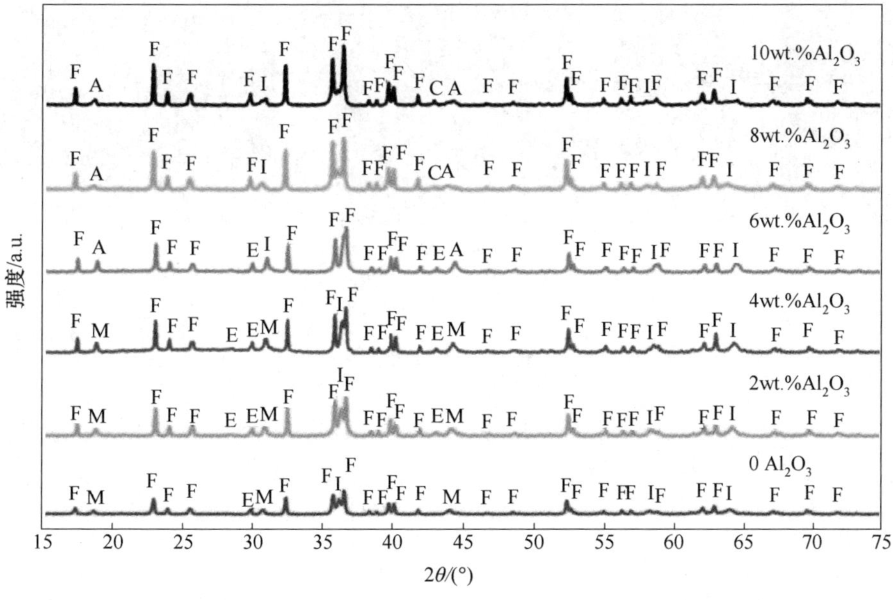

图 6-44　Al_2O_3 添加量对耐火材料物相组成的影响

A—镁铬铝尖晶石；E—顽火辉石；F—镁橄榄石；I—镁铁铝尖晶石；M—镁铝尖晶石；C—刚玉

其中镁橄榄相和顽火辉石相的形成与电炉镍铁渣中镁铁橄榄石的氧化分解有关。镁铝尖晶石和镁铁铝尖晶石的形成与烧结体系中各氧化物的反应有关。当 Al_2O_3 添加量继续增加至 4wt.%时，耐火材料的物相没有发生改变，但是镁橄榄石以及尖晶石物相衍射峰变强，表明 Al_2O_3 促进了镁橄榄石相和尖晶石相的形成与发育。当 Al_2O_3 添加量增加到 6wt.%时，耐火材料主要物相变成镁橄榄石相（F），顽火辉石相（E）、镁铁铝尖晶石相（I）和镁铬铝尖晶石相（A）。镁铝尖晶石的消失是因为随着反应的进行被镁铁铝尖晶石完全替代。镁铬铝尖晶石的形成则是因为随着 Al_2O_3 的进一步增加，烧结体系中的 MgO、Al_2O_3 和 Cr_2O_3 在高温下发生反应形成镁铬铝尖晶石[18]。当 Al_2O_3 添加量进一步增到 8wt.%时，耐火材料中的主要物相变成镁橄榄石相（F）、镁铁铝尖晶石相（I）、镁铬铝尖晶石相（A）以及刚玉相（C）。表明 Al_2O_3 添加过量，不能完全参与反应。随着 Al_2O_3 添加量增加到 10wt.%，刚玉相衍射峰变强。

利用 SEM-EDS 分析研究 Al_2O_3 添加量对耐火材料微观结构的影响，如图 6-45～图 6-50 所示。图 6-45 所示为当镁砂添加量为 25wt.%，Al_2O_3 添加量为 0 时耐火材料的 SEM-EDS 图。耐火材料的主要物相是镁橄榄石相（点 1）、高硅玻璃相（点 2）、顽火辉石相（点 3）、镁铝尖晶石相（点 4）和镁铁铝尖晶石相（点 5 和点 6）。从图中可以看出，耐火材料中既存在内部是镁铝尖晶石和外部是镁铁铝尖晶石的复合尖晶石环（如点 4 和点 5），也存在镁铁铝尖晶石圈（点 6）。这

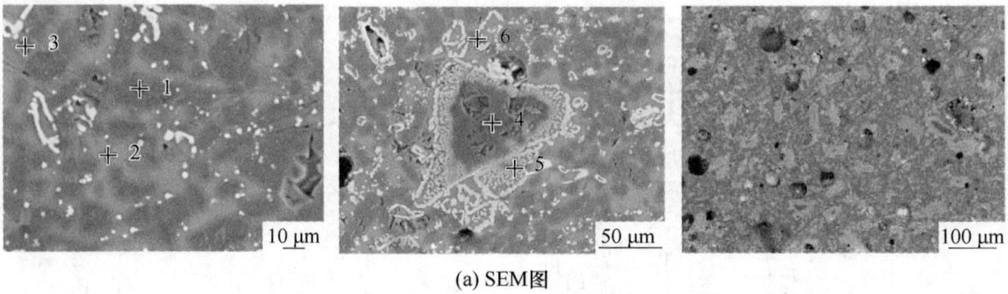

(a) SEM图

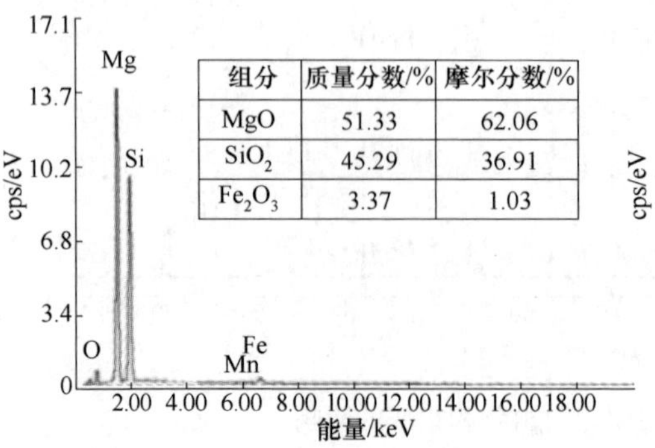

组分	质量分数/%	摩尔分数/%
MgO	51.33	62.06
SiO_2	45.29	36.91
Fe_2O_3	3.37	1.03

(b) 点1

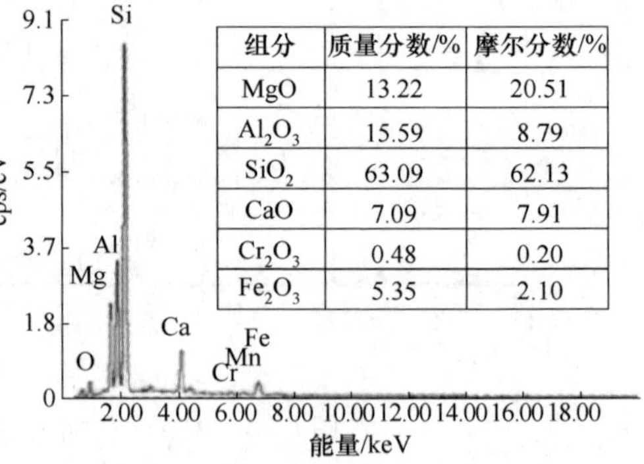

组分	质量分数/%	摩尔分数/%
MgO	13.22	20.51
Al_2O_3	15.59	8.79
SiO_2	63.09	62.13
CaO	7.09	7.91
Cr_2O_3	0.48	0.20
Fe_2O_3	5.35	2.10

(c) 点2

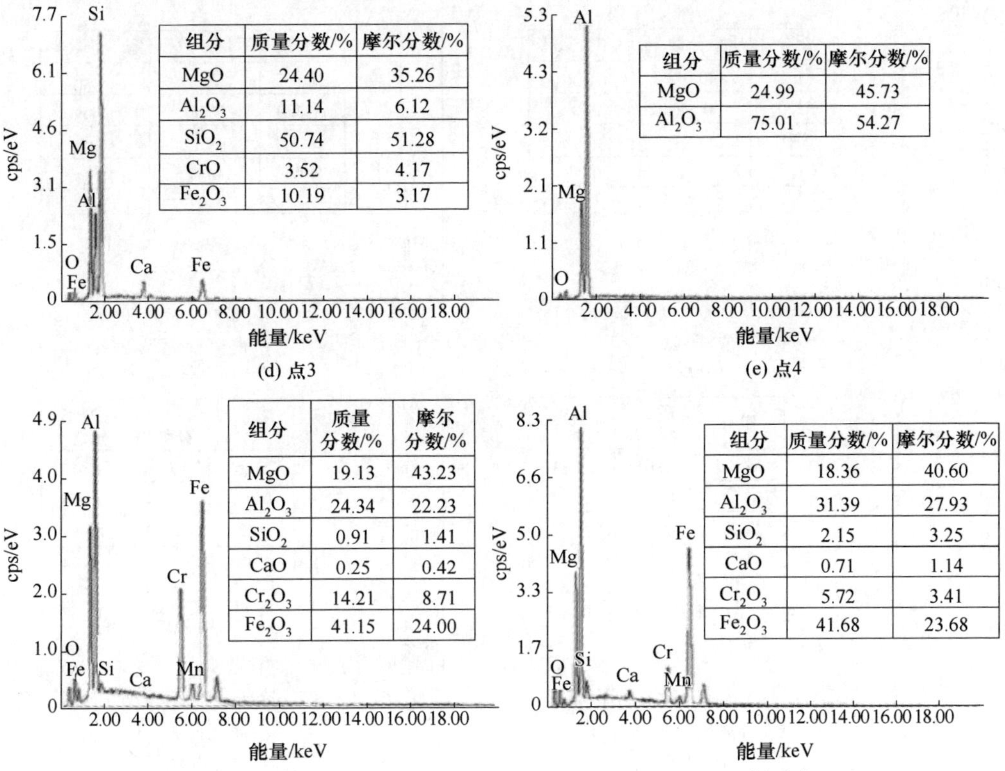

组分	质量分数/%	摩尔分数/%
MgO	24.40	35.26
Al_2O_3	11.14	6.12
SiO_2	50.74	51.28
CrO	3.52	4.17
Fe_2O_3	10.19	3.17

(d) 点3

组分	质量分数/%	摩尔分数/%
MgO	24.99	45.73
Al_2O_3	75.01	54.27

(e) 点4

组分	质量分数/%	摩尔分数/%
MgO	19.13	43.23
Al_2O_3	24.34	22.23
SiO_2	0.91	1.41
CaO	0.25	0.42
Cr_2O_3	14.21	8.71
Fe_2O_3	41.15	24.00

(f) 点5

组分	质量分数/%	摩尔分数/%
MgO	18.36	40.60
Al_2O_3	31.39	27.93
SiO_2	2.15	3.25
CaO	0.71	1.14
Cr_2O_3	5.72	3.41
Fe_2O_3	41.68	23.68

(g) 点6

图 6-45　Al_2O_3 添加量为 0 时电炉镍铁渣微波烧结制备的耐火材料的 SEM-EDS 分析

两种尖晶石环/圈均是因 MgO、Al_2O_3 和 Fe_2O_3 在微波烧结过程发生反应形成。二者的区别在于，镁铁铝尖晶石圈的形成是因为各个氧化物的颗粒较小，在烧结过程中较容易实现完全扩散而形成，而复合尖晶石环是由于部分方镁石颗粒较大，Al_2O_3 和 Fe_2O_3 首先在方镁石表面发生反应。

图 6-46 所示为 Al_2O_3 添加量为 2wt.%的耐火材料的 SEM-EDS 图。与未添加 Al_2O_3 的耐火材料相比，添加了 2wt.% Al_2O_3 的耐火材料的物相没有发生改变，依然是镁橄榄石相（点 1）、高硅玻璃相（点 2）、镁铁铝尖晶石相（点 3 和点

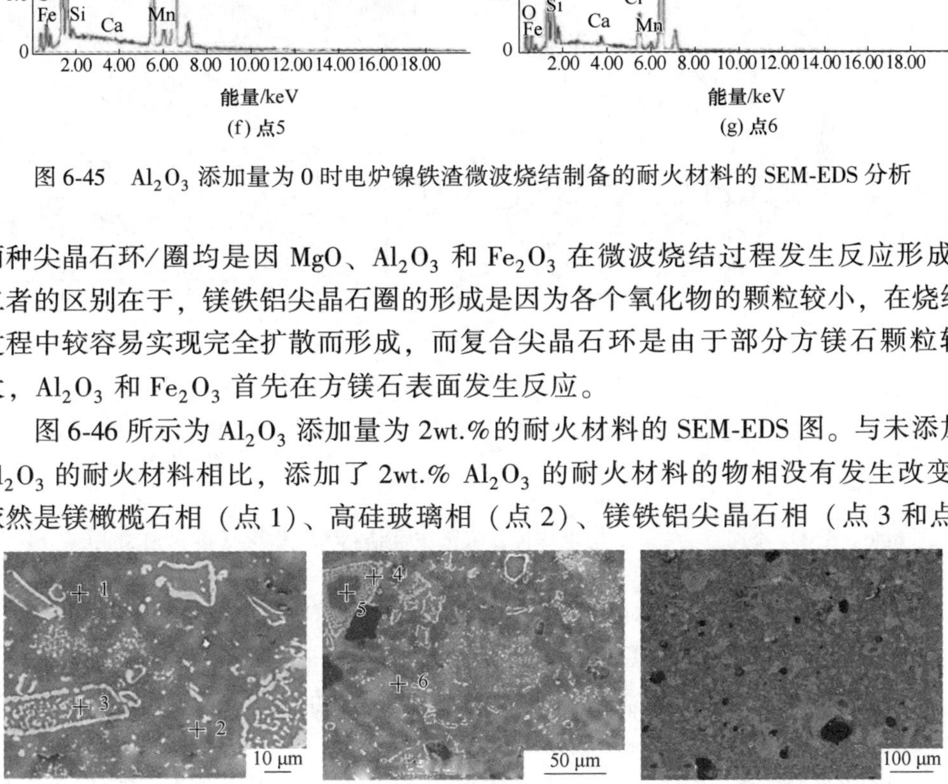

(a) SEM图

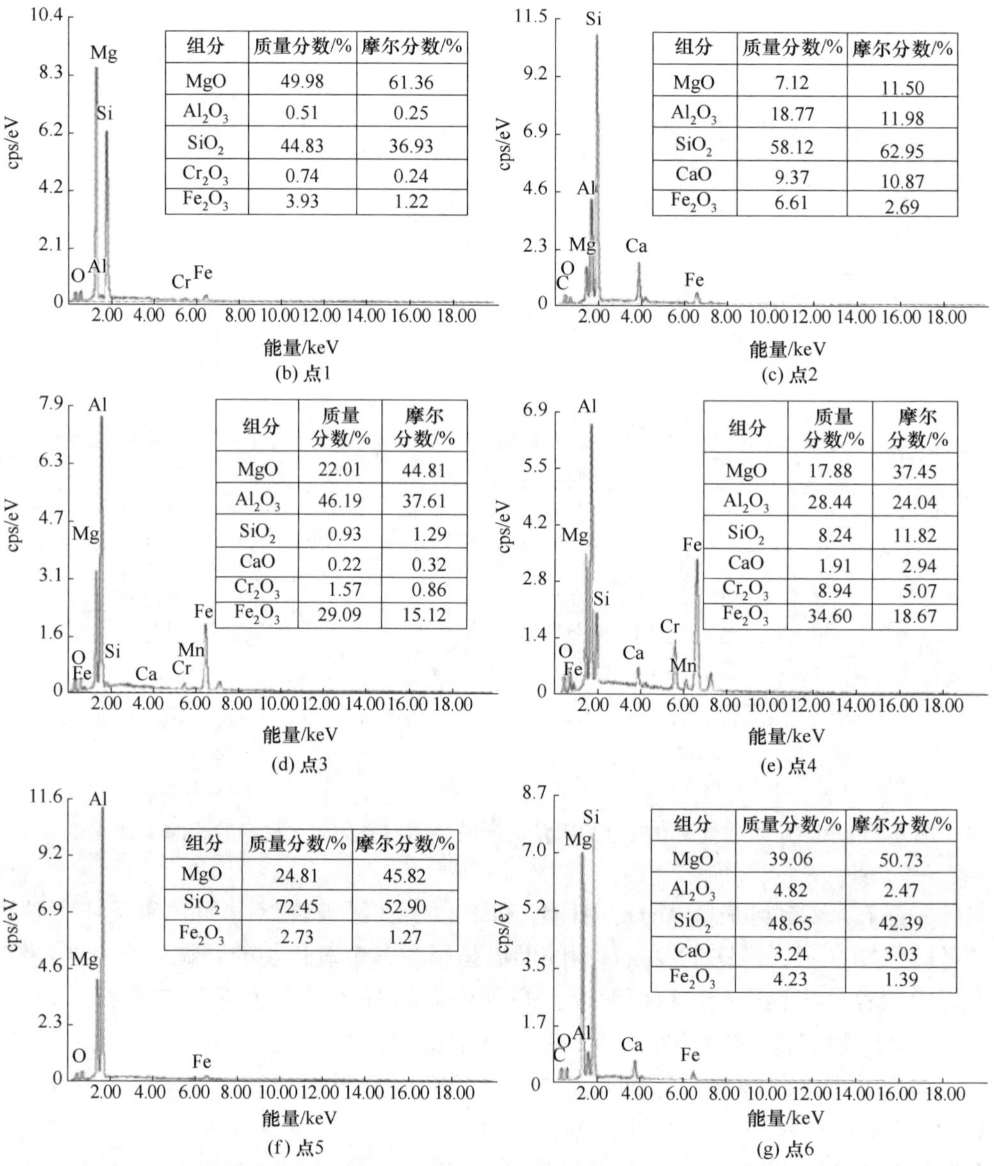

组分	质量分数/%	摩尔分数/%
MgO	49.98	61.36
Al_2O_3	0.51	0.25
SiO_2	44.83	36.93
Cr_2O_3	0.74	0.24
Fe_2O_3	3.93	1.22

(b) 点1

组分	质量分数/%	摩尔分数/%
MgO	7.12	11.50
Al_2O_3	18.77	11.98
SiO_2	58.12	62.95
CaO	9.37	10.87
Fe_2O_3	6.61	2.69

(c) 点2

组分	质量分数/%	摩尔分数/%
MgO	22.01	44.81
Al_2O_3	46.19	37.61
SiO_2	0.93	1.29
CaO	0.22	0.32
Cr_2O_3	1.57	0.86
Fe_2O_3	29.09	15.12

(d) 点3

组分	质量分数/%	摩尔分数/%
MgO	17.88	37.45
Al_2O_3	28.44	24.04
SiO_2	8.24	11.82
CaO	1.91	2.94
Cr_2O_3	8.94	5.07
Fe_2O_3	34.60	18.67

(e) 点4

组分	质量分数/%	摩尔分数/%
MgO	24.81	45.82
SiO_2	72.45	52.90
Fe_2O_3	2.73	1.27

(f) 点5

组分	质量分数/%	摩尔分数/%
MgO	39.06	50.73
Al_2O_3	4.82	2.47
SiO_2	48.65	42.39
CaO	3.24	3.03
Fe_2O_3	4.23	1.39

(g) 点6

图 6-46　Al_2O_3 添加量为 2wt.%时电炉镍铁渣微波烧结制备的耐火材料的 SEM-EDS 分析

4)、镁铝尖晶石相（点 5）以及顽火辉相（点 6）。但是，镁铝尖晶石在复合尖晶石环中所占比例降低，镁铁铝尖晶石所占比例升高，表明 Al_2O_3 添加促进了 Fe^{3+} 的扩散以及复合尖晶石相的形成。从镁铝尖晶石的能谱数据（点 5）可以看出，镁铝尖晶石含有较多 Fe_2O_3。

如图 6-47 所示，当 Al_2O_3 添加量增加到 4wt. %时，耐火材料的物相未发生

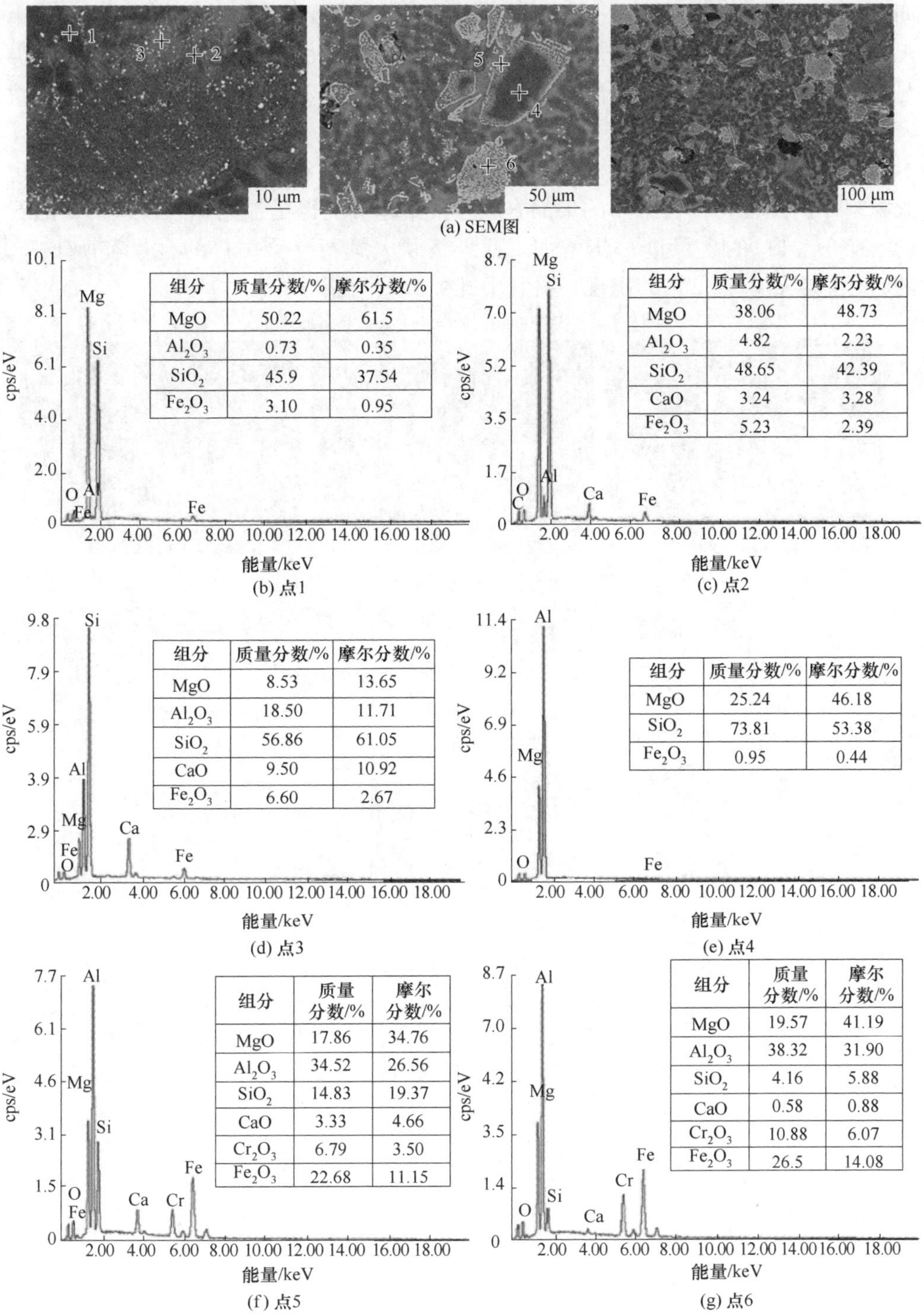

(a) SEM图

(b) 点1

组分	质量分数/%	摩尔分数/%
MgO	50.22	61.5
Al_2O_3	0.73	0.35
SiO_2	45.9	37.54
Fe_2O_3	3.10	0.95

(c) 点2

组分	质量分数/%	摩尔分数/%
MgO	38.06	48.73
Al_2O_3	4.82	2.23
SiO_2	48.65	42.39
CaO	3.24	3.28
Fe_2O_3	5.23	2.39

(d) 点3

组分	质量分数/%	摩尔分数/%
MgO	8.53	13.65
Al_2O_3	18.50	11.71
SiO_2	56.86	61.05
CaO	9.50	10.92
Fe_2O_3	6.60	2.67

(e) 点4

组分	质量分数/%	摩尔分数/%
MgO	25.24	46.18
SiO_2	73.81	53.38
Fe_2O_3	0.95	0.44

(f) 点5

组分	质量分数/%	摩尔分数/%
MgO	17.86	34.76
Al_2O_3	34.52	26.56
SiO_2	14.83	19.37
CaO	3.33	4.66
Cr_2O_3	6.79	3.50
Fe_2O_3	22.68	11.15

(g) 点6

组分	质量分数/%	摩尔分数/%
MgO	19.57	41.19
Al_2O_3	38.32	31.90
SiO_2	4.16	5.88
CaO	0.58	0.88
Cr_2O_3	10.88	6.07
Fe_2O_3	26.5	14.08

图 6-47 Al_2O_3 添加量为 4wt. %时电炉镍铁渣微波烧结制备的耐火材料的 SEM-EDS 分析

明显变化。孔隙数量减少，分布更加均匀。与尖晶石颗粒一起出现的还有更多小尺寸的镁橄榄石颗粒（点 1）。这进一步证实，Al_2O_3 的加入促进了镁橄榄石和尖晶石（如镁铁铝尖晶石（点 5 和点 6））的形成，从而强化了耐火材料的致密性。

当 Al_2O_3 添加量达到 6wt. %时，如图 6-48 所示，镁橄榄石（点 1）仍然是耐火材料中的主要物相，细小的尖晶石颗粒聚集趋势变得更加明显。镁铁铝尖晶石（点 3 和点 4）的含量进一步增加。此外，顽火辉石（点 6）的含量有所下降。随着假蓝宝石（点 2）的出现，材料中孔隙数量明显增加。

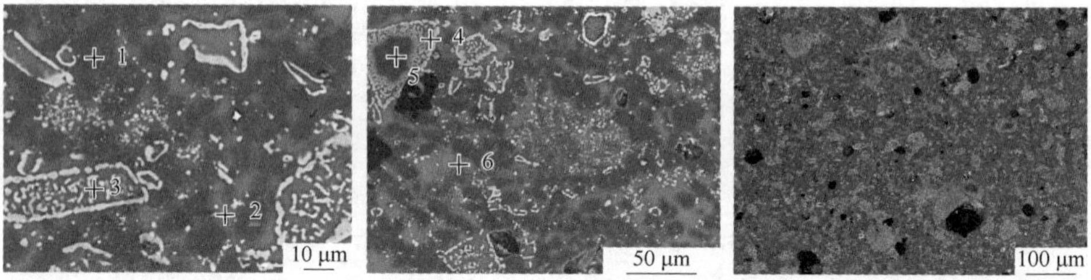

(a) SEM图

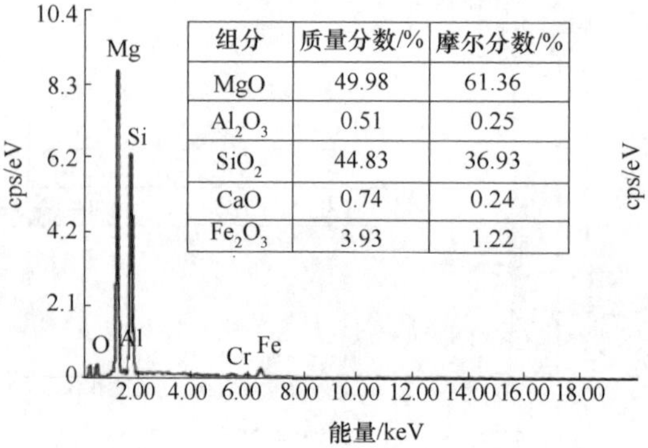

组分	质量分数/%	摩尔分数/%
MgO	49.98	61.36
Al_2O_3	0.51	0.25
SiO_2	44.83	36.93
CaO	0.74	0.24
Fe_2O_3	3.93	1.22

(b) 点1

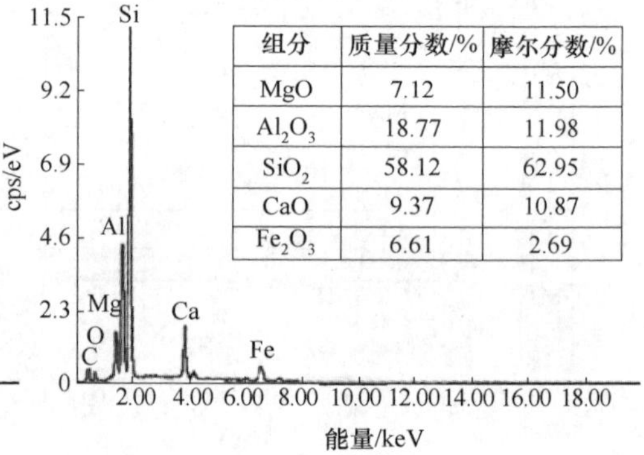

组分	质量分数/%	摩尔分数/%
MgO	7.12	11.50
Al_2O_3	18.77	11.98
SiO_2	58.12	62.95
CaO	9.37	10.87
Fe_2O_3	6.61	2.69

(c) 点2

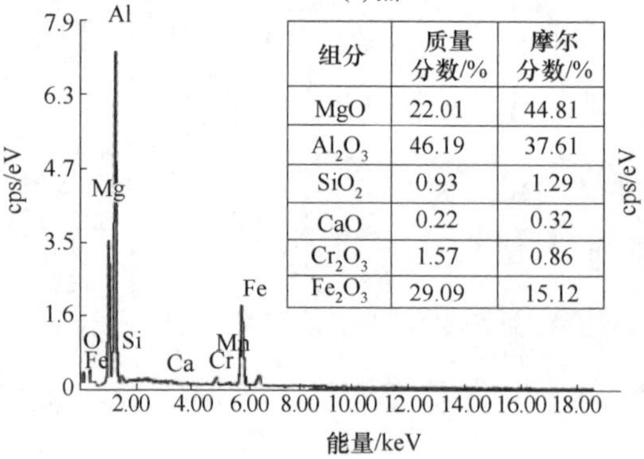

组分	质量分数/%	摩尔分数/%
MgO	22.01	44.81
Al_2O_3	46.19	37.61
SiO_2	0.93	1.29
CaO	0.22	0.32
Cr_2O_3	1.57	0.86
Fe_2O_3	29.09	15.12

(d) 点3

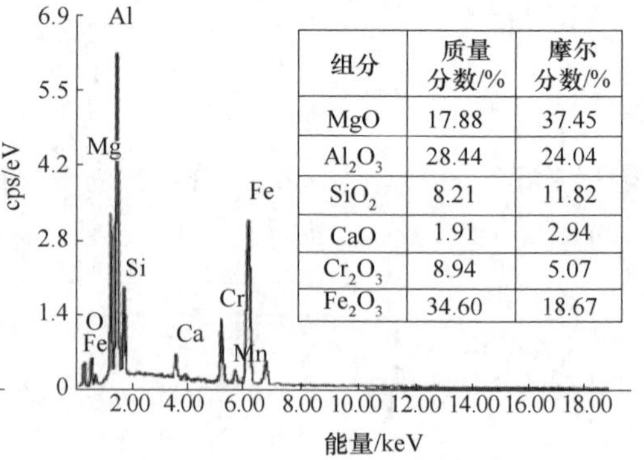

组分	质量分数/%	摩尔分数/%
MgO	17.88	37.45
Al_2O_3	28.44	24.04
SiO_2	8.21	11.82
CaO	1.91	2.94
Cr_2O_3	8.94	5.07
Fe_2O_3	34.60	18.67

(e) 点4

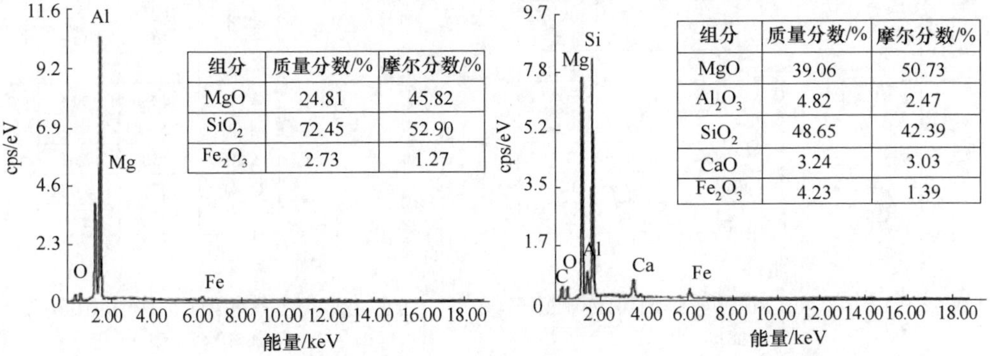

组分	质量分数/%	摩尔分数/%
MgO	24.81	45.82
SiO_2	72.45	52.90
Fe_2O_3	2.73	1.27

(f) 点5

组分	质量分数/%	摩尔分数/%
MgO	39.06	50.73
Al_2O_3	4.82	2.47
SiO_2	48.65	42.39
CaO	3.24	3.03
Fe_2O_3	4.23	1.39

(g) 点6

图 6-48 Al_2O_3 添加量为 6wt.%时电炉镍铁渣微波烧结制备的耐火材料的 SEM-EDS 分析

图 6-49 所示为 Al_2O_3 添加量为 8wt.%时耐火材料的 SEM-EDS 图。从图中可以看出，耐火材料中没有镁铝尖晶石存在，全部被镁铁铝尖晶石（点 5）取代，并且形成了含铬量极高的镁铬铝尖晶石（点 3 和点 4）。镁铬铝尖晶石聚集圈与镁铁铝尖晶石聚集圈不同，镁铬铝尖晶石颗粒之间比较独立且形状也较为规则，而镁铁铝尖晶石聚集圈中的尖晶石颗粒与颗粒之间彼此相连且晶粒形状不规则。此外，顽火辉石相消失，高硅玻璃相（点 2）含量降低，这可能是因为添加的 Al_2O_3 与高硅玻璃相中的 Fe_2O_3、Cr_2O_3 共同消耗 MgO 形成复合尖晶石，而尖晶

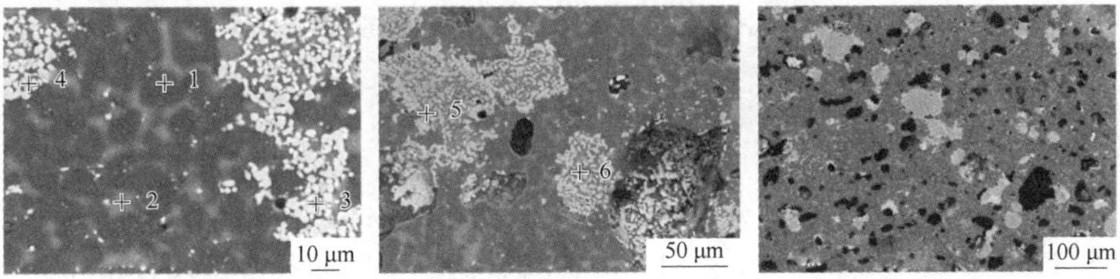

(a)SEM图

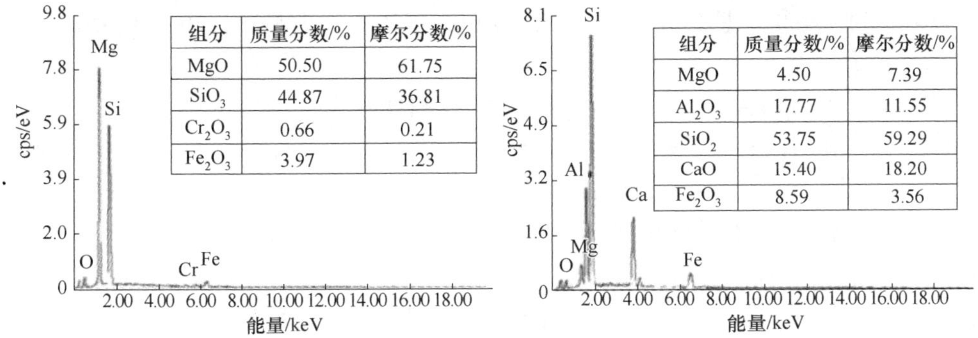

组分	质量分数/%	摩尔分数/%
MgO	50.50	61.75
SiO_3	44.87	36.81
Cr_2O_3	0.66	0.21
Fe_2O_3	3.97	1.23

(b)点1

组分	质量分数/%	摩尔分数/%
MgO	4.50	7.39
Al_2O_3	17.77	11.55
SiO_2	53.75	59.29
CaO	15.40	18.20
Fe_2O_3	8.59	3.56

(c)点2

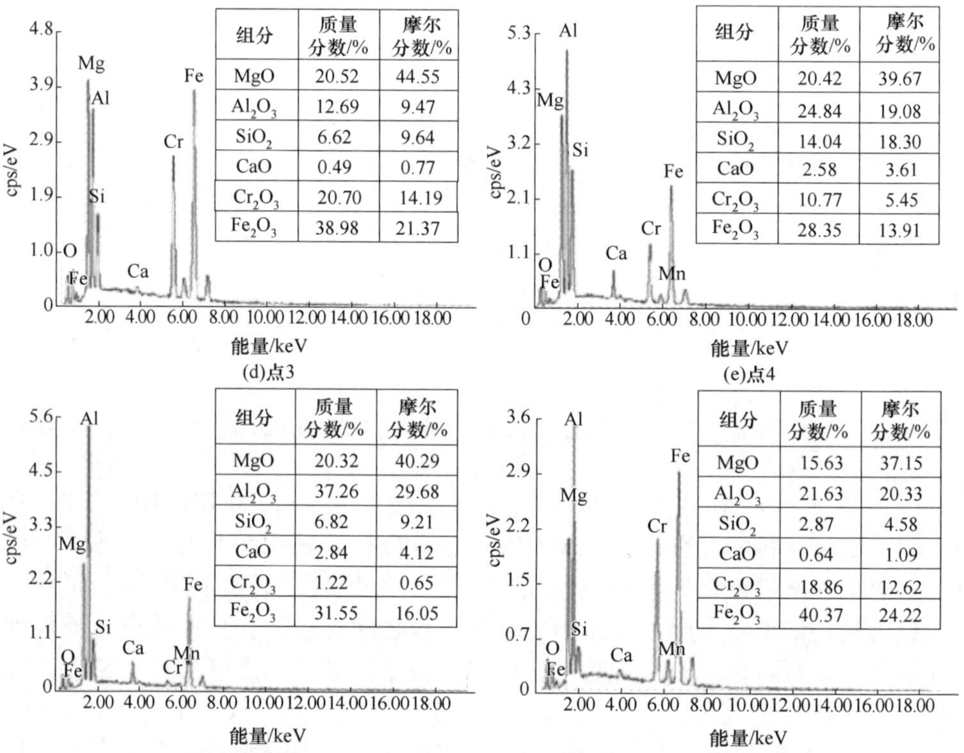

组分	质量分数/%	摩尔分数/%
MgO	20.52	44.55
Al_2O_3	12.69	9.47
SiO_2	6.62	9.64
CaO	0.49	0.77
Cr_2O_3	20.70	14.19
Fe_2O_3	38.98	21.37

(d)点3

组分	质量分数/%	摩尔分数/%
MgO	20.42	39.67
Al_2O_3	24.84	19.08
SiO_2	14.04	18.30
CaO	2.58	3.61
Cr_2O_3	10.77	5.45
Fe_2O_3	28.35	13.91

(e)点4

组分	质量分数/%	摩尔分数/%
MgO	20.32	40.29
Al_2O_3	37.26	29.68
SiO_2	6.82	9.21
CaO	2.84	4.12
Cr_2O_3	1.22	0.65
Fe_2O_3	31.55	16.05

(f)点5

组分	质量分数/%	摩尔分数/%
MgO	15.63	37.15
Al_2O_3	21.63	20.33
SiO_2	2.87	4.58
CaO	0.64	1.09
Cr_2O_3	18.86	12.62
Fe_2O_3	40.37	24.22

(g)点6

图 6-49　Al_2O_3 添加量为 8wt.%时电炉镍铁渣微波烧结制备的耐火材料的 SEM-EDS 分析

石在微波场中的吸波性能最好，可进一步促进尖晶石的形成与结晶，从而消耗更多的 MgO 和高硅玻璃相。

图 6-50 所示为 Al_2O_3 添加量为 10wt.%的耐火材料的 SEM-EDS 图。从图中可以看出 Al_2O_3 添加量 10wt.%时，耐火材料的主要物相是镁橄榄石相（点 1）、高硅玻璃相（点 2）、镁铁铝尖晶石相（点 3）以及镁铬铝尖晶石相（点 4）。耐火材料的孔隙较多，聚集状尖晶石圈较多，遍布整个耐火材料，小颗粒尖晶石含量较少。

图 6-51 所示为 Al_2O_3 添加量对耐火材料耐火度的影响。从图中可以看出，耐火度随着 Al_2O_3 添加量的增加可以分为两个阶段，当 Al_2O_3 添加量从 0 增加到 4wt.%（阶段Ⅰ）时，耐火材料的耐火度从 1630 ℃增加到最高值 1790 ℃。当 Al_2O_3 含量进一步增加（阶段Ⅱ），耐火度反而下降。这是因为在阶段Ⅰ，耐火材料中镁橄榄石相含量较高（>82. 3wt.%），尖晶石相含量不断增加，提高了耐火材料耐火度。但是，随着 Al_2O_3 添加量进一步增加，耐火度降低是因为过多 Al_2O_3 的添加会导致耐火材料中形成较多低熔点堇青石相和钙长石相，降低了耐

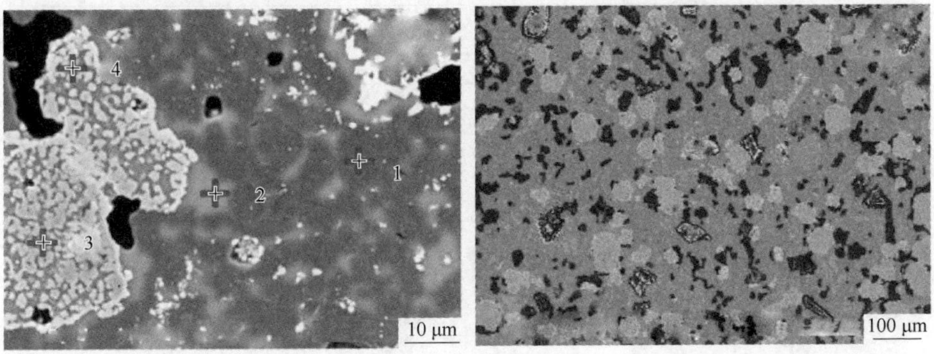

(a)SEM图

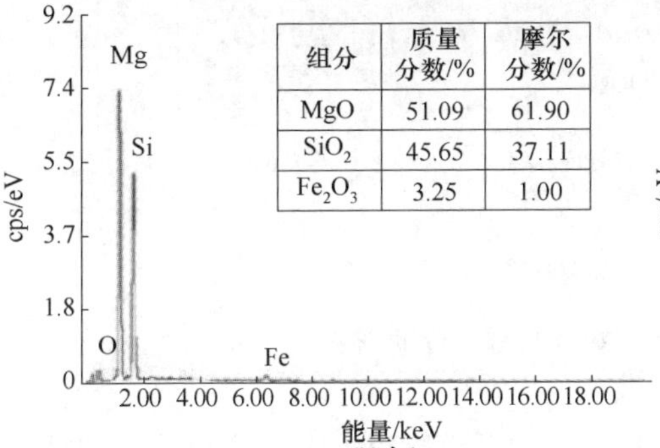

组分	质量分数/%	摩尔分数/%
MgO	51.09	61.90
SiO_2	45.65	37.11
Fe_2O_3	3.25	1.00

(b)点1

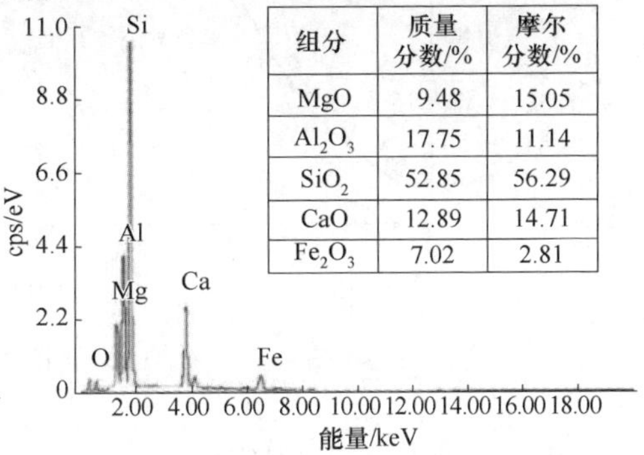

组分	质量分数/%	摩尔分数/%
MgO	9.48	15.05
Al_2O_3	17.75	11.14
SiO_2	52.85	56.29
CaO	12.89	14.71
Fe_2O_3	7.02	2.81

(c)点2

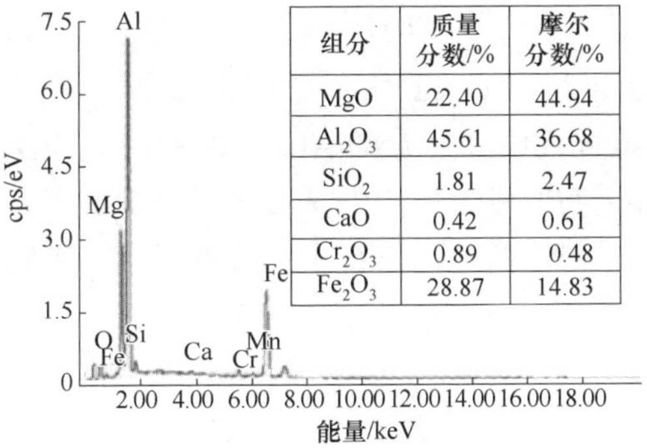

组分	质量分数/%	摩尔分数/%
MgO	22.40	44.94
Al_2O_3	45.61	36.68
SiO_2	1.81	2.47
CaO	0.42	0.61
Cr_2O_3	0.89	0.48
Fe_2O_3	28.87	14.83

(d)点3

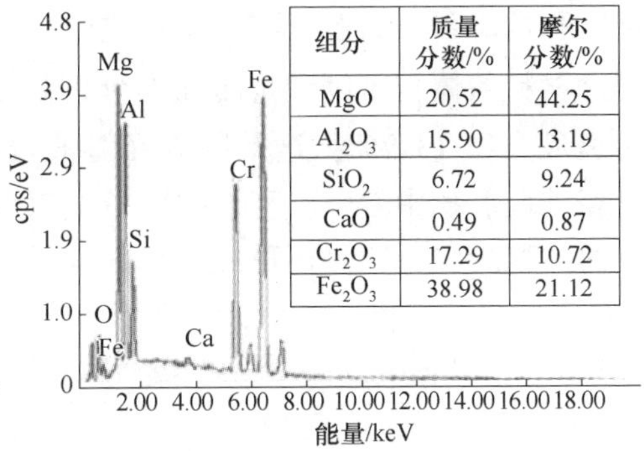

组分	质量分数/%	摩尔分数/%
MgO	20.52	44.25
Al_2O_3	15.90	13.19
SiO_2	6.72	9.24
CaO	0.49	0.87
Cr_2O_3	17.29	10.72
Fe_2O_3	38.98	21.12

(e)点4

图 6-50 Al_2O_3 添加量为 10wt.%时电炉镍铁渣微波烧结制备的耐火材料的 SEM-EDS 分析

火材料中镁橄榄石相含量（<80wt.%），恶化了耐火材料高温性能。

图 6-52 所示为 Al_2O_3 对耐火材料体积密度、显气孔率、抗压强度的影响。从图中可以看出，当 Al_2O_3 添加量从 0 增加到 2wt.%时，耐火材料的体积密度由 2.80 g/cm^3 增加到 2.91 g/cm^3，而显气孔率从 2.83%降到 0.85%，抗压强度从 180.4 MPa 增加到 225.4 MPa，这是因为随着 Al_2O_3 的添加，耐火材料中尖晶石相含量略微增加，镁橄榄石相含量略微下降，顽火辉石相和假蓝宝石相大幅度降

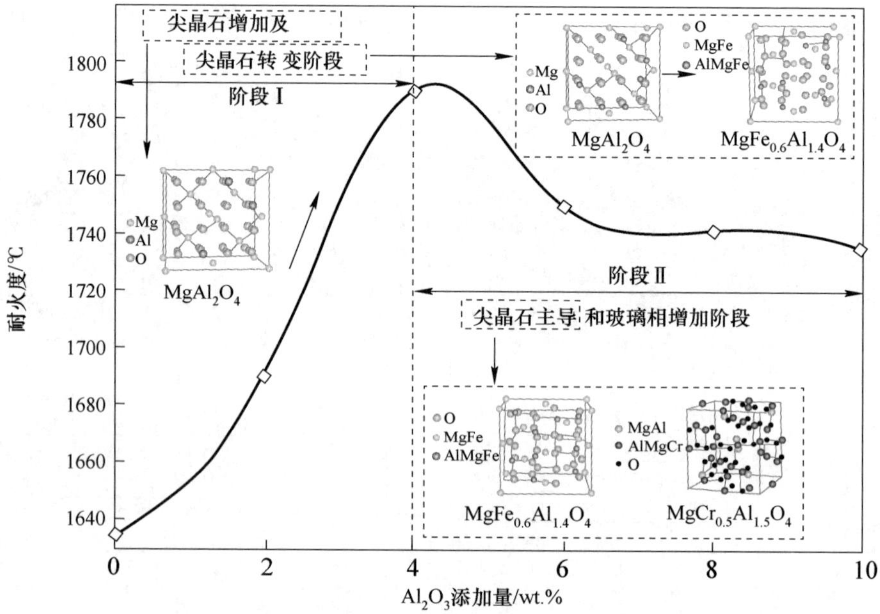

图 6-51　Al_2O_3 添加量对耐火材料耐火度的影响

低，提高了耐火材料致密性和强度。当 Al_2O_3 添加量继续增加，耐火材料的体积密度和抗压强度开始不断下降，显气孔率上升。当 Al_2O_3 添加量为 10wt.%时，耐火材料的体积密度和抗压强度分别降低至 2.48 g/cm^3 和 99.3 MPa，显气孔率达到最高值 13.7%，这是因为在微波烧结过程中，过量的 Al_2O_3 不断消耗 MgO 及高硅玻璃相中 Cr_2O_3 和 Fe_2O_3 等金属氧化物形成大量的尖晶石，不仅造成了较大的体积膨胀，同时还形成大量强度差、致密性低的钙长石相及堇青石相，降低

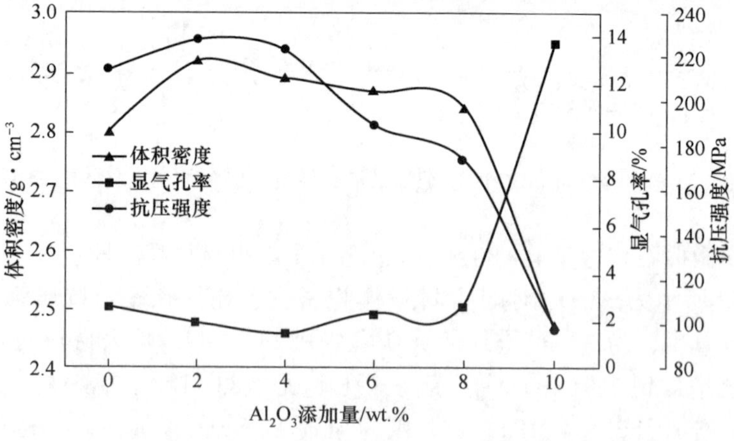

图 6-52　Al_2O_3 添加量对耐火材料体积密度、显气孔率、抗压强度的影响

耐火材料的致密性和抗压强度。

图 6-53 所示为 Al_2O_3 添加量对耐火材料抗热震性的影响。随着 Al_2O_3 从 0 增加至 4wt.%时，耐火材料中比镁橄榄石热导率高的含铝尖晶石相含量增加，使得耐火材料的热导率以及颗粒之间的结合力增加，提高了耐火材料抗热震性[19]。但是，当 Al_2O_3 添加量增加至 6wt.%时，耐火材料中出现更多热导率更低的堇青石相，减小了耐火材料热膨胀差异，恶化了材料抗热震性[20-22]。综合上述 Al_2O_3 添加量对耐火材料性能的影响分析可知，Al_2O_3 的添加明显改善了耐火材料的抗热震性，并且当 Al_2O_3 添加量为 4wt.%时，可以获得耐火度为 1790 ℃，抗热震循环次数为 6 次，体积密度为 2.89 g/cm³，显气孔率为 1.5%，抗压强度为 224.7 MPa 的耐火材料。

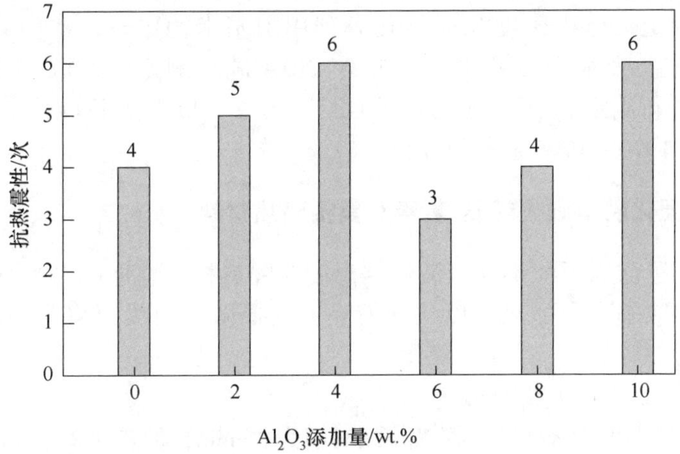

图 6-53 Al_2O_3 添加量对耐火材料抗热震性的影响

上述分析表明，微波有助于耐火材料中的强吸波性物质的生成，如镁铝尖晶石、镁铬尖晶石和镁铁铝尖晶石，由于其自身的特点在短时间内快速升温，强化了耐火材料的烧结过程，大幅缩短了耐火材料的制备时间。尖晶石具有高耐火度和抗热震性能，增强了耐火材料的使用性能。综合来看，相对于常规烧结，微波烧结制备耐火材料具有较明显的优势。

6.2 微波强化镍铁渣与漂珠复合制备隔热材料

由第 3、4 章的分析以及第 5 章镍铁渣与漂珠复合制备隔热材料的研究结果可知，在漂珠添加剂的作用下，镍铁渣经烧结后能够转化为轻质隔热材料。鉴于微波的选择性加热和体积性加热特点，以及体系中 SiO_2 含量较高的成分特征，有望通过微波烧结在较低的温度下制备得到优质隔热材料，同时提升材料性能。依据此思路，开展了微波强化镍铁渣与粉煤灰复合制备隔热材料研究。

6.2.1　原料性能

在微波强化镍铁渣与漂珠复合制备隔热材料研究中，以电炉镍铁渣为主要原料，以漂珠为造孔剂，并添加少量 CMC 作为黏结剂。有关电炉镍铁渣的基本物化性能详见第 2 章，漂珠的基本物化性能详见 5.2.1 节。

6.2.2　研究方法

微波烧结制备隔热材料的试验流程同 5.2.2 节所述，其区别在于隔热材料的烧成是在微波炉中进行。其中微波炉频率为 2.45 GHz，最大功率为 2500 W。

所得隔热材料的性能检测指标包括热导率、体积密度、显气孔率、吸水率、线收缩率、抗压强度和耐酸碱腐蚀性。其中，热导率参照 GB/T 5990—2021 使用热线法进行测定。体积密度和显气孔率利用阿基米德原理，参照 GB/T 2997—2015 进行测定。吸水率参照 ISO 16535：2019 进行测定。线收缩率参照 GB/T 5998—2022 进行测定。抗压强度参照 GB/T 5072—2023 进行测定。耐酸碱腐蚀性参照 GB/T 1970—1996 进行测定。

6.2.3　微波强化制备顽火辉石-堇青石复相隔热材料

重点研究了漂珠添加量和微波烧结温度对隔热材料性能的影响规律。由于微波加热具有热效率高和加热速度快等特点，选择微波加热速率为 40 ℃/min，微波烧结时间为 20 min。

6.2.3.1　漂珠添加量的影响

在微波烧结温度为 890 ℃，微波烧结时间为 20 min，加热速率为 40 ℃/min 的条件下，研究了漂珠添加量（m(FAC)/m(电炉镍铁渣）= 0、1/5、1/4、1/3、1/2）对隔热材料性能的影响。

通过对添加不同比例 FAC 的电炉镍铁渣的 XRD 图谱分析，研究了微波烧结后隔热材料的物相变化。如图 6-54 所示，FAC 的加入可以诱导堇青石的形成。当 FAC 添加量为 0 时，隔热材料的主要相为镁橄榄石相（F）、顽火辉石相（E）、镁铁铬尖晶石（D）。电炉镍铁渣中橄榄石氧化分解生成镁橄榄石和顽火辉石，电炉镍铁渣中 MgO 与 Fe_2O_3、Cr_2O_3 和微量 Al_2O_3 反应生成两种尖晶石相，具有较强的微波吸收能力[23-24]。

当 m(FAC)/m(电炉镍铁渣）为 1/5 时，材料的主要相为镁橄榄石（F）、顽火辉石（E）、尖晶石（D、A）、方石英（Q）和堇青石（C）。另一部分由镁橄榄石与 SiO_2 反应生成。Al_2O_3 含量的增加促进了尖晶石的生成。此外，还形成了少量镁铁铝尖晶石，Al_2O_3 和 SiO_2 的增加促进了顽火辉石向堇青石的转变。当 m(FAC)/m(电炉镍铁渣）= 1/3 时，堇青石的衍射峰变明显，而顽火辉石的衍射峰减弱缓慢，表明 Al_2O_3 和 SiO_2 含量的增加促进了更多顽火辉石向堇青石的

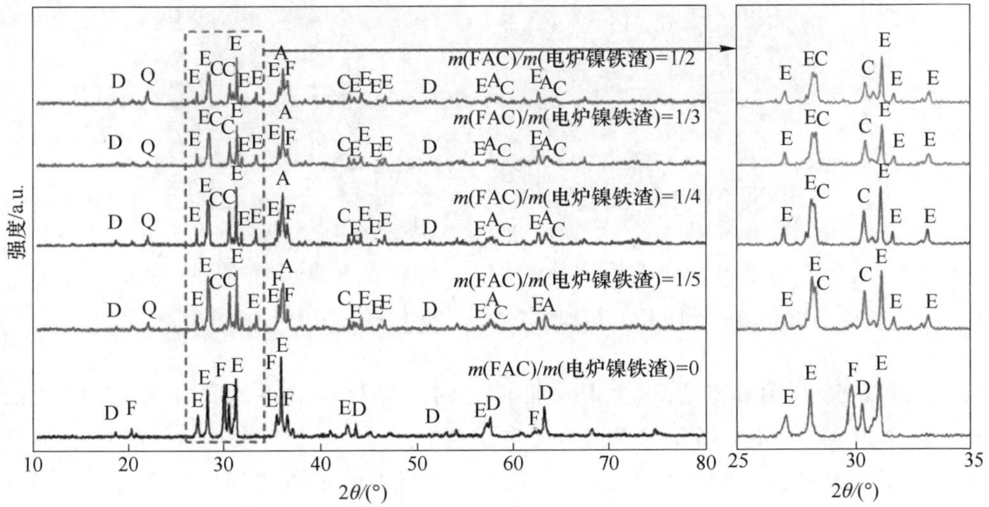

图 6-54　FAC 添加量对隔热材料物相组成的影响

D—镁铁铬尖晶石；A—镁铁铝尖晶石；F—镁橄榄石；E—顽火辉石；

C—堇青石；Q—方石英

转变。当 m(FAC)/m(电炉镍铁渣) 值增加到 1/2 时，有大量的 Al_2O_3 和 SiO_2。但由于 MgO 含量和扩散的限制，顽火辉石和堇青石的衍射峰有所下降。

如图 6-55 所示，当不添加 FAC 时，烧结后的材料主要由镁橄榄石、顽火辉石和镁铁铬尖晶石组成，分布均匀。随着 FAC 的加入，镁橄榄石的含量减少，顽辉石的含量增加。同时出现方石英石、镁铁铝尖晶石和堇青石。如图 6-55 (d) 所示，FAC 壳层与电炉镍铁渣反应，形成顽火辉石和镁铁铝尖晶石。随着莫来石的分解，形成了富含 Al_2O_3 和 SiO_2 的区域。使得 FAC 附近的顽火辉石变成堇青石，导致 FAC 壳层周围形成大量无定形 SiO_2。渣反应区镁铁铬尖晶石的变化不明显，而橄榄石和镁橄榄石的不断分解导致靠近 FAC 区顽火辉石含量增高。镁橄榄石呈岛状分布，数量逐渐减少。同时顽火辉石和堇青石占主导地位。由于上述相变，可以预期在以镁橄榄石为主相时，隔热材料热导率会低于初始状态[25]。

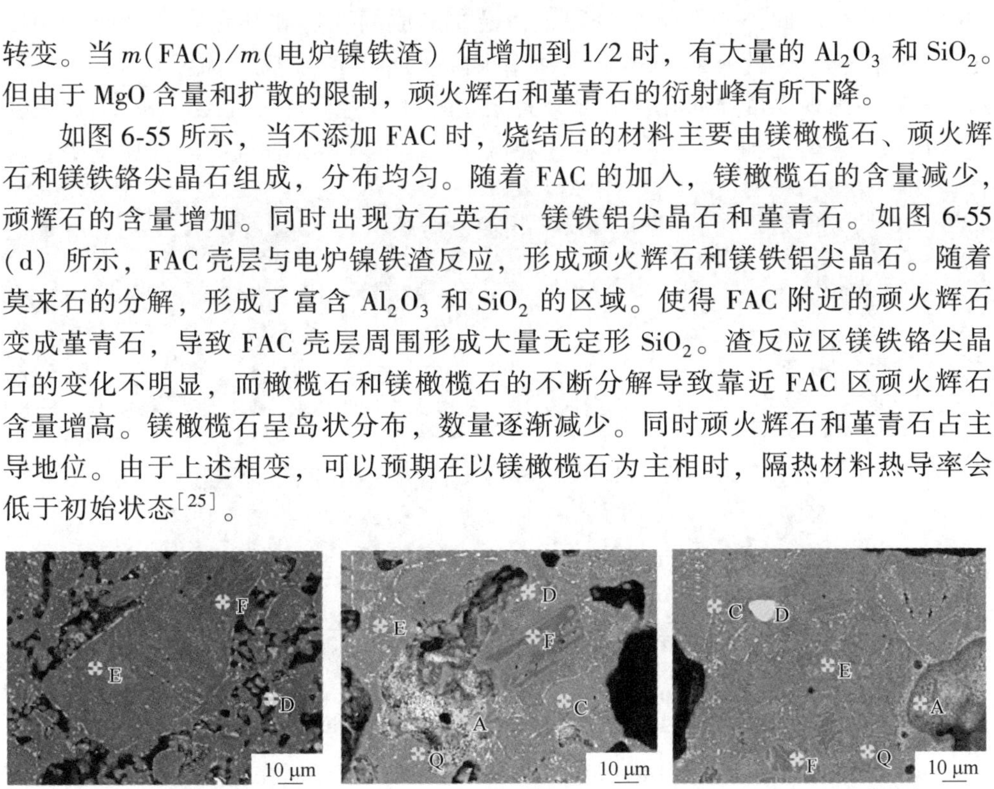

(a)m(FAC)/m(电炉镍铁渣)=0　(b)m(FAC)/m(电炉镍铁渣)=1/5　(c)m(FAC)/m(电炉镍铁渣)=1/4

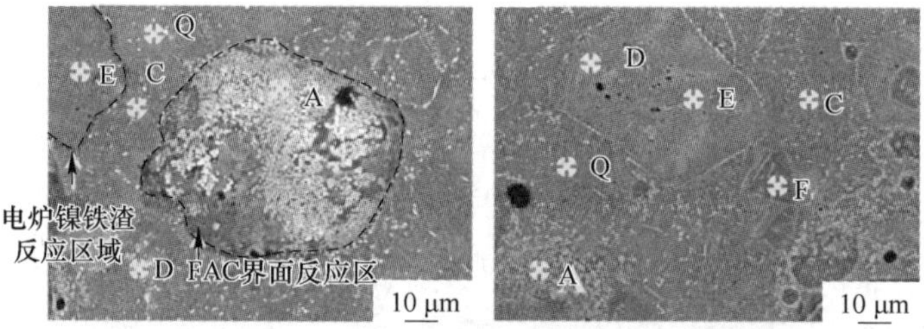

(d)m(FAC)/m(电炉镍铁渣)=1/3　　(e)m(FAC)/m(电炉镍铁渣)=1/2

图 6-55　不同 FAC 添加量下所获隔热材料的 SEM-EDS 分析

如图 6-56 和图 6-57 所示，未添加 FAC 时隔热材料的平均孔径为 16.13 μm，显气孔率为 33.04%。当 m(FAC)/m(电炉镍铁渣) 从 1/5 增加到 1/3 时，显气孔率从 27.63%增加到 42.01%，平均孔径从 104.9 μm 增加到 162.22 μm；当 m(FAC)/m(电炉镍铁渣) 由 1/3 增加到 1/2 时，显气孔率下降到 37.48%，平均孔径增加到 200.46 μm。由于材料成型压力较小（6 MPa），在微波烧结过程中水分 CMC 迅速蒸发，形成孔道和气孔。FAC 作为造孔剂添加量虽然较小，但会增加材料的孔径。此外，在烧结过程中，最初形成的孔道和开孔会被微区液相填充，形成闭孔。因此材料整体显气孔率下降。加入 FAC 后，如图 6-56（b）所示，材料中出现少量连通孔，大部分为孤立的封闭孔。当 m(FAC)/m(电炉镍铁渣) 值从 1/5 增加到 1/3 时，连通孔和孤立孔数量增多，连通孔隙的比例明显增

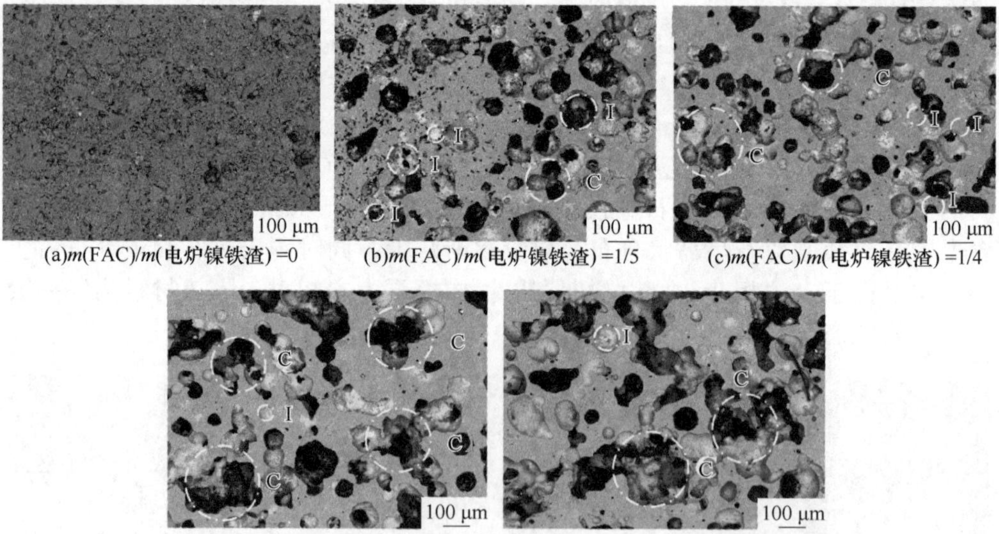

(a)m(FAC)/m(电炉镍铁渣)=0　(b)m(FAC)/m(电炉镍铁渣)=1/5　(c)m(FAC)/m(电炉镍铁渣)=1/4

(d)m(FAC)/m(电炉镍铁渣)=1/3　(e)m(FAC)/m(电炉镍铁渣)=1/2

图 6-56　不同 FAC 添加量下所获隔热材料孔隙结构

C—连通孔；I—孤立孔

大，平均孔径为162.22 μm，显气孔率为42.01%。当m(FAC)/m(电炉镍铁渣)＝1/2时，过量液相导致连通孔隙演化，形成较大的孤立孔隙[26]。此时，平均孔径最大达到200.46 μm。材料的收缩更加明显，显气孔率下降到37.48%。

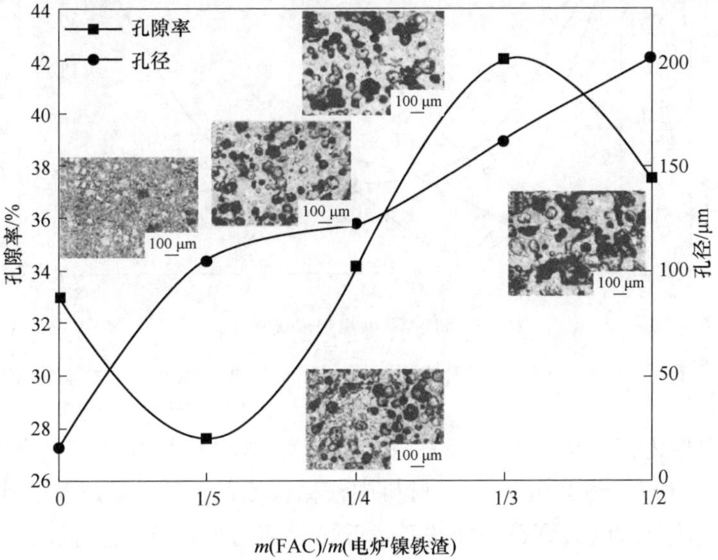

图6-57 FAC添加量对隔热材料孔隙率和孔径的影响

隔热材料的体积密度、抗压强度、吸水率和线收缩率随FAC添加量的变化如图6-58所示。当m(FAC)/m(电炉镍铁渣)从0增加到1/5（阶段Ⅰ）时，材料的体积密度从2.21 g/cm^{3}降低到1.59 g/cm^3，抗压强度从49.43 MPa降低到18.51 MPa。同时，吸水率从11.56%略微增加到13.93%，线收缩率从2.67%增加到6.97%。这些变化与引入FAC导致材料孔隙增加密切相关。随着m(FAC)/m(电炉镍铁渣)值从1/5增加到1/3（阶段Ⅱ），材料的体积密度继续下降到1.45 g/cm^3，抗压强度增加到27.09 MPa。吸水率和线收缩率继续上升，分别达到23.48%和7.74%。吸水率的升高与材料孔径和孔隙率的增加密切相关。当m(FAC)/m(电炉镍铁渣)值从1/3增加到1/2（阶段Ⅲ）时，材料的体积密度急剧下降到1.34 g/cm^3，抗压强度和吸水率分别下降到18.31 MPa和21.62%。另外，线性收缩继续上升到10.22%。这是由于FAC的添加量进一步增加，使连通的孔隙聚集并长大，形成了大而封闭的孔隙，导致材料的成收缩率进一步上升。

如图6-59所示，当m(FAC)/m(电炉镍铁渣)从0变化到1/3时，隔热材料的热导率从0.61 W/(m·K)下降到0.32 W/(m·K)。当m(FAC)/m(电炉镍铁渣)从1/3增加到1/2时，热导率从0.32 W/(m·K)增加到0.38 W/(m·K)。热导率的变化可分为三个阶段。当m(FAC)/m(电炉镍铁渣)小于1/5时（阶段

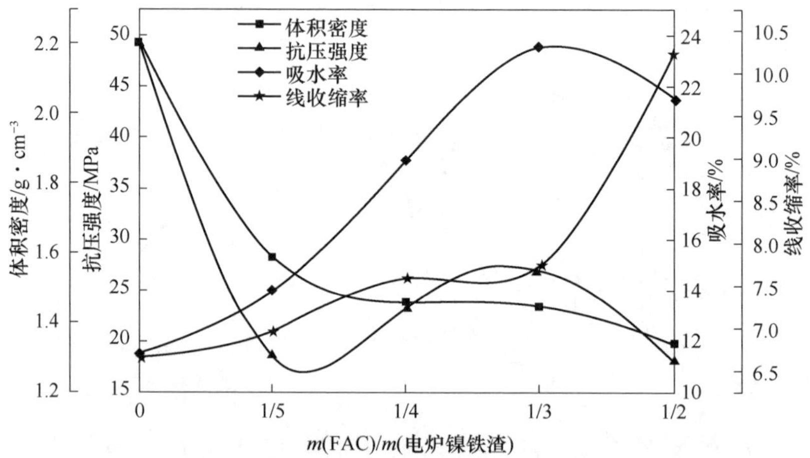

图 6-58　FAC 添加量对隔热材料体积密度、抗压强度、吸水率、线收缩率的影响

Ⅰ)，主要物相为镁橄榄石和顽火辉石，具有较小的孔径和较高的热导率。当它从 1/5 增长到 1/3（阶段Ⅱ）时，材料中镁橄榄石的连续分解以及镁橄榄石与二氧化硅之间的反应导致顽火辉石增加并产生低热导率的堇青石[27]。同时，FAC 的添加显著提升了隔热材料的孔隙率并降低了热导率[28]。随着 FAC 加入量的增加，顽火辉石和堇青石不断生成，气孔增多，热导率不断降低。当 m(FAC)/m(电炉镍铁渣) 从 1/3 增加到 1/2 时（阶段Ⅲ)，由于 SiO_2 过量和 MgO 的含量固定，堇青石的生长速度减慢，顽火辉石和方石英的数量增加。注意顽火辉石（4.52 W/(m · K)）和方石英（7.69 W/(m · K)）的热导率高于堇青石（1.2 W/(m · K)）[29]。材料中高导热

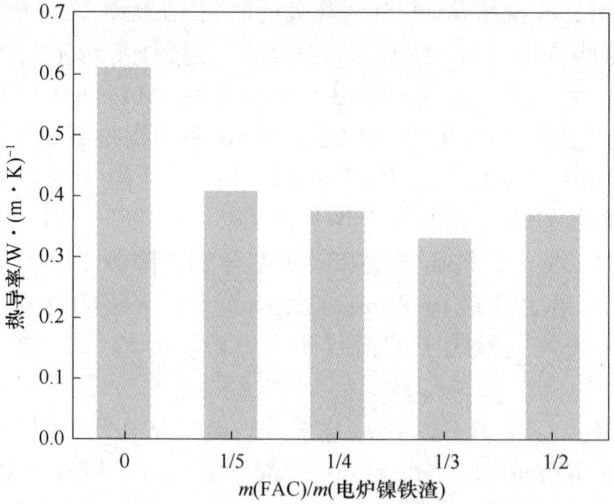

图 6-59　FAC 添加量对隔热材料热导率的影响

相比例的降低和平均孔径的急剧增大导致贯通孔的形成。它促进了传热过程，提高了热导率。当体积密度略有变化（降低 0.11 g/cm^3）时，孔隙率降低 4.53%，材料中的大部分孤立孔变为连通的封闭孔（平均孔径增加 38.24 μm），这将造成热导率增大[30]。

综上所述，当 FAC 添加量为 25wt.%（即 m(FAC)/m(电炉镍铁渣) = 1/3）时，所得隔热材料的性能最佳，满足隔热材料国家标准（GB/T 26538—2011），且性能优于商业黏土质隔热材料（GB/T 3994—2013）。

6.2.3.2 烧结温度的影响

在 FAC 添加量为 25wt.%，微波烧结时间为 20 min，升温速率为 40 ℃/min 的条件下，研究了微波烧结温度（800 ℃、850 ℃、900 ℃、950 ℃和1000 ℃）对隔热材料性能的影响。图 6-60 所示为烧结温度对隔热材料物相组成的影响。研究发现，提高烧结温度可以诱导堇青石的形成。当烧结温度为 800 ℃时，隔热材料的主相为镁橄榄石（Mg_2SiO_4）、顽火辉石（$MgSiO_3$）、镁铁铬尖晶石（$MgCr_{0.6}Fe_{1.4}O_4$）、镁铁铝尖晶石（$MgAl_{0.6}Fe_{1.4}O_4$）、方石英（SiO_2）和莫来石（Al_2SiO_5）。镁橄榄石的存在是橄榄石在电炉镍铁渣氧化和分解的结果。

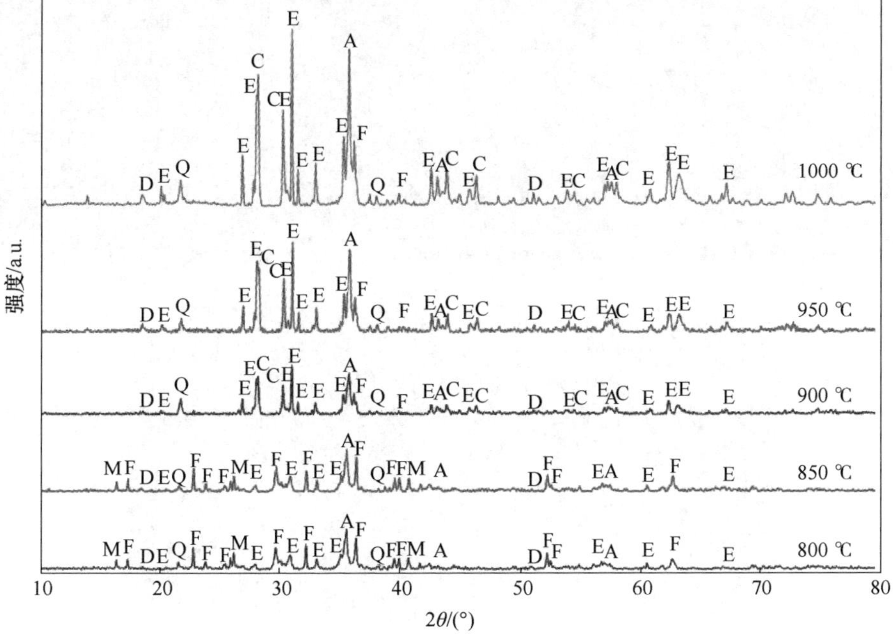

图 6-60 烧结温度对隔热材料物相组成的影响

D—镁铁铬尖晶石；A—镁铁铝尖晶石；F—镁橄榄石；E—顽火辉石；C—堇青石；Q—方石英；M—莫来石

镁橄榄石可能与莫来石和二氧化硅进一步反应，导致顽火辉石的形成。尖晶石相的出现被认为与系统中 MgO 与 Fe_2O_3、Cr_2O_3 和 Al_2O_3 之间的反应有关[31]。事实上，微波作用可以大大加速它们的形成，因为反应物和产物都具有强微波吸收特性[23-24]。莫来石的存在是由于 FAC 的不完全反应。当烧结温度从 800 ℃升高到 850 ℃时，物相组成没有明显变化。然而，当温度升高到 900 ℃时，隔热材料的主要物相变成镁橄榄石、顽火辉石、尖晶石（D 和 A）、方石英和堇青石（$Mg_2Al_4Si_5O_{18}$）。镁橄榄石的存在是由于橄榄石在电炉镍铁渣的进一步分解和氧化，而顽火辉石是由镁橄榄石和 SiO_2 之间的反应产生。莫来石衍射峰的消失表明来自 FAC 的更多的 Al_2O_3 和 SiO_2 参与了产生隔热材料的主相的反应。当烧结温度从 900 ℃升高到 1000 ℃时，堇青石、顽火辉石和镁铁铝尖晶石的衍射峰变得明显。由于 MgO 含量和传质的限制，顽火辉石仍为主要相。因此，温度升高导致 FAC 反应更完全，促进了隔热相的形成，主要为顽火辉石和堇青石。

为进一步分析烧结温度对隔热材料微观结构的影响，图 6-61 所示为 800 ℃、850 ℃、900 ℃、950 ℃和 1000 ℃下烧结隔热材料的 SEM-EDS 分析。当烧结温度

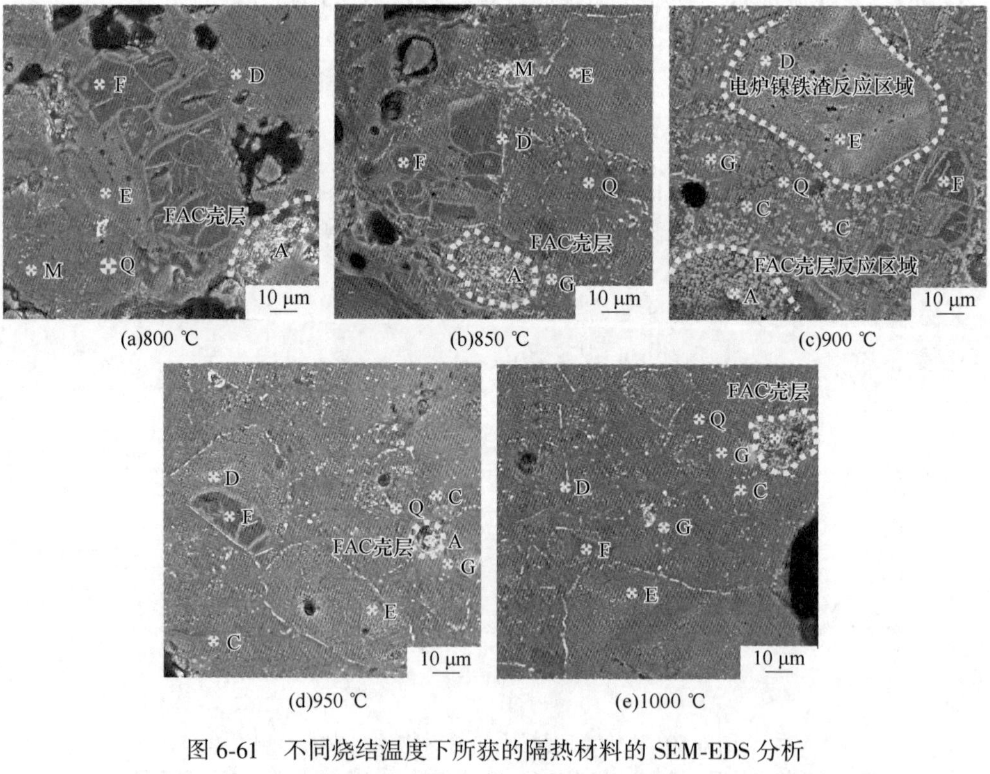

(a)800 ℃　(b)850 ℃　(c)900 ℃

(d)950 ℃　(e)1000 ℃

图 6-61　不同烧结温度下所获的隔热材料的 SEM-EDS 分析

M—莫来石；E—顽火辉石；F—镁橄榄石；C—堇青石；Q—方石英；D—镁铁铬尖晶石；

A—镁铁铝尖晶石；G—无定形富硅过渡相

从 800 ℃升高到 850 ℃时，隔热材料由镁橄榄石（F 点）、镁铁铬尖晶石（D 点）、莫来石（M 点）、方石英（Q 点）、顽火辉石（E 点）、镁铁铝尖晶石（A 点）和无定形富硅过渡相（G 点）组成，其在 XRD 图谱中未检测到[21]。电炉镍铁渣分解生成的镁橄榄石和镁铁尖晶石颗粒分布分别呈现出集中分布和均匀分布的特征。由于电炉镍铁渣和 FAC 之间的界面反应，还检测到了包括顽火辉石、镁铁铝尖晶石和无定形富二氧化硅过渡相。

随着烧结温度升高至 900 ℃，镁橄榄石的量显著减少，而无定形富硅过渡相和顽火辉石的量增加，出现堇青石（C 点），莫来石消失。如图 6-61（c）所示，电炉镍铁渣与 FAC 反应，产生顽火辉石和镁铁铝尖晶石。在富 Al_2O_3 和 SiO_2 区域，随着富 SiO_2 过渡相的形成，FAC 周围的镁橄榄石、顽火辉石和镁铁铝尖晶石转变为堇青石。当烧结温度进一步增加到 1000 ℃时，尽管仍有未反应的镁橄榄石，但观察到更多的无定形富二氧化硅过渡相和堇青石。在此基础上，总结了添加 25wt.% FAC 的电炉镍铁渣微波烧结保温材料的主要晶相转变，如图 6-62 所示。

如图 6-63 和图 6-64 所示，当微波烧结温度为 800 ℃时，隔热材料具有最大的显气孔率（51.12%）和最小的平均孔径（93.45 μm），其微观结构以孤立的孔隙和许多缺陷（如微裂纹）。由于制备材料的压块压力较低（6 MPa），在微波烧结过程中，加入的有机黏结剂和水会迅速挥发，形成许多通道和孔隙。在较低的烧结温度下，如 800 ℃和 850 ℃，存在不完全反应和少量的非晶富二氧化硅过渡相，平均孔径相对较小。当烧结温度为 900 ℃时，材料的显气孔率降低到 41.98%，平均孔径增大到 191.76 μm。贯通孔的数量和孔径增加，孤立孔的比例减少。这是因为最初形成的通道和开孔中的富硅相在高温下熔化，破坏了原有孔隙的结构。当烧结温度从 950 ℃升高到 1000 ℃时，过量的液相导致孔与孔之间重新连接，形成较大的连通孔。因此，平均孔径达到最大值 290.24 μm。随着材料收缩的加剧，显气孔率下降到 26.18%。FAC 壳层熔融形成液相，促进了传质和贯通孔的形成。通过微观结构演变分析，随着微波烧结温度的升高，电炉镍铁渣与 FAC 之间的反应更加充分。它有两个方面的影响。首先，镁铁铝尖晶石因为其高微波吸收率而成为热点，它的增加可促进液相的生成，从而加速固液界面反应[23]。其次，随着液相的增加，相邻的 FAC 之间的连通性更高，连通孔。如图 6-63（c）~（e）所示，在孔周围出现连续液相。

在不同温度下微波烧结所获隔热材料的体积密度、抗压强度、吸水率、线收缩率如图 6-65 所示。当微波烧结温度从 800 ℃提高到 900 ℃时，材料的体积密度从 1.18 g/cm^3 上升到 1.46 g/cm^3，抗压强度从 1.58 MPa 急剧增加到 30.72 MPa，线收缩率由 5.67%升高到 7.06%，吸水率由 36.41%降低到 21.07%。在较低的微波烧结温度下，如 800 ℃和 850 ℃，反应进行不彻底且有大量的开孔和缺陷。因此，该材料具有体积密度小、线收缩率低、抗压强度低和吸水率高的特点。然而，

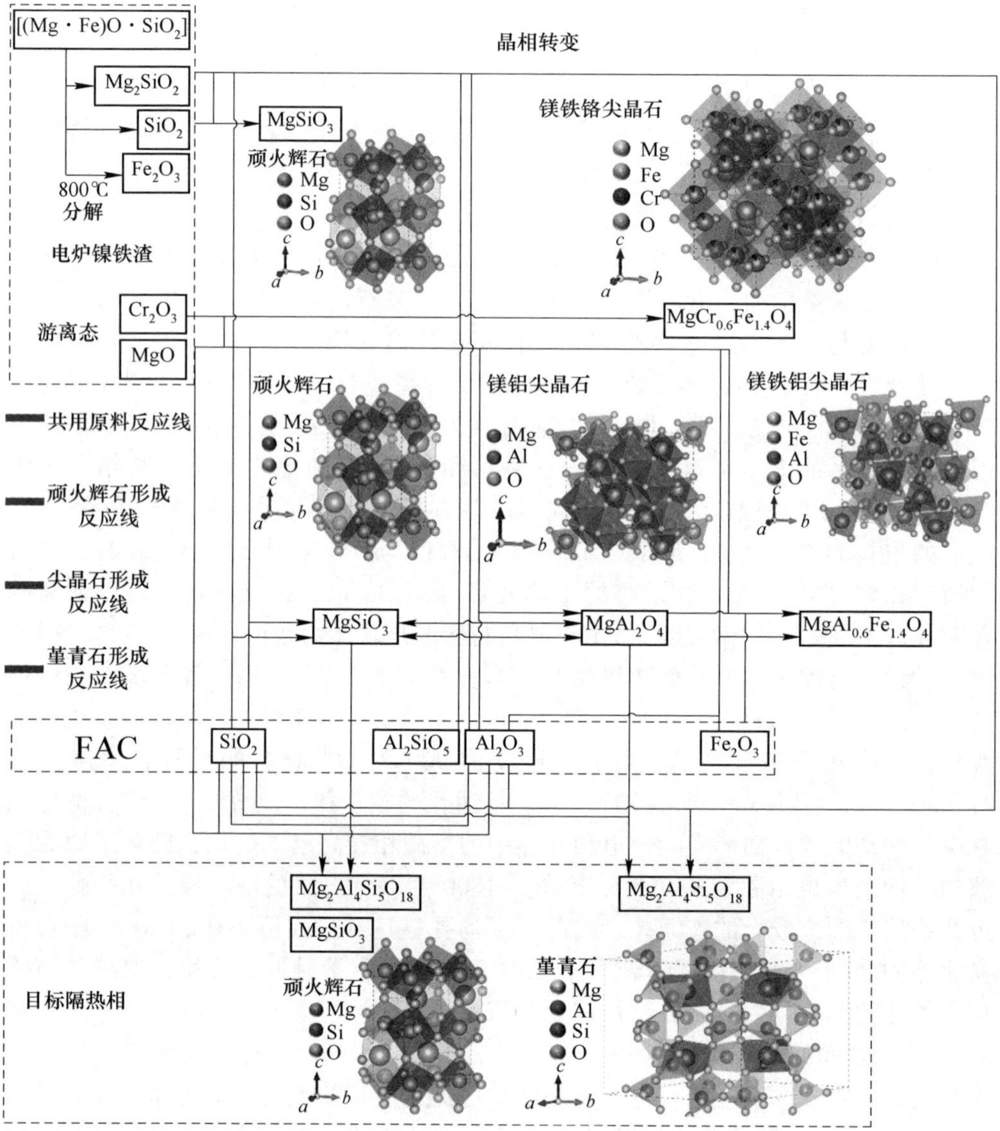

图 6-62　添加 25wt.% FAC 的电炉镍铁渣通过微波烧结所获隔热材料的相变

将烧结温度提高到900 ℃有效促进了反应的发生，材料孔隙率降低且生成了高强度相（堇青石）[29]。因此，材料变得更致密，体积密度和线收缩率增加，吸水率降低。当温度从 900 ℃增加到 1000 ℃时，材料的体积密度从 1.46 g/cm^3 增加到 2.13 g/cm^3。抗压强度从 30.72 MPa 提高到 42.11 MPa，线收缩率从 7.06%提高到 10.22%，吸水率从 21.07%下降到 6.46%。这主要是因为升高温度促进了致密化程度更高的堇青石生成[32]。

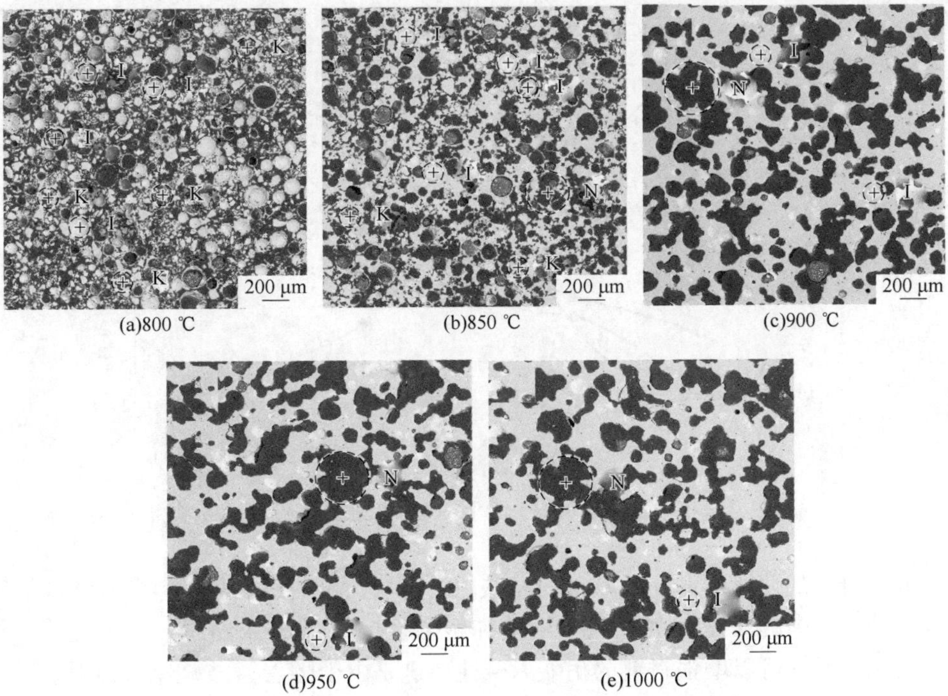

图 6-63 微波烧结温度对隔热材料的孔道结构的影响

I—孤立孔；N—连接孔；K—微裂纹

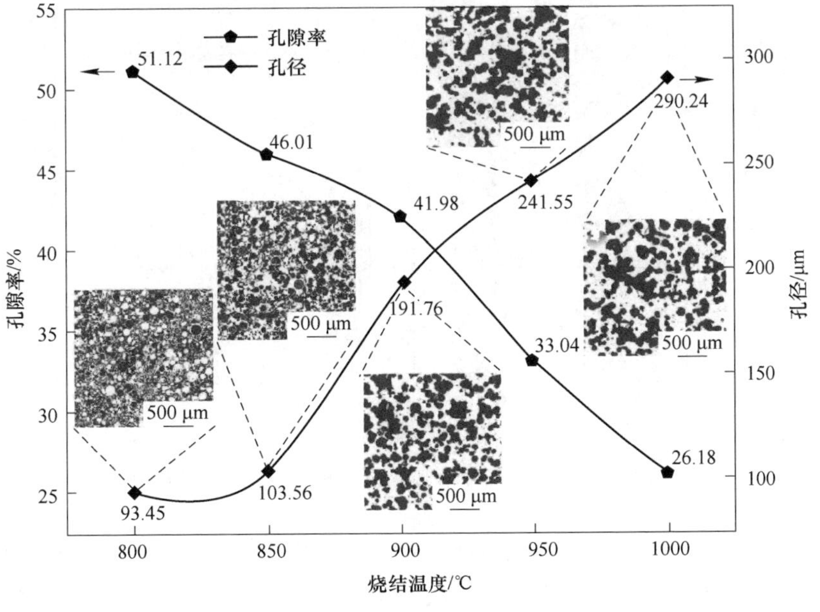

图 6-64 烧结温度对隔热材料孔隙率和孔径变化的影响

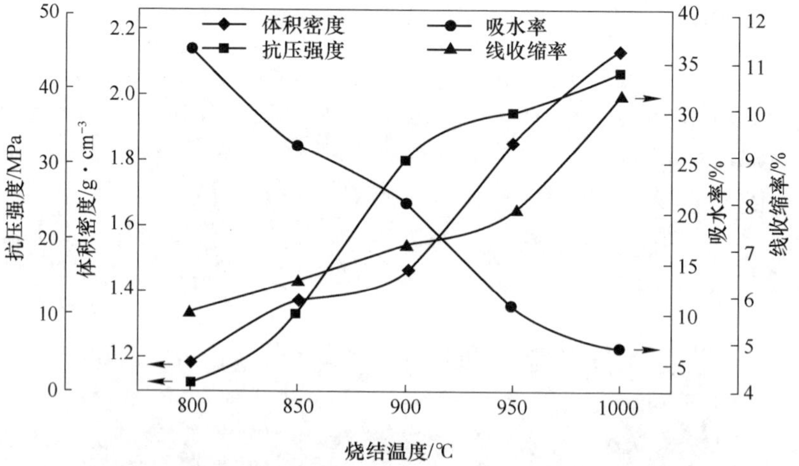

图 6-65　微波烧结温度对隔热材料体积密度、抗压强度、吸水率、线收缩率的影响

隔热材料的使用寿命还受到其耐酸碱性的影响，可通过隔热材料分别在硫酸和氢氧化钠溶液中的质量损失反映其耐酸和耐碱性，如图 6-66 所示。结果表明，提高微波烧结温度可以增强材料的耐酸耐碱性。这是由于随着微波烧结温度升高，材料体积密度增加，从而减少了在酸和碱溶液中的接触面积。事实上，与通过常规方法所获材料相比，通过微波烧结制备的隔热材料具有更好的耐酸性和耐碱性[29]。

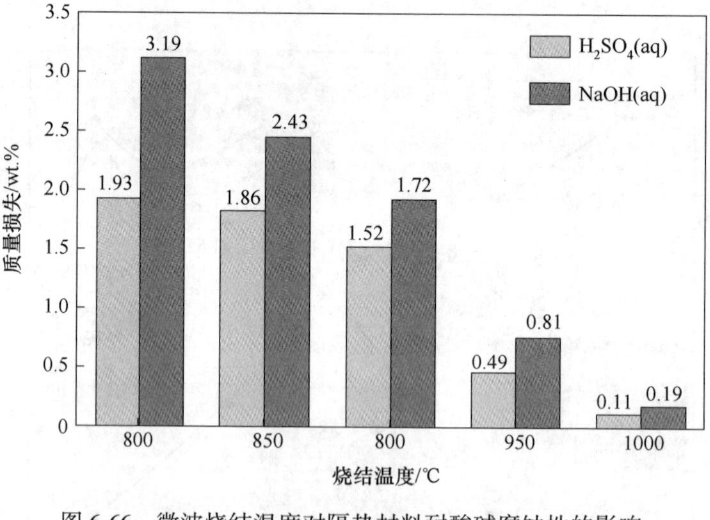

图 6-66　微波烧结温度对隔热材料耐酸碱腐蚀性的影响

图 6-67 所示为微波烧结温度对隔热材料的热导率的影响。前述研究表明，在相对较低的温度（500 ℃）下，隔热材料的热导率受孔隙的影响大于物相组成。

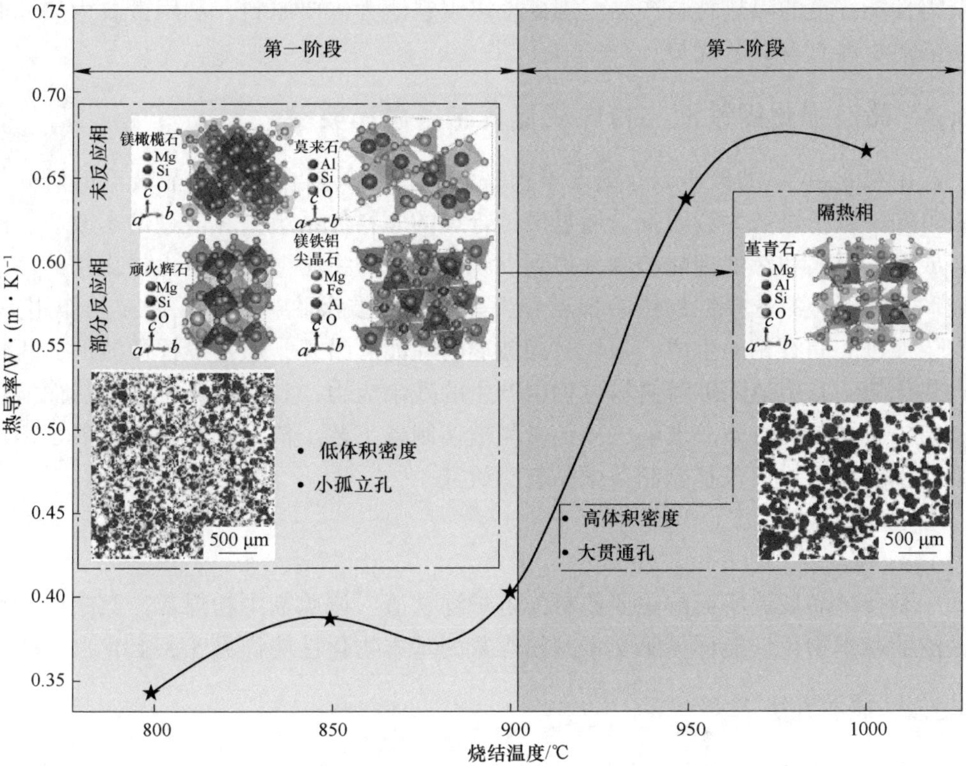

图 6-67 微波烧结温度对隔热材料热导率的影响

热导率随着孔径的减小和孔数量的增加而下降[19]。随着微波烧结温度的升高，物相组成的影响将变得更加重要。从热导率随温度的变化来看，存在两个明显的阶段。当温度从 800 ℃升高到 900 ℃（阶段Ⅰ）时，材料的热导率从 0.35 W/(m·K)略微升高到 0.41 W/(m·K)。在此温度范围内，隔热材料的主相由镁橄榄石和石英转变为顽火辉石和堇青石，平均孔径由 93.45 μm 增大到 191.76 μm。顽火辉石和堇青石的生成抑制了由较大孔径引起的热导率的增加[19]。当温度从 900 ℃上升到 1000 ℃（阶段Ⅱ）时，热导率从 0.41 W/(m·K) 显著增加到 0.67 W/(m·K)，因为在高温下产生了更多贯通和孤立的孔结构[30]。

综上所述，在 FAC 添加量 25wt.%、微波烧结温度 900 ℃、烧结时间 20 min 的条件下，所获隔热材料的热导率为 0.41 W/(m·K)，体积密度为 1.46 g/cm^3，抗压强度为 30.72 MPa，吸水率为 21.07%，线收缩率为 7.06%。与常规制备技术相比，烧结温度降低了 300 ℃，烧结时间缩短至 1/6，材料的热导率降低了 0.06 W/(m·K)，隔热性能得到了提升。在微波作用下，尖晶石等强吸波性物质优先生成，随后快速升温，并且材料体系中包含大量的 SiO_2，在与尖晶石相接触的区域温度较高，生成大量的富硅液相，因此在较低烧结温度下，材料能够完成烧结，获得性能优良的隔热材料产品。因此，以镍铁渣为主要原料，利用微波为热源制备隔热材料具有显著优势。

6.3　微波强化镍铁渣与粉煤灰复合制备微晶玻璃

由第3、4章的分析以及第5章镍铁渣与粉煤灰复合制备微晶玻璃的研究结果可知，以粉煤灰为调质剂，通过设计合理的原料体系组分，经过熔态改质、浇铸成型、退火和热处理能够制备得到以顽火辉石为主相、尖晶石为强化相的微晶玻璃。鉴于微波选择性加热的特点和尖晶石强微波吸收特性，在微波的作用下，有望促进尖晶石相的生成，强化微晶玻璃的性能。另外，通过发挥微波的体积性加热优势，有望消除玻璃浇铸过程中产生的残余应力，省去退火工艺，从而实现微波一步结晶制备微晶玻璃，简化微晶玻璃制备工艺。依据此思路，开展了微波强化镍铁渣与粉煤灰复合制备微晶玻璃研究。

6.3.1　原料性能

制备微晶玻璃所需的主要原料为电炉镍铁渣，调质剂为粉煤灰。其中电炉镍铁渣的基本物化性能详见第2章，粉煤灰的基本物化性能详见5.3.1节。

6.3.2　研究方法

根据原料和微波加热的技术特点，探索微波一步结晶制备微晶玻璃的可行性，其主要工艺流程如图6-68所示。与传统微晶玻璃制备工艺相比，微波一步结晶将传统的退火、核化和晶化工艺融为一体，可极大地缩短微晶玻璃制备流程，提升效率。

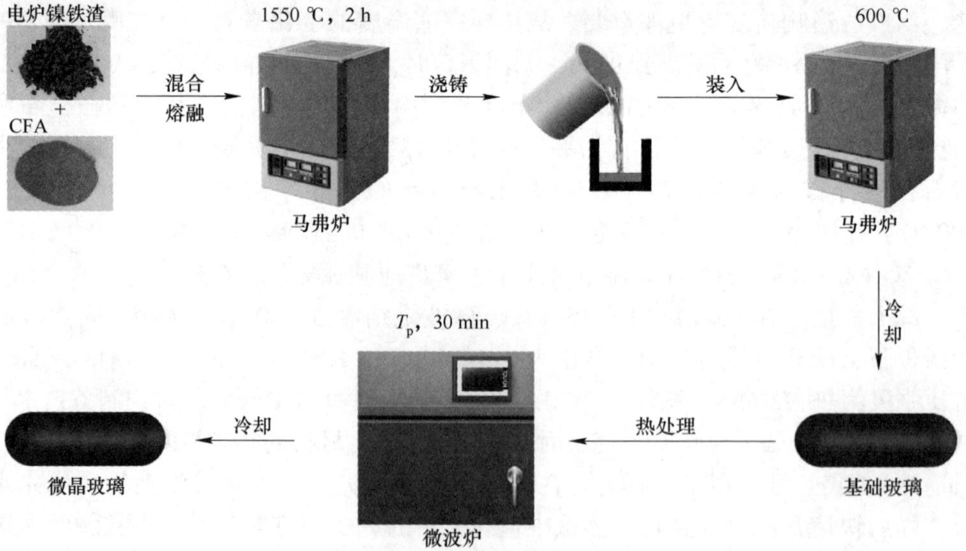

(a) 微波一步结晶制备微晶玻璃技术路线

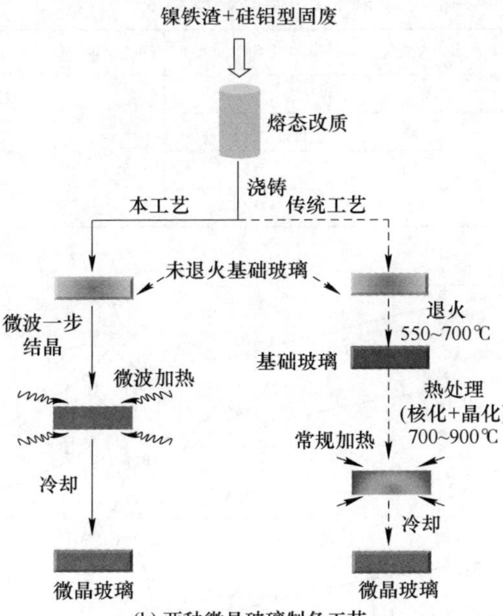

(b) 两种微晶玻璃制备工艺

图 6-68 微波一步结晶制备微晶玻璃技术路线和两种微晶玻璃制备技术对比

所得微晶玻璃的性能检测指标包括耐酸碱腐蚀性、抗折强度、体积密度和硬度。其中耐酸碱腐蚀性参照 JC/T 2283—2014 进行测定。抗折强度参照 GB/T 37781—2019 进行测定。体积密度利用阿基米德原理，参照 GB/T 2997—2015 进行测定。硬度参照 GB/T 37900—2019 进行测定。

6.3.3 微波强化制备顽火辉石-尖晶石复相微晶玻璃

为最大程度实现镍铁渣减量，重点研究了原料配比对微波强化制备微晶玻璃的影响。表 6-1 所示为设计的微晶玻璃样品 W1~W4 对应的原料配比。根据所设计的原料体系组成，在 1550 ℃的马弗炉中将熔渣倒入 CFA 中，并保温 1 h 进行均质化处理，得到均质玻璃熔体。选用少量均质玻璃熔体在冷水中淬火获得基础玻璃进行 DSC 分析，确定合适的晶化温度。将剩余的玻璃熔体铸入到在 650 ℃下充分预热的不锈钢模具中，并在 600 ℃马弗炉中随炉冷却至常温得到基础玻璃。根据 DSC 分析结果，基础玻璃以 10 ℃/min 的速度在微波炉中升温到指定晶化温度后并保温 30 min（晶化时间）完成结晶过程得到微晶玻璃。

图 6-69 所示为微晶玻璃 W1~W4 对应的基础玻璃的 DSC 曲线。随着电炉镍铁渣含量的增加，玻璃转变温度（T_g）、晶化温度（T_p）逐渐降低。DSC 曲线均呈现单一结晶峰，说明通过热处理后形成单一主晶相。从 W1 到 W4 放热峰强降低，半峰宽度增加，表明基础玻璃析晶能力逐渐变弱[33]。

表 6-1　微晶玻璃组成　(wt.%)

样品	电炉镍铁渣配比	CFA 配比	晶化温度/℃	加热速率/℃ · min^{-1}	晶化时间/min
W1	80	20	889	10	30
W2	75	25	904		
W3	70	30	916		
W4	65	35	925		

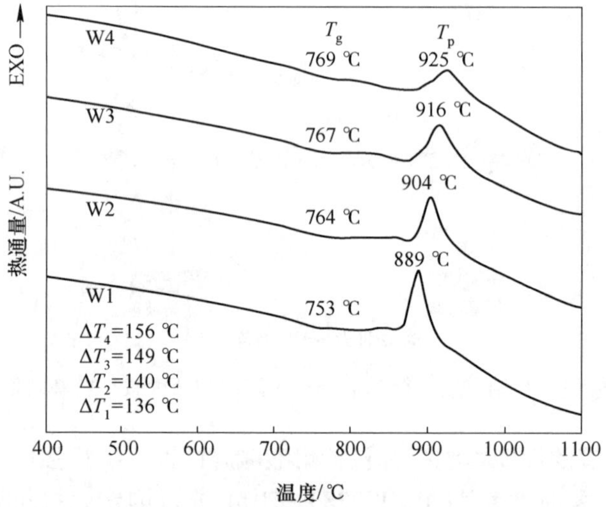

图 6-69　W1～W4 对应的基础玻璃 DSC 曲线

玻璃的稳定性可以用 ΔT（$\Delta T=T_p-T_g$）表示，ΔT 的值越大代表玻璃的稳定性越强[33-34]。随着电炉镍铁渣含量的增加，ΔT 由 156 ℃降低到 136℃，玻璃稳定性逐渐降低。这与 DSC 曲线晶化温度逐渐降低结果一致。玻璃的稳定性、晶化温度与玻璃的网络聚合度有关。随着电炉镍铁渣含量的增加，FeO 含量也随之增加，铁含量的增加可以降低基础玻璃的结晶温度 T_p[35]，这是因为 FeO 能降低熔体黏度简化硅酸盐结构单元网格[36]。同时 Ca^{2+}、Mg^{2+}的总量增加，碱土金属氧化物（RO）在玻璃网格中起着网络修饰作用，使［Si—O］被破坏，从而降低了玻璃的聚合度。

图 6-70 所示为基础玻璃与微晶玻璃的 XRD 图谱。由图 6-70（a）可知，所有基础玻璃的 DSC 曲线均为光滑的“馒头峰”，未出现尖锐的衍射峰，基础玻璃以无定形相为主，没有明显晶相析出。这说明混合原料经过高温熔融后形成了均匀的玻璃相。如图 6-70（b）所示，为微晶玻璃的 XRD 图谱。经物相鉴定，W1 的主晶相为顽火辉石（$MgSiO_3$），同时含有少量铝顽火辉石（$Mg_{0.96}Al_{0.027}SiO_3$）和尖晶石（$MgCr_{0.4}Fe_{1.6}O_4$）。W2 的晶相没有发生变化。W3 中主晶相为铁顽火

辉石（$[Mg_{0.854}Fe_{0.096}Al_{0.029}][SiO_3]$）尖晶石转变为（$MgCr_{0.6}Fe_{1.4}O_4$），W4中主晶相为铝顽火辉石（$Mg_{0.96}Al_{0.027}SiO_3$），同时含有少量尖晶石相（$MgFe_{0.6}Cr_{1.4}O_4$）。随着电炉镍铁渣含量的增加，微晶玻璃样品中主晶相由铝顽火辉石向铁顽火辉石再到顽火辉石转变。这些变化发生的原因可以解释为，在辉石结构中Mg^{2+}被Fe^{3+}和Al^{3+}部分取代。从局部放大图可以看出W1和W2的衍射峰明显向

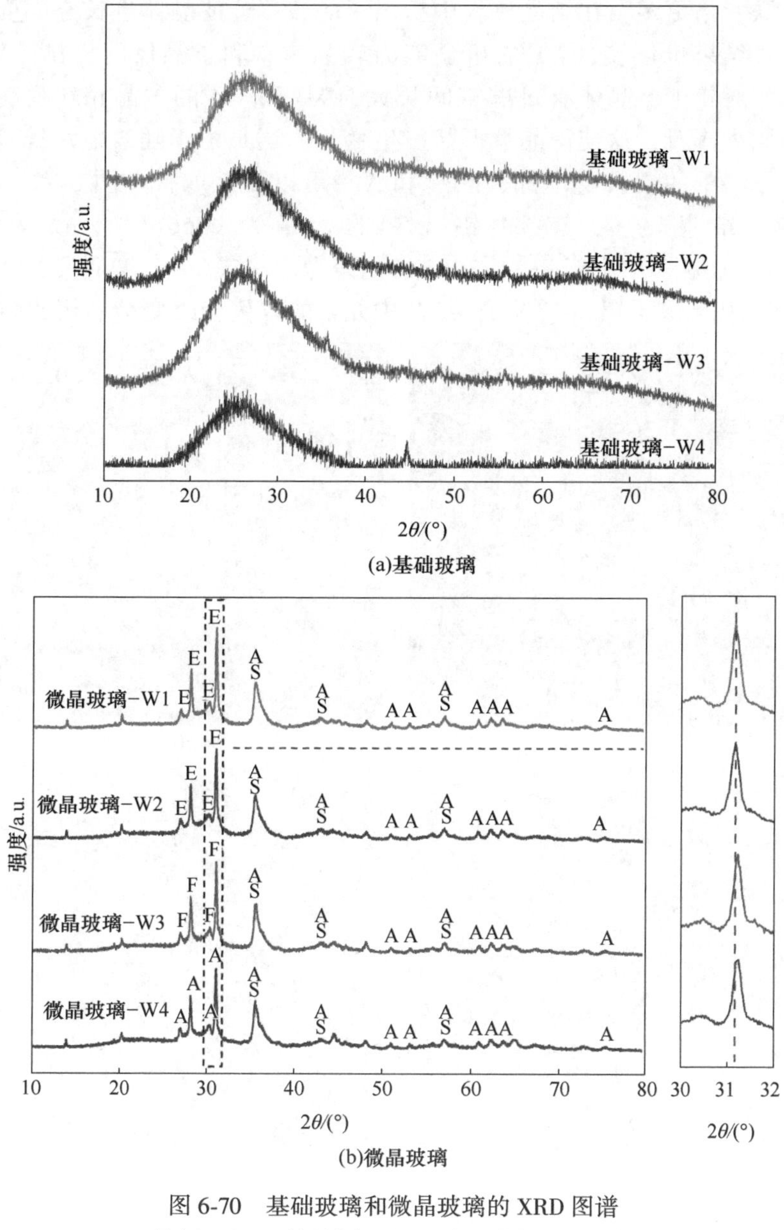

图 6-70 基础玻璃和微晶玻璃的 XRD 图谱

E—顽火辉石；F—铁顽火辉石；A—铝顽火辉石；S—尖晶石

右偏移。这主要是因为 Mg^{2+} 半径略小于 Fe^{3+} 和 Al^{3+}，根据 Bragg 方程，当离子半径较大的离子取代小半径离子时，衍射角右移[37]。

W1~W4 的微观结构如图 6-71 所示。W2 结晶为球形晶粒，W2 球形晶粒尺寸增加，W3 晶体转变为不规则形状，而 W4 晶粒转变为块状且尺寸进一步变大。值得注意的是，W1 晶粒生长密集且尺寸较小，这归因于镍铁渣含量较高，形核成分铁、铬更多，在结晶过程中析出了晶核，这使晶体生长空间受限[38]。同时，DSC 结果也证实，W1 的析晶能力较强，有利于晶体的析出。W2 析出的晶核数相对较少，晶体有足够空间长大，W3 和 W4 的主晶相转变为铁顽火辉石和铬顽火辉石，这使得晶粒形状发生变化。这是由于随着电炉镍铁渣含量的降低，原料中的铝含量增加，Mg^{2+} 和 Al^{3+} 可以相互取代。图 6-72 为样品的 EDS 能谱。结果显示，W1 中铝元素的含量为 9.66wt.%，镁的含量为 11.29wt.%，而在 W4 中铝为 11.39wt.%，镁为18.45wt.%。这证实了 W1 中 Mg 和 Al 相互取代生成了铝顽火辉石。结晶中元素的取代会改变结晶相的结构，研

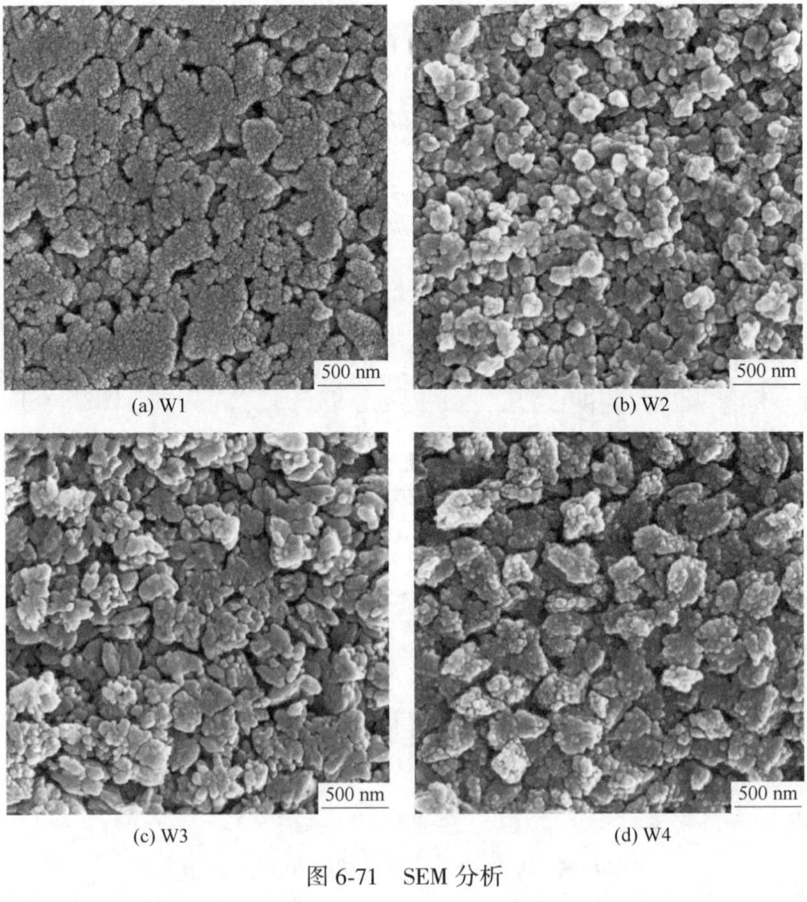

(a) W1　(b) W2
(c) W3　(d) W4

图 6-71　SEM 分析

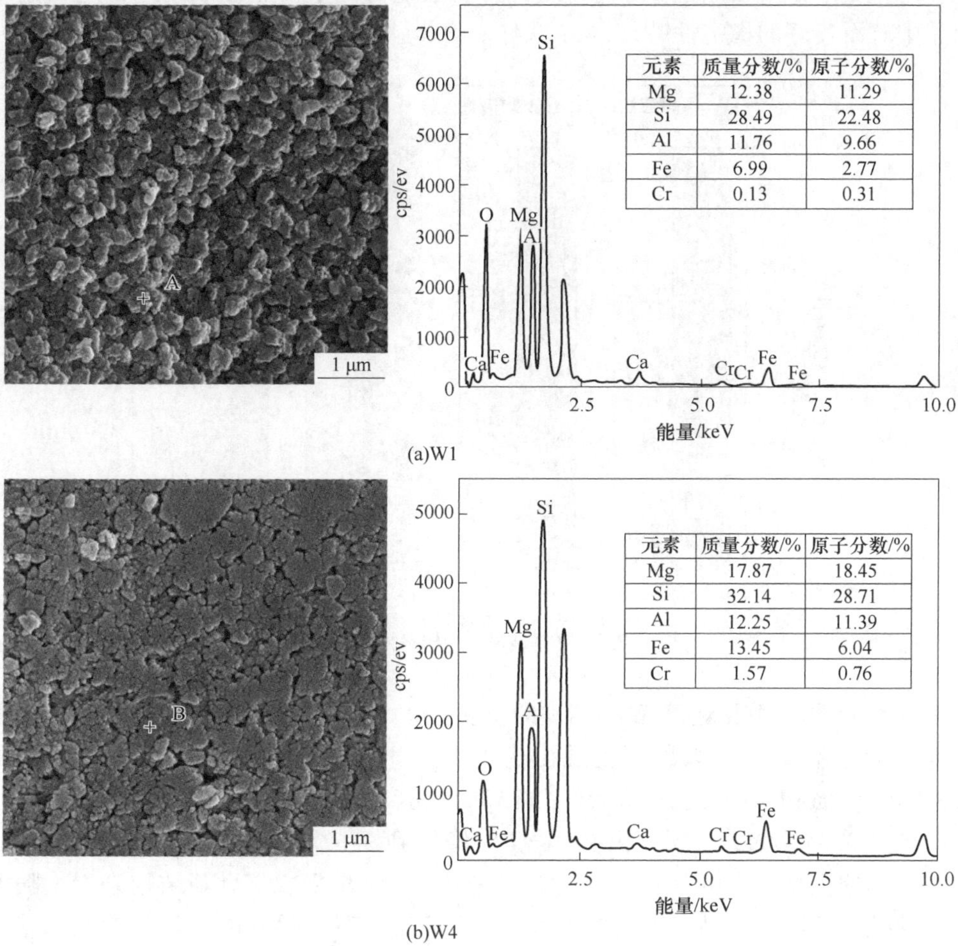

图 6-72 微晶玻璃 W1 和 W4 的 EDS 分析

究表明，Al 的取代会改变晶体的生长方式，随着晶相中 Al 含量的增加，结晶将由等轴生长转变为柱状生长，即由球形向柱状[39]。这也解释了随着电炉镍铁渣含量的减少，和结晶形状转变的原因。

微晶玻璃的耐酸碱性如图 6-73 所示。随着电炉镍铁渣的增加，玻璃样品的耐酸碱性逐渐降低。从 W1 到 W4，耐酸性由 99.95%增加到 99.98%；主要是因为随着镍铁渣含量的降低，玻璃中可以与硫酸反应的碱性氧化物（RO、R2O）的含量降低。因此耐酸性有所增强。玻璃的耐碱性从 99.82%提高至 99.95%，总体而言，微晶玻璃的耐酸性略高于耐碱性。有研究表明，高硅含量的玻璃具有更好的耐酸性[40]，主要是因为硅能增强玻璃网络的连通性以抵抗酸腐蚀的能力。在碱性环境中，硅酸盐玻璃中的 Si—O 四面体位点更容易被 OH^- 攻击，从而破坏

Si—O 结构。制备得到的微晶玻璃样品耐酸碱性均优于工业标准指标，这得益于产品中辉石良好的稳定性[41]。

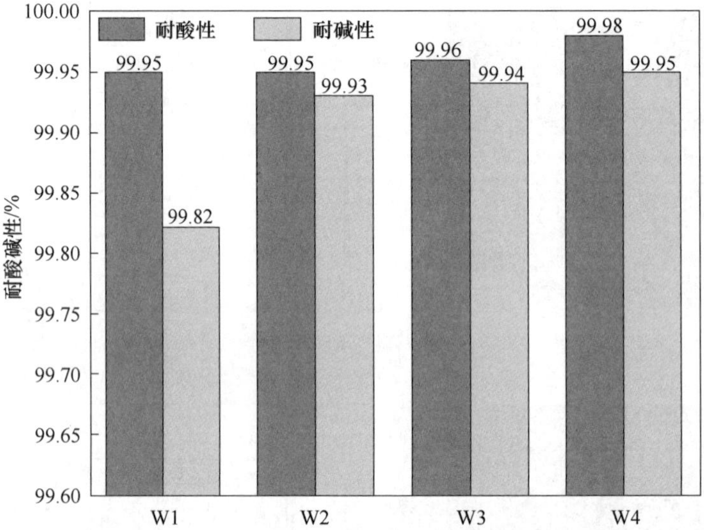

图 6-73　微晶玻璃的耐酸性和耐碱性

图 6-74 所示微晶玻璃 W1～W4 的抗折强度、密度以及硬度。随着电炉镍铁渣含量的增加，这些参数均呈现出先上升后下降的趋势。其中，抗折强度由 158 MPa增加到 166 MPa，再降低到 130 MPa。密度由 3. 10 g/cm^3 增加到 3. 12 g/cm^3，再降低到 3. 04 g/cm^3。硬度由 9. 24 GPa 增加到 9. 62 GPa，再到降低9. 14 GPa。微晶玻璃的机械性能可以通过微观结构的差异表现出来。从微观结构来看，随着电炉镍铁渣的增加，晶相逐渐变得细小均匀，而这种小尺寸的均匀晶相意味着晶体颗粒之间的接触面积更大，使得材料的机械能累积能力增加[42]。W4 中的结晶颗粒由于过度生长而导致相互连接团簇，团簇之间形成了缝隙。这破坏了材料的均匀性，导致机械性能下降。相比之下，在 W2 中，晶粒变得更加均匀和致密，材料性能得到改善。随着镍铁渣含量的进一步减少，W3 和 W4 中的晶粒迅速变大，导致弯曲强度降低[24]。W3 和 W4 的硬度降低归因于晶粒尺寸与硬度之间的负相关关系[43]。

上述结果表明，使用 75wt.%电炉镍铁渣和 25wt.% CFA 基于微波一步结晶法制备可得到抗折强度为 166 MPa，硬度为 9. 62 GPa，密度为 3. 12 g/cm^3，耐酸碱性为 99. 9%以上的主晶相为顽火辉石，强化相为尖晶石的微晶玻璃。根据文献，对于使用电炉镍铁渣制备微晶玻璃，电炉镍铁渣配比一般在 60%以内[44]，在本书中电炉镍铁渣最优用量为 75wt.%。显然，电炉镍铁渣的使用配比显著提高。同时，所获微晶玻璃产品性能优于中国工业用玻璃陶瓷板材行业标准（JC/T

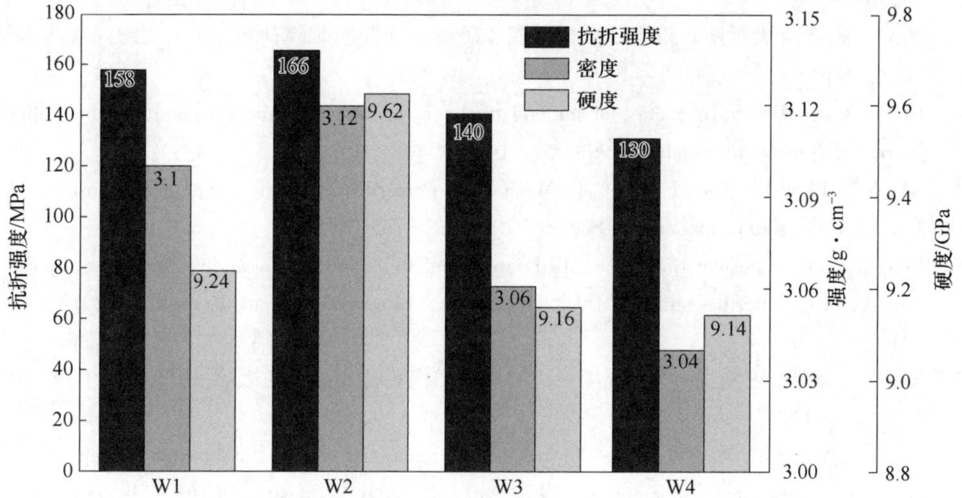

图 6-74 微晶玻璃 W1~W4 的抗折强度、密度以及硬度

2097—2011）和中国建筑装饰用玻璃陶瓷行业标准（JC/T 872—2019）要求。另外，使用微波一步结晶制备微晶玻璃缩短了传统热处理工艺流程，避免了单独核化和晶化工序，对于镍铁渣高效清洁资源化利用具有重要意义。

6.4 本章总结

镍铁渣在高温下具有较强的吸波性能，在微波场中能实现快速烧结，极大地缩短耐火材料的制备时间。同时，在微波作用下，尖晶石等强吸波物相的含量快速增加，提升了耐火材料的耐火度、机械强度和抗热震性，获得了综合性能优良的耐火材料产品。以粉煤灰漂珠为添加剂进行微波烧结，还可降低隔热材料制备所需的烧结温度并缩短烧结时间，促进多孔结构的形成，增强产品的隔热性能。另外，利用微波特殊的体积性加热和选择性加热特性，以粉煤灰为调质剂，使镍铁渣熔态改质后所获基础玻璃在热处理过程中能够快速消除残余应力并完成结晶，可显著缩短微晶玻璃制备工艺流程，并改善微晶玻璃的性能。总体来说，微波是一种绿色清洁高效的能源，利用微波强化镍铁渣材料化，对于大宗冶金固废减量、加强资源节约利用、实现“双碳”目标、发展绿色循环经济均具有重要现实意义。

参 考 文 献

[1] 吴胜利，韩宏亮，姜伟忠，等．烧结矿中 MgO 作用机理［J］．北京科技大学学报，2010，31（4）：428-432.

[2] 唐慧敏．镍铁渣微波烧结制备镁橄榄石型耐火材料基础研究［D］．长沙：中南大

学, 2020.

[3] 邓涛. MgO 含量对铁矿粉烧结液相生成及矿物组成影响规律研究 [D]. 唐山: 河北联合大学, 2014.

[4] Haque K E. Microwave energy for mineral treatment processes-a brief review [J]. International Journal of Mineral Processing, 1999, 57: 1-24.

[5] Aksel C, Rand B, Riley F L, et al. Mechanical properties of magnesia-spinel composites [J]. Journal of the European Ceramic Society, 2002, 22: 745-754.

[6] Peng Z, Tang H, Augustine R, et al. From ferronickel slag to value-added refractory materials: A microwave sintering strategy [J]. Resources, Conservation and Recycling, 2019, 149: 521-531.

[7] 陈少一, 刘浩, 王周福, 等. 温度及组成对镁橄榄石合成过程的影响 [J]. 陶瓷学报, 2017 (5): 6321-6325.

[8] Meng L, Wang B, Ma M, et al. The progress of microwave-assisted hydrothermal method in the synthesis of functional nanomaterials [J]. Materials Today Chemistry, 2016, 1/2: 63-83.

[9] Guo M, Parada S, Jones P T, et al. Interaction of Al_2O_3-rich slag with MgO-C refractories during VOD refining-MgO and spinel layer formation at the slag/refractory interface [J]. Journal of the European Ceramic Society, 2009, 29 (6): 1053-1060.

[10] 王彦惠, 陈树江, 李国华, 等. 轻烧 MgO 粉加入量对镁铁铝复合尖晶石合成的影响 [J]. 耐火材料, 2018, 52 (4): 284-287.

[11] Ghosh A, Sarkar R, Mukherjee B, et al. Effect of spinel content on the properties of magnesia-spinel composite refractory [J]. Journal of the European Ceramic Society, 2004, 24: 2079-2085.

[12] 宋谋胜, 张杰, 李勇, 等. 钙长石/顽辉石复合陶瓷的合成及其热震性能研究 [J]. 功能材料, 2018, 49 (10): 166-171.

[13] 李森, 封立杰, 王前, 等. 反应烧结铁铝尖晶石添加量对镁铁铝尖晶石耐火材料性能影响 [J]. 硅酸盐通报, 2016, 35 (9): 3057-3061.

[14] 王文平. 改善耐火制品热震稳定性的方法 [J]. 耐火材料, 1998, 32 (2): 103-104.

[15] Chen C, Pan L, Jiang S, et al. Electrical conductivity, dielectric and microwave absorption properties of graphene nanosheets/magnesia composites [J]. Journal of the European Ceramic Society, 2018, 38: 1639-1646.

[16] Turani M D, Sari Z A, Miller J D. Leaching of blended copper slag in microwave oven [J]. Transactions of Nonferrous Metals Society of China, 2017, 27 (6): 1404-1410.

[17] Hossain S K S, Mathur L, Singh P, et al. Preparation of forsterite refractory using highly abundant amorphous rice husk silica for thermal insulation [J]. Journal of Asian Ceramic Societies, 2017, 5: 82-87.

[18] 陈肇友. Cr_2O_3对耐火材料性能的影响 [J]. 耐火材料, 1991, 25 (6): 352-358.

[19] Tang H, Peng Z, Gu F, et al. Alumina-enhanced valorization of ferronickel slag into refractory materials under microwave irradiation [J]. Ceramics International, 2020, 46: 6828-6837.

[20] 常桂华, 李连洲. 采用铬矿一次加工的废料生产镁橄榄石尖晶石耐火材料 [J]. 耐火与

石灰, 2007, 32 (2): 22-26.

[21] Xu T, Nath M, Xu Y, et al. Thermal evolution of Al_2O_3-CaO-Cr_2O_3 castables in different atmospheres [J]. Ceramics International, 2021, 47: 11043-11051.

[22] Soltan A M, Pöllmann H, Kaden R, et al. Degradation of aluminosilicate refractories: An integrated approach [J]. Journal of the European Ceramic Society, 2015, 35: 4573-4592.

[23] Peng Z, Hwang J. Microwave-assisted metallurgy [J]. International Materials Reviews, 2015, 60: 30-63.

[24] Peng Z, Hwang J, Mouris J, et al. Microwave absorption characteristics of conventionally heated nonstoichiometric ferrous oxide [J]. Metallurgical and Materials Transactions A, 2011, 42: 2259-2263.

[25] Aksel C, Rand B, Riley F L, et al. Mechanical properties of magnesia-spinel composites [J]. Journal of the European Ceramic Society, 2002, 22: 745-754.

[26] Liu B, Zhang Y, Su Z, et al. Formation mechanism of $MnxFe_{3-x}O_4$ by solid-state reaction of MnO_2 and Fe_2O_3 in air atmosphere: Morphologies and properties evolution [J]. Powder Technology, 2017, 313: 201-209.

[27] Allen G C, Curtis M T, Hooper A J, et al. X-ray photoelectron spectroscopy of chromium-oxygen systems [J]. Journal of the Chemical Society, Dalton Transactions, 1973, 16: 1675-1683.

[28] Seyama H, Soma M. Fe 2p spectra of silicate minerals [J]. Journal of Electron Spectroscopy and Related Phenomena, 1987, 42: 97-101.

[29] Yang L, Peng Z, Huang Y, et al. Co-utilization of ferronickel slag and fly ash cenosphere for production of superior thermal insulation materials [J]. Ceramics International, 2021, 47 (7): 10019-10026.

[30] Ten J, Orts M, Saburit A, et al. Thermal conductivity of traditional ceramics. Part I: Influence of bulk density and firing temperature [J]. Ceramics International, 2010, 36 (6): 1951-1959.

[31] Sembiring S, Simanjuntak W, Situmeang R, et al. Preparation of refractory cordierite using amorphous rice husk silica for thermal insulation purposes [J]. Ceramics International, 2016, 42: 8431-8437.

[32] Shen Y, Xu P, Qiu S, et al. A generalized thermal conductivity model for unsaturated porous media with fractal geometry [J]. International Journal of Heat and Mass Transfer, 2020, 152: 119540.

[33] Du Y, Guo Y, Wang G, et al. Preparation of glass-ceramics from blast furnace slag and its heavy metal curing properties [J]. Journal of Material Cycles and Waste Management, 2023, 25: 3081-3092.

[34] Deng L, Fu Z, Zhang M, et al. Crystallization, structure, and properties of TiO_2-ZrO_2 co-doped MgO-B_2O_3-Al_2O_3-SiO_2 glass-ceramics [J]. Journal of Non-Crystalline Solids, 2022, 575: 121217.

[35] Liu X, Wu Y, Pan D, et al. Study on controllable preparation of high performance andradite

based glass-ceramics by harmful iron-rich waste slag [J]. Science of the Total Environment, 2023, 901: 165754.

[36] Zhang S, Zhang Y, Wu S. Effects of ZnO, FeO and Fe_2O_3 on the spinel formation, microstructure and physicochemical properties of augite-based glass ceramics [J]. International Journal of Minerals, Metallurgy and Materials, 2023, 30: 1207-1216.

[37] Li H, Li B, Deng L, et al. Evidence for non-thermal microwave effect in processing of tailing-based glass-ceramics [J]. Journal of the European Ceramic Society, 2019, 39 (4): 1389-1396.

[38] Zhang Y, Liu S, Ou Yang S, et al. Transformation of unstable heavy metals in solid waste into stable state by the preparation of glass-ceramics [J]. Materials Chemistry and Physics, 2020, 252: 123061.

[39] Wang H, Ding B, Zhu X, et al. Influence of Al_2O_3 content on crystallization behaviors of blast furnace slags in directional solidification process [J]. International Journal of Heat and Mass Transfer, 2017, 113: 286-294.

[40] Deng W, Cheng J, Tian P, et al. Chemical durability and weathering resistance of canasite based glass and glass-ceramics [J]. Journal of Non-Crystalline Solids, 2012, 358 (21): 2847-2854.

[41] Pisciella P, Crisucci S, Karamanov A, et al. Chemical durability of glasses obtained by vitrification of industrial wastes [J]. Waste Management, 2001, 21 (1): 1-9.

[42] Karamanov A, Paunović P, Ranguelov B, et al. Vitrification of hazardous Fe-Ni wastes into glass-ceramic with fine crystalline structure and elevated exploitation characteristics [J]. Journal of Environmental Chemical Engineering, 2017, 5 (1): 432-441.

[43] Li H, Liu S, Xu W, et al. The effect of microwave on the crystallization behavior of CMAS system glass-ceramics [J]. Materials, 2020, 13 (20): 4555.

[44] Kim Y, Park H. A value-added synthetic process utilizing mining wastes and industrial byproducts for wear-resistant glass ceramics [J]. ACS Sustainable Chemistry and Engineering, 2020, 8 (5): 2196-2204.